帛書及古典天文史料注析與研究

陳久金◎著

目 錄

序言

我於 1964 年畢業於南京大學天文系以後，從事天文學史研究工作已達 37 年。這本《帛書及古典天文史料注析與研究－上古天文學史論叢》，是從我上古天文學史研究工作中選編而成的。它包括了我早期、中期和現在三個階段的工作。二十世紀七十年代，我就當時出土的山東臨沂銀雀山漢墓元光曆譜和長沙馬王堆帛書五星占，研究過歲星紀年和顓頊曆，發表過一組論文，本書所載《顓頊曆》，即是其中的一篇。

八十年代和九十年代前期，我專注於開拓中國少數民族天文曆法史的研究，注意到彝族十月太陽曆探源，對於研究中國文化史方面的特殊意義，開展了有關的研究工作，本書所載《論夏小正是十月太陽曆》、《天干十日考》、《陰陽五行八卦起源新說》、《含山出土五千年前原始洛書》、《〈周易·乾卦〉六龍與季節的關係》、《臘月節溯源》等，即是在十月太陽曆觀念啓發下撰寫的有關論文，它無疑地在中國文化探源研究中引入了一種新的觀念和思路，也可以說爲解開中國若干上古文化之謎找到了一把新的鑰匙。在解釋自古以來傳統的疑難問題時，提出了許多前人意想不到新觀點。是否確能成立，請讀者鑑別和指正。

爲了開展苗蠻集團的天文曆法史研究，我們注意到長沙子彈庫楚帛書，我把它看作純粹是楚蠻上古曆法史來研究。從這個觀念出發，我仍在這份歷史文獻記載上，又有了許多新的發現，應該說明的是，我對《子彈庫楚帛書》的研究上，多得力於許多前輩學者的工作積累，其中也包括港台和國外學者的研究成果在內。

我們在研究少數民族天文曆法時，曾注意到民族的分類和圖騰崇拜的關係。發現中國天文學上的四象觀念，並非簡單的四種動物，而是與中國上古各民族的圖騰崇拜和民族分布有關，《華夏族群的圖騰崇拜和四象概念的形成》一文，就是在這種認識基礎上形成的。事後又有進一步的發現，又補寫了《從北方神鹿到北方龜蛇觀念的轉變》。二者密切相關，後者是前者論點的進一步証實和補充，也是相輔相成的。《北斗星斗柄指向考》一文，雖然與少數民族天文曆法的研究沒有直接關係，但也確實是在它的啓發下而認識到的，它揭示了在中國古代，不僅有北斗七星和北斗九星的區別，而且所指示的方向也是不同的，由此可以探尋它的形成歷史和發展脈絡。

很感謝輔仁大學丁原植教授爲我設計編輯出版了這本書。除收入以上論文外，他還提議系統地補做一些先秦天文文獻的注譯工作，我接受了他的建議。流傳下來的西漢中期以前的天文文獻，除《天官書》、《曆書》外，僅有《夏小正》、《月令》、《管子．五行》和《淮南子．天文訓》，幾乎再也沒有其它文獻了。當然，《尚書．堯典》也可算是先秦天文文獻，但它過於簡略，不成系統，經前人研究，所載天象也實際與傳說中的堯時無關。由於前人對《月令》和《天文訓》已作過許多研究和注譯工作，現今也無明顯的研究進展，故本書對以上三份文獻不作注譯。

本書所作注譯的文獻計有《夏小正》、《長沙子彈庫帛書》、《帛書五星占》、《管子．五行》、《史記．天官書》、《曆書》共六種。對《天官書》和《曆書》，以往有劉宋裴駰《集解》、唐張守節《正義》和司馬貞《索隱》。這些古注，當然也能幫助讀者解決一些問題，但也可說：它們只是文獻學家或史學家所作之注，而非術家之注。故若想對其作系統深入的了解和研究，還有很多不明之處，即古注既有當注不注之缺憾，也有注錯之處。另外，近幾十年來史學研究飛速發展，新的研究成果也需作出補充，故在目前形勢下作出新注很有必要。八十年代中國社會科學院歷史研究所組織近百名學者作《史記全注全譯》時，我應邀承擔了《天官書》、《曆書》的譯注工作，這次收入本書時，又作出了補充修訂。

前人對《夏小正》作注釋的很多，在經文傳文的分判及經文的解釋方面，也取得了不少成就。但是，人們始終不能對《夏小正》在天象物候方面與《月令》相比較出現的差異，作出科學的令人滿意的解釋。而當我們用十月太陽曆對其解釋時，這些差異便成爲理所當然的現象。故我們的觀點是，《夏小正》是十月太陽曆。讀者可以將新舊注文作出對比，判斷孰是孰非。對《管子．五行》，以往也有舊注，但由於人們對五行性質認識的模糊，所作解釋也含糊其辭，讀者在閱讀新注時，將會發現觀念爲之一新。

中國古代天文曆法有悠久的發展歷史，但公元前的歷史幾乎很少見有文獻記載，故人們很難對其開展深入研究。正鑒於此，二十世紀三十年代長沙子彈庫出土的曆法帛書和七十年代長沙馬王堆出土的帛書五星占，便成爲劃時代的，轟動一時的兩件重要文物。它們的出土和研究，爲中國上古天文學史的研究打開了新的局面。子彈庫楚帛書成書於公元前五世紀，馬王堆帛書五星占五星行度截止於公元前 177 年。從子彈庫帛書，我們可以得知當時楚國月名、歲首、月令、刑德思想等許多特徵和信息，而對於《五星占》，它實際爲我們提供了當時行用的曆法顓頊曆的五星曆法的具體內容及其曆元的各種信息，通過《五星占》的研究，可以說已經基本弄清了顓頊曆的概貌和計算方法。應丁原植教授的提議，我們對這兩份出土文獻作了注譯。

由於這兩份帛書前人均已作過釋文，這就爲我們的注釋工作提供了很大的方便。但是，在實際工作中，所遇到的困難仍然是很多的。首先，這兩份帛書均有很多殘缺的文字，這就在很大程度上影響了人們對文義的理解。有些殘缺文字是很關鍵的，由於文字殘缺，人們便無法準確地判斷這段文字的含義，給讀者對文義的理解造成了障礙。尤其是在對殘缺文字的翻譯方面，難以掌握好適當的分寸。如果由於文字殘缺而完全不翻譯，那就可能會使想要了解文義大致內容的讀者感到失望，但若過多地作出判斷性的猜測，又難免出現失實之嫌。我們的具體做法是，參考《天官書》和《乙巳占》、《開元占經》等有關內容，若前後大致相似，便可基本確定所缺文字的內容，由此可作補充翻譯。只有少數地方因缺字太多無法判斷所述內容時，也只能割愛不譯了。

其次是前人所作釋文，也並非完全正確。尤其是對殘缺文字的補充，出現錯誤較多，導致文義失實甚至相反。我們在注譯工作中，一但發現以後，即作出糾正。釋文也出現多處標點斷句的錯誤，在本書引用時，也都作出了改正。

我們在對《五星占》注譯的過程中，發現多處存在文字錯亂的事實，例如，在金星占中，沒有理由出現與金星無關的歲星，填星顏色的占語，也沒有理由出現月食歲星等占語；而五星淩犯中，也沒有理由出現大段專論金星顏色占、出入方位占的占語，更沒有理由載入“其時秋，其日庚辛”等專屬金星的文字。不予以調整，就無法正確理解其內容和含義，讀者就會感到莫名其妙。故我們將部分五星淩犯的占語與部分金星的占語作了對調。讀者可以看出，經對調後的文字讀起來要自然順暢得多。有人可能會以整個文字是寫在一張帛書上的爲理由而反對調整，我們的解釋是，整個文字確實是寫在一張帛書上的，但在抄上帛書時原文之竹簡已經散亂。根據同樣的理由，我們將原在水星占末尾的自“若扁”至“客窘急”一段文字，也劃入五星淩犯占語之中。《五星占》的分章和章名既爲作釋文時今人所加，我以爲其所起章名不很明確，在注譯時也作了調整。

仿《五星占》釋文的作法，我們在對子彈庫帛書作注時，爲了標明甲乙丙三篇的內容，分別冠以“天地刑德”、“曆法沿革”、“十二月令”的篇名，以示醒目。

陳久金

公元2000年4月27日寫於北京寓所

第一部分

帛書及古典天文史料注析

一 《夏小正》校注

一、《夏小正》綜述

《夏小正》，是中國最早的一部農事曆書。原爲《大戴禮記》中的一篇。《大戴禮記》共 81 篇（今存 39 篇），《夏小正》爲第 47 篇。《隋書·經籍志》除載《大戴禮記》外，還另載《夏小正》1 卷，可見隋朝以前即有單行本流傳。關於《夏小正》的來歷，據《禮記·禮運》載孔丘說：“我欲觀夏道，是故至杞，其存者有《小正》云。”又《史記·夏本紀》曰：“孔子正夏時，學者多傳《夏小正》云。”故以往人們大都認爲，《夏小正》是孔丘及其門徒到杞國考察以後，所記載下來的農事曆書。後經人們加以解釋作傳，在西漢時又經戴德採入《大戴禮記》而流傳下來。

現今流傳的《大戴禮記》，出自北周盧辯的注本。至唐宋時，舊《夏小正》單行本絕跡，而有宋人傅崧卿作《夏小正傳》4 卷。傅崧卿字子駿。《鄭堂讀書記》說：“子駿所見《大戴禮》，有集賢殿藏本，及其外孫關澮藏本，皆以《夏小正》文錯諸傳中，乃彷《左氏春秋》，正文其前，而附以傳。月爲一篇，凡十有二篇，……是編各以三月分卷，而於正月、四月、七月、十月前，分冠秦春夏秋冬字，當是子駿所加。”這便是今本《夏小正》爲戴氏傳的依據，僅僅是《夏小正》經傳文字混雜在一起，出自《大戴禮記》。而編者戴德，僅是將有關古代文獻收編在一起，沒有什麼根據說《夏小正》的傳文就是戴德本人所作。關於這一點，夏緯瑛在《夏小正經傳校釋》的後記中曾專門作過論述，由於《夏小正傳》沒有受到陰陽家的影響，夏緯瑛推斷爲是戰國早期的儒生所作。這個結論大致是合適的，但到目前爲止，我們還沒有任何依據斷定爲何人所作。

傅崧卿首先將《夏小正》分別析出經文和傳文，形成單行本，這是他的貢獻。但正如上引《鄭堂讀書記》所述，爲他所析示的《夏小正》經文，也加進了一些自己的文字，即“月爲一篇，凡十有二篇，……是編各以三月分卷，而於正月、四月、七月、十月之前，分冠春、夏、秋、冬字，當是子駿所加。”不過，子駿除增入“春夏秋冬”之外，十二月名是否爲其所加？還加入了哪些文字，現今難以分判。夏緯瑛說：“儒生作傳解經，任意曲解，把一些古老文獻，解釋得糊里糊塗，不祇《夏小正傳》爲然。從事研究歷史的人們應該注意，加以警惕。”古人解經即稱之爲傳，夏緯瑛指出傳文的解釋未必正確，這是對的，正因爲如此，後人才繼續爲其作注釋，到目前爲止，爲其所考注的著作達數十家之多，可見人們對其重視的程度。

在《夏小正》中，除了 2 月、11 月、12 月外，每月都載有用以確定季節的星象。在這些星象中，可以分爲拱極星象和黃道星象兩種。拱極星象僅是利用北斗斗柄的昏旦指向來確定季節。例如，正月初昏“斗柄懸在下”，6 月“初昏斗柄在上”，7 月“斗柄懸在下則旦”。在黃道星象中，《夏小正》主要利用參星、昴星、大火星、織女星和南門星的昏旦中星，及初昏時東方初見定季節。例如，對於參星，有正月“初昏參中”、3 月“參則伏”、5 月“參則見”；對於大火星，有 5 月“初昏大火中”，8 月“辰則伏”，9 月“內火”……等等。同時，還利用白天最長，夜間最長兩個標準的日期，來確定夏至和冬至，這就是 5 月“時有養日”和 10 月“時有養夜”。

古代曆法的一個最重要任務就是指導農牧業生產。故《夏小正》對於植物的生長狀態和各項農事活動尤其重視。在植物生態方面的記述十分詳細，例如，正月“囿有見杏”，“梅、杏、杝桃則華”，4 月“囿有見杏”，7 月“秀灌葦”（蘆葦開花）等。《夏小正》尤其注重於記載各月的農事活動，例如，正月“農緯厥耒”（整理耒耜），3 月“攝桑、委楊”，“妾子始蠶”（整桑去枝，婦女開始養蠶），五月“種黍”，8 月“剝瓜剝棗”等等。

《夏小正》很重視以觀察動物的活動習性來確定季節。例如，正月“雁北鄉”、“田鼠出”，2 月“昆小蟲”，3 月“縠則鳴”、“鳴鳩”，7 月“寒蟬鳴”，9 月“熊羆貊貉鷈鼬則穴”，10 月“黑鳥浴”等。更爲著名的，便是有關玄鳥（候鳥）司分的記載，2 月“玄鳥來降”和 7 月“爽死”。

《夏小正》同樣也記載了在不同季節應該做的正事和祭祀活動。例如，正月“農率均田”（農官讓農人領取分配耕種均田），2 月“祭鮪”，3 月祈“麥實”，5 月“頒馬”，11 月“王狩”，“陳筋革”（帝王冬獵、省視兵甲）。

《夏小正》是中國第一部農事曆書，它給後人研究先秦曆法，提供了十分寶貴的科學信息；它又與比它稍後的農事曆書《月令》一起，對以後天文曆法的發展，人們的生活習俗，以及官方的各種季節政事，產生長久深刻的影響；它也爲後世各種類型的《月令》，提供了一個最爲基本的模式。

關於《夏小正》的時代，據前引《禮運》所載，是孔丘爲了考察夏道，而從夏王朝的遺民杞國了解到的。孔子生活在公元前 6 世紀到前 5 世紀，對於《夏小正》的成書時代來說，這個時代是大致合適的。孔子要考察的是夏道，而不是春秋時代區區小國杞。但夏朝早已毀亡，只能到其遺民中進行採訪。採訪所得結果，只可能是夏民族發展到公元前 6-5 世紀時的狀況，它不可能是夏王朝時期原有的狀況，但它又大致保存了自夏朝以來夏民族所固有的文化傳統，也保留了夏朝時代用以確定季節的習俗，這就是《夏小正》的大致面貌。那麼，雖然經過多次改朝換代，但夏民族的生活習俗是不會變的，也即他們的新年是不變的，用以確定季節的傳統方法也無多大變化，即用某些星的出沒確定季節，用某些動植物的季節生態來判斷季節的方法無多大變化。但是，季節物候可以不變，由於歲差的原因，夏王朝和春秋末期的杞國已相距十幾個世紀，杞人所用確定季節的星象，只可能合於春秋時代，而不是夏代，這一點，是必須弄明白的，二者不能混爲一談。

在《夏小正》中，載有“農率均田”和“妾子始蠶”等生產活動的方式，其中所述“均田”，所反映的應該就是西周所實行的井田制度。這種井田制度在西周晚期雖然受到部分破壞，但其殘餘影響還在，故在《夏小正》中記載下來。《夏小正》所載均田制度，應屬周代而不是夏代，這一點也是應該明確的。在《夏小正》中，有“王始裘”和“王狩”，兩次提到“王”字。這個王究竟是指誰呢？在殷商時代，杞國都屬小諸侯國，其首領能否稱王還存在問題。當然，這個王也可以是泛指，是籠統地指王室諸侯。也可以指夏民族的王和貴族。

由於《夏小正》是現存中國最古老的曆書，所以自古至今研究它的人很多。但古人能做的，往往偏重對於辭義方面的解釋。由於它的文字十分古老，準確地弄懂其文義是很必要的。前人的研究結果已証明《夏小正》是有錯簡的，但除掉錯簡以外，還存在用傳統觀念對其天象物候作出合理解釋的困難。清朝孔廣森《大戴禮記補注》就曾說過："《夏小正》躔度，與《月令》恒差一氣。"他的意思是說差至一個中氣，也即從天象物候來分析判斷，與《月令》差至一個月。但很明顯，孔廣森的這種說法是不準確的，正月的天象物候與《月令》是大致相合的，真正的差異是下半年的天象物候。爲了對這種矛盾現象在天文上作出解釋，日本人能田忠亮在《夏小正星象論》中，將《夏小正》星象記錄定爲公元前 2000 年即夏代初年的天象，但有關"參中"的記錄，應定爲公元前 600 年即孔子時代。對於物候上的差異，也有人以《夏小正》與《詩・豳風》月令接近，而用豳地晚寒來解釋。

在本世紀中，從中國西南彝族等少數民族中曾多處發現使用一年分爲 10 個陽曆月，每個月爲 36 天的太陽曆。10 個月爲 360 天，再加 5 至 6 天過年日，正合於一歲的日數。近年來也發掘出幾部記載十月曆的彝文文獻。可以證明這種曆法確實是存在的。筆者曾以十月太陽曆來解釋《夏小正》天象物候，結果證明：前人在解釋《夏小正》天象物候時所存在的困難，都可得到圓滿合理的解釋。例如，農曆半年應爲 6 個月，但《夏小正》記載五月夏至到十月冬至、正月斗柄下指到六月斗柄上指的半年均只有五個月，那麼，《夏小正》是一年爲十個月的太陽曆而不是爲十二個月的農曆。本校注試圖從十月太陽曆的角度尋求《夏小正》星象物候方面的解釋。

爲《夏小正》作注釋的大多是清朝學者，現代僅夏緯瑛一家。夏緯瑛是農學家，他對《夏小正》物候的解釋較前人確實取得明顯的進步，但對於天象的解釋，都停留在清代的水平。他在序言中說："需要聲明的是，我不懂天文學，關於《夏小正》中的星象部分，不敢妄加解釋，只好用朱駿聲的說法填補了空白。因爲他對《夏小正》中的星象問題提了一些意見。關於這部分星象的解釋，希望另有人研究。"對於一部曆法典籍的研究，離開了天文學的研究手段，不能不認爲是一種嚴重的缺憾，正因爲這樣，筆者才試圖在夏緯瑛先生研究工作的基礎上，從天文曆法的角度，對《夏小正》的注釋重加探討。當然，筆者在校注過程中發現夏注也有一些不合理的地方，在本注中作了改正。

二、《夏小正》校注

對《夏小正》的經文，已經過多人的校勘，各家互有出入，傳菘卿《夏小正傳》爲 459 字，莊述祖《夏小正經傳考釋》爲 466 字，夏緯瑛《夏小正經文校釋》爲 420 字，今按傳本所析經文爲基礎，按月分段，作出校注。改正後的文字，用“〔 〕”表示，傳本經文誤者，用“（ ）”表示。傳文則置於各句注文的開頭，以供讀者參考，也作爲新注考釋的開始。校勘正誤文字及理由，對經文文義的解釋，也都載入注文。本篇校正後的經文爲 423 字。

夏小正[1]

【注釋】

1. 夏，是國號的名稱，也是民族的名稱，這裡二者的含意均有。正有二解，可釋作政，即是一種集體的活動，是政治；又可釋作徵，即象徵，是徵兆，即季節星象物候的徵兆。小正是大正的反義，認爲記載的主要是一些物候農事活動等瑣碎小事，而非國家政府治亂的大事，故曰小正。就這點而言，它與《月令》所載大正確實有別。《月令》所載主要爲周天子每月的政事，如《月令》正月即說：“天子居青陽……大史謁之天子，曰某日之春，……天子親率三公九卿諸侯大夫，以迎春於東郊……命相布德和令，行慶施惠，下及兆民……乃命大史，守典奉法，司天日月星辰之行，……天子乃以之日祈穀於上帝……親載耒耜……躬耕帝藉。……乃修祭典，命祀山林川澤，……禁止伐木，毋覆巢……不可以稱兵。”可見大多是天子所行的政事，這才是大正，而《夏小正》很少涉及於此，故稱爲小正。

（春）[1]正月[2]

啓蟄[3]；雁北鄉[4]；雉震呴[3]（關本脫呴字）；魚陟負冰[6]；農緯厥耒[7]；初歲祭耒始用暢[8]（關本作暘、舊注音韔，按暘不生也，暢訓達，作暢爲是）；囿有見韭[9]；時有俊風[10]；寒日滌凍塗[11]；田鼠出[12]；農率均田[13]；獺獸祭魚[14]（《戴禮》作獺祭魚，以傳考之，當作獺獸祭魚）；鷹則爲鳩[15]；農及雪澤[16]；初服于公田[17]；（耒）〔采〕芸[18]；鞠則見[19]；初昏參中[20]，〔斗柄懸在下〕[21]；柳稊[22]；梅、杏，杝桃則華[23]（關本杝作柂，非是，杝，音"移"，木名也）；緹縞[24]；雞桴粥[25]（粥，舊注音育）。

【注釋】

1.（春）：

中國古代將一歲分爲春夏秋冬四季，《春秋》等記載時日，在月份之前均載春夏秋冬，以示季節的區分。但《大戴禮記》所載《夏小正》未見春夏秋冬字樣，以後注家也均不用春夏秋冬以判四季，正如《鄭堂讀書記》所述，爲傳氏分析經傳時所加，理應刪除。

2."正月"：

正月爲一歲之首月，正月就是第一個月。正月又稱爲端月，也即起始之月的意思。

關於《夏小正》正月的月名，我們可以較有把握地說，它不是夏代或夏民族固有的月名。從出土西周銅器所載文字可以得知，西周使用正月至十二月的名稱，如五年衛鼎載"惟五年正月初吉庚戌"；九年衛鼎"唯九年正月既死霸庚辰"；休盤"惟二十年正月既望甲戌"等等。但據殷墟甲骨卜辭，可以知道殷商不用正月而稱之謂一月。據常玉芝《殷商曆法研究》統計，迄今所見記載一月卜雨的卜辭就有 27 條之多，可見殷代和殷人用的是一月而非正月。還沒有任何依據說夏代也使用正月的月名，故我們認爲，《夏小正》正至十二月的月名非夏代和夏民族所固有，而是後人所加，其它月名也是如此。

《爾雅》說："夏曰歲，商曰祀，周曰年。"這句話引用的人不少，但真正理解其含義的可能並不多。一般將歲、祀、年都理解爲與農曆相同的年，其實不然。據對本世紀出土的殷墟甲骨文研究，殷人盛行對祖先的祭祀活動，形成祀周，每十天一祭，被祭祀的祖先祭完一周，便爲一祀，殷人的一祀爲 360 天。因此，殷人的祀周與月亮沒有關係。夏代的歲，與月亮也沒有關係。所謂歲者，太陽在黃道上運行一周所需日數也，即一歲爲 365 天多，即一歲就是陽曆一年。而周人的年顯然爲農曆之年。平年 354 日，閏年 384 日。《爾雅》所說的夏曰歲，與《夏小正》爲十月曆相合。

《夏小正》之元日與《月令》的元日，不能籠統地說合與不合，即使都以立春爲歲首，也是合者少，不合者多。按《夏小正》與《月令》正月均有"初昏參中"，從節候上說應該是相合的。但是，《月令》只適合於春秋戰國，由於歲差的原因，夏人曆法所用節候星象在變化。筆者曾撰《臘日節考源》一文，論述了臘日即十月曆的新年。而記載臘日的歷史文獻，原先可出現在農曆十二月中的任何一天，例如八日、十六日、二十四日等，所謂"火中寒暑乃退"即是指此。《周禮・天官・冰人》鄭注也說："正歲，季冬火星中大寒，冰方盛之時。"《呂氏春秋・季冬》也說："大儺，逐盡陰氣，爲陽導也。今人臘歲前一日，擊細腰鼓驅疫，謂之逐除是也。"這裡所所說的正歲、臘歲、逐除，均與十月曆的新年有關，逐除即正歲除夕所舉行的活動，又稱之爲大儺。臘日所在之月爲臘，這便是臘月名稱的來曆。

戰國以後，十月曆在中原地區已基本消亡，但其固有的新年臘歲，仍在夏遺民中流傳，就如今已改用公曆而仍盛行過春節一樣。實行十月曆日，其新年在農曆中是不固定的，十月曆廢除之後，爲了仍過新年，就需要農曆中確定一個臘日的日期，這個日期在兩漢時大致定爲臘月二十四日，這便是小節夜或小年的來歷。

爲什麼要將臘日即小節夜定在 24 日，這是有說法的，是出於將十月曆的一月一日與農曆正月一日齊平。十月曆在過完十個月之後，尙有五至六天過年日，合起來正爲一歲之日數。而二十四日再加五至六日，也正好等於一個朔望月之日數二十九日或三十日。崔寔《四民月令》"臘明日，謂小歲"，《乾坤歲時記》"臘月二十四日爲小節夜，三十日爲大節夜"即是指此。如果它不是另一種曆法的新年，又如何能解釋正歲、臘歲、交年、小歲之說呢？《史記・天官書》說："臘明日，人眾卒歲"，"正月旦，王者歲首。"這就載明了當時"人眾"和"王者"不同歲始的日期。關於十月曆五至六天過年日，在古代文獻中也有記載，成伯嶼《禮記外傳》說："其休廢日爲臘日。"蔡邕《獨斷》曰："迎送凡田臘五日。臘日，歲終大祭，縱民宴飲。"這五天爲休廢日、田臘日、大祭日、飲宴日，不就是過年日嗎？正是由於兩種曆法在歲始日期上有些差異，也是由於《夏小正》在長期流傳過程中歲差所導致的節候變化，在正月條與《月令》也有微小差異。

3."启蟄"：

《傳》曰："言始發蟄也。"

蟄者，藏也，靜也；启者，發也，開也，動也，出也。言冬季藏伏的動物開始出動。鄭元《樂記》注云："蟄蟲以發出爲曉。"孔冲遠《月令正義》云："蟄蟲早者孟春已出，晚者二月始出……發蟄者必以雷。"启蟄又作驚蟄，它是否如前人所述因避景帝諱而改作启蟄，今不得而知。因受《夏小正》的影響，顓頊曆、三統曆均將驚蟄作中氣，至後漢四分曆才將其與雨水互換，將驚蟄作二月節。對調的原因是驚蟄、穀雨作爲正月的物候略早一些，故東漢時才將其調至二月節。但是，由於十月曆的元日與農曆相同，其一個月的日數有 36 天之多，故將驚蟄作爲十月曆的一月徵候是沒有問題的，但作爲農曆正月的徵候確實早了一些。對於這一矛盾現象，夏緯瑛將這個启蟄另作解釋，它不同於二十四節氣的驚蟄，認爲是人的启蟄。這種解釋實是多此一舉，沒有依據。

4.“雁北鄉”：

《傳》曰：“先言雁而後言鄉者何也？見雁而后數其鄉也。鄉者何也？鄉其居也。雁以北方爲居。何以謂之居？生且長焉耳。九月遰鴻雁，先言遰而言鴻雁何也？見遰而後知之則鴻雁也。何不謂南鄉也？曰：非其居也，故不謂南鄉。記鴻雁之遰也，如不記其鄉何也？曰：鴻不必當《小正》之遰者也。”

夏緯瑛說《傳》的解說迂曲，自相矛盾。筆者以爲確實如此。此與《月令》正月“鴻雁來”的物候正好相合。鴻雁在冬季南下至東南亞一帶過冬，在正月二月又飛回北方到中國，故曰正月鴻雁來。

5.“雉震呴”：

《傳》曰：“震也者，鼓其翼也。呴也者鳴也。正月必雷，雷不必聞，惟雉也必聞。何以謂之雷？則雉震呴相識以雷。”

雉即野雞，雉鳴曰呴，即是說野雞振動其羽翼而鳴。《詩·小雅·小弁》曰：“雉之朝雊，尙求其雌”是說野雞振翼鳴叫求偶，是正月物候的徵兆。

6.“魚陟負冰”：

《傳》曰：“陟，升也。負冰之者，解蟄也。”

《淮南子·時則訓》作“魚上負冰。”正月水溫轉暖，魚開始活動，由水底上生到冰層下面，如背負冰的狀態。

7.“農緯厥耒”：

《傳》曰：“緯，束也。束其耒云爾者，用是見君之亦有耒也。”

此傳文的解釋有意義的僅一“束”字，“束”義爲修理，“厥”即“撅”，也就是“倔”字，耒是一種刺地而耕的農具，同時播下種子。厥耒即掘地播種的農具，全句即是說農人開始修整用於掘地播種用的農具。

8.“初歲祭耒始用暢”：

《傳》曰：“暢也者，終歲之用祭也。其曰初云爾者，言是月始用之也。初者始也。或曰祭韭。”

此處傳文說明了暢祭與耒祭的時間是不同的，暢祭是歲終之祭，而耒祭則是初歲之祭。但是，沒有說明二者之間究有何種關係。

夏緯瑛說：“據《傳》所言，暢爲終歲所用之祭，是暢爲一祭名，其祭終歲之時舉行。終歲之祭當在冬季。古時常說‘春生、夏長、秋收、冬藏’，冬季之祭而名之曰暢，當取收藏之義。……《詩·豳風·七月》篇之末章也云：‘九月肅霜，十月滌場，朋酒斯饗，曰殺羔羊，躋彼公堂，稱彼兕觥，萬壽無疆。’這該說的是暢祭的話。其祭既在十月滌場之後，自是冬日之祭，也就是歲終收藏之祭。……‘初歲祭耒始用暢’者，意思是說，初歲有祭耒之舉，因爲由於其始已收藏過了。這正是爲‘農緯厥耒’作的注解。正月啓蟄之後農人整飭耒耜，其時舉行祭祀，在古時也是當然之事。”

夏緯瑛對暢祭和耒祭是兩個不同時節的不同祭祀活動，算是大致說清楚了，但對“初歲祭耒始用暢”的文義仍然沒有解說清楚。筆者以爲，該句意思是說，初歲的耒祭，開始於暢祭之後。即二者幾乎是相連接的。夏緯瑛據《七月》詩推斷爲農曆十月，它當然不能與初歲相連接，也不能解釋“四之日其蚤獻羔祭韭”（農曆二月）與傳文“或曰祭韭也”之間的矛盾。這些矛盾，只有用十月曆解釋才圓滿。不言而喻，十月曆之十月即是歲末。人們吃完暢祭之酒即爲卒歲。又據《七月》詩曰：“二之日鑿冰沖沖，三之日納於凌陰，四之日其蚤，獻羔祭韭。”這一之日至五之日爲十月曆的五天過年日，爲除舊迎新之日，正是人們祭耒，祭韭之時。

9.“囿有見韭”：

《傳》曰：“囿也者，園之燕者也。”

《呂氏春秋・重己篇》高誘注曰："大曰苑，小曰囿。"即此處燕的含義爲小，但園之大小沒有一定的標準，此處的囿當與園通用。韭，即韭菜，全句是說，在正月裡，園子裡見到韭菜發芽了。

10."時有俊風"：

《傳》曰："俊者，大也。大風，南風也。何大於南風也？曰合冰必於南風，解冰必於南風，收必於南風，故大之也。"

傳文將俊風釋作大風和南風。不過從整個文義來說，這個俊風使冰雪消融，使大地復甦，當是通常所說的和煦之風。《淮南子・時則訓》正月有"東風解凍"，兩者的文義是相當的。

11."寒日滌凍塗"：

《傳》曰："滌也者，變也。變而暖也。凍塗也者，凍下而澤上多也。"

滌，爲洗滌、清除、解消之義。塗即泥土。凍塗即冰凍的泥土。該句與上文"時有俊風"相接的，全句的文義爲：在寒冷的季節時，在和煦的東風吹拂下，冰凍的大地逐漸消融。

12."田鼠出"：

《傳》曰："田鼠者，嗛鼠也。記時也。"

田鼠即田中之鼠，以田中糧食爲食，穴居田中，對農業有害。此處記載田鼠出，是提醒農人注意防止鼠害。《墨子・非儒篇》云："鼸鼠藏，蓋如鼷鼬之居。自九月以后，蟄藏穴中。"此正月是其出蟄之時。

13."農率均田"：

《傳》曰："率者，循也。均田者，始除田也。言農夫急除田也。"

傳文將“率”釋作遵循，“均田”釋作除田，基本準確，但解釋仍不夠透徹，後人的進一步解釋也只是憑想像發揮。這裡的“農”，一定只能當名詞解釋，那麼，首先應該明確的是，這個“農”是農人還是農官？這關係整個文句含義的準確理解。筆者以爲，這裡的“農”只能是農人。“除”字可釋作整理，“除田”即整理田地。但“均田”又含有均分土地之義，這個“均田”，實際是殷商之際所實行的井田制度。按《孟子．滕文公》記載：“方里而井，井九百畝，其中爲公田，八家皆私百畝，同養公田。公事畢，然後敢治私田。”即每方里土地，按井字形劃作九區，中一區爲公田，其餘八區爲私田，分授八夫。公田由八夫助耕，全部收藏爲統治者所有。男子成年授田，老、死還田。以往注家對“除田”有兩種理解，一是指農官每年新春重新將土地劃界分配給農夫耕種，另一種是農夫將去年已收穫後的土地重新加以鋤耕整理，以備準時播種。故洪震煊《夏小正疏義》釋作“古之始耕者除田種穀”，那種將此句釋作重新分配田地，劃分疆界，不合《傳》之本義。

4.“獺獸祭魚”：

《傳》曰：“獺祭魚，其必與之獻何也？曰非其類也。祭也者，得多也，善其祭而後食之。十月豺祭獸謂之祭，獺祭魚謂之獻何也？豺祭其類，獺祭非其類，故謂之獻，大之也。”

有些經文版本將“獺獸祭魚”寫作“獺獻祭魚”而夏緯瑛又見《淮南子．時則訓》作“獺祭魚”故推論說本經文爲“獺祭魚”，其“獸”字爲傳文混入。筆者以爲“獺獸祭魚”文義通順，將一“獸”字強釋作傳文沒有依據，不必多此一舉。

獺即水獺，是一種以捕食魚類爲生的獸類。正因爲正月水溫變暖，魚類上浮活動，獺能捕獲更都的魚而有剩餘，將之謂獺獸祭魚。這也是促使人們適時捕魚的一個重要節候。

15.“鷹則爲鳩”：

《傳》曰：“鷹也者，其殺之時也。鳩也者，非其殺之時也。善變而之仁也，故其言之也曰則，盡其辭也。鳩爲鷹變，而之不仁也，故不盡其辭也。”

這是古人對社會倫理道德方面的一套說教，認爲鷹是殺生之凶猛動物，是一種不仁的動物，而鳩則不是殺生的動物，是一種仁義的動物。這兩種鳥類是可以互相變化的，當正月由鷹變爲鳩時，是由不仁變爲仁，這是變爲善的行爲，所以詳細一些，稱之爲鷹則爲鳩。至五月鳩變爲鷹時，是仁變爲不仁，所以說得簡單一些，稱爲“鳩爲鷹”。這是春秋戰國時儒家的仁義思想，在釋文上沒有太大的具體價值。

夏緯瑛說：“鷹是猛禽之類，鳩是鳩鴿之類，二者都是候鳥，在一定的時候來，又於一定的時候去。在夏曆正月中，鷹去鳩來，彼時人們就以爲是鷹變化爲鳩了。其實，鷹是不能直接變化爲鳩的，鳩也不能變爲鷹的，正月曰“鷹則爲鳩”，五月曰：“鳩爲鷹”，是行文中的變化，並無別意。”正月至五月，是鳩的頻頻活動期，而在這個時期幾乎見不到鷹的蹤影，這種物候現象已被古人準確地觀察到了，但由於觀察不精，理解有誤，才產生鷹、鳩互相轉化的解釋。

16.“農及雪澤”：

《傳》曰：“言雪澤之無離高下也。”

在古文中，澤與釋常通用，故雪澤者，即雪釋也。是冰雪消釋之義。那麼，經文“農及雪澤”，當與下文“初服於公田”相連接，是說農人等到冰雪消釋之時，便開始服役於公田。

但是，傳文說雪澤高下，似乎與始服公田沒有關係，作此傳文，倒底是什麼意思呢？《管子．地員》說：“無高下，葆澤以處”，又《詩．信南山》曰：“信彼南山，維禹甸之。畇畇原隰，曾孫田之。我疆我理，南東其畝。”均是說高平曰原，下平曰隰，而雪澤沒有高下，無論是原是隰，都可以耕種。是說當雪澤之時，原隰均需服役。

17.“初服于公田”：

《傳》曰：“古有公田焉者，古者先服公田，而後服其田也。”文中公田私田之義，如上引《孟子．滕文公》語。是指田中的收穫，而不是田地本身。田地所有權，是屬於王家所有的，夏緯瑛以爲“農及雪澤，初服于公田”句均爲傳文，筆者以爲仍可作經文解。

18.“釆芸”：

《傳》曰：“爲廟釆也。”

廟釆即廟菜，即所採集的這種芸菜，是供宗祭祀使用之菜。又據《呂氏春秋．本味》記載說：“菜之美者，陽華之芸。”可見芸菜確是一種可供食用的美味之菜。

但是，芸菜究爲何菜？在以後的學者間卻有著不同的看法。據《夏小正》經文說：正月“採芸”，二月“榮芸”。又《詩．小雅．裳裳者華》說：“裳裳者華，芸芸黃矣。”又《詩．苕之華》曰：“苕之華，芸其黃矣”。均說芸菜是一種開黃花的植物。據此，對芸菜有三種解釋，一是蒿，二是苜蓿，三是柴胡。但是，夏緯瑛指出，邪蒿之花不黃，苜蓿之花不在二月，而柴胡只是一種藥用植物，花期在四、五月，故以上三種均非芸菜。故夏緯瑛認爲，《夏小正》記載芸菜，實即現今人們所栽培的芸苔菜，它也就是人們廣泛食用的油菜。它是二年生植物，在正月間正好可以採食，正好夏曆二月間開黃花。筆者以爲夏緯瑛的說法較可信。

19.“鞠則見”：

《傳》：“鞠者何也？星名也。鞠則見者，歲再見爾。”

由於傳文將“鞠”釋作星名，誰也沒有表示反對和懷疑，那麼，鞠就只能作爲季節出沒星象來考慮了。由於在中國古代星表中，均沒有記載鞠星，故鞠究竟應爲何星，在論證上給人們帶來很大的困難。十八世紀中期，戴震及其弟子孔廣森撰《大戴禮記補注》，提出鞠即噣字之訛。《詩》有“三五在東”，爲心三噣五，心在東分，三月時也，噣在東方，正月時也。噣，柳星也，歲再見者，正月昏見，七月晨見。對此，莊述祖在《夏小正經傳考釋》中進一步發揮說：“孟春虛旦見，七星昏見。唯柳爲鳥頸其形曲，是鞠或七星與？”他推測說，二十八宿只有此宿以七星爲名，用星數，很奇怪，它有可能原本就叫作鞠或曲，是疇人在傳播過程將此星名丟失之後才代以七星之名的。這一推論雖然巧妙，但經洪震煊著《夏小正疏義》，對昏旦中星作出系統分析及用詞對比之後，便完全排除了此說的可能性。

洪震煊說：“《小正》凡一月後數星者，必一在晨，一在昏。四月昴則見者晨也，初昏南門正昏也；五月參則見者晨也，初昏大火中者昏也；七月漢案戶、織女正東鄉者昏，斗柄懸在下則旦者晨；九月內火者昏，辰繫於日者晨；十月初昏南門見者昏，織女正北鄉則旦者晨。正月鞠則見，若已爲昏也，下初昏參中，斗柄懸在下又爲昏，三星一候，非《小正》注法也。蓋鞠則見者，晨候也。初昏參中、斗柄險懸在下者昏候。《月令》每月中星，必一言昏一言旦，本《小正》法也。《 小正 》凡言星之則見者三：正月鞠則見，四月昴則見，五月參則見，皆謂晨見。五月晨見者參，四月晨見者昴，正月晨見者北陸虛矣。《小正》凡言則見者，皆謂昏見而後伏，伏而候再見。柳自季夏之後，無夜不見於天，不應至正月始則見。南門之優於十月之昏也，言見不言則也。若虛星自十月昏伏，至正月晨見，故經月則見，傳曰再見也。其謂虛爲鞠者，按《爾雅．釋詁》云：‘鞠盈也’，鞠有盈義，盈虛相反，鞠之爲虛，虛星爲鞠星也。陽湖孫淵如觀察云：‘鞠虛，聲相近也。’”洪震煊對《夏小正》和《月令》出沒星象已分析得很透徹，鞠則見只可能是旦見星象。既然是旦初見星象，鞠就不可能在南方七宿或柳宿附近，而必北陸之虛宿，危宿一帶。這是不容懷疑的定論。

但是，雖然鞠星只能在北陸的虛危二宿附近，卻不一定就是虛宿，洪震煊以盈虛相反，則虛爲鞠的推論過於牽強，也難以爲人們所接受，當另以恒星方位和音韻學的綜合考慮出發再求別解。

盛百二、柯觀等曾提出鞠為杵臼星，杵臼正月確晨見於東方。臼、鞠音近，為一音之轉。但是，丁杰指出，臼星小且暗，未必以之為物候。於是，朱駿聲《夏小正補傳》指出："鞠，疑當作匏。匏瓜五星，在天河中虛宿上。或當作鉤。天鉤九星在危宿上。見者，晨見也。但皆非明大之星，未敢臆斷。戴東原讀為噣，謂柳宿，則星候殊乖。洪震煊欲讀作虛，則形聲皆隔，恐非。"朱駿聲既否定了柳宿、虛宿的可能，便提出匏、鉤二星來作為討論的依據。

筆者以為，朱駿聲確有進步和創見。但是，將鞠星釋作匏瓜，並無多少可取之處，匏又寫作瓠（音"護"），在音韻上沒有任何共同之處，即使從星等來說，其最亮星為瓠瓜一，僅 3.9 等，太暗，而天鉤星則有著很大的可能性。天鉤九星在《隋書・天文志》中作鉤 9 星，鉤、鞠同音，在上古時作為假借字是完全可能的，而且據潘鼐《中國恒星觀測史》所載，鉤第五星為 2.6 等，已是較為明亮的恒星，作為季節星象是有可能的。它正合於正月旦見的條件，故鞠星應該就是鉤星。

20."初昏參中"：

《傳》曰："蓋記時也。"

這就是說，"初昏參中"這個季節星象，是用於判斷時節的。由於《禮記・月令》、《呂氏春秋・十二月紀》、《淮南子・時則訓》均載"昏參中"，由此可知，《夏小正》的歲始元日，與《月令》等完全一致，即《夏小正》之元日，起於立春。

21."斗柄懸在下"

《傳》曰："言斗柄者，所以著參之中也。"

斗柄者，北斗七星之柄也。又稱之為斗杓，出之於杓子之形像。《史記・天官書》曰："北斗七星，所謂旋璣、玉衡，以齊七政。"《索隱》引《春秋運斗樞》曰："斗，第一天樞，第二旋，第三璣，第四權，第五衡，第六開陽，第七搖光。第一至四爲魁，第五至七爲標，合而爲斗。”也即第五至第七星衡、開陽、搖光合起來爲斗柄。初昏“斗柄懸在下”者，也是一個重要的判斷季節的天象，即在正月初昏之時刻，斗柄正指向正北的下方。北斗在黃河以北地區爲拱極星，它無論在任何季節的任何時刻，夜間都能看到它。它只是隨著天球的旋轉而變換方向，所以古人用斗柄的指向確定季節。

筆者曾撰《北斗星斗柄指向考》一文，指出中國上古北斗星曾有九星七星的區別，兩者斗柄的指向也不同。九星指向大火星，七星指向大角星及角、亢二宿。用北斗九星判斷時節，大約產生於夏代以前，當時所使用的斗柄爲北斗九星，指向大火星，以斗柄上下指及大火星南中，判斷冬夏至。隨著歲差的改變，這種判斷季節的方法也發生了差異，至春秋之時，變成了“火中，寒暑乃退”了，也即當初昏時，斗柄懸在下已變成判斷立春的節候了。而北斗七星斗柄指向角、亢的節候，此時正是判斷冬夏至的標準。這就是《鶡冠子》所述“斗柄東指，天下皆春；斗柄南指，天下皆夏；斗柄西指，天下皆秋；斗柄北指，天下皆冬。”顯然，《夏小正》所述正月“斗柄懸在下”正是春秋戰國時立春的節候。它與正月初昏參中正好相合，所以傳文說：“言斗柄者，所以著參之中也。”即顯示、襯托出參中的節候。

朱駿聲說：“然斗柄恒指大角，懸在下者當指東北隅。今以時目驗，參中則斗柄向東微起，非懸在下也。”朱駿聲不明白北斗九星和七星斗柄指向不同的道理，所以提出了以上的疑問，而知斗柄應指向大火，這個疑問也就自然解決了。

22.“柳稊”：

《傳》曰：“稊也者，發孚也。”

孔廣森說：“發孚，發芽也。”稊字沒有芽字的含義，孔氏主要憑想像和推理。洪震煊認爲孚是采字之誤寫。采即穗字，那麼柳稊即樹開始秀花了。夏緯瑛指出，稊當作荑，也即是荑字。荑即茅之始生，茅即白茅，爲多年生草本植物，冬萎春生。春生之時，先抽花莖，吐出白色穗伏花序，稱之爲荑。那麼，柳稊，便是柳樹生出花序。《易經》曰："枯楊生稊"，與柳稊是一個意思，即過冬落葉之楊生出了花序，講的都是正月之物候。

23. "梅、杏、杝桃則華"：

《傳》曰："杝桃，山桃也。"

梅、杏正是正月開花之時。杝桃就是山野之桃。夏緯瑛指出，現今人們常用山桃作砧木，進行嫁接，改良成優良的家桃樹。這種山桃開花較早，也在正月。

24. "緹縞"：

《傳》曰："縞也者，莎隨也。緹也者，其實也。先言緹而後言縞何也？緹先見者也。何以謂之小正？以著名也。"

《爾雅・釋草》曰："薃，侯莎，其實媞。"可見《夏小正》中的緹縞，在《爾雅》中寫作媞薃。縞爲草本植物，其果實爲緹。傳文解釋說，緹字在縞字前，是春季萌發時先見緹，才見縞。夏緯瑛指出，縞是一種莎草的名稱，緹實際是莎草的花序而不是果實。傳文說緹是莎草之實，是出於古人觀察不精所產生的誤會。又《廣雅・釋草》曰："地毛，莎薩也。"故莎薩即地毛，是一種細葉莎草。如今的細葉莎草開花較早，《夏小正》所述之縞應該就是此地毛。

25. "雞桴粥"：

《傳》曰："粥也者，相粥粥呼也。或曰：桴，嫗伏也；粥，養也。"

傳文對"雞桴粥"有兩解，一爲雞呼卵，即雞生蛋之後的呼叫之聲。另一解是雞伏卵。《淮南子・時則訓》有"雞呼卵"，其第一解當出於此。夏緯瑛認爲：雞生卵期，大致有一定時，而伏卵無一定時期，故知"雞桴粥"，當作雞產卵解。雞於冬季休卵，至夏曆十二月或正月，而又開始產卵。筆者以爲，夏緯瑛此言過於臆斷。正好相反，中國古代雞之孵卵期大致確定在正月，經二十餘天小雞孵出後，春夏秋三季食物多而利於養育。雞的產卵期並不確定，常常與食物多少季節有關。每年春秋兩季食物多，爲雞產蛋的兩個旺季。食物多，則產蛋期也長。又從字面含義來說，桴即孵的借詞，粥爲育之借詞，雞孵育即雞正在孵化期，解釋直接順當。而將桴粥解釋成呼卵之聲，在用詞上也沒有依據。實際上，家雞源於野雞，其孵育期均爲春季，古時家雞的孵育期也不例外。

二月

往耰黍禪[1]，初俊羔，助厥母粥[2]，綏多女士[3]（關本作綏綏），丁亥萬用入學[4]，祭鮪[5]，榮堇，采蘩[6]，昆小蟲，抵蚳[7]，來降（關本小蟲，《傳》自昆，簡誤列於五月以下，脫承煮梅之下）燕乃睇[8]，剝鱓[9]（《大戴》"鱓"作"鼉"），有鳴倉庚[10]，榮芸[11]，時有見稊，始收[12]。

【注釋】

1.“往耰黍禪”：

《傳》曰："禪，單也。"

對這句話的理解，關鍵在"耰"和"禪"二字的理解。古代人們據傳文"禪，單也"，理解爲單衣，"往耰黍"作爲一句解，那麼全句理解爲二月下田耰黍，天氣漸漸熱了，可以穿著單衣在地裡幹活了。但是，夏緯瑛則另有解釋，他認爲，"黍禪"當是一個名詞。《詩·鄭風》曰："東門之墠"，《毛傳》云："墠，除地町町者。"除地即整理田地。那麼，黍墠即是種黍之田。有人以爲，《夏小正》五月也種黍，故二月不當再言黍。這是對黍這種作物不大了解所致。黍這種農作物，有早晚之分，五月種黍，是指晚種之黍，而早種之黍當在二月播種。

前人對“耰”字有三種解釋，一是摩田，即耕田下種後，將耕土打細摩平；二是覆種，即是將播種後，以細土覆蓋好；三是耰即爲耕。《論語·微子》說：“長沮桀溺耦而耕”，又云：“耰而不綴”這裡所述之耰，也就是耕。不過，上古時農人耕地，與今人不同，古人耕地主要使用耒耜，耕種時，手持耒柄，以足踏耜而耕，隨耕、隨種、隨耰，耕、播、耰同時進行，故對耰字的解釋較爲含混而複雜。

2.“初俊羔，助厥母粥”：

《傳》曰：“俊也者，大也。粥也者，養也。言大羔能食草木，而不食於母也。羊蓋非其子而後養之，善養而記之也。或曰：夏有暑祭，祭者用羔，是時也不足，喜樂善羔之爲生也而記之，謂羔羊腹時也。”

二月是飼養、繁殖羊群的重要季節，故在二月作爲一個重要物候和農事活動來記載。春季是產羊的季節，有大羔和小羔之分，小羔需吃母乳，大羔能自食草木生長。羊群有一個習慣性，非其所生之小羔羊，別的母羊，也能對其撫育，故說“助厥母粥”。“俊”者古人釋爲大，夏緯瑛釋作俊美，即善加飼養，使其肥大而俊美。

《夏小正》載二月“初俊羔”，與古人所行夏季之暑祭有關，暑祭要頒冰獻羔，故二月之“初俊羔”，加以精心飼養，爲暑祭獻羔作準備的意思。

3.“綏多女士”：

《傳》曰：“綏，安也。冠子取婦之時也。”

夏緯瑛說：“‘綏’訓‘安’不確切，說‘綏多女士’是‘冠子取婦之時’，雖是，但也不確切。”夏緯瑛的批評意見是正確的。《周禮·地官司徒・媒氏》曰："中春之月，令會男女"，即讓青年未婚男女相會，以達到婚配的目的，這是一種很古老的習俗，至今在中國少數民族中仍然流行。《詩・衛風・有狐》說："也狐綏綏"。《毛傳》曰："綏綏，匹行貌。"因此，此句之正確解釋是：匹行的男女多，即成雙成對的男女多，成雙成對地匹行，就是談戀愛。

4. "丁亥萬用入學"：

《傳》曰："丁亥者，吉日也。萬也者，干戚舞也。入學也者，謂今時大舍采也。"

傳文作此解釋後，文義仍然不明。問題的關鍵是，若"萬"釋作"干戚舞"，那麼"干戚舞"又是什麼？如果將"入學"釋作"入學日"，那麼"大舍采"又是何意？又入學學習什麼東西？古人將其釋爲學習舞蹈和音樂，屬於文藝娛樂性質。但筆者以爲，這種解釋根本沒有涉及活動的本質。

《禮記・月令》："仲春曰：上丁，命樂正習舞，釋菜。天子乃帥三公九卿、諸侯、大夫，親往視之。仲丁，又命樂正入學習舞。"從《月令》的記載可以看出，這種釋菜習舞，是由天子帥三公九卿、諸侯，大夫親往審視的，可見周王朝對此重視的程度。如果僅僅是學習一般的音樂舞蹈，決不可能受此重視。《月令》正義曰："干舞稱萬者，何休公羊注云：周武王以萬人服天下，《商公》萬舞有奕。蓋殷湯亦萬人得天下。"阮元曰："讀萬當如厲，即發揚蹈厲之義。"洪震煊曰："按干戚皆爲武舞，文王世子春夏習干戈。鄭君注云：干戈萬舞，象武也，用動作之時學之，象武動作，與發揚蹈厲之義合。"作這樣的理解也就對了。無大志的帝王，沉緬於婦女音樂，決不是如何休所述"周武王以萬人服天下"，"湯亦以萬人得天下"，這兩個習萬舞，一定是學習武術，是以增強戰鬥力爲目的訓練活動。

那麼，大舍菜又是什麼意思呢？夏緯瑛指出："'大舍菜'之說，說者紛紜，甚不一致。大概這一典禮，漢時已不舉行，故各得其是。我以爲，這'舍菜'當作'舍采'。……'舍'，即捨去之捨；'采'，即採取之採。

‘大舍采’，意思是大行去取。這是古時入學前的一種典禮。在夏曆二月第一個丁亥日舉行，所以，《夏小正》的經文說‘丁亥萬用入學’”。盡管夏緯瑛沒有弄清學習的是什麼東西，但對大舍菜的解釋應該是合理的。

另外，夏緯瑛對丁亥的理解也是錯誤的。丁亥是六十干支之一，記日每兩個月才能出現一次，那麼，在二月中有可能沒有丁亥，更沒有第二、第三個丁亥了。在這個問題上，《月令》的記載告訴我們，這個典禮或入學儀式，不一定非用丁亥不可。丁亥雖是最常用的吉日，但上旬若無丁亥，選用二月中第一個丁日即可，即《月令》所述上丁之日。

5.“祭鮪”：

《傳》曰：“祭不必記。記鮪何也？鮪之至有時，美物也。鮪者魚之先至者也，而其至有時，謹記其時。”

鮪是一種味美的魚類，淡海兩棲。每逢春季，從海中游至江河產卵，故傳文說“其至有時”，《呂氏春秋·十二月紀》作“荐鮪於寢廟”，而《周禮·漁人》：“春獻王鮪”，可見上古時春季確有鮪祭。舉行鮪祭，也表示著春季捕鮪時節的來臨。

《夏小正》之鮪祭在二月，而《十二月紀》載在三月。夏緯瑛說：“這是因地域之不同而時間稍有差異。”這是對文義不理解而想出的遁辭。十月曆每月 36 天，經兩個月比農曆多出 13 至 14 天農曆之三月上旬，自然是十月曆的二月下半月。

6.“榮堇采蘩”：

《傳》曰：“堇，菜也。蘩，由胡。由胡者，蘩母也。蘩母者，旁勃也。皆豆實也。故記之。”

《詩·七月》曰：“春日遲遲，采蘩祁祁。”《毛傳》曰：“蘩，白蒿也，所以生蠶。”可知蘩是一種古時用來生蠶的蒿類植物。蘩葉可能也有促進蠶子孵化，保護幼蠶的作用，那麼，二月採蘩，也預示著春季養蠶的開始。

《爾雅．釋草》曰："木謂之華，草謂之榮"，即是說榮堇爲二月堇菜開花的季節。堇是一種豆實類的蔬菜。

7.“昆小蟲抵蚳”：

《傳》曰："昆者，眾也。由魂魂也。由魂魂也者，動也，小蟲動也。其先言動而後言蟲者何也？萬物至，是動而後著。抵，猶推也。蚳，螘卵也。爲祭醢也。取之則必推之，推之不必取之，取必推而不言取。"

此句看似費解，其實並不複雜。"昆"可解釋爲動，言小蟲開始出動。這也是春季氣溫上升到一定時候的一種物候。蚳爲蟻卵，醢爲肉醬，是說二月正是取蟻卵作肉醬之時節。夏緯瑛將昆小蟲釋爲昆蟲，過於曲解。

8.“來降燕乃睇”：

《傳》曰："燕，乙也。降者，下也。言來者何也？莫能見其始出也，故曰來降。言乃睇何也？睇著眄也；眄者，視可爲室者也。百鳥皆曰巢。室，穴也。與之室何也？操泥而就家，入人內也。"

《月令》等古籍皆作"玄鳥至"，其實，"玄鳥至"與"燕乃築巢"是一回事，初見玄鳥，即見其入人房舍築巢。故"玄鳥至"與"燕始築巢"爲同一物候。

夏緯瑛以爲，《夏小正》"來降燕乃睇"應如《月令》等改爲"玄鳥來降"，而"燕乃睇"則爲古老的傳注。這樣解析經傳，既沒有根據，也太離奇複雜，而沒有必要。若這樣解經，恐怕會無人敢於相信。筆者以爲，"來降燕乃睇"，是很順暢的一個物候，是說飛來的燕子築巢了。

9.“剝鱓”：

《傳》曰：“以爲鼓也。”

鱓也稱鱓魚。鱓又叫做鼉，是一種產於長江中下游的水生爬行動物。古時以鼉皮爲鼓，肉可以食用，故此有剝鱓的記載。《詩·大雅》之“鼉鼓逢逢”，即是指此。

10. “有鳴倉庚”：

《傳》曰：“倉庚者，商庚也。商庚者，長股也。”

《詩·七月》曰：“春日載陽，有鳴倉庚。女執懿筐，遵彼微行，爰求柔桑。”柔桑即嫩桑，此也爲二月之桑樹剛長出嫩葉，婦女們採此嫩桑葉餵養剛剛孵出之小蠶。此也爲二月之一重要物候和農事活動。倉庚即今日所俗稱的黃鸝。傳文釋作長股，不知何意。夏緯瑛爲釋作長股是個錯誤，長股爲蛙之別名。

11. “榮芸”：

此句無傳文。據正月之釋文，芸即今日之油菜。榮芸即二月油菜始開花的季節。程瑤田云：“芸華始作於二月，從仲春至季秋，舒英不息者閱八月，百華氣候，無長於此者。”

12. “時有見稊始收”：

《傳》曰：“有見稊而後始收，是《小正》序也。《小正》之序時也，皆若是也。稊者，所爲豆實。”

此“稊”，當與正月之“柳稊”義相同，即花序之義。不過，此處之花序與柳樹之花序不同，當是白茅之稊。白茅生出花序之時正在二月。白茅爲多年生草本植物，每年春季抽出花序，稱作荑，白色，桑軟，可以收取爲薦藉。故收取白茅之稊，也是二月之物候。

三月

參則伏[1]；攝桑，委揚（羠羊）[2]；縠則鳴[3]；頒冰[4]；采識[5]；妾子始蠶[6]；執養宮事[7]；祈麥實[8]；越有小旱[9]；田鼠化爲鴽[10]；拂桐芭[11]；鳴鳩[12]。

【注釋】

1.“參則伏”

《傳》曰：“伏者，非亡之辭也。星無時而見，我有不見之時，故曰伏云。”

這段傳文等於不說，不能說明什麼問題。洪震煊說：“日所在之宿，謂之繫，非伏也。伏者去日近也。凡星西去日躔三十度許，則昏而伏於西方；東去日躔三十度許，則晨而見於東方。《小正》正月，日在營室，則二月日在婁，三月日在昴，是時參西去昴不及三十度，故伏也。”清畢沅在其《夏小正考注》中說：“大衍曆議曰：“季春日在昴十一度半，去參距星十八度，故曰參則伏。”洪震煊分清了星與日之位置關係的名稱，星與日同宿曰系，相鄰曰伏。他還給伏的範圍設定了一個標準，即距日 30 度的範圍之內。不過，在授時曆中，曾按行星的亮度來判別伏的範圍，例如，規定木星十度半爲伏，水星十九度內爲伏。水星已很暗弱，它大致可作爲大恒星的伏見範圍。因此，洪震煊所述三十度以內爲伏，是很寬的。反過來說，距度太陽三十度以外，便一定不是伏。

但是，《夏小正》之三月，日究竟在何處呢？是否真如洪震煊所說三月日在昴，或畢沅明確指出他所引三月日所在爲大衍曆的數據。在畢沅和洪震煊所生活的十八、十九世紀，按說天文學已相當發達，但這兩位學者竟然都不懂得歲差，也沒有想到歲差發生的影響。實際的情況是，《夏小正》季節星象產生的時代在春秋以前，決不能像洪震煊、畢沅那樣，隨便將大衍曆的星象拿來作比較。如果一定要作比較的話，《月令》也是先秦的季節星象，它們二者在時代上最爲接近，可將這二者進行比較。《月令》說："孟春之月，日在營室；仲春之月，日在奎；季春之月，日在胃。即《月令》之三月日在胃，又在昴宿之前一宿，它與參宿，相距胃昴畢觜四宿，若按戰國以前的二十八宿距度作平均計算，每宿 13 度，四宿達 52 度，決不是伏的天象。

從《夏小正》與《月令》三月參宿位置的對比可以看出，前者參則伏，而後者參星與日相距四宿，其三月季節星象肯定是不一樣的，而《夏小正》和《月令》正月均爲參中，可見這兩種曆法是不同的。在同一個月中，不同地域可以有不同的物候，但星象不會有差異，這說明《夏小正》的三月，與《月令》三月在季節上存在差異。這是《夏小正》非農曆的鐵證之一。即《夏小正》的三月初，比《月令》的三月初，在季節上要晚大致半個月。

2. "攝桑"（萎楊）〔委揚〕（羚羊）：

《傳》曰："桑攝而記之，急桑也。楊則花而後記之。羊有相還之時，其類羚羚然，記變爾。或曰：羚，羝也。"

傳文對這三條經文的解釋均不能通，對攝桑等於無釋；對萎楊釋爲楊樹開花雖然可通，但先秦古文不用花而用華，此地出現花字反而可疑；將羚羊釋作山羊不成句子或物候。筆者以爲，夏緯瑛對這三條經文的解釋是可取的，他從《詩・七月》求得解釋。

《詩・七月》說："蠶月條桑，取彼斧斨以伐遠揚。"講的是修整桑樹枝條之事。以斧斨伐去徒長之枝條，將其整形。因此，兩句當連讀爲"攝桑委揚"。攝爲整理之義，委有弄去之義。攝桑委揚的意思是，整理桑樹，伐去其揚出的枝條。與《七月》蠶月條桑，以伐遠揚一致。而羚羊二字，記的根本就不是與羊有關的事，它僅僅是萎楊二字的注音，不是經文。

3. "瞉則鳴"：

《傳》曰："瞉，天螻也。"

《爾雅·釋蟲》曰："蝒，天螻"。郭璞注曰："螻蛄也。"螻蛄爲農業害蟲，正是於春夏之時出動而鳴叫。載螻蛄鳴，既說明季節，又提醒人們注意防止螻蛄等農業害蟲的危害。《月令》孟夏有"螻蟈鳴"，正應其節候。

4."頒冰"：

《傳》曰："頒冰也者，分冰以授大夫也。"

頒冰就是分冰，將冬藏之冰，於夏季取出，分給貴族使用。頒冰既是一種儀式，也應著節候，故《夏小正》記之。《左傳》昭公四年載申豐云：太陽在虛時藏冰，火出時分配完畢。《國語》載火出於夏爲三月，正應著這一節候。但是，《左傳》言火出分配完畢並非指火出之月，而是指火出至火伏之間，夏秋之際的炎熱時節分配完畢。

5."采識"：

《傳》曰："識，草也。"

《爾雅·釋草》曰："蘵，黃蒢也。"郭璞注曰："葉似酸漿，華小而白，中心黃，江東以作菹食。"菹者，即今泡菜。《月令》孟夏之月載"苦菜秀"，梁朝禮學家均以爲蘵即苦菜。如果解釋正確，那麼《夏小正》此采識節候，也早於《月令》。

6."妾子始蠶"：

《傳》曰："先妾而後子，何也？曰事有漸也。言自卑事者始也。"

古時妾爲卑賤之女人，上古時即女奴隸。子爲女之尊稱，指尊貴之婦女。在周代奴隸制度下的養蠶，實際都是女奴們的事，但也有貴族婦女參加管理，故有妾和子之別。全句是說婦女們開始養蠶。

7.“執養宮事”：

《傳》曰：“執，操也。養，長也。”

此句當上句連讀，均與婦女們養蠶之事有關。宮字有兩解，一爲功事，即事務，一爲室事。前解爲假借詞，後者由宮室之義出。全句爲自此婦女們將長時間操勞功事。

8.“祈麥實”：

《傳》曰：“麥實者，五穀之先見者，故急祈而祭之。”

言麥子是人們很主要的農產品，正當麥子秀穗之時，進行祭祀，而祈求豐收。

9.“越有小旱”：

《傳》曰：“越，於也。記是時恒有小旱。”

越，是語氣詞，有驚嘆之義。告知此月有小旱發生。

10.“田鼠化爲鴽”：

《傳》曰：“鴽，鵪也。變而之善，故盡其辭也。鴽爲鼠，變而之不善，故不盡其辭也。”

鴽爲鵪鶉。牠是一種候鳥，常於農曆三月來到中國北方，在田間活動覓食。八月糧食收割後又去。先秦時人們對鵪的認識尚淺，以爲鴽與田鼠能相互變化。實與二月燕乃睇一樣，記載鵪鶉出現的時節。

11.“拂桐芭”：

《傳》曰：“拂也者，拂也，桐芭之時也。或曰言桐芭始生，貌拂拂然也。”

夏緯瑛曰：此爲白桐、泡桐之屬，在今植物學上屬於玄參科，非梧桐或其它之桐。芭者，花也。《齊民要術》所引《南方異物志》或《南州志》中，凡言芭者，意即爲花。拂有奮發之義，拂桐芭即桐樹開花。

爲什麼不言桐則華呢？這與桐樹的習性有關。泡桐之花蕾形成於秋季，其花大而顯著。經過冬季，至春季才發出美麗的花冠。花蕾早已形成，此時突然開放，與常見其它植物不同，故云拂。義爲突然奮發而大開。

12.“鳴鳩”：

《傳》曰：“言始相命也。先鳴而後鳩何也？鳩者，鳴而後知其鳩也。”

三月鳴叫之鳩爲斑鳩。牠是一種留鳥，是繁殖期互相常爲呼叫，也是一種物候。

（夏）四月

昴則見[1]，初昏南門正[2]，鳴札[3]，囿有見杏[4]，鳴蜮[5]，王萯莠[6]，取荼[7]，莠幽[8]，越有大旱[9]，執陟攻駒[10]。

【注釋】

1.“昴則見”：

此句無傳文。昴在西方七宿奎、婁、胃、昴、畢、觜、參中，屬第四宿。“則見”之義爲晨見，昴當在太陽的西方。天文學家朱駿聲不釋其伏見。洪震煊云：“夏時四月，日躔在參，昴與日躔相距三十度許，故得於東方晨見。”昴與參相距三宿，平均相相距在 30 度以上，故確實需日躔參宿，才能達到四月昴則見。但是，《月令》則載“孟夏之月日在畢”，昴在畢西僅一宿，二宿緊相鄰，故仍在伏的狀態，不能晨見。由此可見，《夏小正》四月星象，也與《月令》不合。《夏小正》四月日躔星象，與《月令》不合。《夏小正》四月日躔星象，與《月令》已差至二宿，節候相差近 20 天左右。

2.“初昏南門正”：

《傳》曰：“南門者，星也，歲再見，一正，蓋大正所取法也。”

中國古代的星座，被稱作南門者，共有四處。以往研究《夏小正》者，各有所引，各以爲是。《史記·天官書》云：“亢爲疏廟，其南北兩大星曰南門。”《蔡氏月令》云：“南門二星，屬角，庫樓上。”《晉書·天文志》曰：“南門二星，在庫樓南，天之外門也。”又說：“東井八星，天之南門。”

朱駿聲說：“南門二星，在庫樓之南，一星屬角，一星屬亢。按此屬亢之一星正也。於夏初之星象爲合。”庫樓以南之南門，在南緯 60 度，對黃淮流域的人們來說，只有在初夏時才能於南方地平線以上見到它。雖然用其作爲季節星象也無不可，但用“南門正”表述，實爲不妥。因爲只要見到它，都是在南方，沒有出現在東西方的時候。故這個南門，是應該排除的。

角宿之南門，與亢宿之南門，僅相差一宿，在節候上來說，難以作出正確是非的判斷。不過，洪震煊指出；“《天官書》是也，畢引《曆議》爲非。……若果南門在庫樓外，則《天官書》但云其南兩大星可矣，何以云其南也。習《史記》者不得其說，則謂北字衍文，不知所謂南北，固即亢之南北星也。邵氏晉涵《爾雅》正義引《小正》此文而說之云：南門者，亢上下之星也。亢四曲而長，故《天官書》曰：亢爲疏廟，其南北兩大星曰南門。《小正》以識亢星所在也。據邵所說，亦不以南門爲庫樓外之南門也。今實測圖亢四星，狀如彎弓，其南星抵黃道，其北星抵赤道，而兩星並不入於其中。兩星者，或古明而今暗也。且庫樓外之南門，已入地平下不見，雖江以南人，無以後之。作《小正》者，固無取爾也。惟南門即亢星，七月以前昏見，九月以後晨見，是一歲再見也。四月日躔在參是時日入戌，初昏參加戌，則亢加午，是南門一正也。大正，古刑官名，義具《周書・嘗麥解》。……是月王命大正正刑書，是大正嘗以四月正刑也。……大正即居於戶西南向，是大正法南門之正而位南向也。……是王重刑，故重大正也。末之乃藏之於盟府，以爲歲典，是歲一舉行此法也。典猶法也。舉行此法之時，視南門星之正於南，故曰。蓋大正所取法也。"

筆者以爲，四月初昏南門正之星，應如洪震煊所述亢星爲是。《月令》"孟夏之月日在畢，昏翼中。"但亢與翼已差至三宿，即已大致差致一月之候矣。此大致正合於孔廣森在《大戴禮記補注》所述"《小正》躔度，與《月令》恒差一氣。"若將南門釋作角宿，與翼宿也有兩宿的差距，其物候之差雖不是一月，也達 20 天左右。

3. "鳴扎"：

《傳》曰："禮者，寧縣也。鳴而後知之，故先鳴而後禮。"

《爾雅・釋蟲》曰："蚻，蜻蜻。"《方言》曰："蟬，其小者謂之麥蚻。"《夏小正》之札，當釋爲蚻，是一種蟬之形體小者，以麥熟時成熟鳴叫，故稱之爲麥蚻。

4. "囿有見杏"：

《傳》曰："囿者，山之燕者也。"

囿即園，四月爲杏成熟之時，故說囿有見杏。洪震煊曰："燕"爲"樊"字之誤，"樊""藩"上古時通用。是說在山林間藩植之杏園。

5. "鳴蜮"：

《傳》曰："蜮也者，或曰屈造之屬也。"

《說文》曰："蜮又從國"，即蜮又寫作蟈。《周禮．秋官》有蟈氏，鄭注曰："蟈讀如蜮，蝦蟆也。《淮南子》高誘注鼓造曰："鼓造亦蝦蟆。"因此，此句謂四、五月蛤蟆鳴叫繁殖之時。蛤蟆爲青蛙和蟾蜍的統稱。

6."王萯秀"：

此句無傳文。《月令》載"王瓜生"，鄭注曰："《月令》云王萯生，《夏小正》云王萯秀，未聞孰是？"王瓜即黃瓜，農曆四五月間開花，花後即結瓜，可生食。洪震煊補充論證王瓜即王萯時引《管子．地圖》說："剽土之次曰五沙"，"其種大萯細萯。白莖淸黍以蔓"，大萯即王萯，青秀之秀，即此莠也。

夏緯瑛據《呂氏春秋．十二月紀》有"王菩生"，菩，萯同音，他說經過考察認爲，王萯，王菩即今之香附草，其根作塊狀地下莖，又稱香附子，可藥用。是多年生雜草，爲害農作物，《小正》作此記載或採爲藥用，或防除雜草。夏緯瑛以王萯爲香附草，也可作爲一說。

7."取荼"：

《傳》曰："荼也者，以爲君荐蔣也。"

古人將四月之"取荼"，七月之"灌荼"，與七月之"莠灌葦"連在一起解釋，認爲"荼"就是葦之秀。夏緯瑛指出這種解釋是錯誤的，夏說爲是。范家相《夏小正輯注》曰："荼，苦菜，取之以順時也。"《儀禮》曰："茵者用荼。"茵就是褥，也就是傳文所說的"荐蔣"。荼是一種苦菜，一名苦苣。是一種多年生草本植物，喜歡濕地生長。它所結果實上有冠毛，柔軟如棉，可充菌褥之用。故傳文說"爲君荐蔣。"四、五月爲荼盛果之時，故《小正》載四月取荼。

8."秀幽"：

此句無傳文。《詩・七月》有"四月秀葽"，《毛傳》曰："葽，葽草也。"《說文》曰："葽，草也。"徐鍇《說文繫傳》曰：葽爲狗尾草。經考，狗尾草與禾穀形狀相似，稞株較小。夏四五月間抽穗開花。故秀葽即狗尾草。

9."越有大旱"：

《傳》曰："記時爾。"

古時夏有雩祀，《小正》載此，是提醒人們防止旱災。

10."執陟攻駒"：

《傳》曰："執也者，始執駒也。執駒也者，離之去母也。陟，升也。執而升之君也。攻駒也者，教之服車數舍之也。"夏緯瑛指出，傳文解釋不當，應是縶種馬駒去其爲勢，即種馬。攻駒，即《周禮・校人》之"攻特"，即攻牡駒，即騸馬。

五月

參則見[1]；浮游有殷[2]；鴃則鳴[3]；時有養日[4]；乃（衣）瓜[5]；良蜩鳴[6]（匽之興五日翕，望乃伏）[7]；啓灌藍蓼[8]；鳩爲鷹[9]；唐蜩鳴[10]；初昏大火中[11]；種黍菽糜[12]（或曰種黍菽糜，以心中爲節，《傳》因大火中而及之，非《小正》文）；煮梅[13]；菽（糜）〔麻〕[14]；蓄蘭[15]；頒馬[16]。

【注釋】

1.“參則見”：

《傳》曰：“參也者，伐星也，故盡其辭也。”

范家相曰：“案此與上四月昴則見經文，皆不知所謂，四月、五月，昴參皆非中星，何以記之？且篇首三月明書參則伏矣，豈有逾一月而參復見之理？或曰此蓋爲旦之中星，不知《小正》一書，記昏不記旦，且四月五月女危二宿旦星正中，非參昴也。竊以爲，十一、十二月經文之錯簡，而傳經者不察耳。昴與參二宿相近，十一月昴則見，十二月參則見，正其時也。故正月經文大書之曰‘初昏參中’”

范家相真可謂不懂天文而又要充內行，又敢於胡言亂語混淆視聽者。《小正》七月、八月、十月明載“則旦”二字，他偏說《小正》記昏不記旦；前已引諸家論定凡書“則見”者均爲旦見，他偏以昏見相混攪竟將夏季之星象移至冬季；參星三、四月伏二個月後，何以不能晨見，正其時也。

洪震煊曰：“五月日躔在東井之末，參體遠，距日躔在三十度以外，故辰見也。”所以，《夏小正》之五月日躔大致應在東井之末或鬼宿。

2.“浮游有殷”：

《傳》曰：“殷，眾也。浮游殷之時也。浮游者，渠略也；朝生而莫死。稱有何也？有見也。”

《爾雅・釋蟲》云：“蜉蝣，渠略。”舍人注云：“蜉蝣，一名渠略。南陽以東曰蜉蝣，梁宋之間曰渠略，方言謂蜉蛖，秦晉之間謂之�蟞。”夏緯瑛說：浮游，昆蟲之屬，字或從蟲作蜉蝣。他認爲，牠其實就是如今的金龜子。金龜子的幼蟲是蠐螬，生於肥沃的土中，以植物根爲食，爲農業害蟲。化成成蟲金龜子以後，進行交尾，交尾後，雄蟲即死，故有蜉蝣朝生暮死之說。

3.“鴃則鳴”：

《傳》曰：“鴃者百鷯也。鳴者，相命也。其不辜之時也。是善之，故盡其辭也。”

《月令》仲夏之月載“鶪始鳴。”鄭注曰：“鶪，博勞也。”可見鴃即博勞，即鶪，或稱之謂伯勞、白鷯，它是一種候鳥，夏至時來鳴。與《月令》差之一個月。

4.“時有養日”：

《傳》曰：“養，長也。一則在本，一則在末，故其記曰有養日云也。”

《月令》五月載“日長至”，即白天最長之日到了，與《夏小正》之時有長日一致。時有長日即夏至之時。農曆夏至在五月末，十月曆夏至在五月初，在元旦後 147 天左右，故均在五月中。

5.“乃（衣）瓜”：

《傳》曰：“乃者，急瓜之時也。衣也者，始食瓜也。”

傳文各本互有出入。《大戴禮記》之經文作“乃瓜”，關澮本作“乃衣瓜”。夏緯瑛以《詩·七月》有“七月鳴鶪，八月載績”爲依據，認爲“乃瓜”爲“乃衣”之誤，“乃衣瓜”之“瓜”字爲衍文。其義爲蠶五月成茧之後，即用茧絲制衣，順理成章，故有“乃衣”之說。不過，夏緯瑛主張“乃衣”而不是“乃瓜”，唯一可信的證據是《詩·七月》載“七月食瓜”，此五月“乃瓜”，不是食瓜之時。但是，《夏小正》之五月即農曆六月，正是食瓜之時，故此五月經文該是“乃瓜”。

6.“良蜩鳴”：

《傳》曰：“良蜩也者，五采具。”

《方言》云：“蟬，楚謂之蜩，陳鄭之間謂之蜋蜩，秦晉之間謂之蟬。”

《爾雅・釋蟲》曰："蜩，蜋蜩。"郭璞注引此傳謂蜋蜩作五彩具。蜋蜩五色具備，即當今所述之彩蟬。

7. "（匽之興五日翕，望乃伏）"

《傳》曰："其不言生而稱興者何也？不知其生之時故曰興。以其興也故言之興。五日翕也，望也者，月之望也。故謂之伏。五日也者，十五日也。翕也者，合也。伏也者，入而不見也。"

此是記載蟬生活史的過程，自幼蟲發育至成蟲。《論衡・無形》云："蠐螬化爲復育，復育轉而爲蟬。""匽"當爲復育，"翕"當爲羽翅未展之時。《淮南子・說林訓》曰："蟬飲而不食，三十日而蛻。"此十五日翕，望爲十五日，那麼又十五日而伏，計三十日，與《淮南子》所載合。夏緯瑛說："此節所言者，爲蟬之生活史，但非《夏小正》當有之經文，它該是……古老的傳注而混入經文者。《夏小正》經文，都很簡明，不若此節之繁瑣。"夏說爲是，當爲傳文而混入存。

8. "啓灌藍蓼"：

《傳》曰："啓者，別也。陶而疏之也。灌也者，藂生者也。記時也。"

蓼草是一種用於染色的植物，藍即青藍之色，啓爲分開之義，灌爲育苗聚生之狀態。全句是記載五月之時，正是將已育苗、聚生之藍蓼進行疏散種植之時節。

9. "鳩爲鷹"：

本句無傳文，由於文詞清楚，無需解釋。爲候鳥鳩去而鷹來之物候。

10. "唐蜩鳴"：

《傳》曰："唐蜩者，匽也。"

《爾雅·釋蟲》作螗蜩。《詩》"如蜩如螗"，正義曰："螗蟬之大而黑色者是也。螗蜩即蝘。"可見螗蜩即爲黑而大之馬蟬。

11."初昏大火中"：

《傳》曰："大火者，心也。"

《月令》曰：仲夏之月"昏亢中"。《夏小正》與《月令》產生的時代均爲春秋戰國之時，其正月均載"初昏參中"即是明證。至五月時，《夏小正》"大火中"而《月令》卻爲"亢中"，相差"氐房心"三宿，此是《夏小正》之月不是農曆之月的明證。如果《夏小正》每月日數與農曆相當，經過四個月，就沒有星象之昏候差至三個星宿的道理。若以十月曆來解釋，四個月差約 26 天，正合三宿星象之差。

12."種黍、菽、糜；煮梅；蓄蘭"：

《傳》曰："心中，種黍、菽、糜時也。煮梅，爲豆實也。蓄蘭，爲沐浴也。菽糜已在經中矣，又言之時，何也？是食短閔而記之。"

有的版本，在經文"蓄蘭"後，還有"菽、糜"二字，夏緯瑛認爲前二字衍。筆者以爲後二字才是傳文重複並後衍爲經文者。夏曆五月可以種黍，但該時所種之黍當爲晚種之黍，早種種於春季。《尚書·考靈曜》曰："夏火星中，可以種黍菽"，《氾勝之書》曰："種黍必待暑。"均與此相合。

洪震煊曰："菽糜者，謂用菽葉作羹，而以米和之也。時也者，謂記此菽葉，可爲糜之時也。《詩》"采菽、采菽"《箋》云："菽，大豆也。采之者，采其葉以爲藿。"范家相曰："菽，豆名。糜，赤粱粟。《爾雅·釋草》曰："虋，赤苗。"注曰：赤苗即"今之赤粱粟"。《爾雅·釋草》又曰："叔，謂之荏菽。"注曰："即胡豆也。"疏引"孫炎云大豆也"。筆者以爲，黍、大豆和糜三種農作物均爲夏至前後播種，故經文曰："種黍、菽、糜”。看來洪氏的解釋不妥。

13.“煮梅”：

《傳》曰：“爲豆實也。”

今依夏緯瑛說，梅就是現今的梅子，古時作爲祭祀用的果品，爲了使其長期保存，必須使其乾。則必先煮過，故有煮梅之說。

14.“頒馬”：

《傳》曰：“分夫婦之駒也。將閒諸則，或取離駒納之則法也。”

《淮南子·時則訓》曰：“游牝別其群”，意即將已受孕之母馬與其它馬群分離開放牧。《詩·小雅·六月》載“比物四驪，閑之維則。”與傳文“將閒諸則”之義類似，是說將分群之馬，使閑習服車之法。

六月

初昏斗柄正在上[1]；煮桃[2]；鷹始摯[3]。

【注釋】

1.“初昏斗柄正在上”：

《傳》曰：“五月大火中，六月斗柄正在上，用此見斗柄之不正當心用也。蓋當依，依尾也。”

關於斗柄的指向，以往《夏小正》的注釋家都沒有正確的認識，往往發表一通含糊而矛盾的議論而不了了之。爲了說淸這一問題，筆者在此須多說幾句。首先解說傳文的“依”字。句中有兩個“依”字，當分開讀。《說文》

曰：“依，倚也，從人，衣聲。”倚者，歪斜不正也。因此，傳文“蓋當依，依尾也”，應釋爲斗柄當斜指，不在正南方，斜向尾宿。朱駿聲說：“《小戴》鄭注云：‘季夏者，日月會於鶉火，而斗建未之辰’，是周時六月斗柄指未，安得夏初反指午乎？不敢強解。”又洪震煊曰：“斗柄者，斗第五星至第七星也，三星通謂之斗柄，亦曰斗杓。《淮南子·天文訓》‘斗杓爲小歲’，高誘注云：‘第五至第七爲斗杓是也，斗杓恒指龍角，五月初昏大火加午，六月初昏大火加未矣。大火加未，則龍角加申，斗柄攜於申。申當西南隅，故曰不當心。當心謂當中也。……斗建法：‘六月斗柄指未，七月指申。’此謂六月斗柄已指申者。據五月時有養日，傳文‘一則在本，一則在末’，養日夏至中也，如夏至在五月初，則立秋在六月末矣；是六月斗柄已指申也。如夏至在五月末，則六月之末未及立秋，斗柄尙在未也。未申同爲西南隅，其爲當倚義同也。”以上朱駿聲和洪震煊兩大段義論，其觀點相同，均說斗柄五至七星恒指龍角，即指二十八宿之角亢，那麼，六月斗柄不當正在上，即南指，而應指向未或申，這正合於傳文的當倚之義。那麼，據他們二人的考證，《夏小正》“六月初昏斗柄正在上”完全記錯了。

但實際上，傳文所說的依，是說斗柄並不正好指向心，而是斜向尾，傳文所說的“當依”，並不是斜向西南而是東南，因爲六月初昏南中則尾偏東南。朱駿聲和洪震煊反對傳文的另一條意見是引用《天官書》“杓攜龍角”，斗柄應該指向龍頭即角亢，其意思說，傳文說斗柄指向心，甚至指向尾宿錯了。但實際的情況是，中國古代所用斗柄的指向有兩種，即北斗七星的斗柄指向爲龍角即角亢，北斗九星的斗柄指向爲大火星即心宿，關於此點，筆者已在正月條指出過。朱、洪均不知有九星指向之說，導致解說經文，傳文的錯誤。從《夏小正》六月經文和傳文，又可反過來證實確有北斗九星指向大火之說的存在。

《月令》載季夏之月“昏火中”，但《夏小正》則載五月“初昏大火中”，季節星象正好差之一個月。這又是一條不容爭辯的鐵的證據。如果二者均用農曆，則一月同爲“初昏參中”而六月之“昏火中”差至一個月無可解釋，但《夏小正》用十月曆來解釋，農曆六個月約 180 天，十月曆每月 36

天，五個月爲 180 天，兩者日數大致相合，這便是六月星象差至一個月的科學依據，不然的話，能有如此巧合嗎？

2.“煮桃”：

《傳》曰：“桃也者，杝桃也。杝桃也者，山桃也。煮以爲豆實也。”

《釋名》釋飲食云：“桃諸，藏桃也。諸，儲也。藏以爲儲，待給冬月用之也。”這就說明了六月煮桃的目的。六月正是盛產桃的時節，將其煮熟晒乾，以供冬天食用。傳文說所煮之桃爲山桃。夏緯瑛認爲山桃品質不好，應是家桃。這就是關係到家桃的種植歷史了。

3.“鷹始摯”：

《傳》曰“始摯而言之何也？諱殺之辭也，故言摯云。”

《月令》等均載“鷹乃學習”。鄭注云：“鷹學習謂攫搏也。”《說文》云：“摯，擊殺鳥也。”故《夏小正》“鷹始摯”當釋爲鷙。則經文之義爲鷹開始學習搏殺鳥類以爲食。

（秋）七月

秀雚葦[1]；狸子肇肆[2]；湟潦生苹[3]；爽死[4]；荓秀[5]；漢案戶[6]；寒蟬鳴[7]；初昏織女正東鄉[8]；時有霖雨[9]；灌荼[10]；斗柄懸在下則旦[11]。

【注釋】

1.“秀雚葦”：

《傳》曰：“未秀，則不爲雚葦，秀然後爲雚葦，故先言秀。”

“葦”，即現今的蘆葦。雚葦是葦中之小者。《管子·地員》說：“葦下於雚”，即葦生長矮小者即下品稱爲雚葦。莠雚葦即長出蘆葦。

2.“狸子肇肆”：

《傳》曰：“肇，始也。肆，遂也。言其始遂也。或曰：肆，殺也。”

“狸”即野貓；“狸子”即幼狸；“肇”即始；“肆”有兩解，一作“遂”，一作“殺”。由於狸是善搏殺的動物，遂其行爲即搏殺，故其義皆通。全句爲狸之幼者開始學習捕食動物。

3.“湟潦生苹”：

《傳》曰：“湟，下處也。有湟，然後有潦。潦而後有苹草也。”

“湟”即池塘或低洼之地。潦爲積水。苹即爲夏季池中生之浮萍。言水澤中長出浮萍。

4.“爽死”：

《傳》曰：“爽死者，猶疏也。”

古之傳注家已經有人認識到“爽死”可以釋作鶇鳩，但是鷹於七月死了，無法解釋，如洪震煊《夏小正疏義》就有這種認識。夏緯瑛指出，“爽死”即是鶇司，由此忽然開朗，迎刃而解。《左傳》昭公十七年郯子言鳥官云：“爽鳩氏，司寇也。”杜注曰：“爽鳩，鷹也；鷙，故爲司寇，主盜賊。”又云：“玄鳥，司分者也。”杜注云“玄鳥，燕也。以春分來，秋分去。”秋日爲鷹出長空之時，謂鶇鳩於七月秋分之日司其事也。故“爽死”即鶇司，爲假借詞。

秋分爲司分者，那麼鶇司之時當爲秋分之時。而秋分之時在農曆八月中旬前後，今《夏小正》置於七月初，可見這兩種曆法之七月物候星象，已相差一個月以上。此爲《夏小正》是十月曆的又一鐵證。

5.“萍莠”：

《傳》曰：“萍也者，馬帚也。”

這句傳文出自《爾雅・釋草》。“馬帚”即今之掃帚草。它於秋季開花，故稱萍莠。

6.“漢案戶”：

《傳》曰：“漢也者，河也。案戶也者，直戶也。言正南北也。”

“漢”即河漢，也就是銀河。什麼叫“漢案戶”？即如《小正》七月傳文所述“正南北也”。何謂“銀河正南北向”？原來地球位於銀河系中心地帶，銀河成扁平狀，故看上去銀河呈帶狀，繞天球呈一大圓，與赤道、黃道斜交。隨著天球的旋轉而變換形狀，“漢案戶”者，天河正南北方向也。由於它與赤道斜交，所謂南北方向，也就是銀河通過天頂之季節。在這個季節的初昏時刻，牛郎、織女星也都在天頂，一在河東，一在河西。《爾雅・釋天》曰：“箕斗之間，漢津也。”洪震煊曰：“漢南直箕斗，是正南也。北絡參、井之間，是正北也。正南北不斜倚。”此言正是。

由“漢案戶”可以大致推知，七月初昏中天在斗宿或牛宿，那麼，太陽大致位於角宿前後。

7.“寒蟬鳴”：

《傳》曰：“蟬鳴也者，蝭蠑也。”

《方言》曰：“蠀謂之寒蜩。寒蜩，瘖蜩。”蓋此蟬不鳴於夏，故謂之瘖蜩。得秋風露之氣，乃始能鳴。既鳴爲寒蟬，未鳴爲蝭蠑。即寒蟬爲一種在秋季才鳴叫的蟬類。”

8.“初昏織女正東鄉”：

此句無傳文，孔廣森曰：“織女兩距小星，恒向諏訾之口。七月初昏斗中，析木加午，則諏訾加卯，故織女正東向。”《爾雅．釋天》云：“諏訾之口，營室東壁也。降婁，奎、婁也。……七月初昏箕斗正加午，則室壁正加卯……織女向卯，是爲正東向。”此合於織女正東向的說法。這時，織女同時也向東面對銀河，與牛朗星相望。

9.“時有霖雨”：

此句無傳文。《爾雅》云：“久雨謂之淫，淫謂之霖。”《左傳》則說“凡雨自三日以往爲霖。”《月令》說：“孟秋之月，完隄防，謹壅塞，以備水潦。”鄭注云：“備者，備八月也。八月宿值畢，畢好雨。”即《月令》載八月有水潦即霖雨，而《夏小正》則載七月有霖雨。由此記載也可看出《月令》和《夏小正》兩種曆法，在七月時存在一月之差。

10.“灌荼”：

《傳》曰：“灌，聚也。荼，灌葦之莠也。爲蔣褚之也。灌未莠爲菼，葦未莠爲蘆。”

夏緯瑛指出，若按傳文言“荼”是雚葦之秀，那麼便與七月開頭之“秀灌葦”完全重複，故作此解釋是不通的。他認爲“荼”是苦菜，又名苦苣。是一種多年生的草本植物，生於潤澤肥沃的土地上，對其它農作物的生長有害，爲了消除它的危害，人們便想到了以水浸淹的方法，用以除滅。《周禮．地官司徒．稻人》“夏以水殄草”，說的就是這件事。因此，灌荼，就是灌以水將荼淹死。

11.“斗柄懸在下則旦”：

此句無傳文。《夏小正》正月“初昏參中、斗柄懸在下”，傳文曰：“言斗柄者，所以著參之中也。”古有兄弟相仇鬥，參、火不相見的神話故事，說的就是參宿與星宿相距約180°，正好相對，而斗柄指心，當斗柄下指時，即心宿下中天，與之相對，爲參宿上中天，故有傳文“言斗柄者，所以著參之中也”的說法。意思是說，說斗柄懸在下，便是顯示出參星正在上中天。由此可以看出，七月“斗柄懸在下”，也“著參之中”，即也表示出七月旦時參星正在上中天。此“斗柄懸在下則旦”，與上經文“漢案戶”和“初昏織女正東向”是正好相合而且匹配的。關於“參中”，八月條還要再討論。

八月

剝瓜[1]；玄校[2]；剝棗[3]；栗零[4]；（丹鳥羞白鳥）〔群鳥翔〕[5]，辰則伏[6]；鹿（人）從[7]；鴽爲鼠[8]（參中則旦）[9]。

【注釋】

1.“剝瓜”：

《傳》曰：“畜瓜之時也。”

《詩·小雅·信南山》曰：“疆埸有瓜，是剝是菹。”鄭玄《箋》曰：“剝，削，淹漬以爲菹。”即《夏小正》之八月爲瓜成熟，並將其剝削和醃製，收藏起來，以備冬季食用。蓄，即收藏之蓄。

2.“玄校”：

《傳》曰：“玄也者，黑也。校也者，若綠色然，婦人未嫁者衣之。”

《詩・豳風・七月》云："八月載績，載玄載黃"，當與此相應，這是說八月裡進行紡織，並將其染成玄色和黃色。《小正》與《七月》同載"玄"字，對這個字不用解釋，"玄"就是黑色。但《七月》云"黃色"，而《小正》云校"即若綠色"呢？原來若綠之色，雖含有綠色，但也帶黃色。筆者以爲，此處"玄校"二字均爲染料名稱，還不成爲一個句子，當省去一動詞，如二字前缺一"載"字等。

3."剝棗"：

《傳》云："剝也者，取也。"

《七月》也載有"八月剝棗"，《毛傳》曰："剝，擊也。"即《毛傳》將剝棗釋作擊棗。就是將長在樹上的成熟之棗擊落下來收取貯存。

4."栗零"：

《傳》曰："零也者，降也。零而後取之，故不言剝也。"

栗的果實，在秋季成熟。栗果之外殼皮在果成熟之後自然開裂零落，故曰栗零。由於是自然零落，故不言剝。

5."辰則伏"：

《傳》曰："辰也者，謂星也。伏也者，入而不見也。"

《左傳》昭公七年曰："公曰，多語寡人辰，而莫同，何謂辰？對曰：日月之會是謂辰，故以配日。"《公羊傳》昭公十七年說："大火爲大辰，伐爲大辰，北極亦爲大辰。"《夏小正》之"辰"，只可能指大火星。但是，關於大火附近之辰，還有不同的說法。《說文》曰："辰，房心。爲民田時者也。"《爾雅》曰："大辰，房心尾也。大火謂之大辰。"大火爲大辰，這是中國上古流傳最廣的記時方法，火正一名即源於此，故大火爲大辰，無可爭議。但說房也爲辰，不知有何依據？而說房心尾爲大辰，僅僅是泛泛而說，實際仍是指大火星。筆者懷疑房爲辰，係後人從《夏小正》八月“辰則伏”推出。

《左傳》召公十七年曰：“冬，有星孛於大辰，西及漢。”大辰心星就在銀河帶內，西及漢者，爲西邊靠近銀河，也即靠近房宿了。孛星爲彗星的一種，《漢書・文帝紀》曰：“孛星光芒短，其光四出，蓬蓬孛孛也。”彗星總是背著太陽的，今昏時日在西方地平之下，若有光芒，也應指向東方。即從銀河西岸射向大火星方向。由於這條記錄只載冬而未載月份，人們便推想只可能在夏曆八月即周之十月，因爲九月之後辰伏便不可能再見到大火星了。《月令》仲秋之月載“日在角”，角、亢、氐、房、心，相距四宿，故在農曆八月初昏時，在西方是能見到大火星的。而且有此《左傳》記錄爲證，這個“冬”的記錄只可能是八月，而不可能是農曆七月。可見在春秋昭公時的農曆八月，是一定能見到大火星的。

但是，此處《夏小正》明載八月“辰則伏”，與《左傳》的記錄相矛盾，由此便再次證實了《夏小正》不是農曆而是十月曆，節候要差至一個月以上。

6.“鹿（人）從”：

《傳》曰：“鹿人從者，從群也。鹿之養也，離群而善之，離而生，非所知時也，故記從不記離。君子之居幽也不言。或曰人從也者，大者於外，小者於內，率之也。”

夏緯瑛指出，“鹿人從”，當爲“鹿從”。“人”字爲衍文。“從”字有追逐之義，是說鹿於夏曆八月之時，爲牝牡交尾之期，群相追逐，故用“鹿從”記時。所謂“離”者，當讀爲“麗”，即是鹿之交合，用古語來說，叫作“聚麀”。其“或曰”，一說。“從”是率從之義。鹿之率從，也與交尾有關。

7.“鴽爲鼠”：

此句無傳文，文字淺顯，無需解釋。次句與三月條“田鼠化爲鴽”相對應，今八月鴽鳥離去，又正逢穀物成熟，正待收穫之時，此時田鼠出動，頻繁地竊取糧食，貯備起來以作冬季使用，古人觀察不精，以爲鴽鳥又化爲鼠了。

8.“（參中則旦）”：

此句無傳文。由於本月已有“辰則伏，說明太陽距離大火星不足三十度。而參宿與大火星是相對的，相對即相距十二辰，故當黎明時，參宿不可能位於南中，而是接近於西方。《夏小正》七月有“斗柄懸在下則旦”，據正月“斗柄懸在下”，《傳》曰：“言斗柄者，所以著參之中也，”那麼等於說七月黎明時正逢參中，既然七月已經南中，八月黎明時便一定偏至西方。那麼，此“參中則旦”便一定不是八月之經文。它雖然合於七月之天象，但由於七月已有了“斗柄懸在下則旦”，不可能還有“參中則旦”，如果這樣，七月旦的天象便重複了。因此，它也不可能是七月之經文，而可能是“斗柄懸在下則旦”的傳文，混入八月經文者。

九月

（內火；）[1]遰鴻雁[2]；（主夫出火，）[3]陟玄鳥（蟄）[4]，熊羆貊貉鷈鼬則穴[5]；榮鞠；樹麥[6]；王始裘[7]；辰繫于日[8]；雀入于海爲蛤[9]。

【注釋】

1.“（內火）”：

《傳》曰：“內火也者，大火。大火也者，心也。”

古之傳注者，由於不明《夏小正》與《月令》是兩種不同性質的曆法，總是以農曆來比附《夏小正》星象。由於《夏小正》有八月“辰則伏”，而房宿在心宿前，還有勉強以農曆來解釋的可能，這可能是以房釋爲辰的來歷，後來《說文》等所引用。房宿與心宿緊相連，而心宿大星要比房宿大星明亮得多，《夏小正》的季節星象都爲大星，不可能捨大星而用小星，故辰星不可能是房宿而一定是心宿。

《周禮·司爟》云：“季春出火，民咸從之，季秋內火，民亦如之。”說明周代時，據周人觀測的星象，有三月大火星昏見東方，九月伏不見。而周人使用的是《月令》，與《夏小正》不同。儘管《夏小正》之九月確有內火的星象出現，但筆者以爲，《夏小正》此九月“內火”，連同下面的“主夫出火”，均不是原有經文，而是作傳者據周人的觀點和曆法寫下的傳文，而後人混入經文者。這兩句傳文，應該是附在經文“辰繫於日”後，用於解釋經文的。由於“辰繫於日”與“內火”是重複的經文，故知其爲傳文混入。何者爲內？《說文》云：“內，入也。自外而入也。”實際上，只要星象進入日光之內，伏而不見，均爲內火，其義與伏一致。如果是這樣，就應該如八月條稱爲“火則伏”，而不該稱內火。事實上房宿與心宿相距不遠，構不成一個月的星象之差。若大火星爲辰，那麼經文必重複無疑，也即“內火必爲衍文”。

2. “遰鴻雁”：

《傳》曰：“遰，往也。”

揚雄《法言》云：“鴻非其居不居，非其往不往。”《書》正義云：“日行夏至漸南，冬至漸北。鴻九月而南，正月而北。”《文選·西京賦》云：“上春候來，季秋就溫。”故此處“遰鴻雁”，爲鴻雁往南飛之義。

3. “主夫出火”：

《傳》曰：“主夫也者，主以時縱火也。”

意思是說，判定禁止縱火之時也。《禮記・王制》曰："昆蟲未蟄，不以火田。"所以，周時縱火，是與燒荒有關的，而燒荒的時間，一定要在昆蟲蟄伏以後，即農曆九月以後。

夏緯瑛曰："主夫出火，當爲主火出火。該是與《周禮・司爟》之季春出火爲一事。但是，這主火出火也並非三月中的經文，而是內火的小注。……九月有內火之文，故有人爲注解曰：'主火出火，言內火之來由耳。'疑是經文內火與遰鴻雁二節同在一簡上，而此小注另爲一簡，在遰鴻雁之後。"即夏緯瑛等人早就認爲此"主夫出火"應當"主火出火"，爲傳文混入經文的。夏說爲是。但由於以上的理由，九月中之"內火"，也爲傳文。

4. "陟玄鳥（蟄）"：

《傳》曰："陟，升也。玄鳥也者，燕也。先言陟而後言蟄何也？陟而後蟄也。"

"陡"，爲升天而去，"蟄"，爲蟄伏。"陡"、"蟄"義同，在一句中不能連用。夏緯瑛指出"蟄"字當爲古老的注解，是用以解釋"陟"字的。夏說爲是。

5. "熊羆貊貉鼶鼬則穴"：

《傳》曰："穴也者，言蟄也。"

傳文以"蟄"字釋穴，但"蟄"與"穴"之性質是有差別的。"蟄"爲冬眠，用於昆蟲冬眠。而"穴"爲穴居之義。獸在冬季穴居，與冬眠有異。《周禮・穴氏》載"掌攻蟄獸"，《小正》載這些獸則穴，當與獵事有關。

傳文解釋說，農曆九月熊羆等獸類動物就將入穴蟄伏。此傳不合時節。農曆之九月當公曆之十月，在黃淮流域之農曆九月初人們尚可穿單衣，不可能是獸類蟄伏的季節。可以看出大多數注釋家只是附會應付解釋經文，並不對照季節實際。《易緯通卦驗》卷下曰：“小雪陰寒，熊羆入穴，雉入水爲蜃。”這才是較切合實際的歷史記載。小雪爲農曆十月中氣，即農曆十月中下旬的節候，它與農曆九月初的時節，差至一個半月。這是《夏小正》是十月曆而非農曆的又一條明顯物證。

6.“榮鞠，樹麥”：

《傳》曰：“鞠，草也。鞠榮而樹麥，時之急也。”

此處“鞠”，即今之菊花也。“榮”即開花。“樹麥”即種麥。言菊花開放之時，也就是種麥之緊急時節。

7.“王始裘”：

《傳》曰：“王始裘者何也？衣裘之時也。”

如前所述，農曆九月初尚穿單衣，如何能穿皮衣？范家相爲之圓場說：“天子始裘亦順時之意。但九月肅霜，幽并之地苦寒，至尊自當衣裘，今此地初寒，亦當服羔裘。”范所說“幽并之地”即河北山西之北部，夏緯瑛早已指出《夏小正》所述爲淮河流域之物候，不能用於解釋高寒氣候。即使《月令》，也是黃淮節候，不能強解文義。

《月令》有孟冬之月“天子始裘”的記載，《蔡氏月令》記載與《月令》一致。由此也可看出《月令》所載九月節候，與《夏小正》大致也有一月之差。

8.“辰繫于日”：

本句無傳文。傅崧卿本此句不載於經文，故經文是否有此句待考。“繫”，可釋爲連綴，也就是相合之義。文義當於九月，日與辰合。

9.“雀入于海爲蛤”：

《傳》曰：“蓋有矣，非常入也。”

《易通卦驗》也有“雉入水爲蜃”的記載，可見其含義類似。“蜃”爲大蛤蜊，“哈”爲蚌的一種。古人觀察不精，認爲鳥雀於此月會變爲哈。此處的鳥，當亦爲候鳥，它們將至南方越冬，在黃淮一帶不再見到，故誤認爲變爲蛤。

不過，《易通卦驗》將此條置於十月小雪以後，它再次證明《夏小正》之九月，應含有農曆十月小雪的節候。

（冬）十月

豺祭獸[1]；初昏南門見[2]；黑鳥浴[3]；時有養夜[4]；玄雉入于淮爲蜃[5]；織女正北鄉則旦[6]；（十有一月）[7]王狩[8]；陳筋革[9]，嗇人不從[10]；隕麋角[11]；（十有二月）[12]鳴弋[13]；玄駒賁[14]；納（卵蒜）〔民祘〕[15]；虞人入梁[16]〔隕麋角〕[17]。

【注釋】

1.“豺祭獸”：

《傳》曰：“善其祭而食之也。”

“豺祭獸”，爲冬季人們開始狩獵的重要物候。大約此時農作物都已收割完畢，豺捕獵物多，捕獲後先陳列而後食，古人見此現象，以爲豺也如人，遇事必祭，故曰“豺祭獸”。《王制》曰：“豺祭獸，然後田。”就是說，當豺祭獸之時，人們便開始田獵。

2.“初昏南門見”：

《傳》曰：“南門者，星名也。及此再見。”

朱駿聲說：“昏當作旦，傳寫之誤。《小正》紀星，紀旦見、不紀昏見。此蓋雞鳴時見於東南隅也。”朱駿聲非但判斷錯誤，而且說話也是不真實的。他說“《小正》紀星，紀旦見，不紀昏見”，“故昏當作旦”。但事實並非如此，《小正》有正月“初昏參中、斗柄懸在下”，四月“初昏南門正”，五月“初昏大火中”，六月“初昏斗柄正在上”，七月“初昏織女正東鄉”，十月“初昏南門見”。經文中載有這麼多初昏星象，朱駿聲竟然說“紀旦見不紀昏見”，明眼人一看就明白他是說瞎話，故沒有考慮的必要。

據《夏小正》八月“辰則伏”和九月“內火”，可見十月已大致旦見東方，那麼，其昏見只可能是牛女虛危室壁奎婁胃昴畢觜參井諸星宿，而東方七宿角亢等星在太陽之西，初昏時是根本看不到的。在四月“初昏南門正”中，我們已經作過介紹，有關南門之星名，在中國古代星名中，共有角宿、亢宿、庫樓南之南門和井宿之南門四組。由於前三組爲角宿、亢宿及其正南方之庫樓南之南門，故在十月初昏時是顯然見不到這前三個南門的，也就是說，《夏小正》十月條“初昏南門見”之南門，只可能是井宿。從天文學的角度來看，太陽所在星宿與初昏初見東方的星宿是正好相對的，即它們大致相距 180 度。由此可推得《夏小正》十月太陽所在星宿應爲牛宿或女宿。由此反推《夏小正》九月太陽的實際位置應在尾宿，與上節據經文“辰繫於日”、“內火”所推日在大火相差一宿，可以說大致相合，沒有太大出入。《月令》說：孟冬之月“日在尾”，仲冬之日“日在斗”，季冬之月“日在婺女”，與以上所述對比可知，《夏小正》九月星象與《月令》之十月大致相合，而《夏小正》十月星象，與《月令》十二月星象相合，婺女即女宿。由於《夏小正》正月星象與《月令》相合，正月日在室宿，那麼女宿與室宿之間只相隔三宿，應是十月與正月相連的，中間不可能還有十一月和十二月，可見《夏小正》所載“十有一月”、“十有二月”八個字，是作傳者憑己意主觀添加的，應該刪去。

3.“黑鳥浴”：

《傳》曰：“黑鳥者何也？烏也。浴也者，飛乍高乍下也。”

黑鳥就是烏鴉，牠冬季的成群活動尤爲明顯。乍高乍下地飛翔稱爲浴，也是爲了冬季覓食的一種行爲。洪震煊引李時珍曰：“烏鴉反哺，冬月尤甚，故謂之孝鳥，亦謂之寒鴉。黑鳥浴是載烏鴉冬月即農曆十一、十二月的烏鴉覓食活動，故有寒鳥之稱，若僅載農曆十月烏鴉的活動，則不得稱爲寒鳥，故此條記事，也與《夏小正》之十月爲農曆十一、十二月相合。

4.“時有養夜”：

《傳》曰：“時有養夜者，養，長也。若日之長也云。”

此句文義也很淺顯明確，是說十月之時爲夜最長的時節，夜最長即日最短。它與五月條“時有養日”相對應，一長一短，形成四季的周期變化。時有養日即夏至，“時有養夜”即冬至。冬至是農曆十一月的中氣。

《夏小正》的這個冬夏至記載告訴我們，夏至在《夏小正》的五月，冬至則在十月。但是，雖然《月令》的夏至也在五月，但冬至卻在十一月，這個異常情況告訴我們，《月令》從夏至到冬至、或從冬至到夏至均爲六個月，一年合起來正好十二個月。而《夏小正》從五月夏至到十月冬至只有五個月，夏至到冬至的日數與冬至到夏至的日數是大致相等的，決不可能出現夏至到冬至爲五個月，而冬至夏至要七個月的道理。故從五月時有養日和十月時有養夜可以推知，它是《夏小正》是十月曆最明顯而確實的證據之一。

5.“雉入于淮爲蜃”：

《傳》曰：“蜃者，蒲盧也。”

“雉”即野雞。蚌之大者爲“蜃”。即爲冬季野雞入淮水化爲蚌之義。它與《月令》“孟冬之月雉入大水爲蜃”的記載一致。

6.“織女正北鄉則旦”

《傳》曰：“織女，星名也。”

據七月經文有“初昏織女正東向”，孔廣森說：“織女兩距小星，恒向諏訾之口。七月初昏斗中，析木加午，則諏訾加卯，故織女正東向。”今《夏小正》之十月日在牛女二宿，當黎明時，營室、東壁下中天，而營室、東壁爲諏訾之口，故正合於“織女正北鄉則旦”的天象。

7.“（十有一月）”：

根據以上注文分析，《夏小正》的九月星象大致合於農曆十月的星象，而十月的星象則合於農曆十二月的星象，那麼，本節“十有一月”當不是《夏小正》原有經文，而是對《夏小正》作整理傳注者所加，它也違於《夏小正》原有經文，故必須刪除。

8.“王狩”：

《傳》曰：“狩者，言王之財田也。冬獵爲狩。”

“王”就是國王。《爾雅·釋天》曰：“冬獵爲狩。”又曰：“火田爲狩。”注曰：“放火燒草獵，亦爲狩，又或作字。”是說火田與狩獵連在一起的。先放火燒田，使野獸無處藏身，然後再圍獵之。《孟子》曰：“天子適諸侯，曰巡狩。巡狩者，巡所守也。”其意思是說，天子分封給諸侯的土地，是讓其守衛的。天子對諸侯的職責是要作出檢查的，天子對諸侯的巡狩，便是對諸侯守衛王家土地是否盡職的考查。一般地說，就王狩而言，兩層含義都有，不過在曆法中所載之王狩，主要也就指狹義的獵取野獸了。從“冬獵爲狩”的解釋可知，這種狩獵行爲並非只指農曆十一月，而是整個冬季均可舉行。

9.“陳筋革”：

《傳》曰：“陳筋革者，省兵甲也。”

“筋”爲弓，“革”爲甲，故筋格者，即兵器也。“陳筋革”者，爲省視兵甲，即檢閱部隊。傳文的解釋是基本正確的。陳有陳列展覽之義。此處的陳兵草，爲在每年的冬季，正是國家巡視，加強武備的季節。國君的田獵和巡狩是有關的，大型的田獵活動，都由部隊參加，故田獵也與冬季軍事訓練密不可分。此處王狩與陳筋革詞義相關，當連讀。

10.“嗇人不從”：

《傳》曰：“不從者，弗行。於時日也，萬物不通。”

“嗇”，古語農業爲稼穡，故嗇人當爲穡人，穡人即種稼穡之人即農人。穡人不從者，指農人不從王狩。則“王狩”，“陳筋革”，“嗇人不從”，辭義相連，當爲連讀。它再一次說明王狩，是一種有組織的軍事訓練活動。

11.“隕麋角”：

《傳》曰：“隕，墜也。月冬至，陽氣至，始動，諸向生皆蒙蒙符矣。故麋角隕，記時焉爾。”

“隕”爲下落之義，“麋”，似鹿。又有麋鹿之種，在中國稱之謂四不像。全句之義爲冬至以後，陰氣強盛到了極點，陽氣開始復生，爲陰陽交替之時，萬物開始向生，麋子這樣動物也應時發生變化，舊有的角也開始隕落，生出新的角來，故其含有除舊更新之義。

12.“（十又二月）”：

據《夏小正》十一月和十二月均無星象，而十月之星象又已與正月之星象相連接，可知《夏小正》並無十一月和十二月。將《夏小正》“十又一月”和“十又二月”八個字刪除之後，從豺祭獸到第二月隕麋角，這些物候可以說在季節上均分不出先後，這也就證明這些物候本就不該人爲地將其分成三個月。

13.“鳴弋”：

《傳》曰：“弋也者，禽也。先言鳴而後言弋何也？鳴而後知其弋也。”

“弋”，鳶鳥也。《爾雅·釋鳥》云：“鳶鳥醜，其非也翔。”疏曰：“鳶，鴟也。鴟之類，其飛也有翅翺翔。”“鴟”即鴿鷹。爲體長達50釐米之食肉性鳥類。分佈於我國東北西北一帶，冬季遷居於江淮及以南地區過冬。《禮記·曲禮》曰：“前也塵埃，則載略鳶。”疏曰：“鳶，鴟也。鳶鳴則將風。畫鴟於旌首而載之，眾見感知，以爲備也。”冬季多風，而凡風起則鳶鳴。故此鳴鳶也爲冬季之一種重要物候，有預報朔風將臨之徵兆，人們聽鳶鳴叫，便可做好防風防凍的準備。正是由於其善飛，人們又將風箏扎成紙鳶，以取其能高飛之吉兆。

14.“玄駒賁”：

《傳》曰：“玄駒也者，螘也。賁者何？走於地中也。”

洪震煊等據傳文，將“玄駒”釋爲螘，即蟻。夏緯瑛指出，既然冬季螞蟻走於地中，便爲人所不見，即不關係節候，於人無涉，記此何爲？顯然非昆蟲之類。“玄駒”應該是馬。《尚書·湯洗》有“敢以玄牡，昭告於上天神后。”玄牝與玄駒相類。《詩·小雅·白駒》曰：“皎皎之白駒，賁然來思”是形容馬之威武雄准的。《尸子》云：“素車玄駒”，玄駒與車相連，也可見玄駒當爲馬名。古時稱武士、勇士爲虎賁，將賁釋作勇士，此處借來形容馬之雄壯也。《周禮·校人》冬月有獻馬的記載，此“玄駒賁”當與獻馬之典禮有關。

15.“納卵蒜”：

《傳》曰：“卵蒜也者，本如卵者也。納者何也？納之君也。”

古人依傳文，將“卵蒜”解釋成如卵之蒜。由於據文獻記載，現今之大蒜是漢時才傳入中國的，故先秦所述之蒜即小蒜。但夏季蒜即已成熟，冬季向政府交納蒜，不能作爲物候，而且僅爲食品中之調味品，不是人們生活、食品中之大事，也難以作爲曆法中的一條記事來表述。故前人早已看出傳文將其釋爲交納蒜是不妥當的。考慮到先秦之民字的寫法與母、卵相似，因此，卵字當爲民字之誤。《爾雅·釋詁》云：“筭，數也。”《眾經音義》云：“筭，古文祘。”因此，民蒜即民祘稱之假借字。《周禮·小司寇》曰：“及大比，登民數，自生齒以上，登於天府”，“以制國內”。政府在每年末之時，統計民數，按民數收取田賦，徵服勞役和兵役。比起交納卵蒜來，這才是每年定期之重要政事。故納卵蒜者爲納民數也。

16.“虞人入梁”：

《傳》曰：“虞人，官也。梁者，主設罔罟者。”

傳文前曰虞人爲官，後又說梁者，主設網罟者也，相互矛盾。前人指出，此處“梁者”二字爲衍文，如是，這個虞人是負責捕魚的官員，也就是主設網罟者。《禮記·月令》季冬之月載“命漁師始漁，天子親往，乃嘗魚，先薦寢廟。”二者所載內容幾乎一致，但這個稱爲虞人的官員，可能就是《月令》所述漁師，當然，傳文中之“梁者”二字，也可能是漁師之誤。《禮記·王制》曰：“獺祭魚，然候虞人入澤梁”，注曰：“梁，絕水取魚者。”可見這個“梁者”，不該是人而是一種捕魚的設備。《辭海》釋梁曰：“水中築堰，像橋梁一樣的捕魚設置。”這句話即是說，在這個月裡，漁師利用水中梁的設施捕魚。夏緯瑛以爲，冬季，“主漁梁的虞人也要納漁梁的賬目”，“‘虞人入梁’應該也是交納梁的祘數。”“其他說法雖可強解，但恐不切實際”。“這是由於十二月冰未釋，打漁不便，當不記捕魚之事。”其實，夏緯瑛的推想才是不切實際的，我們曾在淮河流域生活過，最冷的季冬之月也只是偶結薄冰，而且日出之後當即融化，是很少會影響捕魚的。

17.“隕麋角”：

《傳》曰：“蓋陽氣且睹也，故記之也。”

原經文十一月有“隕麋角”十二月也有“隕麋角”，此物候只宜載一次，肯定有一次爲重複混入。

三、校勘後的《夏小正》經文

夏小正

正月啓蟄；雁北多；雉震呴；魚陟負冰；農緯厥耒；初歲祭耒始用暢；囿有見韭；時有俊風；寒日滌凍塗；田鼠出；農率均田；獺獸祭魚；鷹則爲鳩；農及雪澤；初服於公田；采芸；鞠則見；初昏參中，斗柄懸在下；柳稊；梅、杏，杝桃則華；緹縞；雞桴粥。

二月

往耰黍墠；初俊羔；助厥母粥；綏多女士；丁亥萬用入學；祭鮪；榮堇；采蘩；昆小蟲；抵蚳；來降燕乃睇；剝鱓；有鳴倉庚；榮芸；時有見稊，始收。

三月

參則伏；攝桑，委揚；瞉則鳴；頒冰；采識；妾子始蠶；執養宮事；祈麥實；越有小旱；田鼠化爲鴽；拂桐芭；鳴鳩。

四月

昴則見；初昏南門正；鳴札；囿有見杏；鳴蜮；王萯莠；取荼；莠幽；越有大旱；執陟攻駒。

五月

參則見；浮游有殷；鴂則鳴；時有養日；乃瓜；良蜩鳴；啓灌藍蓼；鳩爲

鷹；唐蜩鳴；初昏大火中；種黍、菽、糜；煮梅；菽麻；蓄蘭；頒馬。

六月

初昏斗柄正在上；煮桃；鷹始摯。

七月

莠雚葦；狸子肇肆；湟潦生苹；爽死；荓莠；漢案戶；寒蟬鳴；初昏織女正東鄉；時有霖雨；雚荼；斗柄懸在下則旦。

八月

剝瓜；玄校；剝棗；栗零；群鳥翔，辰則伏；鹿從；鴽爲鼠。

九月

遰鴻雁；陟玄鳥；熊、羆、貊、貉、鷈、鼬則穴；榮鞠；樹麥；王始裘；辰繫於日；雀入於海爲蛤。

十月

豺祭獸；初昏南門見；黑鳥浴；時也養夜；玄雉入於淮爲蜃；織女正北鄉則旦；王狩；陳筋革，嗇人不從；隕麋角；鳴弋；玄駒賁；納民蒜；虞人入梁。

《夏小正》譯文

一月

冬季蟄伏的獸類和昆蟲開始出動；大雁從南方向北方飛來；野雞震翅鳴叫求偶；水中的魚類，也由於水溫的上升，而從水底游到正在融化的冰層下面尋食，就如魚背負冰塊似的；農人修理即將用於犁地的農具耒，作好春耕播種的準備；歲末暢祭之後，農人們在新春的時節又舉行耒祭，以祈禱來年豐收；園子裡的韭菜開始發芽生長了；這個時節，和煦的春風吹遍了大地，促使冰雪銷融，大地復甦；冬季長期冰凍的泥土，也開始消解；田裡的老鼠也開始出洞尋食；農人開始整理休耕一冬的土地，爲春播作準備；在河岸邊，可以見到水獺捕獲吃剩下的魚，就如獺在用魚祭祀神靈一般；冬季活動很頻繁的蒼鷹，這時也化爲斑鳩，不見了鷹的蹤影；在冰雪消釋之後，農人開始在公田裡服役；人們正在採集芸苔菜，以供宗廟祭祀之用；在這新春到來之際，黎明時鞠星出現在東方地平線上；而在剛剛天黑時，正看到參星位於正南方，這個時候的斗柄則正好排在下面；柳樹抽出花莖，吐出白色穗狀的花序；梅樹，杏樹和桃樹也都開始開花了；冬季枯萎了的沙草，也在這個時候先抽出花序，然後才長出細長的葉子。母雞也正在孵育小雞。

二月

農人耕種黍田；早產的羊羔逐漸長的俊美肥實，能夠食草爲生，並且輔助產羔母羊撫育幼羔；在這個時節，戀愛中成雙成對的青年男女多；學習武術之人，於該月丁亥之日舉行武術比賽，選用優勝者入學；鮪魚汎期來臨，漁人將捕獲的鮪魚獻祭於寢廟；堇菜花開放；人們採集白蒿之葉，作爲孵化蠶子，保護幼蠶之用；各種小蟲開始活動；人們挖取蟻卵製爲肉醬；從南方飛回的燕子，入人居室築巢；將捕獲的鱓魚，剝去其皮，以作製鼓之用；開始聽到黃鸝鳥的叫聲；芸苔菜開花；白茅草開始抽出花序。

三月

四月初，參星開始蟄伏於日光之下不見；人們整理桑樹，並伐去徒長的枝條；螻蛄開始鳴叫；將冬藏的冰塊，分發給大夫等官員們使用；在這個時節，人們採取黃蒢製作酸菜；婦女們開始養蠶；從此，她們將長時間操勞功事；這時正當麥子抽穗之時，人們進行祭祀，以祈求豐收；在這個季節，有時會出現小旱；田鼠轉化爲鴽鳥即鵪鶉；泡桐樹開始開花；斑鳩鳥也鳴叫了。

四月

四月初黎明的時候，昴星出現在東方地平線以上；而在傍晚的時候則看到南門星正位於正南方的天空；稱之爲麥蚻的早生之蟬開始鳴叫；果園裡的杏子開始成熟；聽到了蛤蟆鳴叫的聲音；黃瓜開始開花結瓜；若苣菜成熟，人們將其採集起來，充作茵褥之用；狗尾草也開始抽穗了；這個時節常有大旱出現；此時正是騸馬的時節。

五月

黎明時，參星出現於東方地平線上；此時正是金龜子出現，並繁殖之時；伯勞鳥開始鳴叫；這個時節白天最長，瓜開始成熟；彩蟬也開始鳴叫；人們將育種聚生藍蓼之幼苗，疏散移植於大田之中；斑鳩鳥又重新化爲鷹；隨著彩蟬鳴叫之後不久，既黑又大的螗蟬也開始鳴叫了；這個時節的傍晚，在晴朗的天空中可以看到大火星正位於南中天；正是種黍、大豆和糜三種農作物的時候；正是梅子成熟的季節，人們將多餘的梅子煮熟晾乾，以備冬季食用；將馬分群飼養，使受孕之母馬保胎，使其它馬學習駕車之法。

六月

在傍晚時節，可以看到北斗的斗柄正指向上方，即指向南方天空；桃子開始成熟，人們將多餘的桃子煮熟晾乾，貯存起來以供冬季食用；剛出巢的幼鷹，開始學習捕食鳥類和動物。

七月

蘆葦開始開花；年幼的野貓開始學習捕殺動物爲食；在低洼積水的沼澤地帶，浮萍生長起來；此正是秋季玄鳥司分的時節；馬帚草已經開花了；在黃昏的時候，天上的銀河正騎跨在大門的正中央，即銀河位於正南北方向；象徵秋季的寒蟬也開始鳴叫了；織女星的兩顆小星，正面向東面的銀河，期盼著能與銀河東面的牛郎星相會；這個時節常常有霖雨發生，能夠接連下著好幾天而不停止；人們放水淹滅苦苣草，不讓其影響農物生長；黎明時，北斗斗柄正指向下方。

八月

將作菜食用之瓜剝削其皮，將其醃漬起來，以供冬季食用；人們收集黃色或綠色的染料，以供織布染色之用；將樹上已成熟的棗子打落下來，以供食用；栗子已經成熟了，其果實之外皮開裂，栗果便自然地掉落在地下，正是收取栗子的季節；傍晚時，西方的大火星開始伏而不見；這個時節鹿群互相追逐，鹿的交配季節到了；鴾鶉鳥又重新化爲田鼠，也就是說，在田間活動了一個春夏的鴾鶉不見了。而田鼠又開始忙碌起來，偷食已經成熟的糧食。

九月

鴻雁開始飛往南方覓食，到南方度過漫長的冬天；被稱爲玄鳥的燕子等，也飛翔而去，整個冬季不再見到它們的蹤影；這個時節，熊、羆、貊、貉、鷉、鼬等動物，也都各自尋找可以躲藏的洞穴，開始蟄伏起來；菊花開放了；正是種麥的季節；由於天氣開始寒冷，國王和貴族開始穿上裘皮大衣，以期抵禦寒風的襲擊；這個時節，大辰星正處於與太陽相重合的位置上；而候鳥們則入於淮海之中，變爲大蛤蜊。

十月

豺將捕獲吃剩的動物，陳列於原野之上，就好比人們在獵獲野獸時舉行祭祀一樣；十月初的傍晚時節，南門星初見於東方地平線以上；這個時節，烏鴉成群地在天空中忽高忽低地飛翔，尋找借以爲生的食物，其飛翔的狀態，就如在海浪中洗浴一樣；這個時節的黑夜最長；而野雞則飛入水中變爲大蚌；在黎明時，織女星的兩顆小星，則正對著北方的位置；國王開始巡行狩獵，檢查兵器武事；不過，種田的農人則無需參與這種活動；在這個時節，舊有的鹿角開始破損脫落，重新又長出新的角來，善於飛翔的鴟鳶鳥開始鳴叫，向人們報告朔風吹來的消息；養育得既肥又壯的黑馬，正威風凜凜地等待獻馬的典禮；政府的官員們在統計人口數目，以期在新的一年裡分派賦稅和勞役；漁人們到有水壩設施的梁地放水捕魚，以供過節食用。

二

子彈庫《楚帛書》注譯

【說明】

對於此帛書的介紹和研究，首見於 1944 年蔡季襄《晚周繒書考證》。它對帛書的出土情況作了較詳細介紹，附有憑目視繒書的臨寫本，缺字用方框表示，邊圖用原色繪出，載有帛書釋文和簡短考證，是研究帛書的主要原始資料之一。據記載，此帛書為一群盜墓人掘得，時間在 1934－37 年之間，各家說法不一。盜墓人見無利可圖，便將帛書轉讓蔡季襄。蔡是第一得主，經他研究描摹後，轉賣給在長沙理雅中學任教的美國人考克斯，考克斯將其帶到美國，先收藏於華盛頓弗利爾美術館。1952 年對其拍過一組全色照片，學者們利用全色照進行研究，並發表過一批論文。後帛書又轉藏於紐約大都會博物館，1966 年改進了攝影方法，用航空攝影的紅外膠片，又拍攝到一組帛書照片，清晰度又有改進。故對帛書的研究可分為三個階段，第一是在蔡季襄描摹圖的基礎上所作初步研究，第二是利用全色照所做研究，第三是利用紅外膠片照所作改進研究。

帛書的出土地點是湖南省長沙市東郊杜家坡子彈庫附近。該墓被盜後又將土填回。帛書出土的信息傳出後，湖南省博物館於 1973 年對該墓組織了再次發掘，又出土了一件帛畫和陶鼎等文物，其墓葬形制和棺槨結構與蔡季襄、商承祚等描述一致，從而證實帛書即為該墓盜出之物。從出土文物和墓的形制看，墓主大約為一名較低級的士級貴族，方術應是其特長。

經過三個階段的研究和考證，對該帛書已經建立起較好的研究基礎，文字大多已經認識清楚，僅有少數殘缺，但並不影響對整個文義的理解。

李零於 1985 年，在香港饒宗頤，台灣董作賓、嚴一萍，日本林巳奈夫，澳大利亞諾埃爾·巴納德，大陸李學勤等人的工作基礎上，編撰出版了《長沙子彈庫戰國楚帛書研究》一書（中華書局，1985 年），對前人的研究成果做了系統歸納和總結，本帛書依據的文字，便出自該書所做校釋。

帛書共分甲乙丙三部分，共有九百多字，是到目前為止中國出土最早的帛書。寫在一塊長 47 釐米，寬 38 釐米的帛上。中間分甲乙二部，互相顛倒排列，甲為十三行，乙為八行，丙為邊文，共分十二章月，作四方旋轉排列。李學勤曾首先指出，邊文所載為《爾雅》十二月名，故這才解決了正確的釋讀方向。李指出十三行是講天災禁忌及《月令》式的刑德思想，八行講述了四時形成的神話。饒宗頤以為，帛書記載四時及《月令》出行宜忌，是楚巫占驗時月之用的。陳夢家以為楚帛書應屬戰國中期的楚月令。鄭德坤則說是寫在帛上的楚曆書。可見其與中國古代天文曆法的關係十分密切。

筆者以為，楚帛書是一份十分重要的先秦曆法著作，它足以與《夏小正》、《月令》和《管子·五行》比美。如果按地區，將《禮記·月令》看成是秦月令，《管子·五行》看成是齊月令，《夏小正》看成是夏月令，那麼此楚帛書便完全有資格看作是楚月令。筆者以為，以往人們對楚帛書性質和內容所作概括和介紹尚不全面和準確，其甲乙丙三篇，所述內容各不相同，甲篇論述刑德思想和理論根據，乙篇論述曆法的發展歷史，丙篇才是月令。故筆者以此為據，給甲乙丙三篇冠以“天地刑德”、“曆法治草”、“十二月令”的篇名。

以往人們僅把五行看作是一種哲學觀念，把古代文獻所載五行與季節關係的記載看作是與時節分配的比附；同時，把帛書乙篇所述五木也當作是胡說八道的神話。筆者在此可以慎重地告訴大家，這些看法錯了。五行本身就是一種曆法，《管子·五行》、《夏小正》均是與此曆法有關的歷史文獻，彝族十月太陽曆文獻的發現和近現代在彝族地區還在實際行用，可見五行曆法在歷史上確是實際行用過的曆法而非比附和附會。楚帛書乙篇所載青、赤、黃、白、墨五木，共工推步十日四時，均與此五行曆法有關。

炎帝共工所推步的曆法就是十日、五木，五木即五時。後來才改用帝俊所造的農曆，不懂得這些，可以說並沒有真正理解帛書乙篇的內容。

經過六十餘年的努力，人們在古文字的釋讀和對古文獻的研究方面，已經取得很大成績，除個別文字殘缺外，已經基本釋讀認定。大致內容也已清楚。不過到目前為止，它雖然是一份十分重要的天文曆法文獻，但尚未有天文學家予以關注。我們這項工作，就是試圖從古代天文曆法的角度，對其進行研究，注釋和解讀。前人所做的注釋工作，成績是很大的。但成果主要反映在文字和詞義的釋讀和解釋方面。文句的解釋雖然也有人做，但是不完整的。往往沒有將全篇的內容綜合起來加以考慮，不做到這一點，所作注釋工作是互相隔裂的，故文義也沒有完全解通。這樣，讀者閱讀起來仍然感到很困難，不易理解。為了解決這一缺憾，筆者應邀對帛書作出今譯工作。從今譯的內容可以看出，帛書三篇各自獨立成篇，每篇文字結構嚴謹，聯繫緊密。

釋文仍依原樣，用小號阿拉伯文數字，在釋文右下角示原有行數。小括弧內為古字今寫，方括弧內為原字殘缺，但據上下文義可以補出的字。用“□”號表示完全缺去的字，“□”表示部分殘缺難以隸定的字。

甲篇　十三篇　天地刑德

惟□□日月[1]，則絽（嬴）絀不晷（得）亓（其）裳（當）[2]，春頣（夏）昧（秋）各（冬），□又（有）㝵尙（常）[3]，肙（日月）星唇（辰），𤔔（亂）遊（逆）亓（其）行[4]。絽（嬴）絀遊（逆）𤔔（亂），卉木亡尙（常），是〔謂〕实（妖）[5]。天墬（地）乍（作）

羕（殃）[6]，天棓（鼓）牆（將）乍（作）湯（湯）[7]，降于亓（其）〔四〕方，山陵亓（其）雙（墮），又（有）泉氒汩（冕、汩）[8]，是胃（謂）孛（悖）散（歲）[9]。〔朓〕朒（朒），月吉[10]。▨□又（有）電雹[11]，雨土[12]，不旻（得）亓（其）參職。天雨▨吕[13]，是遊（逆）月閏之勿行：月（一月）、二月、三月，是胃（謂）遊（逆）終亡，奉▨□亓（其）邦：四月、五月，是胃（謂）嬰（亂）絽（紀）亡，朿▨望[14]。亓（其）散（歲）：西戜（國）又（有）吝，女（如）肙（日月）既嬰（亂），乃又（有）鼠（爽）▨[15]；東戜（國）又（有）吝，▨▨乃兵，▨于亓（其）王[16]。

【注釋】

1. 第四字"日"字中間筆劃不清，林巳奈夫、嚴一萍、饒宗頤釋爲"日"，巴納德釋爲"四"，李零用巴說，釋爲"四"。其理由爲，在帛書中，凡出現日月連用時，皆合書在一起。故將前面的缺字推爲十又四月，以合下面的文義。但是，將其釋爲十又四月，以合下面的"贏絀不得其當"，是很不妥當的。在戰國以前，是否確實使用過設置十四月來調整置閏不當的問題，就一直存在爭議，即使出現過，也是極少見的不正常現象，不能作爲占語來使用。它不是自然界裡出現的突然現象，而是人爲因素造成的，那麼就不是產生災異的原因。故筆者以爲，釋爲"日"字是對的，前面兩個缺字，當爲"歲時"，"歲時日月"，當爲一個組詞，爲曆法中記時的四個單位。置閏不當，只會產生季節的混亂，而不會造成星辰躔度進退的失當。不能由此相聯繫。

2. 將"浧絀"釋爲贏絀得當，它與"贏縮"二字的含義相當。即是指星辰躔度的進退。是說天體運行的快慢是有規律的，贏縮不得其常，便是違反運行規律的反常行爲，這是天帝示警的一種表現。

3.“□有㝵常”，“㝵”字，當爲“㝵”（得）字之殘。“有得常”，即有常之意。那麼，該句之第一個缺字，當爲否定詞“不”。其義是說，當時節之變化出現不正常時，那麼春夏秋冬的變化就不正常。

4.“亂逆其行”，中國古代天文學家大約在戰國後期，已認識到五星除正行以外，還有逆行，也就是說，逆行也是正常規律。但是，在此以前，是可能認爲逆行是不正常的現象。

5.當天體運行出現反常時，草木的生長也出現反常，由此古人便認爲有妖氣發生了。《左傳》宣公十五年說：“天反時爲災，地反物爲妖。”與帛書卉木亡常是謂妖的說法相吻合。

6.“天地作殃”，文義不難理解，也就是天地爲災了。

7.“天鼓將作湯”，《河圖帝通記》說：“雷者，天地之鼓。”《堯典》序孔穎達疏引《謚法》曰：“雲行雨施曰湯。”是說雷電大作，瀑雨成災，這些都是上天帶給人類的災害。

8.“有泉氒湝”，泉爲泉水，“氒”爲厥，“湝”釋爲汩，形容水流湍急之狀。山崩泉湧，都是凶咎之徵兆。

9.悖，違反，不正常。悖歲，即爲不正常之歲。

10.“□朒，月吉”，《說文》曰：“朒，朔而見東方，謂之縮朒。”“月吉”者何也？漢以來注釋家均以月吉即初吉，初吉即朔日。不過，若僅以“朒朔日”解，文義不通。注意到其前尚有一缺字，據《開元占經》引劉向《洪範傳》曰：“晦而月見西方謂之朓，朔而月見東方謂之側匿”，側匿即朒也。又引石氏曰：“女主外戚擅權，則或進退朓朒，皆君臣刑德不正之咎也。”由此我們便可推知，其朒前必爲朓字，義爲月行朓朒，朔日。也是凶咎之兆。

11.“電雷”，前一字殘缺，故前後辭義不明。有人將這二字釋爲電震，電霆，但李零指出，“雷”字筆劃清楚，而且此帛書爲韻文，“雷”字正爲韻字。由於“雷”字字書不載，李零認爲其或爲霆、震同義字，或爲別物。那麼，電雷應是與雷雨時形成的具有破壞作用的猛烈的雲層打雷放電現象。

12.“雨土”。《爾雅》曰：“風而雨土，爲霾。”《開元占經》引郄萌云：“凡天地四方，昏蒙若下塵，十五日以上，或一月，或一時，雨不沾衣而有土，名曰霾。故曰天地霾，君臣乖，若不大旱，外人來。”雨土實即華北平原春季偶然發生的特殊現象，每當春季乾旱之時，西北風刮起，將內蒙黃色沙土捲入空中，飄入華北平原，並在華北平原漸漸降下塵土，這時天地昏暗，日月無光。故人們將其視爲凶咎之象。

13.“天雨□昌”。由於天雨二字下面兩個殘字不清，文句含義也不清楚，應該是承上而言的一句話。上面所述“作湯”、“泉汩”、“電雷”、“雨土”，均與兩字有關。

14.“是逆”至“乑□望”。陰陽曆需設置閏月調整季節。“逆月閏之勿行”，當作不按置閏的規律辦事。“逆”作違反講。“一月、二月、三月”，是指季節差至1—3個月，稱爲“逆終亡”。即違反歲終置閏的規律。“亡”即亡失，失閏。“四月、五月”，是說季節差至4個月至5個月，便稱之謂亂紀亡。此處之紀，爲紀年的單位，若干年數循環一次爲一紀。實指十二年爲一紀。《尚書·畢命》曰：“既歷三紀”，孔傳曰：“十二年曰紀。”此處“四月、五月是謂亂紀亡”之義，是說如果十二年不置閏月，季節便差至五個月，故季節差至4、5個月，便稱爲亂紀亡。

15.“鼠（爽）□”。今按李零說，“鼠”釋爲爽，爽者，亡也，喪也。是指逆月閏之歲出現的情況。

16.此是說凡逆閏月之歲，當西國有吝的時候，將有亡國之虞；當東國有吝的時候，當有兵災或危及君王。

凡散（歲）悳匿（慝）[1]，女（如）□□□，隹（惟）邦所□宎（妖）之行，卉木人民，㠯□四淺（踐）之尙（常），□□上宎（妖），三寺（時）是行[2]。隹（惟）悳匿（慝）之散（歲），三寺（時）□㫖，䋣（繼）之㠯帀（霈）降[3]。是月㠯𢿥（數）曆（擬）爲之正，隹（惟）十又（有）二月（？）[4]，隹孛（悖）悳匿（慝），出自黃泉，土攵亡𩞁；出內（？入）〔空〕同，乍（作）亓（其）下凶[5]。胃（日月）虘（皆）𤔔（亂），星唇（辰）不同（炯）[6]。胃（日月）既𤔔（亂），散（歲）季乃□[7]。寺（時）雨進退，亡又（有）尙（常）恆（恒）。恭（恐）民未智（知），曆（擬）㠯爲則，毋童（動）[8]。群民㠯□，三恆（恒）䜌（墮），四興鼠（爽），㠯𤔔（亂）天尙（常）[9]。群神五正，四興失羊（詳）[10]。建恆（恒）褱（懷）民，五正乃明[11]。百神是亯；是胃（謂）悳匿（慝），群神乃悳[12]。帝曰：繇（繇），敬（？）之哉！毋弗或敬。隹（惟）天乍（作）福，神則各（格）之；隹（惟）天乍（作）宎（妖），神則惠之。欽（？）敬隹（惟）備，天像是恖（則），成（咸）隹（惟）天□，下民之祓（戒？），敬之毋戈（忒）！

【注釋】

1.“悳匿”。“悳”，即古文之德字。“匿”，即慝。德者，善也，福也。慝者，惡也，禍也。詞義相對。德指天地對人類的慶賞，慝指天地對人類的刑罰。二者表示上天對人類的報施。故下文載“惟天作福，神則格之；惟天作妖，神則惠之。”《國語．越語下》載：“德虐之行，因以爲常。”

韋昭注曰："昭謂德有所懷柔及爵賞也，虐謂有所斬伐黜奪也。"可見"德慝"與"德虐"詞義相當，即古代文獻中所述之刑德。《韓非子·二柄》說："二柄者，刑德也。何謂刑德？曰殺戮之謂刑，慶賞之謂德。"

2."三時"。《國語·周語上》："三時務農，而一時講武。"韋昭注曰："三時，春夏秋。"這段文字有多處殘字，只是根據前後文義，大致內容還是清楚的。是說歲時的變更，上天施德降罰，如有某惡行，上天行罰，邦國便會有妖異之天像出現，草木蕃息生長，人民的農事活動，便會違反四時星辰的躔度，春夏秋三時的農事季節，便會產生妖異的物象。

3. 這句是說當出現上天的處罰時，便是繼而降之大雨。

4. 這句是說，月之正數，只有十二個月。

5. 這句是說，當出現悖歲之時，將有凶祟自出地下，登於空同而降臨人世。黃泉，是指地下深處的泉水。空同一名，出自《爾雅·釋地》："齊州以南，戴日爲丹穴，北戴斗極爲空桐。"《釋文》也曰："空同，司馬云：當北斗下山也。"

6."星辰不炯"，即星辰不明。

7."歲季乃☐"，末尾爲缺字，但據上文"日月既亂"，是其導因，故李零推爲"歲季乃誤"，是也。

8."恭民未智，層巳爲則，毋童"，恭釋恐，智釋知，義爲恐怕人民不知道。"層"釋爲"擬"，毋童即毋動，即以固有的法則，不變動。

9."三恒"，據前人釋爲日月星，當是。四興，釋爲四時代興，即四時更替。全句爲：人民對季節的循環產生了疑惑，日月星等天體墮毀，四季的更替也受到破壞，由此天體的正常運行也就混亂了。

10."群神五正，四興失羊"，即五行之官對四季的更替喪失考察。《左傳》昭公二十九年記蔡墨說：故有五行之官，……木正曰句芒，火正曰祝融，金正曰蓐收，水正曰玄冥，土正曰后土。"這就是傳說中的五官。

11.“建恒”，即指以上所述建立日月星的運行規律。“懷民”，即指懷柔人民。古時的帝王做到了建恒懷民，也就是制定了準確的曆法，人民有了安定的生活，這樣，五正也就明確的。五正，五行之正，即五時正確的時節。

12. 李零指出，“群神乃德”應在“是謂德慝”前。“是謂德慝”是行爲的結語。這段話與《史記·曆書》“民神異業，敬而不瀆，故神降之嘉生，民以物享，災禍不生，所求不匱”所言一致。“亯”，古“享”字。

民勿用𢓊𢓊百神，山川澫浴（谷），不欽敬（？）行[1]。民祀不㫖（歆），帝酒（將）䜌（緐）㠯嬰（亂）遊（？逆）之行[2]。民則又（有）㲉，亡又（有）相蠹（擾），不見陵囗，是則鼠（爽）至[3]。民人弗智（知）散（歲），則無𢔨（攸）祭[4]。囗則𢓊民，少又（有）囗，土事勿從，凶。

【注釋】

1.“民勿用”至“敬行”句，中間有兩個殘字，含義不明。“澫浴之浴”，前人均釋爲山谷之谷。“澫”字，以往石鼓文中曾經出現過，現今字書不見載。從本帛書乙篇載“瀧汨淵澫”及石鼓文載“澫有小魚”來看，澫應該是山間溪流或淵穴一類的積水之處。“欽敬行”，是指恭敬認真地去行事。全句是說，人民沒有認真地禮敬百神，百神所管理司命的山川溝谷等地，也沒有顯示出正常的秩序，爲人民提供充足的生活財富。

2.“㫖”於省吾讀爲“歆”。“歆”即饗。《說文》曰：“歆，神食氣也。”實際是指人們用豐盛的食物來祭祀，禮敬百神，以祈保佑農業豐收，人口平安。以食物祀神靈稱供品，當然不會有真的神來享用，故曰“神食氣”。

“繇”，同由。由，用也。如《論語・泰伯》“民可使由之。”全句是說，正是由於人民不再恭敬地祭祀上帝及百神，那麼上帝也就以亂逆之行的天象來顯現。

3.“民則有敦”，“敦”爲“穀”之假借詞。《詩・甫田》曰“以穀我士女”，此處以當養解。又《爾雅・釋言》曰：“穀，生也”這裡可訓爲養生之資。“不見陵囗”，“陵”同“凌”解，“陵”字後爲殘字，當爲欺凌，凌犯之義。“鼠”釋“爽”，喪亡之義。此句文義爲：人民有了得以養生的物資，沒有外界對其打擾的事物，也不見有人凌犯，在這種情況下不知道報效百神的恩賜，就將得到喪亡。

4.“䌛”，李釋爲“絠”，當從。“絠”讀爲“攸”。“則無攸祭”，即沒有祭祀。

5.“土事勿從”，李零將“土事”釋爲“農事”，引申爲冬天作農事凶，故勿作土事。筆者以爲此解無據。由於土除土地、沙土、五行之土、建房等含義外，還可釋爲度，即度量，丈量等義。農業生產是經常性的工作，也是不可遺誤的。而測量土地官方從事的季節性的工作，悖歲時節以避免測量爲吉，故言土事凶。由於此句有兩處殘字，難爲確解。

譯文

天地刑德

人們所安排的歲時日月，如果早晚盈縮不當，春夏秋冬的季節就反常，日月星辰也就逆亂了它們的運行。出現了盈縮逆亂，那麼，草木的生長也就失常，這就稱之謂妖逆。在這種情況下，天地發生災殃，雷霆大作，暴雨連天，四面八方都被掩沒，山陵崩墮，泉水從山間洶湧地流出，這個年份稱謂悖歲。朔日這一天稱爲月吉，如果月亮運行慢了，就能在黎明時的東方見到它；如果運行快了，就將在傍晚時的西方見到它。由於氣候怪異，破壞性的雷電現象和不常見的雨土現象也會出現，天地也無法有效地行施其責職。如果季節的確定不按照設置閏月的法則進行，季節相差一月、二月、三月，稱爲逆終亡；如果季節的差誤達到四月、五月，就稱之爲亂紀亡。逆終亡，是季節誤差在三個月之內；逆紀亡，是季節誤差在四、五個月。悖歲之年，日月亂行，如果是西方國家有災，那麼，其國將有喪亡；如果是東方國家有災，那麼其國有兵災，或者國王有殃。

上帝時刻注視著人們的一舉一動。人們做了好事上帝便施德，做了壞事便降罰。例如帝王做了不德之事，邦國便會見到妖逆的天象。草木的繁息生長，人民農事勞作，便會偏離星辰四時的躔度，造成春、夏、秋三個農時季節出現妖異的物像。像這樣的悖逆之歲，春、夏、秋三時的季節違失，天上也會不斷地降落大雨。就曆法的規律而言，每年月的正數爲十二個月。當出現悖逆之歲時，就會從地層深處湧出泉水，從北極空同的高處出現凶象。日月亂行，星辰在天空就不明亮。日月的運行既然已經混亂，那麼歲季也就亂了。各個時節的降水多少，是沒有恒定的。可能是一般的平民百姓並不懂得，認爲日月的安排都是按老辦法沒有變動的。當日月星三辰等天體發生墮毀，四季的更替規律也受到破壞，那麼天體的正常運行也就混亂了。這時，五行之官對四季的更替喪失考察。只有有德的帝王根據日月星三辰，建立起符合天運的曆法，人民在政府的關懷和幫助下過著安定富足的生活，五正的時節才會正確。這樣，人民用豐盛的祭品祭祀百神，供祂們享用，群神也施德於人民，這就叫作德慝。

上帝說：啊，認真地敬祀神明吧，不能不敬祀神靈，不管天帝向人民賜福，或是降之於妖逆，都是上天給我們的恩惠，一定要認真敬畏地予以接受。天象是賜給我們的法則，一定要恭敬地遵守。天下的小民都要以之爲戒，敬畏而不要發生差錯！

人民如果不敬獻百神，那麼，爲他們所管理司命的山川溝谷，將會出現不敬獻的徵兆。人民不敬獻供品給神靈，上帝將用逆亂之行的天象來顯現。人民有了借以養生的物資，這些都是上帝賞賜給人們的。生活安定，沒有其它事情打擾，也見不到受到任何力量的欺凌，仍不敬獻百神，那麼，喪亡的事情就將發生了。人民不懂得歲事，所以沒有進行祭祀。在出現悖歲之時，不要測量土地，如果進行測量，肯定發生凶咎。

乙篇　八行　曆法沿革

曰（粵）故（古）[1]☐𩕛䨻（雹、包）䖒（戲）[2]，出自☐霆，凥（居）于䨭☐[3]。氒田（？）僬（漁）[4]☐☐☐女，夢夢墨墨[5]，亡章弼弼[6]，☐晏水☐風雨[7]。是於乃取（娶）䖒（虘）☐☐子之子，曰女☐（媧）[8]。是生子四☐[9]。是襄天㦰（踐），是各（格）參柒（化）[10]。𡌶（？廢）逃[11]，爲禹爲萬（禼）[12]以司堵[13]，襄咎（晷）天步[14]。𢓊乃卡（上下）朕𨔵（斷），山陵不斌（疋）[15]。乃命山川四𣳚（海），☐寮熙（氣）害（害、豁）熙（氣）[16]，以爲亓（其）斌（疋）[17]。以涉山陵瀧汩凼（淵）澫[18]。未又（有）日（日月）[19]，四神相弋（隔）[20]。乃步以爲𢧵（歲）。是隹（惟）四寺（時）：倀（長）曰青榦（幹），二曰未（朱）四單（單），三曰翏黃難，四曰𣑿墨榦（幹）[21]。

【注釋】

1.“曰故”即“曰古”，爲古時候。

2.“𩕛䨻䖒”，即“嬴包戲”。包戲，又作包犧、庖犧、伏羲等。古代以伏羲氏、燧人氏、神農氏，或伏羲、神農、祝融爲三皇。相傳伏羲氏爲燧人子，風姓。但據此帛書所載，當爲嬴姓，無考。一說伏羲爲太昊，太昊風姓，故伏羲爲風姓，太昊居東方。但《帝王世紀》載伏羲生於成紀，成紀在今陝西。古代普遍流傳伏羲女媧兄妹成親之說，更合於西南地區。故伏羲風姓也不能肯定。嬴姓，與秦嬴在地域上相合，但西方之嬴姓相傳從東方遷入。待考。

3. “䨓”爲伏戲出生地名，“䨱”爲居住地，均爲古地名，無可考。

4. “⿰田⿱亻魚”，《易・繫辭下》曰：“古者，庖犧氏之王天下也，……結繩而爲網罟，以佃以漁”說法相同，故“田僋”當爲“佃漁”，即始以原始農耕和捕魚爲生。

5.《爾雅・釋訓》曰：“夢夢，亂也。”《管子・四稱》曰：“政令不善，墨墨若夜。”即爲昏亂之狀。又《淮南子。俶真》曰：“至伏羲氏，其道昧昧芒芒然。”其義相同。

6. “亡章弼弼”，章，指章法制度，“弼”擬釋爲“弼”。“弼”通“拂”，爲治理之義。故謂沒有章法制度和政治之義。

7. 此句殘缺四字，僅存“水”和“風雨”，不可詳解。古有結草爲廬，以避風雨之說，當與此同。

8. 伏羲兄妹成親的故事，一直流傳至今，現今在西南許多少數民族中仍然盛行。帛書另用“取”即“娶”字，其義也相合。帛書論女媧爲戲人之子。

9. “是生子四”，即生子四人，這四人也就是下面所載四神。

10. “是襄天踐”，即襄理天步，天步，指星曆推步。“是格參化”，研究天地造化。

11. 廢逃，作沒有離開其職所解。

12. 禹即夏禹，卨即契，商民族的遠祖。

13. “司堵”，堵者，垣墻也。這裡指負責四方的觀測。

14. “襄咎天步”即負責天文曆法的推算。

15.“上下朕斷”，朕，指縫隙處。朕斷，指上下連接的縫隙處斷了，也即天地季節不連接了。“山陵不斌”，“斌”即“疋”，“疋”即“疏”。《國語・周語下》靈王二十二年太子晉曰“疏爲川谷，以導其氣。”韋注曰：“疏，通也。”古人認爲必須要開通川谷，以通其氣。川原塞，國必亡。

16.“山川四海。”四海，指四方之海，實即指四方，爲四方山川之義。“寮氣豁氣”。寮者，穿也。豁口，通道。爲疏通川谷氣脈之義。

17. 自“乃命山川”至“旨爲亓疋”，這句之主語省略，實指四子，命令疏通其氣，只能對下屬和人民，而不能對山川四海，故賓語也省略了。此處上下文義欠通順，疑有缺字。《史記・曆書》曰：“少昊氏之衰也，九黎亂德，民神雜擾，不可放物，禍菑薦至，莫盡其氣。顓頊受之，乃命南正重司天以屬神，命火正黎司地以屬民，使復舊常，無相侵瀆。”楚帛書所言正與這段文字相對應。故“□上下朕斷”前當缺“九黎亂德”四字，“乃命山川”前當缺“顓頊”二字。

18.“旨涉山陵瀧汩淵漓”。瀧，指湍急的河流。“汩”字各家所釋不同，李零釋爲“汩”，但“汩”字據上下文無解。今據陳邦懷釋爲洦，《說文》：“洦，淺水也。”淺水與下一字淵爲對。淵爲深水。“漓”，今暫據李說釋爲“漻”，爲山間積水之處。此句當與前文連讀，爲步涉山陵和深淺山間積水及溪流之處，以疏導其氣。

19.“未有日月”。此句與下面的一段話，構成曆法的一段文字。由此可以推知，此日月是紀月紀日的單位。那麼，未有日月，當是未有曆法的紀月紀日制度，並不是指太陽月亮等天體。

20.“四神相隔”，即四神將一歲分隔成四時，合起來推步成爲一歲。

21. 自“是惟四時”至“墨幹”。這是四時，也即四木的名稱。這是南方楚民族以四種不同顏色的樹木給四季命名的特有方式。長即一，爲春季青干，二曰夏季朱四單，三曰秋季黃難，四曰冬季墨干。干即木。值得注意的是，通常將秋季配爲白色，此處以黃色相配，其餘三季青朱墨均相一致，墨即黑。

千又（有）百散（歲）[1]，昌（日月）夋（允）生[2]，九州不坪（平）[3]。山陵備岆[4]，四神乃（？）乍（？作）至于逿（覆）[5]。天旁（方）違（動），㪅（扞）斁（蔽）[6]之青木、赤木、黃木、白木、墨木之槙（精）[7]。炎帝乃命祝融[8]，以四神降[9]，奠三天；㚘思敦，奠四亟（極）[10]。曰：非九天則大岆，則毋敢叡天霝（靈）[11]。

【注釋】

1.“千有百歲”，指伏羲時代以後，又經過千有百年。

2.“日月允生”，用日月紀日的方法，即曆法產生了。

3.“九州不平”，指九州不平穩，還不穩固之義。

4.“山陵備岆”。“備岆”，爲崩塌之義，即山陵崩塌。這些均是九州不平穩之象。

5.“四神乃作至於覆”。四神乃立五木使不傾覆。五木便是緊接下文的青木、赤木、黃木、白木、黑木。立五木以撐天傾，不見古代文獻記載，但是，《淮南子．天文訓》說：“昔者，共工與顓頊爭爲帝，怒而觸不周之山，天柱折，地維絕，天傾西北，故日月星辰移焉。地不滿東南，故水潦塵埃歸焉。”關於撐天傾之事，《淮南子．覽冥訓》說：“於是，女媧鍊五色石以補蒼天，斷鼇足以立四極，殺黑龍以濟冀州，積蘆灰以止淫水。”這裡撐天傾的是鼇足而不是五木，是四足還是五足也不明確。但是，納西族民間故事《創世紀》敘述九兄弟和七姐妹開天闢地故事時說：“東邊豎起白螺柱，南邊豎起碧玉柱，西邊豎起墨珠柱，北邊豎起黃金柱，中央豎起一根撐天大鐵柱。”其與五木撐天的說法是一致的。是四木還是五木，這與當時曆法中的季節觀念有密切關係。炎帝和共工均出自西羌，故有著共同的古老觀念和傳說。

6.“天方動，扞蔽”，即遮蔽。言天地剛剛發生運動，就被五木之精遮蔽了。五木即五行曆法。

7. 五木之精。《史記·五帝本紀》載黃帝“治五氣”，又《曆書》載，“黃帝考定星曆，建立五行”，明載五行起自黃帝，故近、現代有人竭力主張五行起自戰國，筆者不主此說。《曆書》說“黃帝考定星曆，建立五行”，而不是據五物建立五行思想，可見五行必與星曆有關，決不單純地是一種哲學思想。《淮南子·天文訓》曰：“東方木也，其帝太昊，其佐句芒，執規而治春，其神爲歲星，其獸蒼龍”；“南方火也，其帝炎帝，其佐朱明，執衡而治夏，其神爲熒惑，其獸朱鳥”；“中央土也，其帝黃帝，其佐后土，執繩而治四方，其神爲鎮星，其獸黃龍”；“西方金也，其帝少昊，其佐蓐收，執矩而治秋，其神爲太白，其獸白虎”；“北方水也，其帝顓頊，其佐玄冥，執權而治冬，其神爲辰星，其獸玄武。”可以看出，帛書五木之青、赤、黃、白、墨，與《天文訓》所載五行所配之蒼、朱、黃、白、黑是完全相一致的。故五木即楚民族所用五行即五時。以後才趨於統一。

8. 炎帝和祝融均爲遠古傳說中的人物，而且均與南方民族有關。此處祝融是以炎帝之臣出現的，故有乃命祝融之說。

9.“以四神降”。前已述及女媧生四子，是爲四神，今炎帝乃命四神降，似乎四神朝朝都有。其它文獻也常有此混亂。實際上，此四神應該看作各朝用以確定四季曆法的官員。

10.“奠”，作奠定，安定解。三天，當爲日月星三辰。前人認爲三天爲三辰之誤，但三天也可理解爲日月星三辰。四極即四方。全句釋爲安定天上的日月星三辰的運行，奠定好四極承載天運的基礎。

11.“則”，此處當釋爲之，“叡”，通也。“鈇”，字書無釋，擬作傾側解。天靈即天神。全句當釋爲：所以說，要不是發生九天的大崩塌，則不敢上通於天上的神靈。

帝夋乃爲肙（日月）之行[1]。共攻（工）☑步十日四寺（時）[2]，☑☑神則閏四☑[3]。毋思百神，風雨晷禕，𤅊（亂）乍（作）[4]。乃𢓊肙（日月）㠯䢜（轉）相☑思（息）[5]，又（有）宵又（有）朝，又（有）晝又（有）夕[6]。

【注釋】

1. "帝夋"是東方民族的上帝，殷墟卜辭中常見載"高祖夋"，可見他是殷商民族的遠祖。經近人研究，帝俊與帝舜其實就是同一個人。李零把帝夋說成是楚人的祖先恐不正確。帝俊雖與南方民族也較密切，但與炎帝和共工不是同一系統的民族。只有炎帝和共工，才是南方民族的共祖，而祝融才是楚民族的遠祖。當然，祝融爲炎帝之後，有的文獻也稱其爲赤帝。"帝夋爲日月之行"，是說帝俊制訂了計算日月的曆法。

2. "共工☑步十日四時"。共工，據《山海經·海內經》記載："炎帝……生炎居……炎居生節竝，……節竝生戲器，戲器生祝融。祝融降處江水，生共工。"《淮南子·時則訓》載"赤帝祝融"，赤帝即炎帝，共工也曾自稱炎帝，故炎帝與祝融、工共，其族源關係密切。從古代文獻記載來看，羲、農之時，女媧、顓頊、祝融、帝嚳之世，帝堯、舜、禹之時，均有共工出現，怎麼會累誅不滅呢？事實上，在遠古時，共工氏是一個來自西羌姜姓的強大的氏族集團。其氏族的首領均自稱共工氏。共工氏雖經常參加華夏聯盟，在朝爲官，但獨立性、鬥爭性較強，故常被貶斥和打擊。共工氏曾爲南方集團的首領，爲南方人民所擁戴。楚帛書載"共工氏步十日、四時"，可見共工氏曾編制有自己的曆法。十日、五木、四時爲一歲，即是其特徵。

3. "口口神則閏四☑"。"閏"，擬讀爲"潤"。雖然神前殘二字，但上句共工已制定了步十日、四時的曆法，百神就會調節風雨，以潤澤下民。四字下有一殘字，當爲四時，即百神潤澤四時。

4.“毋思”至“亂作”。毋思，作想不到解。“風雨晉禕”。“晉禕”二字，字書上均無。故此句文義難明。《後漢書‧南蠻傳》曰：“帝悲思之，遣使尋求，輒遇風雨震晦，使者不得進。”帛書此句，當與風雨震晦相當。全句當釋爲：沒有想到百神沒有能夠正確地掌握風雨時辰的變化，而產生了混亂。

6.“乃𢓊肙”至“有夕”。“〼思”釋爲“作息”。這段話，實際只表述了改革曆法的因果關係。由於共工的五木、十日、四時曆法產生了混亂，所以帝俊重新編制了曆法，使日月轉相作息，即以日月相配合的農曆，並將一晝夜分爲有早晨、傍晚、白天和黑夜。故從這段記載可以看出，楚民族遠古所使用的曆法，經過了共工十日四時至帝俊的殷商曆法的變革。“日月以轉相作息”，日即太陽。月即月亮。轉相作息，即太陽月亮相互繞地球運轉，利用其運轉周期的相互配合以記載時日。這種曆法稱爲陰陽合曆，俗稱農曆。它與共工的十日曆不同，十日，即以天干十日爲名的將一歲分爲十個陽曆月的曆法，這種曆法，不考慮月亮的運行周期。

譯文

曆法沿革

傳說古代的時候，有一位嬴姓包戲氏，出生在霊這個地方，長大以後，又遷居於䨻。他們以種植莊稼，捕食魚類爲生。在那個時候，人民的知識尚淺薄幼稚，民風古樸，思想曚曚昧昧，社會也沒有一定的法度可依。人們結草爲蘆，以避風雨。包戲娶了䖒人的女子爲妻，名叫女媧。他們生下了四個兒子，長大以後均從事節氣天象方面的推步和探索天地造化過程的秘密工作。以後他們的後代也沒有離開他們的職所，仍然爲帝禹的夏代和帝契的商代從事四方的天文觀測。利用日晷等器具，推步天體的方位。少昊氏衰落之後，九黎廢棄了四神的曆法，致使天地相斷，山陵川谷之氣不通。於是，顓頊便命令山川四海之神，使山陵川谷疏通其氣，他們走遍了各種高山大川，疏通了各種水塘溪流，以通其氣。那時候尚沒有推算日子的精密的方法，於是，四神便將一歲分隔成四季，粗略地將其推算作爲一歲，這就是四時：第一時叫青干，第二時叫朱四單，第三時叫黃難，第四時叫墨干。

又經過了千百年之後，用日和月來紀日的方法產生了。那個時代，九州的地域不平穩，山陵常有崩塌傾覆。於是，四神便支起五根擎天大柱，用以撐住天的傾覆。但是，青木、赤木、黃木、白木、墨木五根撐天柱，卻遮蔽了天體的運動。於是，炎帝就命令祝融以四神下降到人間，安定了日月星三辰的運動，穩定了四極承天的根基。所以說，要不是發生了九天的大崩塌，則不敢上通於天上的神靈。

帝俊又制訂了記載年月日時的新的曆法。當以往共工推步十個陽曆月和四季用以紀時的時候，天神也試圖調節風雨，潤澤下民。沒有想到百神沒有準確地掌握颳風下雨的時辰，產生了混亂。所以帝俊再制訂記載年月日時的曆法，使其轉相作息，又將一天分判爲早晨、傍晚、白晝、黑夜四個時段。這種曆法一直沿用到現在。

丙篇　十二月令

取于下[1]

曰：取，乙（鳦）則至[2]。不可㠯□殺[3]。壬子、丙（丙）子凶[4]。乍（作）□北征，衒（帥）又（有）咎，武□□亓（其）畋[5]。

女（如）此武[6]

曰：女（如），可以出帀（師）、篩（築）邑，不可以豕（嫁）女、取（娶）臣妾[7]，不夾（兼）旻（得）不戚（憾）[8]。

秉司春[9]

〔曰：秉〕▨▨……，妟畜生（牲）分[10]，▨□。

【注釋】

1.“取於下”。丙篇爲配圖邊框說明文字，四邊，每邊三個月，合計爲十二個月成一周歲。開頭三個字爲每月之章題，第一字爲月名。首先釋出每章章題第一字爲《爾雅．釋天》所對應月名的是李學勤先生。《釋天》曰：“正月爲陬，二月爲如，三月爲寎，四月爲余，五月爲皐，六月爲且，七月爲相，八月爲壯，九月爲玄，十月爲陽，十一月爲辜，十二月爲涂：月名。”注文又引《離騷》“攝提貞於孟陬兮，惟庚寅吾以降”，和《國語．越語》“至於玄月”，分別爲正月和九月，這些事實均證明在先秦時南方吳楚民族使用有如上十二月特有之月名。此楚帛書又進一步作出證實。“於下”含義不明，可能爲：陬於下一年之始。

2.“乙則至”。前人均將“乙”釋作“鳦”，更將“鳦”釋作“燕”，取農曆二月玄鳥至之義。由此更將此作爲帛書行夏正的證據。筆者以爲，此說大誤。如果此“乙則至”爲“燕則至”，那麼，帛書就應該是卯正而不應該是寅正即夏正。眾所周知，《月令》爲夏正，其二月條載：“是月也，玄鳥至，至之日，以大牢祠於高禖。”“是月也，日夜分。雷乃發聲，始電。蟄蟲咸動，啓戶始出。”這說明“燕則至”是日夜分的春分時節，而不是立春或雨水的正月。這一點是含糊調和不得的，燕子是捕食昆蟲爲生的鳥類，只有到農曆二月春分時節，昆蟲才從蟄伏中出動，這時燕子才有可以捕食之蟲，這是燕子下來的必要條件。這不是用“較帛書所記遲一個月”可以含混解釋得了的。筆者以爲，這裡的“乙”，根本就不能釋作“燕”，帛書的取月釋作正月是對的，但正月不等於是寅月，不能作這種糊塗解釋。“乙”不是燕的更直接的證據是，玄鳥來之時節日夜分是婚配季節的象徵，這是祠高禖（媒）的本義。《周禮·媒氏》曰：“中春之月，令會男女，是時也，奔者不禁。”“司男女之無夫家者而會之。”《夏小正》“綏多女士”，均指農曆二月是傳統的婚配季節。直至今日，西南少數民族仍然保持這個傳統。可是，帛書二月（如月）卻載“不可以嫁女、娶臣妾”，那麼，帛書肯定不是夏正。下文將論証帛書爲周正，而《月令》九月有“鴻雁來賓”，雁是食草鳥類，有食則留，無食則去。牠雖是候鳥，來去時節不很固定，故此帛書“乙則至”，就是《月令》所述“鴻雁來賓”。“乙”爲雁之借詞。

3.“不可目𡕒殺”。由於缺少其中關鍵一個字，且與有關文獻中也找不到相應的記載，故此句含義不明。

4.“壬子、丙子凶”。這是選擇吉凶日的的方法。應該認爲，它與六甲、五子均無關係。不過，我們可以注意到，這兩個凶日，均發生在子日，這是可以引起注意之事。《漢書·王莽傳》說：“禮不以子卯舉樂，殷夏以子卯日亡也。”又《論衡·譏日》說：“學者諱丙日，云蒼頡以丙日死也。”那麼，我們也許可以作出這樣的推論，帛書所以說丙子、壬子爲凶日，正是出於忌諱殷夏二朝亡在子卯日和蒼頡死於丙日。

5.“作□北征”至“其𣪠”。此句用到“北征”和“武”字，看來所述當與出兵征討有關。由於帛書出在戰國中期，楚位於中國的南方，它的敵國均在其北方，此文說“正月北征不利，帥有咎”，便等於說楚國出兵征討，不宜在正月之中。

6.“如此武”。如爲二月，應無疑義，章題下“此武”二字，當與武裝、戰鬥有關。注重武事，是該月的特點。

7.“曰如”至“臣妾”，文字淺顯易懂，是說二月可以出兵打仗，也可以建築都邑，但不可以嫁女、娶臣妾。《月令》則說“祠高禖”，“毋作大事

（即不宜出兵），以妨農之事。”二者所述完全是相反的，故帛書之如月，決不是農曆二月。而《夏小正》十一月則有“陳筋革”的記事，《傳》曰：“省兵甲也。”說明農曆十一月正是注重練兵打仗之時，與帛書二月合，此是帛書爲周正的又一證據。

8.“不兼得不憾”。據前人解釋，可出師、築邑，不可嫁女娶臣妾，二事不可兼得，是不遺憾的。

9.“秉司春”。“秉”即“寎”，爲三月之別名。司春是掌管春季之義。林巳奈夫曾以“秉司春”在三月爲據，論証帛書爲周正。按說，其職司的位置，應該置於開頭或中間，即該季節二個月才合情理，現將司春置於末尾三月，確實是難以說得通的。

10.“畜生分”。周曆之三月，正是春季到來之時，這時牲畜發情交配已過，爲使受孕母畜得以保胎，要將其與其它牲畜分開。

余取（娶）女[1]

曰：余，不可㠯乍（作）大事[2]。少杲亓（其）囗，囗龍亓（其）囗[3]，取（娶）女爲邦芺（疑）[4]。

欱出睹[5]

曰：欱，𧍘（盜）銜（帥）囗旻（得）㠯匿[6]。不見月才（在）昌囗，不可以亯祀，凶[7]，取囗囗爲臣妾。

虘（䖒），不可出帀（師）。水帀（師）不起，亓（其）叏（敗？）亓（其）退（覆）[9]。埅（至於）亓（其）囗囗，不可以亯。

【注釋】

1.“余”，與《釋天》四月之“余”完全一致，此也是帛書邊文十二章題首字爲月名的最好證據。其後“娶女”二字，與四月刑德文字“娶女爲邦芺”相一致。說明余月即四月，爲娶嫁之月，與《月令》二月相一致。由此進一步說明帛書爲周正。所附神像作蛇形交尾狀，也爲婚嫁之月的象徵。

2.“不可以作大事”。《月令》仲春之月有“毋作大事，以妨農之事”，也正與此四月余月相對應，由此進一步說明帛書行周正。

3.“少杲（昊？）亓（其）☐，☐龍亓（其）☐”。“少杲”，前人擬釋爲少昊。由於前後有三個殘字，無法作出確切的解釋。惟其“龍”字引人注目。少昊以鳥爲圖騰，此帛書怎麼與龍相關呢？大家都知道，太昊氏以龍紀，以龍爲圖騰。少昊雖是在太昊文化的基礎上發展起來的，但尚未見載少昊與龍的關係。《山海經·海外西經》說：“西方蓐收，左耳有蛇，乘兩龍。”蓐收是少昊的子孫，也是少昊的助手，恐帛書所載少昊與龍的關係，源出於此。

4.“娶女爲邦疑”。《詩·桑柔》說：“靡所止疑。”傳曰：“疑，定也。”故此句當釋爲娶女爲邦定，是娶女可以安定邦國之義。

5.“欲”，即《爾雅·釋天》之皐月即五月。“睹”，《說文》曰：“睹，旦明也。”“出睹”作爲章題不得其解。擬釋爲“睹”，出睹者，巡察也，查訪也，與該月所載政事正相合。

6.“盜帥☐得以匿”。句中有一殘字，此盜帥匿，與章題之出睹相關連。由於及時巡察，其盜帥不得以匿。故其殘字當爲“不”字。

7.“不見”至“凶”。李零說“月在”二字後二殘字當爲星名，所言極是。月亮運行所經星宿爲二十八宿，其二十八星名有日字頭者，僅昴和七星二宿，以昴宿爲是。《開元占經·月犯西方七宿》引石氏曰：“月出昴北，天下有福。一曰胡王死。”也許正是類似的觀念，才記載說，只有見到月亮在昴星北面，才可以祭祀，不然是凶兆。

8.“𠭰”與《爾雅・釋天》六月之“且”，存在較大的差異。字書無“𠭰”字，其讀音當與“且”同。帛書𠭰月神像圖，除畫有兩只長而柔軟的手臂外，其身後還有一條長尾，那麼我們便可以把它看成獮猴之屬，且當寫作狙。《廣雅・釋獸》曰：“猱、狙，獮猴也。”從這個事實來看，帛書神像當與月名有著密切的關係。

9.此句有兩個殘字，難作準確解釋，從“不可出師”，“敗”、“覆”等字來看，其大意是說，六月不可以出師，特別是水師，出師不利。《月令》孟夏之月說：“毋起土功，毋發大眾。”其大意是說，政府不宜於這時大興土木搞建設，也不能聚集大眾打仗或做其它公共事務。其含義與帛書且月即六月相仿。原因在於正值麥收前的農忙季節，不宜妨礙農事。

倉莫（？）𣅀（得）[1]

曰：倉，不可以川☐，大不訓（順）于邦[2]。又（有）㬎（盜）內（入）于𠄟（上下）[3]。

臧杢☐[4]

曰：〔臧〕，不可㠯𥳑（築）室，不可〔以〕☐，☐脨不逡（復），亓（其）邦又（有）大𤔔（亂）[5]。取（娶）女，凶。[6]

玄司昧[7]

曰：玄，可㠯笸（築）室（？）[8]……可☐□遉乃☐......[9]。

【注釋】

1.“倉”，即《釋天》之七月相。

2.“川”，釋同“遄”。“不可以遄”，當釋爲社會、人民不可以急速、頻繁地流動，這樣，於社會安定是不利的。邦，即國家，社會。此與《月令》仲夏“百官靜，事毋刑”一致。

3.“有盜入於上下”。也是承上而言，社會動盪不安定，上下就有盜賊出現。

4.“臧”，即《釋天》八月之壯月。“坴”，前人釋作“社”。《禮記·月令》有“命民社”，即人民祭祀社神的活動。社有春社、秋社之分。秋社日期不定，大約在立秋前後，也與此帛書壯月相當。既將社日活動作爲壯月之章題，說明秋社活動是楚國當時壯月的重要活動內容之一。

5.自“不可”至“大亂”。不可以築室，文字淺顯明白。但緊接下句有兩個殘字，其後“脨”字含義也不明。“脨”字可釋作“跡”。《月令》季夏之月曰：“不可以興土功，不可以合諸侯，不可以起兵動衆，毋舉大事。”其“不可以興土功”正與帛書“不可以築室”相對應。那麼帛書下句之大意當是不可以往返聘問諸侯。下句是假設句之因果關係，即如果是月興土功，聘問諸侯，那麼其國有大亂。

6.“娶女凶”。由於帛書壯月爲農曆六月，當是讓民盡力從事農功之時，故曰“娶女凶”。它也合於《月令》季夏之月“毋舉大事”的規定。

7.帛書之玄月，與《釋天》之玄月完全相同，此也可證明帛書章題第一字爲月之異名，與《釋天》之異名相合。“昧”，昏暗之義。“玄司昧”義爲玄月之天空開始轉暗。帛書玄月之配神爲兩頭龜。兩頭龜也是婚配的象徵。遠古時人們有春秋兩個戀愛婚配季節，春季在二、三月，秋季在七、八月。但不是九月。由此也可証帛書用周正而非夏正。

8.“可以築室”。文義明確，即玄月可以建造房屋宮室。《月令》季秋之月沒有可以築室的記載，但其孟秋之月有“修宮室”之文，由此也可證實帛書合於周正而不合夏正。

9.“逿”，字書不見，當釋作“桷”，爲屋椽，築室的木料。由於缺字太多，難作具體解釋。全句當作玄月可以造屋上樑解。

昜（陽）□羕（？）[1]

曰：昜(陽)，不毀(毀)事，可〔已〕……折敓(除)，故（去）不羛（義）于四......[2]。

姑分長[3]

曰：姑，利戠（侵）伐，可吕攻成（城），可以聚眾，會者（諸）侯，型（刑）首事，殄（戮）不羛（義）[4]。

荃司各（冬）

曰：荃，不可以攻......，□□□□□鈠□……。

【注釋】

1.“昜”，即《釋天》之十月陽月。章題中間一字殘。第三字爲“羕”。此章題含義不詳。

2. 此句殘字較多，難以作出準確解釋，但其中“去不義於四〔方〕”則含義明確，其義爲諸侯間若有行不義之人，就要進行征討和處罰。《月令》孟冬十月僅載“勞農以休息之。”即不舉大事之義。但《月令》孟秋之月則載有“任有功，征不義”與帛書陽月所行政事一致。由此可見帛書之陽月絕非農曆十月，其所行政事，正與秋季相應。

3.“姑”，即《釋天》十一月之辜月。“分長”二字含義不明，擬當據辜月所行政事爲解，區分長短好壞之行爲。

4.辜月所行政事，與陽月相仿，只是記載得更爲明確：即有利於侵略和討伐，可以攻城，可以聚集大眾，盟會諸侯，處罰舉事之首要之人，殺戮不義之人。古有春夏行德，秋冬行刑之傳統。據帛書記載，無疑辜月爲行刑的主要月份。但據《月令》仲冬之月所載之政事爲：“土事毋作，毋發室屋及起大眾。”二者顯然不合。

5.“荼”，即《釋天》十二曰之涂月。“荼司冬”爲掌管冬季之義。正如筆者在解釋“秉司春”所指出的那樣，其司冬職司的位置，應該置於冬季的開始之月或中間之月，若涂月爲冬季之最後一個月即丑月，則將涂司冬置於涂月是說不通的。

6.“不可以攻”。當爲“不可以攻城”，最後一個殘字當爲城字。按古代的刑德思想和從保護農業生產的實際出發，刑罰主要在秋季舉行。帛書的十二月涂月爲農曆十月，爲初冬時節，其“不可以攻城”，與《月令》孟冬“勞農以休息之”、仲冬“毋起大眾”、季冬“歲且更始，專而農民，毋有所使”是一致的。

譯文

十二月令

陬於下

就是說，陬月爲正月。在這個月裡，大雁飛來了。不可以殺伐。逢到壬子日和丙子日爲凶日，不可以辦大事。這個月如果征討北方的國家，將帥就有咎了。

如此武

這就是說，如月爲二月。可以出師打仗、建築都邑。但是，不可以嫁女、娶臣妾。這兩種事總是不可兼得的，所以不必感到遺憾。

秉司春

這就是說，寎月爲三月。家畜已經交配完畢，要將已經懷孕的母畜，與其它牲畜分開，使起到保胎的作用。

余娶女

這就是說，余月爲四月。在這個月內，不可以作大事，可以娶女。娶女之後，可以使邦國得到安定。

皐出睹

這就是說，皐月爲五月。在這個月內，由於加緊了巡查工作，盜帥得不到隱匿。沒有見到月亮在昴宿之北的時候，便不可以享祭，享祭以後就有凶象出現。

叡司夏

這就是說，叡月爲六月。不可以出師打仗，尤其是水師，出師一定不利。

倉莫得

這就是說，倉月爲七月。在這個月內，人民不可以經常流動，以妨農事。如果發生流動，那是大不利於邦國安定的。它也將使上下產生盜賊。

壯社☐

這就是說，壯月爲八月。在這個月內，不可以建造住宅宮室，不可以聘問諸侯。如果這樣做了，邦國就將發生大亂。娶女也將有凶象發生。

玄司昧

這就是說，玄月爲九月。在這個月內，可以建造住宅宮室，可以上樑。

陽☒義

這就是說，陽月爲十月。可以征討不義之諸侯於四方。

辜分長

這就是說，辜月爲十一月。在這個月內，有利於侵略討伐別的國家，可以攻城略地，可以聚集大眾，可以盟會諸侯，刑征首惡之事，殺戮不義之人。

涂司冬

這就是說，涂月爲十二月。不可以攻城略地。

三

《馬王堆漢墓帛書五星占》注譯

【說明】

此《五星占》出自《中國天文學史文集》第一集〈科學出版社 1978 年〉。其釋文作者馬王堆漢墓帛書整理小組按語說：

> 1973 年年底在長沙馬王堆三號漢墓出土的帛書中，有關天文學方面的文字約八千字。原件沒有標題，現在根據內容定名為《五星占》，並區分為九章，發表在這裡。為了便於閱讀，原件中的古體字，異體字，均用現在通行的漢字印出，並用圓括號注明是今之某字，如“央（殃）”、“胃（謂）”。原來的錯字，在其後用尖括號注出正字，如“其道〈逆〉留”，即“道”為“逆”之誤。根據其它書或上下文補出的文字用方括號表示，如“其明歲【以】八月與軫晨出東方”的“以”字是補出來的。補不出來的缺文用方框代替，如“□□”。釋文右下角的數字，表示原件的行數。
>
> 《五星占》的寫作年代在公元前 170 年左右，它是我國現存最早的一部天文書。其中雖有許多唯心主義的星占學內容，但我們用一分為二的觀點，批判地吸收其中有用的東西，就會發現，它為研究我國古代天文學提供了豐富的資料，很值得從各方面加以研究，因此將全文發表如下。

由於其文字古老，今人閱讀起來難以理解，而非古天文專業的學者，對古天文專有名詞及專業知識也不甚了解，爲了幫助讀者閱讀和理解，筆者應邀對其作出注釋。

以往曾將《淮南子・天文訓》和《史記・天官書》看作是中國西漢以前兩部最早的天文書，由於《五星占》的出土，可以確定的成書年代比《天文訓》更早，而且字數有達八千字之巨，故釋文作者將其稱之爲“我國現存最早的一部天文書”，這種評判是準確合理的。當然，在《五星占》成書之前還有《夏小正》和《禮記・月令》，但這兩篇著作可算是中國最古老的曆書，尚不能稱之爲天文書。

《五星占》與《天文訓》和《天官書》，可以說既有共同之處，又各具特色，可以相互補充。在這個意義上說，《五星占》的出土，更加豐富了中國西漢以前天文學的內容和天文史料。如果要對這三部天文著作作一簡明的評價，那麼我們可以這樣說，《天文訓》側重於天文演化和天文理論的探討，《天官書》較多地側重於星座知識的介紹，而《五星占》則更詳細地記載了人們對五星認識的理解和其運動位置的推算方法。故釋文的作者將其定名爲《五星占》，而不是《天文書》。它們之間還是有一定區別的。

第一章　木星占

東方木[1]，其帝大浩（昊）[2]，其丞句巟（芒）[3]，其神上爲歲星[4]。歲處一國[5]，是司歲[6]。歲星以正月與營室晨【出東方，其名爲攝提格。其明歲以二月與東壁晨出東方，其名】爲單閼。其明歲以-三月與胃晨出東方，其名爲執徐。其明歲以四月與畢晨【出】東方，其名爲大荒【落。其明歲以五月與東井晨出東方，其名爲敦牂。其明歲以六月與柳】晨出東方，其名=爲汁給（協洽）。其明歲以七月與張晨出東方，其名爲芮莫（涒灘）。其明歲【以】八月與軫晨出東方，其【名爲作噩】（作鄂）。【其明歲以九月與亢晨出東方，其名爲閹茂】。其明歲以十月與心晨出三【東方】，其名爲大淵獻。其明歲以十一月與斗晨出東方，其名爲困敦。其明歲以十二月與虛【晨出東方，其名爲赤奮若。其明歲以正月與營室晨出東方】，復爲攝提四【格，十二歲】而周。[7]皆出三百六十五日而夕入西方，伏卅日而晨出東方，凡三百九十五日百五分【日而復出東方】。[8]□□□□□□□□□□□□□□□視下民公□□□五羊（祥），廿五年報昌。進退左右之經度。日行念分，十二日而行一度[9]。歲視其色以致其[10]□□□□□□□□□□□□□□□□□□□□□□爲相星[11]□□六列星監正，九州以次，歲十二者，天榦也[12]。營室攝提格始昌，歲興所久處者有卿（慶）[13]。【以正月與營室晨出東方，名曰𥁕隱。其狀蒼蒼若有光，其國有】德，黍稷之匿七；其國失（無）德，兵甲嗇嗇[14]。其失次以下一若〈舍〉二若〈舍〉三舍，是胃（謂）天維〈縮〉，紐，其下之【國有憂、將亡，國傾敗；其失次以上一舍二舍三舍，是謂天】贏，於是歲天八下大水，不乃天列（裂），不乃地動；紐亦同占[15]。視其左右以占其夭壽，□□□□□□□□□□□□□□□□□□□□□□□□□□用兵，所往之九野有卿，受歲之國不可起兵，是胃（謂）伐皇，天光其不從，其陰大凶。歲星出【不當其次，必又天祆見其所當之野，進而東北乃生慧星，進而】東南乃生天[十]部（棓），退而西北乃生天𤎘（槍），退而西南乃生天酓（欃）；皆不出三月，見其所當之野，其【國凶不可舉事用兵，出而易所，當之國受】央（殃），其國必亡[一一]。

天部在東南，其來〈本〉類星，其來〈末〉銳長可四尺，是司雷大動，使□毋動，司反□□□□□□□□□□□□□□□□□□□□[一二]。

彗（慧）星在東北，其本有星，末類慧，是司失正逆時，土□□者駕（加）之央（殃），其咎大□□□□□□□□□□□□□□□□[一三]。

天𤎘在西北，長可數丈，左〔右〕銳，是司殺不周者駕之央，其咎亡主[一四]。

天酓在西南，其本類星，末庸，銳長數丈，是司□□□□□□□□□□□□□□□□□□□□□□□□□□□□□□□□□□□□□□[一五]其出易立（位），□□□□駕之央，其咎失立（位）[一六]。

【注釋】

1. 東方，即方位名詞；木，五行之一。《鶡冠子·環流》曰：“斗柄東指，天下皆春；斗柄南指，天下皆夏；斗柄西指，天下皆秋；斗柄北指，天下皆冬。”這樣，在人們季節的概念上來說，就自然地將春夏秋冬四季與東南西北四個方位相對應起來。《管子·五行》載生數序五行木火土金水的順序爲，自冬至開始，每72日爲一行，那麼，其所對應木爲春，火爲夏，土爲季夏，金爲秋，水爲冬。根據這樣的認識，古人便將春季與東方相對應，夏季與南方相應，季夏與西南相應，秋季與西方相對應，冬季與北方相對應。故有春爲東方木，夏爲南方火，秋爲西方金，而冬爲北方水之說。

2．太浩，又作太皞，東夷民族的遠古首領，故與東方相配。他與東方木歲星其實並沒有什麼關係。戰國至漢初的一些有關的文獻中雖然都沿用這種說法，但自《天官書》以後，便不再採用。

3．“句巟”當作“句芒”，“丞”爲副手或佐官。此處“其丞句充”，在《月令》中作“其神句芒”，《天文訓》作“其佐句芒”。句芒者，少浩氏之子曰重，《左傳》二十九年引蔡墨云重爲句芒。又《楚語》曰：“重爲木正司天”，故句芒得配爲東方之神是出於其爲木正所立功勳。

4．《天官書》曰：“歲星，一曰攝提，曰重華，曰應星，曰紀星。”石氏曰：“歲星，他名曰攝提，一名重華，一名應星，一名經星。”將五星與五行相比附，出自西漢時的《天文訓》，此處《五星占》也見記載。《五星占》說“東方木，其帝太浩，其丞句芒，其神上爲歲星”，《天文訓》曰：“東方木，其帝太浩，其佐句芒，執規而治春，其神爲歲星”，二者文字相類似。由於只是主觀比附，其文字上的差異並無實際意義，以下五星與四方之關係同此。

5．“歲處一國”者，木星又稱歲星、紀星。十二年爲一紀。木星十二年繞天運行一周。每十二月行三十度。木星沿黃道二十八宿運行，古有天文地理分野之說，自春秋至漢，分法各有差異。春秋時將十二諸侯之地與二十八宿相對應。《淮南子·天文訓》曰：“星部地名：角亢，鄭；氐房心，宋；尾箕，燕；斗牽牛，越；須女，吳；虛危，齊；營室東壁，衛；奎，魯；胃卯畢，魏；觜巂參，趙；東井與鬼，秦；柳星張，周；翼軫，楚。”十二諸侯與二十八宿一一對應，各有所屬。當歲星運行到任何一宿時，必有一個諸侯國與其相對應，故曰“歲處一國”。

6．歲星司歲的方法，正是出於木星一紀行一周的認識，即木星十二年行十二辰，一歲行一辰。用木星所在辰紀年，故曰歲星。《國語》魯僖公五年載"歲在大火"，《左傳》襄公二十八年載"歲在星紀"等等。大火、星紀爲十二星次之名。從這些記載，可以想見春秋之時，曾直接以歲星所在星次紀年。十二星次與二十八宿及十二辰方位的相互關係是固定的：子，玄枵，女虛危；丑星紀，斗牛；寅，析木，尾箕；卯，大火，氐房心；辰，壽星，角亢；巳，鶉尾，翼軫；午，鶉火，柳星張；未，鶉首，井鬼；申，實沈，觜參；酉，罷梁，胃昴畢；戌，降婁，奎婁；亥，娵觜，室壁。那麼，知道某年歲星所在星次，也就知道了其所對應的十二辰方位，也就可以轉換成以十二辰紀年。

7. 自"歲星以正月與營室"，至"復爲攝提格，十二歲而周"，爲《五星占》所用之紀年法。十二月斗建，形成了地面上的十二辰方位。它是順時針自東向西計算的。日月五星自西向東運行，方向正好相反，難以直接用十二辰方位來紀歲，人們便假想與木星運行相反的太歲或太陽，將相反的十二辰方位轉換成正向的十二子順序用以紀年，這便是太歲紀年法。太歲紀年法中出現有攝提格、單閼、執徐等特殊的十二歲名，其來源至今不明。有人以爲可能是少數民族語言，甚至可能從國外傳入，這些都還只是推想，沒有什麼依據。實際上，這十二特殊歲名，與十二地支是固定對應的。關於這一點，在《爾雅・釋天》和《史記・曆書》中都說得很清楚。攝提格爲寅，單閼爲卯，執徐爲辰，大荒落爲巳，敦牂爲午，協洽爲未，涒灘爲申，作鄂爲酉，閹茂爲戌，大淵獻爲亥，困敦爲子，赤奮若爲丑。筆者曾作過研究，證明《五星占》所載歲星紀年就是顓頊曆的歲星紀年。其後所載木星行度，實爲據其紀年法所推，秦及漢初支紀年文獻所推正與此相合。

8. 此"三百六十五日而夕入西方，伏三十日而晨出東方，凡三百九十五日百五分"，爲概數，不很精密。甘氏曰："歲星凡十二歲而周，皆三百七十日而夕入於西方，三十日復晨出於東方"，也不精密。《開元占經》編者案："曆法歲星一見，三百六十三日而伏，三十五日一千三百三十分日之一千一百六十二奇四十五，復見如初。一終三百九十八日一千三百四十分日之一千一百六十二奇四十五。眾家之說皆云十二年而一周天，唯此微爲疏矣。"直至西漢晚期以後，關於木星之行度，才觀測得較爲精密，致使劉歆提出歲星超辰之說。

9.“日行廿分，十二日行一度”，可以推得《五星占》所用曆法之一度爲二百四十分。

10. 此段文字殘缺甚多，無法推知其具體內容，但就其“歲視其色”，可以推知其所言有關內容。《開元占經·歲星變色》引《石氏占》曰“歲星象主，色欲明潤。”《荊州占》曰：“君有德，則歲星潤澤光明，君無德，則歲星細小不明。歲星黃赤潤澤，立竿見影，大熟，人主有喜。”巫咸曰：“歲星色青白如灰，主有憂，白多爲兵。”《五星占》所言當與此相類似。

11. 這段文字殘缺嚴重，僅留“爲相星”三字。《開元占經·歲星相王休囚死》引石氏曰：“歲星之相也，從立冬冬至盡，其色精明無芒角。”甘氏曰：“當其相也而有王色，主弱臣強；有休色，相免；有囚色，相囚；有死色，相死。”《荊州占》曰：“歲星王時，當有芒角。若無芒角者，王者無成，勢在臣下。”這是用觀察歲星四時歲星顏色變化而判斷主臣盛衰關係的。

12.“列星監正，九卅以次”，其義爲將黃道帶星宿分配於十二次，並與九卅相配。“歲十二者，天干也。”天干即甲乙丙丁戊己庚辛壬癸十個數字，將其釋十二歲，不可解也。筆者疑天干當爲地支之誤。

13.“有卿”當爲有“有慶”之假借詞。《文曜鉤》曰：“歲星所居久，其國有德厚人主有福，不可加以兵。”《荊州占》曰：“歲星未當居而居之，當去而不去，既已去復還居之，皆有福。”甘氏又曰：“邦將有福，歲星留居之。”各家所言，與《五星占》一致。

14. 釋文作者所補這一段文字取自《開元占經》第23卷甘氏歲星紀年的論述，所補可能有理，但《五星占》不是甘氏法，文字難以完全相同，且《開元占經》不同版本文字也有出入，例如釋文所補“名曰益隱”之“益隱”二字，在四庫本中作“監德”。這段文字是否補得確當？還有待於進一步研究。

15.《五行傳》曰："歲星超舍而前爲盈，退舍而後爲縮。盈其國也兵，縮其國有憂。"《荆州占》曰："歲星超舍而前，過其所當舍，而宿以上一舍，兩舍、三舍，謂之贏，侯王不寧，不乃天裂，不乃地動。歲星退舍，而後以一舍、二舍、三舍，謂之縮，侯王有戚；去所去，宿國有憂三年，有兵，若山崩地動。"這裡記載歲星盈縮超舍所產生社會動亂的占語。《五星占》記載，與以上能引一致。但此外，《五星占》還載有木星運動中發生紐曲運動時的占語，這種占語，在其它星占書中均未見載。

16. 自"歲星出入不當其次"至"其咎失位"，記載的是由於歲星出入不當其次，它贏向東北、東南，縮向西北、西南時，所產生的四類妖星，以及指出這些妖星的形狀和它對社會所產生的影響。它是說，如果歲星贏向東北，就產生慧星，慧星的本部即頭部象星，它的尾部則象掃帚，是管理失誤之星。如果歲星贏向東南，就產生天棓星，它的頭部象星，但尾部尖銳，長達四尺，是管理雷霆之星。如果歲星縮向西北，便產生天槍星，它的長度可達數丈，其左右都尖銳，是司殺之星，是不周之星所加的災殃，其後果是人主夭亡。如果歲星縮向西南，便產生天欃星，它的頭部象星，尾部成圍繞狀，當其出現之時，君主易位，是主君失位之星。

這部分記載殘缺文字不少，但文義基本清楚。《史記・天官書》也有類似的記載，但表述的方式不同。《天官書》是將各類妖星的形狀混在一起寫的。尤其要指出的是，《天官書》所述之慧星和天棓星的出現方位，正好與《五星占》互易，難以判斷正誤，可能是各主一家之說。

由於有《天官書》作比較，這段文字還可作出改進。天槍星述文之"左×銳"，《天官書》作"左右銳"，本篇作了補正。全文中之"位"字常寫作"立"，原釋文對天欃"易立"補作"易位"是也，故最後"失立"二字，也當是"失位"。對句讀也應作出改進，"出而易所當之國受央"，當斷在"易"字之後。四星之"是司雷"、"是司失"、"是司殺"之後均應加逗號，使其文義明確。

譯文

第一章　木星占

春季屬東方，爲五行中的木行。獲得木德而稱王的古帝爲太昊，其輔佐的大臣爲句芒，與天上所對應的行星爲歲星。歲星一歲處於一國，十二歲處十二國，所以稱之爲司歲之星。從元年開始，第一年在正月與營室星宿晨出東方，這一年就叫做攝提格之歲，即寅歲。第二年在二月與東壁星宿晨出東方，這一年就叫做單閼之歲，即卯歲。第三年在三月與胃宿晨出東方，這一年就叫做執徐之歲，即辰歲。第四年在四月與畢宿晨出東方，這一年就叫做大荒落之歲，即巳歲。第五年在五月與東井宿晨出東方，這一年就叫做敦牂之歲，即午歲。第六年在六月與柳宿晨出東方，這一年就叫做協洽之歲，即未歲。第七年在七月與張宿晨出東方，這一年就叫做涒灘之歲，即申歲。第八年在八月與軫宿晨出東方，這一年就叫做鄂之歲，即酉歲。第九年在九月與亢宿晨出東方，這一年就叫做閹茂之歲，即戌歲。第十年在十月與心宿晨出東方，這一年就叫做大淵獻之歲，即亥歲。第十一年在十一月與斗宿晨出東方，這一年就叫做困敦之歲，即子歲。第十二年在十二月與虛宿晨出東方，這一年就叫做赤奮若之歲，即丑歲。第十三年在正月與營室晨出東方，再爲攝提格之歲，故十二歲而一周。都是晨出三百六十五日以後而夕入西方，再伏行三十日而晨出東方，總計三百九十五日二百四十分之一百零五分日，而復晨東方。觀察歲星所在星宿下民的吉祥狀況，便可推知二十五年以後的昌盛狀況。歲星運行，每天行二十分，十二日行二百四十分，合爲一度。觀察歲星的顏色變化，便可推知其吉凶。歲星也爲相星，可以判斷國王與臣下強弱之相對關係。凡是以歲星判斷吉凶，以列宿爲主，以九州分配於十二次。所謂歲十二者，是指十二地支也。即子歲爲子方，丑歲爲丑方等。歲星與營室晨出，爲攝提格之歲，即寅歲，其所當之國開始昌盛，而歲星長久停留之星宿所當之國則有慶賀之事。這年歲星在正月與營室晨出東方，名曰監德，歲星的狀態蒼蒼之然如有光，當其國有德時，黍稷豐收，當有積貯。當其國失德之時，將有強兵出現。當其失次縮行一宿、二宿、三宿，稱爲天縮，其所當之國有憂患之事，國家將要傾敗；當其失次超出一宿、二宿、三宿，稱之爲天贏，這一年將天下大水，不然就有天開裂，不然將發生地震。紐曲停留的情況占法相同。對於用兵打仗，歲星所往的國家和地區將有慶祝之事，對受歲的國家不可以用兵，對此稱之爲伐皇，這是兵家所忌諱的事情，天光不相從，故伐其陰，則大凶。當歲星的出入不合其次序之時，就必定有天妖出現在其所當的地方，當其贏向東北時，便出現慧星，贏向東南時，便出現天棓星，退向西北時，便出現天槍星，退向西南時，便出現天欃星。均不出三個月，這些星將出現在所當的地方。所當之國不可以舉事用兵。如果這些星出現後又移動位置，那麼所當的國家將有禍殃，國家必將滅亡。天棓星出現在東南部，其形狀類似於星星，它的尾部尖銳，長可以達到四尺（四度），是用以察司重大行動的星。彗星出現在東北部，它的本部有星，其尾部像彗星，是司察管理失正逆的星。天槍星出現在西北部，其長可以達到數丈，左右兩端尖銳，是司察管理殺罰不周正的星，它的出現，象徵著國君敗亡。天欃星出現在西南部，它的本部類似星星，尾部臃腫，其尖瑞長可達數丈，當其出現後又移動位置，主國君失位。

第二章　金星占

西方金，其帝少浩（昊）[1]，其丞蓐收[2]，其神上爲太白[3]。是司日行、槥（彗）星、天夭、甲兵、水旱、死喪、□□□□道，以治□□□候王正卿之吉凶。將出發□□□[4]。【其紀上元、攝】一七提格以正月與營室晨出東方，二百廿四日晨入東方；濡（浸）行百二十日；【夕】出【西方，二百廿四日夕】入西方；伏十六日九十六分日，晨出東方[5]。五出，爲日八歲，而復與營室晨一八出東方[6]。太白先其時出爲月食，後其時出爲天夭及彗星。未【當出而出，當入而不入，是謂失舍，天】下興兵，所當之國亡。宜出而不出，命曰須謀。宜入而不入，天一九下偃兵，野有兵講，所當之國大凶。其出東方爲德，舉事，左之御（迎）之，吉；左之倍（背）之，凶。【出】于【西方爲刑】，舉事，右之倍（背）之，吉；左之御（迎）之，凶[7]。凡是星不敢經天；經天，天下大亂，革王。其二0出上遝午有王國，過未及午有霸國。從西方來，陰國有之；從東方來，陽國有之[8]。□□毋張軍。有小星見太白之陰四寸以入，諸侯有陰親者；見其陽三寸二一以入，有小兵。兩而俱見，四寸【以入】，諸候遇。在其南，在其北，四寸以入，諸候從（縱）。在其東，【在其】西，四寸以入，諸候衡。太白晨入東方，濡（浸）行百二十日，其六十日爲陽，其六十日二二爲陰。出陰，陰伐利，戰勝。其入西方伏廿日，其旬爲陰，其旬爲陽。出陽，陽伐利，戰勝。□□未出兵，靜者吉，急者凶。先興兵者殘，【後興兵】者有央（殃）。得地復歸之二三。將軍在野，必視明星之所在，明星前，與之前；後，與之後。兵有大□，明星左，與之左；【右與之右】。□□將軍必斗，均（苟）在西，西軍勝；在東，東軍勝；均（苟）在北，北軍勝；在南，南軍勝二四。垢一閈，夾如銚，其下被甲而朝。垢二閈，夾如鈀，其下流血。【垢三】閈，夾如參，當者□□□□□□□□奮其廁（側），勝而受福；不能者正當其前，被將血食[9]。

太白六七始出，以其國，日觀其色，色美者勝。當其國日，獨不見，其兵弱。三有此，其國【可擊，必得其將】。不滿其數而入，入而【復出】，□□其入日者國兵死：入一日，其兵死六八十日，入十日，其兵死百日。當其日而大。以其大日利；當其日而小，以小之【日不利】。當其日而陽，以其陽之利。當其日而陰，以陰日不利。上旬六九爲陽國，中旬爲中國，下旬爲陰國，[10]。審陰陽，占其國兵：太白出辰，陽國傷；【出巳，亡扁地；出東南維，在日月】之陽，陽國之將傷，在其陰【利。】大白【出戌七〇入未】，是胃（謂）反（犯）地邢（刑），絕天維；行過，爲圍小，〈有〉暴兵將多。大白出于未，陽國傷；【出申，亡扁地；出西】南維，在日月之陽，陽國之將傷，在其陰【利。大白】七一出于戌，陰國傷；出亥，亡扁地；出西北維，在日月之陰，陰國之將傷，在其陽利。【出辰入丑】□□□；大白出于丑，亡扁地；出東北維，在日月之陰，陰國之七二將傷，在其陽利；出寅，陰國傷。大白出于酉入卯，而兵□□□□在從之【南，陽國勝；在從】之北，陰國傷。日冬至，【大白】在日北，至日夜分（春分），陽國勝；春分在七三日南，陽國勝；夏分〈至〉在日南，至日夜分（秋分），陰國勝；秋分在日【北】，陰國勝。越、齊【韓、趙、魏者】，荆、秦之陽也；齊者，燕、趙、魏之陽也；魏者，韓、趙之陽也七四；韓者，秦、趙之陽也；秦者，翟之陽也，以南北進退占之。大白，出恒以【辰戌，入以丑未】，候之不失[11]。其時秋，其日庚辛，月立【位】失，西方國有七五之。司天獻不教之國駕之央（殃），其咎亡師七六。[12]

【注釋】

1.《淮南子．天文訓》許慎注曰："少昊，黃帝之子青陽也。以金德王，號曰金天氏，死託祀於西方之帝。"其實，將少昊配五行四方，只是戰國時五行家所爲。《左傳》昭公十七年曰："少皞摯之立也，鳳鳥適至，故紀於鳥，爲鳥師而鳥名。"他屬於東夷太浩文化影響之下的以鳥爲圖騰的南方民族。

2.《國語．晉語》韋昭注曰："少昊有子曰該，爲蓐收。"《淮南子．天文訓》曰："西方金其帝少皞，其佐蓐收。"均說蓐收是少浩的屬臣。

3. 石氏曰："太白者，大而能白，故曰太白。一曰殷星，一曰大正，一曰營星，一曰明星，一曰觀星，一曰太衣，一曰大威，一曰太皞，一曰終星，一曰大相，一曰大囂，一曰爽星，一曰大皓，一曰序星。上公之神出東方，爲明星。"《詩》曰："東有起明，西有長庚。"鄭注曰："日既入，謂明星爲長庚。"太白的星名很多，最著名的爲金星、啓明和長庚。金星是受五行與星相配的影響而得名。啓明即黎明之明星，長庚是傍晚時明星之專稱。

4. 此句是說，金星借助於觀察彗星，天夭和日行，用以判斷兵災，水旱災，死喪的事情，也是侯王正卿吉凶的先兆。

5. 筆者曾對《開元占經》所載甘氏、石氏和《天文訓》、《天官書》所載金星行度作出統計，得各家金星會合周期爲：《天官書》645 日，《天文訓》635

日，甘氏為 630 日，石氏為 624 日，均較粗疏，其中較密的為石氏，誤差也很大。席澤宗先生曾對《五星占》專門著文作出研究，其《中國天文學史的一個重要發現》說："我們發現，它所載的金星的會合周期為 584.4 日，比今測值 583.92 日只大 0.48 日；土星的會合周期當 377 日，比今測值只小 1.09 日；恒星周期為 30 年，比今測值 29.46 年大 0.54 年。……這些數據卻遠較後二者（《天文訓》和《天官書》）精密。"《五星占》金星晨出 224 日，浸行 120 日，夕出 224 日，伏 16 日 240 分之 96，合計為 584.4 日。

6. 其"五出為日八歲"，即 584.4 日之 5 倍，為 2922 日，而四分曆之回歸年長 365.24 日之 5 倍也為 2922 日，故有此言。席先生說："帛書中不但記錄了精密的金星會合周期，而且注意到金星的五個會合周期恰巧等於八年。……誰也沒有想到，中國在兩千多年以前，就利用這個周期列出了七十年的金星動態表。中國天文學是發達最早的國家之一，馬王堆帛書的出土，再一次得到了證明。"

7. 這段敘述金星出現反常運行時，天空出現的異常天象，及社會產生的相應變化，以及當其正常運行時，其順逆方位的吉凶狀況。

8. 這段說明當太白經天時，從東方經天和從西方經天產生的社會動亂狀態。

9. 這段敘述太白出現陰陽兩種不同狀態時在軍事上所產生的影響。其判斷陰陽的方法是，黎明時，太陽的上半部為陽，下半部為陰；傍晚時，太陽的上半部為陰，下半部為陽。無論見伏均是如此。

10. 自"太白始出"至"其咎亡師"，原置於第六章五星總論後段，但這段文字是專論太白的，與其它天體無關，且其結尾處有"其時秋，其日庚辛，月位失，西方國有之"，與第三章火星結尾處"其時夏，其日丙丁，月位隅中，南方國有之"，和第四章土星"中央分土，其曰戊已，月位正中，中國有之"完全對應，故這段文字不應屬於五星總論的內容，必為金星章末尾而混入總論者。此帛書雖然寫在一塊帛上，想必抄寫人在抄之前已將竹簡順序打亂，才有此結果。而原金星章後段自"太白小而動"至"其咎短命”爲金星與其它星相犯情況，及與金星毫不相關的木星與土星、太陽相犯的情況，必不屬金星章而應在總論章。今按文字內容恢復其原樣。

自“太白始出”至“下旬爲陰國”，這段專論金星出入之日、出入大小及出入方位判斷戰爭的吉凶狀況。

11. 自“審陰陽”至“候之不失”，專以金星出行陰陽的方位，判斷雙方戰爭之吉凶。

12. “其時秋，其日庚辛……”，與木星章、火星章、土星章之結尾處文字相似，疑爲金星章之文字誤混入此處。且其上自68行開始專論太白之事，與它星無關。

譯文

第二章 金星占

秋季屬西方，爲五行中的金行。獲得金德而稱王的古帝爲少昊，其輔佐的大臣爲蓐收，與天上所對應的行星爲金星。它是觀察管理太陽的運行、彗星、天妖、戰爭、水旱、死喪之事，用以判斷侯王、正卿吉凶事情的。考察它的行度，從上元開始，第一年攝提格之歲，在正月與營室晨出東方，經過二百二十四日，晨入東方，伏行一百二十日，夕出西方，經過二百二十四日，又夕入西方，伏行十六日二百四十分日之九十六，再晨出東方。凡晨出東方五次，爲時八歲，又再次與營室晨出東方。太白星提前出現時發生月食，推遲出現時有天妖及彗星。不當出現時出現，當入而不入，便是失舍，它預示著天下興兵，所對應的國家滅亡。應該出現而不出現，叫作須謀。應該入而不入，天下壅塞著軍隊，田野裡有軍丁出現，所對應的國家大凶。它出現在東方爲德，有事情發生時，與其相迎的方向吉利，與其相背的方向凶。出現於西方時爲刑，有事發生時，與其背向的方向吉利，相迎的方向凶。金星通常不會出現於天頂，如果在天頂出現，天下將大亂，王者改姓。當金星出現向上達到午位，便有王國出現；上升過了未位尚未到午位時，便有霸國出現。從西方來時，出現的是陰國；從東方來時，出現的是陽國。這時，不要擴張自己的軍隊。如果見有小星出現在太白之北四寸左右，並向裡靠近時，諸侯中有后黨發生；在太白南面三寸的地方向其靠近時，有小兵發生。有兩個小星都見到，四寸左右裡靠近，爲諸侯相遇。如果這兩小星一在北，一在南，從四寸處向裡靠近，便發生諸侯合縱之事；如果一在東，一在西，從四寸處向裡靠近，便發生諸侯連橫之事。太白星晨入東方，伏行一百二十日，前六十日爲陽，後六十日爲陰。當太白星伏行在陰處時，陰伐有利，能夠戰勝。其夕入西方時，伏行二十日，其中前十天爲陰，後十天爲陽。當太白星伏行陽處時，陽伐有利，能夠戰勝。當未出兵之時，冷靜者吉，急躁者凶。先興兵者殘害對方，後興兵者遭殃。得到的土地，也將歸還原主。將軍在野外作戰，必須看啓明星的所在，在前，軍隊便向前；在後，便向後；星在左，便向左；星在右，便向右。星在西方，西軍勝；在東，東軍勝；在北，北軍勝；在南南軍勝。太白星下，濁污有一層恒牆之高，其形狀相夾如兵器銚，其所當之國披著兵甲朝拜；太白星下之濁污達二層垣牆之高，其形狀就如相夾之矛，所當之國流血；濁污達三層恒牆之高，其形狀相夾如參，所當之國戰勝而有福。如果沒有能力的國家，則只能位於其前，受到戰爭的災難。

太白開始出現，以其所當之國，每天觀察太白的顏色，顏色美麗的獲勝。當其國家之日，獨自看不見者，其國家之兵衰弱。三次看到有這種現象，這個國家可以征討，必將俘獲它的將領。如果不滿三次之數就進行征討，征討之後又復出，其征討之日國兵死：進入一日，其兵死十日；入十日，其兵死百日。如果那一天金星大，那麼大這一天所當之國有利。那一天金星小，那麼小這一天所當之國不利。如果所當之日金星在陽位，那麼陽日有利。所當之日金星在陰位，那麼陰日不利。每月的上旬爲陽國，中旬爲中國，下旬爲陰國。審察陰陽性質，占卜其國家的兵員狀況：太白星出現在辰位，陽國傷；出現在巳位，喪失小片土地；出現在東南方向，在日月的南面，陽國的將領受到傷害，在它的北面有利。太白星出現在戌位，又從未位進入，稱爲犯地刑，天的地角斷絕；如果太白星行過去，爲小圍，將出現暴兵暴將。太白星出現在未位，陽國受到傷害；出現在申方，喪失小片土地：出現在西南方向，在日月的南面，陽國的將領將受到傷害，在其北面有利。太白星出現在戌位，陰國受到傷害；出現在亥方，喪失小片土地；出現在西北方，在日月的北面，陰國的將領受到傷害，在其南面有利。如果太白星從辰方出現，從丑方進入，……；太白星出現於丑位，將喪失小塊土地；出現於東北方向，在日月的北面，陰國的將領受到傷害，陽國有利；出現在寅位，陰國受到傷害。如果太白星從西方出現，又從東方進入，兵在南方，陽國取勝；夏至時太白在太陽的南面，直到秋分之時，陰國取勝；秋分之時在太陽的北面，陰國取勝。

陽國和陰國是相對而言的。越、齊、韓、趙、魏，是秦、荆的陽國；齊國，爲燕、趙、魏的陽國；魏國，韓、趙的陽國；韓國，秦、趙的陽國；秦國，又是翟國的陽國。行占的時候，並以南北的進退進行占卜。太白星，永遠從晨、戌之位出現，從丑、未位進入，觀測的時候不會丟失。

太白星所對應的時節爲秋季，對應的天干爲庚、辛。如果月亮失位，西方之國將占有。司察天獻，不教之國將有禍殃，它的禍害是喪失軍隊。

第三章　火星占

南方火，其帝赤（炎）帝[1]，其丞祝庸（朱明）[2]，其神上爲【熒惑】[3]。□□無恒不可爲□，所見之□□兵革出二鄉反復一舍，□□□年。其出西方，是胃（謂）反明，天下革王四五。其出東方，反行一舍，所去者吉，所居之國受兵□□。熒惑絕道，其國分，當其野，【受秧。居】之【久，秧】益大。亟發者，央（殃）小；溉（既）已去之，復環居之，央（殃）；其周四六環繞之，入，央（殃）甚。其赤而角動，央（殃）甚。熒惑所留久者，三年而發。[4]其與心星遇，【則縞素麻衣，在】其南、在其北，皆爲死亡。[5]赤芒，南方之國利之；白芒，西方之國利之四七；黑芒，北方之國利之；青芒，東方之國利之；黃芒，中國利之四八。[6]

□□營惑于營室、角、畢、箕。營惑主，司天樂，淫于正音者□駕之央□□四九。

【其時】夏，其日丙丁，月立（位）隅中，南方國有之五0。[7]

【注釋】

1. 赤帝即炎帝。《帝王世紀》曰："炎帝神農氏，人身牛首。"

2.《天文訓》曰："南方火也，其帝炎帝，其佐朱明。"又《禮記・月令》曰："其帝炎帝，其神祝融。"庸、融聲同，故南方火炎帝的助手自古就有祝融和朱明兩種說法。朱明應該就是祝融。《山海經・海內經》曰："炎帝之妻，赤水之子聽沃生炎居，炎居生節竝，節竝生戲器，戲器生祝融。祝融降處於江水，生共二。"是說祝融是炎帝的後裔，他們也與共工有關，總之，與南方民族有著密切關係。

3.《黃帝占》曰："熒惑一曰赤星。"《廣雅・釋天》曰："熒惑，一曰罰星，或曰執法。"

4.《荊州占》曰："熒惑，其行無常，司無道之國。"它是刑罰的象徵。火星所處之國將發生各種災禍。"所去者吉，所居之國受兵"或"受秧"，即是這段文字的主要思想。"熒惑絕道其國分當其野受殃居久殃大益亟發者殃小”，需作如下斷句：“熒惑絕道，其國分。當其野，受殃。居之久，殃大。益亟發者，殃小。”

5. 火星對社會所生影響，特別注重與大火星即心宿的關係，二者相遇，不管南北，均爲死亡之兆。

6. 此段記載火星赤白黑青黃五種顏色，與其所對應國家或地區之關係。東方青、南方赤、西方白、北方黑、中方黃。其所對應者有利。

7.《史記・律書》曰：“廣莫風居北方。廣莫者，言陽氣在下，陰莫陽廣大也，故曰廣莫。……其於十毌爲壬癸。壬之言壬也，言陽氣任養萬物於下也。癸之爲言揆也，言萬物可揆度，故曰癸。……明庶風居東方。明庶者，明眾物盡出也。……其於十毌爲甲乙。甲者言萬物剖符甲而出也。乙者，言萬物生軋也。……景風居南方。景者，言陽氣道竟，故曰景風。……於十母爲丙丁。丙者，言陽道著明，故曰丙。丁者，言萬物之丁壯也，故曰丁。……涼風居西南準，主地。……（其十母爲戊己）……閶闔風居西方。閶者，倡也。闔者，藏也。言陽氣道萬物，闔黃泉也。於十母爲庚辛。庚者，言陰氣庚萬物，故曰庚。辛者，言萬物之辛生，故曰辛。”《五星占》“其時夏，其曰丙丁”，“南方之有之”與《律書》有關文字相對應，是說丙丁屬夏季，位在南方。

譯文

第三章 火星占

夏季屬南方，爲五行中的火行。獲得火德而稱王的古帝爲炎帝，其輔佐的大臣爲祝庸，與天上所對應的行星爲熒惑。其行度無常，不可做極端之事。所當熒惑的國家，將有兵革發生，熒惑出西方，稱之爲反明，天下要換王位。熒惑出東方，又反行一宿，然後又去，爲了吉利。所居留的國家有兵災。熒惑斷絕了所行的道路，其所經過的國家將要分裂。正當其野，受到災殃，在所當之國居留久了，所受之災殃就愈大。突然爆發的災殃小。已將離去，後又回過來居留，有災殃。熒惑在其周圍環繞運行，後又進入，其災禍大極。當熒惑星為赤色，而且芒角抖動，災殃也極大。熒惑停留長久之國，其災殃三年而爆發。它與火宿相遇，將發生穿縞素麻衣的死亡之事，在其國的南部，北部發生，都為死亡的象徵。熒惑出現赤色的芒角，南方的國家有利；出現白色芒角，西方的國家有利；出現黑色芒角，北方的國家有利；出現青色的芒角，東方的國家有利；出現黃色的芒角，中央的國家有利。

熒惑經過營室、角宿、畢宿、箕宿。熒惑主視察、管理天樂，凡是沉緬於正音的國家，將有禍殃發生。熒惑所對應的時節為夏季，所對應的干支為丙、丁，月亮位於隅中之時，南方的國家將占有。

第四章　土星占

中央【土】，其帝黃帝[1]，其丞后土[2]，其神上為塡星[3]。賓塡州星[4]，歲【塡一宿。[5]其所居國吉，得地】。既已處之，又（有）【西】、東去之，其國凶，土地桯，不可興事用兵，戰鬥不勝；所五一往之野吉，得之。塡之所久處，其國有德，土地吉。塡星司天【禮】□□□□□□隨？丘？不可大起土攻（功）。若用兵者，攻德變伐塡之野者，其疢短命亡五二，孫子毋處[6]。中央分土，其日戊巳，月立〔位〕正中，中國有之五三。[7]

【注釋】

1.《史記·五帝本紀》曰：“黃帝者，少典之子，姓公孫，名曰軒轅。……有土德之瑞，故號黃帝。”《集解》引徐廣曰：“號有熊”，爲有熊國君，有熊，爲今河南新鄭。在中國之中部，故號曰中央黃帝。《山海經·海內西經》曰：“海內昆侖之虛，在西北，帝之下都。昆侖之虛方八百里，高萬仞。”故通常認爲黃帝族來自西方。

2.《左傳》昭公二十九年曰：“共工氏有子曰句龍，爲后土。”故句龍爲土官。人們將后土附會有土德之瑞，黃帝的土官。

3. 石氏曰：“填星，其神雷公，決星名曰傾魄，……其一名地候。”

4.“填”通“鎮”，“賓鎮州星”，爲隨著鎮守州郡的星。

5. 歲鎮一宿，在概念上說，天上之宿與地上之州相當，是說填星一歲行一宿，故有“賓填州星，歲填一宿”之說。

6. 這段爲土星之占文。由於“其所居之國吉”，故戰勝、得地，均與填星之去留行度又關。

7. 第三章最後一條注引《律書》缺相當季夏與天干對應之戊己文字，可據《漢書·律曆志》：“出甲於甲，奮軋於乙，明丙於丙，大盛於丁，豐楙於戊，理紀於己，斂更於庚，悉新於辛，懷任於壬，陳揆於癸”補上。是說戊己屬於季夏，位在西南方。中央，中國之說，源出於五行之土位於中央，中國位於神洲之中央故有此說。”

譯文

第四章 土星占

季秋居中央，爲五行中的土行。獲得土德而稱王的古帝爲黃帝，其輔佐的大臣爲后土，與天上所對應的行星爲土星。土星一歲運行經過一個星宿，就如一歲鎮守一個星宿一樣，所以稱之爲鎮星即塡星。上鎮一宿，即下鎮一州，故稱之爲賓塡州星。它所居留的國家吉利，可以得到土地。如果塡星已經來了，又很快地向西方或東方去了，那麼所在之國有凶咎，國家的土地淫溼多雨，這時，不可以興建事業和對外用兵，如發生戰爭，就不會取勝；而塡星所往的國家則吉利，可以得到土地。塡星久處之國，其國有德，土地也吉利。塡星爲司德之星，不可以大起土功。如果用兵打仗，去攻打塡星所在之國，便是攻德，其凶咎將是短命死亡，子孫不能共處。塡星屬於五行中的土行，其天干爲戊己，月亮位於正中時，爲中國占有。

第五章　水星占

北方水，其帝端玉（顓頊）[1]，其丞玄冥[2]，【其】神上爲晨（辰）星[3]。主正四時，春分效【婁】，夏至【效井，秋分】效亢，冬至效牽牛[4]。一時不出，其時不利；四時不出，天下大饑。其出蚤（早）于時爲五四月食，其出晚于時爲天矢【及彗】星[5]。其出不當其效，其時當旱反雨，當雨反旱；【當溫反寒，當】寒反溫。其出房、心之間，地盼動。其出四中（仲），以正四時，經也；其上出四五五孟，王者出；其下出四季，大耗敗[6]。凡是星出廿日而入，經也。□□廿日不入□□，【與它】星【遇而】鬥，天下大亂。其入大白之中，若麻（摩）近繞環之，爲大戰，趮（躁）

勝五六靜也。晨（辰）星廁（側）而逆之，利；廁（側）而倍（背）之，不利；日大鎣，是一陰一陽，與□□□□□□□□□□□□□□□侯王正卿必見血兵，唯過章章。其行必不至巳，而反入于東方。五七其見而速入，亦不為羊（祥），其所之（至，侯王用昌。其陰而出于西方，唯□□□□□□□□□□□唯過彭彭，其行不至未，而反入西方，其見而速入，亦不為年，其所五八之（至）侯王用昌。曰失匿之行，壹進退，無有畛極，唯其所在之【國】□□□□□□□□甲其長[7]。其時冬，其日壬癸，月立〔位〕西方，北方國有之[8]。主司失德，不順者五九……（六0行缺）。

【注釋】

1. 本處“端玉”當為錯字，釋文改為“顓頊”，正確。《呂氏春秋．古樂》曰：“帝顓頊生自若水實處空桑，乃登帝位。”又《淮南子．天文訓》曰：“北方水也，其帝顓頊，其位玄冥，執權而治冬。”又據《山海經．海內經》，“黃帝生昌意，昌意生韓流，韓流生帝顓頊。”從其所生若水及與黃帝的關係來看，顓頊應該來自西方。五行家出於方位的考慮，將其配在北方。

2. 玄冥即禺強。《山海經．海外北經》說：“北方禺疆，人面鳥身，珥兩青蛇，踐兩青蛇。”禺疆為北海之神，上古將其記作出自北方，一說夏民族之先祖，五行家將其配為北方，作為顓頊之佐。

3.《天官書》曰：“兔七命曰：小正、辰星、天欃、安周星、細爽、能星、鉤星。”郗萌曰：“辰星七名：小（正）、武星、天兔、安周、細爽星、能星、鉤星。”其說大同小異。

4. 婁宿、井宿、亢宿和牛宿，爲春分、夏至、秋分、冬至太陽所在位置，此處說爲辰星所效，主正四時，說明其四季都跟在太陽的周圍。

5. 此處“天矢”當爲枉矢之異名。《河圖稽耀鉤》曰：“辰星之精，散爲枉矢。”《洪範五行傳》曰：“枉矢者，弓弩之象也。枉矢之所觸，天下之所伐，滅亡之象也。”

6. 此處之四中、四孟、四季，類同一季分孟仲季三月，仲爲中間，孟爲初，季爲三。

7.《荆州占》曰：“人君之象，天子執政，主刑。刑失者，罰出，辰星之易是也。”以上這段文字正是據辰星之易位作爲判斷刑罰之依據。

8. 這段文字與《律書》“廣莫風居北方”，“其於十母爲壬癸”相對應，其義爲水星對應於北方冬季。

譯文

第五章 水星占

冬季屬北方，爲五行中的水行。獲得水德而稱王的古帝爲顓頊，其輔佐的大臣爲玄冥。與天上所對應的行星爲水星，即辰星。辰星主正四時，春分時與太陽見於婁宿，夏至時見於井宿，秋分時見於亢宿，冬至時見於牽牛。如果一個時節不出現，那麼這個時節就不吉利。如果四個季節都不出現，天下將發生大的飢荒。如果比正常的情況提早出現，便產生月食；推遲出現，便出現天矢和彗星。如果出現在不當出現的地方，那麼本當乾旱的反而下雨，應當下雨的反而乾旱；當熱的時後反而寒冷，當寒冷的時後反而溫暖。當水星出現在房宿、心宿之間，將發生地震。它在每季中間一個月出現，用以放正四時的位置，這是正常的情況；如果在每李的第一個月出現，就有新王出現；如果在每季的第

三個月出現 ， 國家將有大的損耗和失敗 。 凡是水星出現之後，二十日將再次伏行，這是經常發生的情況。如果出現後二十日不伏行，就將發生與其他星相遇而鬥，天下就將發生大亂。水星有時會進入太白的範圍，就像摩擦而靠近它，作環繞運動，那麼將發生大戰。這時急躁勝於安靜。辰星側於太白而逆行，對國家有利；側行但相背而行，則不利。如果太陽發生強烈的光芒，而辰星與太白一位於陰，一位於陽，那麼，侯王正卿之間將有兵血相遇。水星運行，一定到不了巳位，然後又反過來進入東方而伏行。如果見到後迅速伏行不見，也不是吉祥之兆，但它所到之處，侯王將會昌盛。如果辰星在北部出現於西，出現之後又很快伏行，這一年的收成也不好。它所當的國家，王候昌盛。水星所對應的時節為冬季，在天干中為壬、癸，月亮位於西方之時，北方的國家將占有。水星主管視察失德，不順之國將有災殃。

第六章　五星凌犯[1]

凡五星五歲而一合，三歲而遇。其遇也美，則白衣之遇也；其遇惡，則下□□□□□□□□□□□□□□毋兵不吉。視其相犯也：相者木六四也，殷者金，金與木相正，故相與殷相犯，天下必遇兵。殷者金也，故殷【與】□【星遇，興兵舉】事大敗，□【春】必甲戌，夏必丙戌，秋必庚戌，冬必六五壬戌[2]。大白與熒惑遇，金、火也，命曰樂（鑠），不可用兵。營惑與辰星遇，水、火【也，命曰焠，不可用兵】舉事大敗。【歲】與大〈小〉白鬥，殺大將，用之搏之，貫六六之，殺偏將。熒惑從大白，軍憂；

離之，軍【卻】；出其陰，有分軍；出其陽，有【偏將之戰】。【當其】行，大白遝（逮）之，【破軍殺】將。凡大興趨相犯也，必戰[3]。

大二五白小而動，兵起。小白從其下，上抵之，不入大白，軍急。小白【在】大白前後左右，□干□□□□□，□□□□□大白未至，去之甚亟，則軍相去也。小白出大白二六【之左】，或出其右，去三尺，軍小戰。小白厤（摩）大白，有數萬人之戰，主人吏死。小白入大白【中，五日乃出，及】其入大白，上出，破軍殺將，客勝；其下出，亡地三【百里】二七。【小白來】抵，大白，不去，將軍死；大白期（旗）出，破軍殺將，視期（旗）所鄉（向），以命破軍。小白□【大】白，兵是□□【其】趮而能去就者，客也；其靜而不能去就者，【主也】。二八凡小白、大白兩星偕出，用兵者象小白，若大白獨出，用兵者象效大白[4]。大白□□亢動兵□□□【色】黃而員（圓），兵不用。□□□□□□凡戰必擊期（期）所指，乃有功。御【之左之】二九者敗。已張軍所以智客，主人勝者，客星白澤；黃澤，客勝。青黑萃，客所謂□□□□□□□□曰耕（？）星□□□。歲星、填星，其色如客星□□三０也，主人勝。太白、熒惑、耕星赤而角，利以伐人。客勝，客不【勝】，以爲主人，主人勝。大白稿□□□□□□或當其□□□□將歸，益丰益尊。大白贏，數弗三一去，其兵強。星趯躍，一上一下，其下也羅貴星如䢐（孛），□□□軍死其下，半䢐（孛）十萬□□□□□□□□□□□□□其下千里條。凡觀五色，其黃而三二員（圓）則贏；青而員（圓）則憂凶，央（殃）之（至）白（迫）；赤而員（圓）則中不平；白而員（圓）則福祿是聽；□黑【而圓則】□□□□□□□□□□□。【黃】而角則地之爭；青而角則三三國家懼；赤而角則犯我城；白而角則得其眾，四角有功，五角取國，七角伐【王】；黑而【角則】□□□□□□□□[5]。【大白其出東方】爲折陰，卑、高以平明度；其三四出西方爲折陽，卑、高以昏度。其始出：行南，兵南；北，兵北；其反亦然。其方上□□□□□□□□□□□□□□□□【星高用】兵入人地深；星卑，用兵淺；其三五反爲主人，以起兵不能入人地。其方上，利起兵。其道〈逆〉留，留所不利，以陽□□□□□□□□□□□□□□□□□□□□者在一方，所在當利，少者空者三六不利。月與星相遇也，月出大白南，陽國受兵；月出其北，陰國受兵。□□□□□□□□□□□□□□□□□□□□扶有張軍，三指有憂城，二指有三七（三八行約缺五０多字）而角客勝。大三八【白與歲星遇，大白在南，歲星在】北方，命曰牝牡，年轂（谷）【大熟；大白在北，歲星在南方，年或有或無】[6]。月食歲星，不出十三年，【國飢亡；食填星，不出】□三九年，其國伐而亡；食大白，不出九年，國有亡城，強國戰不勝；【食熒惑，其國以亂亡；食辰星，不出】三年，國有內兵；食大角，不三年，天子【憂，牢獄空】四0[7]。凡占五色：其黑唯水之年，其青乃大几（飢）之年，□□□□□□□□□□□□□□□□□□□□□□□□[8]。歲星與大陰【相】應也，大陰居維辰一，歲四一星居維宿星二；大陰居中（仲）辰一，歲星居中（仲）宿星三；□□□□□□□□□□□□□□□□□□□□□□星居尾箕，大陰左徙，會于陰陽之四二界，皆十二歲而周于天。地。大陰居十二辰從（？）子□□□□其國□可斂入其□□其白□□□□□□□□□□□□獄，斬刑無極。不會者駕之央，其咎四三短命四四。[9]

□□蓍扁，將戰並光。方戰，月啗大白，有【亡】國；營惑【以亂】，陰國可伐也。月□□□□□□弱，其行也，主人疾急。合□惡不明，□敗其色，□而□□用，大六一白猶是也。殷爲客，相爲主人，將相遇，未至四、五尺，其色美，孰能怒，怒者勝。□□□□殷出□相□殷□□□左，□定者勝。殷出相之北，客利；相出殷之北六二，主人利。兼出東方，利以西伐。殷與相遇，未至一舍，殷從之卻，客疾，主人急。□□□□□高□必□□□□□□□□主人急，客窘急六三。[10]

【注釋】

1. 此章名爲作釋文者所加，“五星總論”的標題不很準確，用“五星凌犯”似更合適。

2. 自“相者木”，至“冬必壬戌”，主要以殷相二者方位關係爲占。“相者木也，殷者金”，這是《五星占》給予木星和金星特有的名稱，在其它占文中未見。

3. 自“大白與熒惑遇”至“必戰”，陳述金星火星、火星與辰星、木星與金星相遇時，對雙方吉凶的狀況。

4. 此段敘述大白、小白的相對位置對軍事的影響。大白即金星，小白即水星。

5. 此段是講五星出現時不同顏色對軍事的影響。

6. 此段介紹月與金星、歲星等出沒高下及南北方向對軍事的影響。

7. 此段說明月食五星，各自所產生亡國治亂狀況。

8. 此段是說當五星出現不同顏色時，與水澇豐欠之關係。如黑色水年，青色飢年等。

9. 帛書自第 41 至 44 行介紹歲星與太陰之關係，原置於金星章，此也是《五占星》有錯簡之證據，今移置五星章。

10. 自“着扁”至“客窘急”，釋文者原將其置於第五章水星。考慮到其文字所涉及的內容，是月與太白、金星、木星等，與水星無關，所載殷、相等名也與下文一致，且從第五章結尾內容所涉及的“其時冬，其日壬癸”，與第四章結尾“其時夏，其日丙丁”等一致。故筆者以爲該段文字不屬於第五章，今移置於第六章末尾，正與五星與太陽淩犯等相應。

譯文

第六章 五星淩犯

凡是五星的運動，五歲而聚合一次，三歲而相遇。其相遇時如果形態美麗，將有白衣之事發生；其相遇時如果形態凶惡，將發生戰鬥，所當之國沒有不吉利的。觀察五星相犯的情況，木星稱爲相，金星稱爲殷。金星與木星相遇，爲故相與今相相犯，天下就必然有兵。殷爲金，所以殷星與火星相遇，興兵舉大事，將大敗。春季必爲甲戌，夏季必爲丙戌，秋季必爲庚戌，冬季必爲壬戌。當太白與熒惑相遇之時，熒惑爲火，金星火將被熔化，故不可用兵。熒惑與辰星相遇，爲水、火，火進入水曰焠，不可以用兵舉事，行則大敗。歲星與太白相鬥，有大將被殺；用來相搏殺，並貫穿之，將有偏將被殺。熒惑跟隨太白運動，將有軍憂；相離而去，軍隊便退卻。熒惑出現於它的陰面，有軍隊分裂；出現在陽面，便有偏將之間的戰鬥發生。當太白追上熒惑，將有破軍殺將之事發生。凡是出現大星間相犯之事，就必然有戰事發生。

太白小動則兵起。水星從太白下面，向上運動至太白處，不進入太白，軍情急。水星在太白前後左右，但太白沒有與其相接，並且很快離去，則軍隊也離去了。水星出現在太白的左面，或出現在右面，相距三尺，那麼有小的戰鬥發生。水星與太白相摩擦，將發生數萬人的大戰，有人吏死亡。水星進入太白之中，經過五天才出來，或者從上面出來，有破軍殺將之事發生，客方勝；從下面出來，則丟失三百里土地。當水星來抵太白之時，如果停留不去，有將軍死亡。太白有旗出現，有破軍殺將發生，破軍之處，在旗指示的方向。當水星抵太白之時，急躁而能離去的是客方，安靜而不能去的是主方。凡是水星與太白兩星相偕出現，那麼用兵者的心情像水星，如果是太白獨自出現，那麼用兵者像太白。

凡星的顏色黃而且圓，則沒有戰事發生。凡是出擊，必須指向旗所指示的方向，才能有功。進行抵禦或與其相左，將會失敗。當軍隊布防之後，客星白而有光澤時，爲主人獲勝，黃而有光澤時，爲客方勝。顏色爲青黑翠綠色的，客方稱之爲耕星。歲星、塡星，它們的顏色與客星相同，爲主方獲勝。太白、熒惑、耕星爲赤色有芒角，所當之國有利於伐人。客方勝，或客方不勝，以爲主人，主人取勝。太白星運行速時，又數次當離去不去，所當之國兵強。凡見五星踴躍，一上一下地運動，所當之國米貴。星狀如孛，其下軍死。半如孛，十萬軍兵聚其下。凡是觀察五色，其黃而圓者爲贏；青而圓則憂、凶，惑殃迫近；赤而園者有不平者；白而圓者則福祿齊全；黑而圓者有疾病，人多病死。

黃而有芒角，國家有土地之爭；青而有芒角，則國家有畏懼之事；赤色而有芒角，則有人犯城池；白色而有芒角，則可以得到大眾，白色的芒角如出現四角，則所當之國有功；如出現五角，則取得別人國家；如有七角，則討伐君王；黑色而有芒角，而有水災。太白星出現在東方，稱之爲折陽，其高低爲平明的度數；太白星出現在西方，稱之爲折陰，其高低爲昏見的度數。當其開始出現時，行南方，南方有兵；行北方，北方有兵；反之亦然。當星剛開始上升時，有利於用兵。當星上升高時，用兵宜深入，上升較低時，用兵宜淺；其反過來便爲主人，即使起兵，也不能進入別國土地。當星剛上升，利於起兵，但若逆留不動，則留所不利，少者，空者也不利。

月與星相遇，月出太白南，陽國受到兵殃；月出太白之北，陰國受到兵災。在野外見有布防的軍隊，太白與月光相近，相去三指，有被攻城之憂；相去二指，有拔城。太白歲星相遇，太白在南，歲星在北，叫作牝牡，這時年穀大豐收。如果太白在北，歲星在南，收成或有或無。月食歲星，不出十三年，國家發生飢荒；月食填星，不出□年，其國被伐而亡；月食太白，不出九年，國有失城之事，與強國戰不能取勝；與熒惑相食，國家發生內亂而亡；月食辰星，不出三年，國內有兵災發生；月食大角星，不出三年，天子有憂，牢獄出室。凡占五色，見黑色，爲水災之年；見青色，爲大飢之年……。

兩星各偏於一方，將發生戰鬥，兩光相並。方戰之時，月食太白，有亡國之事發生。熒惑爲惑亂之事，對陰國可以相伐。殷（金）爲客，相（木）爲主人，殷相相遇，尙未達到四、五尺，其顏色美麗。二星如果發怒，怒者取勝。殷出相之東，或殷出相之左，以穩定者勝。殷出相之北，客方有利；相出殷之北，主人有利。二星兼出東方，有利於對西征伐。殷與相相遇，尙未達到一宿，殷跟從退卻，客方有病，主人急。

第七章　木星行度[1]

相與營室晨出東方	秦始皇帝元	三	五	七	九	【二】七七
與東辟（壁）晨出東方	二	四	六	【八】	【十】	【三】七八
與婁晨出東方	三	五	七	【九】	一	【四】七九
與畢晨出東方	四	六	八	【卌】	二	【五】八○
與東井晨出東方	五	七	九	·漢元	·孝惠【元】	【六】八一
與柳晨出東方	六	八	卅	二	二	【七】八二
與張晨出東方	七	九	一	【三】	【三】	【八】八三
與軫晨出東方	八	廿	二	【四】	四	【文帝元】八四
與亢晨出東方	九	一	三	五	五	二八五

與心晨

出東方	十	二	四	六	六	三八六
與斗晨						
出東方	一	三	五	七	七八七	
與婺女晨						
出東方	二	四	六	八	.代星八八[2]	

秦始皇帝元年正月，歲星日行廿分，十二日而行一度，終【歲行卅】度百五分，見分【百六十五日而夕入西方，伏】卅日，三百九十五日而復出東方。【十二】歲一周天，廿四歲一與大【白】八九合營室九0。[3]

【注釋】

1．章名爲木星行度，它實際是一份歲星紀年表。名爲行度，實際並無“度”，而只有“年”。

2．從該表可以看出，其第一列爲木星正月與之晨出的星名，以下爲帝王在位紀元，起自秦始皇繼位元年，經過漢高祖元年、孝惠元年、代皇即呂后元年和文帝元年直至文帝三年而結束。文帝元年已殘，但有二年、三年，故其餘均可補上。由於第八章土星行度和第九章金星行度均推至文帝三年，這一事實告訴我們，《五星占》的五星行度推至文帝三年（前 177 年）結束，其入葬年代，當在其後不久。馬王堆三號墓載其安葬日期爲文帝十二年二月乙巳朔戊辰，即前 177 年農曆二月二十四日，正與此相合。秦始皇實際在位 37 年，今載 40 年知含二世三年在內。

該表將十二年爲一排列，是明顯地與歲星紀年相對應的，其第一行星名文字，也完全與其第一章紀年文字相對應便是明證。歲星紀年表明確規定其正月與營室晨出東方之年爲攝提格，攝提格即寅年。二月與東壁晨出東方之年爲單閼之年。單閼爲卯年，以下從略。那麼，該表第一列每行之星名，均有一個地支與其對應，從此到下爲寅卯辰巳午未申酉戌亥子丑。那麼由此紀年表可以推知，秦始皇元年（前 246 年）爲寅年，漢高祖元年（前 206 年）爲午年，惠帝元年（前 194 年）爲午年，代皇元年（前 187 年）爲丑年，文帝元年（前 180）爲酉年。

3. 木星的會合周期爲十二年，金星會合周期爲八年，二十四爲十二與八的公倍數，故曰“廿四歲一與大白合營室。”

譯文

第七章 木星行度

正月與營室晨出東方	始皇元	三	五	七	九	【二】
二月與東壁晨出東方	二	四	六	【八】	【十】	【三】
三月與婁晨出東方	三	五	七	【九】	一	【四】
四月與畢晨出東方	四	六	八	【_】	二	【五】
五月與東井晨出東方	五	七	九	漢元	孝惠【元】	【六】

六月與柳晨出東方	六	八	卅	二	二	【七】
七月與張晨出東方	七	九	一	【三】	【三】	【八】
八月與軫晨出東方	八	廿	二	【四】	四	【文帝元】
九月與亢晨出東方	九	一	三	五	五	二
十月與心晨出東方	十	二	四	六	六	三
十一月與斗晨出東方	一	三	五	七	七	
十二月與婺女晨出東方	二	四	六	八	代皇元	

說明：從秦始皇帝元年正月開始，歲星每天行二十分，十二日行二百四十分，合爲一度。一歲行三十度一百零五分。見三百六十五日，而夕入西方，又伏行卅日，合計三百九十五日而復出東方。故始皇二年二月，歲星與東壁晨出東方，以次類推。歲星行十二歲，即 30 又 240 分之 105 x 12 = 365 又 4 分之 1(度)，爲一周天。由於"金星出入東西各五，復與營室晨出東方"，即金星每經八年完成一個大的會合周期。二十四年爲歲星和金星周期的公倍數，故有二十四歲歲星與太白合於營室。

第八章　土星行度

【相】與營室晨出東方	元·秦始皇	一	二[九一]
與營室晨出東方	二	二	三[九二]
與東壁晨出東方	三	三	四[九三]
與畦（奎）晨【出】東方	四	四	五[九四]
與婁晨出東方	五	五	六[九五]
與胃晨出東方	六	六	七[九六]
與茅（昴）晨出東方	七	七	八[九七]
與畢晨出東方	八	八·張楚·【文帝】元[九八]	
與觜角晨出東方	九	九	二[九九]
與伐晨出東方	十	卌	三[一〇〇]
與東井晨出東方	一	·漢元[一〇一]	
【與東】井晨出東方	二	二[一〇二]	
與鬼晨出東方	三	三[一〇三]	
與柳晨出東方	四	四[一〇四]	
與七星晨出東方	五	五[一〇五]	
與張晨出東方	六	六[一〇六]	
與翼晨出東方	七	七[一〇七]	
與軫晨出東方	八	八[〇八]	

與角晨出東方九	九一〇九	
與亢晨出東方	廿	十一一〇
與氐晨出東方	一	一一一一
與房晨出東方	二	二一一二
【與】心晨出東方	三	·孝惠元一一三
【與】尾晨出東方	四	二一一四
與箕晨出東方	五	三一一五
與斗晨出東方	六	四一一六
與牽牛晨出東方	七	五一一七
與婺女晨出東方	八	六一一八
與虛晨出東方	九	七一一九
與危晨出東方	卅	·高皇后元一二〇[1]

秦始皇帝元年正月，填星在營室，日行八分，卅日而行一度，終【歲】行【十二度卌二分。見三百四十五】日，伏卅二日，凡見三百七七日而復出東方[2]。卅歲一周于天[3]，廿歲一二一與歲星合爲大陰之紀一二二。

【注釋】

1.《五星占》以三十年爲土星的恆星周期，大致每一年土星行經一宿，其不足兩宿是這樣解決的：由於井宿位置較寬，配爲兩年，其餘一年配在第一年營室。其實際的考慮是，按周期巡行來說，第一年在營室，最後一年也在營室，這是較爲切合實際的處理方法。

土星以三十年爲一周期，其行度表排爲三列，每列三十年，計爲一百二十年。但表中最後並未塡滿，只到文帝三年，與木星行度表相合。它可能是實際製表的年代。

2.《五星占》之土星會合周期爲 377 日，比今測値 378.09 日，小 1.09 日。

3.《五星占》土星恒星周期爲 30 年，如今測値 29.46 年，大 0.54 年。

譯文

第八章　土星行度

土星與營室晨出東方	始皇元	一	二
與營室晨出東方	二	二	三
與東壁晨出東方	三	三	四
與畦（奎）晨【出】東方	四	四	五
與婁晨出東方	五	五	六
與胃晨出東方	六	六	七
與茅（昴）晨出東方	七	七	八
與畢晨出東方	八	張楚八	【文帝】元
與觜晨出東方	九	九	二

與伐晨出東方	十	卌	三
與東井晨出東方	一	漢元	
與東井晨出東方	二	二	
與鬼晨出東方	三	三	
與柳晨出東方	四	四	
與七星晨出東方	五	五	
與張晨出東方	六	六	
與翼晨出東方	七	七	
與軫晨出東方	八	八	
與角晨出東方	九	九	
與亢晨出東方	廿	十	
與氐晨出東方	一	一	
與房晨出東方	二	二	
與心晨出東方	三	孝惠元	
與尾晨出東方	四	二	
與箕晨出東方	五	三	
與斗晨出東方	六	四	
與牽牛晨出東方	七	五	
與婺女晨出東方	八	六	
與虛晨出東方	九	七	

與危晨出東方	卅	高后元	

說明：從秦始皇元年正月起，塡星在營室開始運行，每天行八分，三十日行二百四十分，合爲一度。一歲行十二度四十二分。見三百四十五日，伏行三十二日，凡見伏一周，計三百七十七日，又復與營室晨出東方。三十歲土星運行一周天，在二十歲時，與歲合於太陰之紀。

第九章　金星行度

正月與營室晨出東方二百廿四日，以八月與角晨入東方。

【秦元】　【九】　【七】　五　三　·漢元　九　五　六一二三

浸行百二十日，以十二月與虛夕出西方，取廿一于下。一二四

與虛夕出西方二百廿四日，以八月與翼夕入西方。

【二】　【十】　【八】　六　四　二　十　六　七一二五

伏十六日九十六分，與軫晨出東方。一二六

以八月與軫晨出東方二百廿四日以三月與茅晨入東方，餘七十八。一二七

浸行百廿日，以九月與【翼夕】出西方

三　【一】　九　七　五　三　一　七　八一二八

以九月與翼夕出西方，二百廿四日，以二月與婁夕入西方，餘五十七。一二九

伏十六日九十六分，以三月與茅晨出東方。

四　【二】　廿　八　六　四　二　·【高】皇后·元一三0

以三月與茅晨出東方二百廿四日，以十一月與箕晨【入東】方。一三一

浸行百廿日，以三月與婁夕出西方，餘五十二。一三二

【以三月】與婁夕出西方二百廿四日，以十月與心夕入西方。

五　【三】　【一】　九　七　五　. 惠元　二　二一三三

【伏】十六日九十六分，以十一月與箕晨出東方，取七十三下。一三四

以十一月與箕晨出東方二百廿四日，以六月與柳晨入東方。

六　【四】　【二】　【卅】　【八】　六　二　三　三一三五

浸行百廿日，以九月與心夕出西方，取九十四下。一三六

以九月與心夕出西方二百廿四日，以五月與東井夕入西方。一三七

七　【五】　【三】　【一】　【九】　【七】　三　四一三七

伏十六日九十六分，以六月與輿鬼晨出東方。一三八

以六月與輿鬼晨出東方二百廿四日，以正月與西壁晨入東方，餘五。一三九

浸行百廿日，以五月與東井夕出西方。

八　【六】　【四】　【二】　【卌】　【八】　四　五一四0

以五月與東井夕出西方二百廿四日，以十二月與虛夕入西方。一四一

【伏十】六日九十六分，以正月與東壁晨出東方。[1]一四二

秦始皇帝元年正月，太白出東方，【日】行百廿分，百日上極【而反，日行一度，天】十日行有【益】疾，日行一度百八十七分以從日，六十四日而復遝〔逮〕日一四三，晨入東方，凡二百廿四日。浸行百廿日，夕出西方。【太白出西方始日行一度百八十七分，百日上極而反，】行益徐，日行一度，以待之六十日；行有益徐，日行卌分一四四，六十四日而西入西方，凡二百廿四日。伏十六日九十六分。【太白一復】爲日五【百八十四日九十六分日。[2]凡出入東西各五，復】與營室晨出東方，爲八一四五歲[3]一四六。

【注釋】

1.《五星占》金星的運行周期取爲出入五次，爲日八歲，回到原處。不如木星、土星在表中排得整齊，中間插入說明文字，不易看得清楚，今換一種排法，使其簡明一些：

正月與營室晨出東方	(秦元)	(九)	(七)	五	三	·漢元	九	五	六
八月與軫晨出東方	(二)	(十)	(八)	六	四	二	十	六	七
	三	(一)	九	七	五	三	一	七	八

三月與昴晨出東方	四	（二）	廿	八	六	四	二	·皇后元	·（文帝）元
十一月與箕晨出東方	五	（三）	（一）	九	七	五	·惠元	二	二
	六	（四）	（二）	（卅）	（八）	六	二	三	三
九月與鬼晨出東方	七	（五）	（三）	（一）	（九）	（七）	三	四	
	八	（六）	（四）	（二）	（卌）	（八）	四	五	

由於金星的會合周期爲 584.4 日，約需 19 個半月才能完成一周，故不可能每年晨出，也不可能都在正月晨出。從簡排的表可以看出，在八年的周期中，第一年在正月晨出，第二年在八月，第四年在三月，第五年在十一月，第七年在九月，至第九年之正月再晨出，完成一個循環周期。

2. 自“秦始皇”至“九十六分日”，是說金星一個伏見的周期總口數，用公式表示爲：晨出 224 月+伏 120 日+夕出 224 日+伏 16 又 240 分之 96=584 又 240 分之 96 日，即爲 584.4 日。

3.“出入各五，爲八歲”，之往復狀態，於簡表已清楚。

譯文

第九章 金星行度

正月與營室晨出東方	(始皇元)	(九)	(七)	五	三	漢元	九	五	六
八月與軫晨出東方	(二)	(十)	(八)	六	四	二	十	六	七
	三	(一)	九	七	五	三	一	七	八
三月昴晨出東方	四	(二)	廿	八	六	四	二	皇后元	(文帝)元
十月與箕晨出東方	五	(三)	(一)	九	七	五	惠元	二	二
	六	(四)	(二)	(卅)	(八)	六	二	三	三
九月與鬼晨出東方	七	(五)	(三)	(一)	(九)	(七)	三	四	
	八	(六)	(四)	(二)	(卌)	(八)	四	五	

說明：金星從曆元之年秦始皇元年正月，與營室晨出東方，經過二百四十四日，以元年八月與角宿晨入東方。然後伏行一百二十日，以元年十二月與虛宿夕出西方，餘廿一分，經過二百四十日，在第二年的八月，與翼宿夕入西方。伏行十六日九十六分，與軫宿晨出東方。在第二年的八月與軫晨出東方，經過

二百四十日，以第三年的三月，與昴晨入東方，餘七十八分。伏行一百二十日，以第三年的九月與翼夕出西方，經過二百四十日，又以第四年的二月與婁宿夕入西方，餘五十七分。伏行十六日九十六分，以第四年的三月與昴晨出東方，經過二百四十日，以第四年的十一月，與箕宿晨入東方。伏行一百二十日，以第五年的三月與婁宿夕出西方，餘五十二分。經過二百四十日，以第五年的十月與心宿夕入西方，伏行十六日九十六分，以第五年的十一月與箕宿晨出東方，餘七十三分。經過二百四十日，以第六年的六月與柳宿晨入東方。伏行一百二十日，在第六年的九月與柳宿晨入東方。伏行一百二十日，在第六年的九月與心宿夕出西方，餘九十四。經過二百四十日，以第七年的五月與東井夕入西方。伏行十六日九十六分，以第七年的六月與鬼晨出東方，經過二百四十日，以第八年正月與東壁晨入東方，餘五分。伏行一百二十日，以第八年的五月與東井夕出西方。經過二百四十日，以第八年十月與虛夕入西方。伏行十六日九十六分，以第九正月與東壁晨出東方。完成了一個八年的循環運行周期，又回到營室。

秦始皇帝元年正月，正逢太白星晨出東方每天運行一百二十分，經過一百天，達到上行的頂點，又反過來運行，每天運行一度，經過十天，運行的速度加快，每天運行一度又一百八十七分，以跟從太陽，六十四日而回復到太陽附近晨入東方，總計經過二百二十四日。伏行一百二十日，又夕出西方。太白星夕出西方，開始時每天運行一度一百八十七分，經過一百天而到達上行的頂點，又反過來運行，運行的速度開始變快，每天行一度，經過六十日以後，其運行速度更慢，每天只行四十分，經過六十四日，再伏入西方，總計經過二百二十四日。又伏行十六日九十六分，太白星經過了一個循環周期，總計五百八十四日九十六分。凡是東西出入各五次，再次與營室晨出東方之時，需時總共爲八年。

四

《管子・五行》注譯

【前言】

五行的觀念是什麼？歷來就有不同的說法，一種是曆法，另一種是哲學觀念。由於將五行解釋成曆法沒有實物依據，只能與傳統的農曆相比附，便成為一種不倫不類的東西。最終大多數人都相信是一種哲學觀念，成為當今社會上傳統的解釋。《辭海》“五行”條說：“指木、火、土、金、水五種物質。中國古代思想家企圖用日常生活中習見的上述五種物質，來說明世界萬物的起源和多樣性的統一。較早的資料主要保存在《左傳》、《國語》和《尚書・洪範》等書中。戰國時代，五行說頗為流行，並出現‘五行相生相勝’的原理。相生，意味著相互促進如‘木生火、火生土、土生金、金生水、水生木’等。‘相勝’即‘相剋’，意味著互相排斥，如‘水勝火、火勝金、金勝木，木勝土，土勝水’等。”這是當今人們據流行的觀點給五行下的一個定義。它既是五種物質，又是萬物起源和多樣性統一的一種觀念。它列舉了《左傳》、《國語》、《洪範》作為其代表。其實《管子・五行》所述最具代表性，而且內容最為豐富深刻，其所以不列為代表文獻，可能是認為不合其說的異端，也可能認為《管子》是偽書。說到偽書，前人將《左傳》、《國語》考為偽書的也不少。但即使是偽書，其內容也不偽，僅是成書年代較晚而已。從文字之古樸及其內容看，《管子・五行》的寫作年代不會晚於西漢初年，很可能出自春秋戰國時代，它實在應是五行的原始形態。而不是如《漢書・律曆志》和《白虎通・

五行》等晚出的變態五行說。說其變態者，將土行分配於四時也。

將五行理解為曆法的，自古就有，《尚書・皋陶謨》就說“撫於五辰”，孫疏云“辰者，時也。”那麼實際堯舜時就有五辰或五時的觀念。五時、五辰就是五個季節。《左傳》雖然將五行說是五種物質，但其昭公元年則說：“分為四時，序為五節。”四時既然是曆法中的一種觀念，與其相對應的五節，當然也應該是曆法觀念。《管子・五行》則說得更明確和直截了當。它說：“作立五行，以正天時，以正人位，人與天調，然後天地之美生。”即是說古人創立五行，並不是如後世五行家所說解釋萬物起源和統一的哲學觀念，而是為了“正天時”，正天時就是定季節，定季節就是制定曆法。由此我們便可知道現代五行家在列舉五行文獻時為什麼不舉《管子・五行》了，即他們不相信《管子》所說是真的，也就是他們不相信古人創立五行是為了“正天時”的，那麼我們由此便可知道五行說者的觀念與《管子・五行》關於五行本質的論述是直接相衝突的。我們現在作此《管子・五行》注釋的目的，就是把它譯成人人能讀的東西，源源本本地將其展示在大家面前，讓大家來評判一下五行究竟是一種什麼觀念，是哲學觀念？還是曆法？

當然，以往不相信五行是曆法，在認識上是有歷史原因的，即大多數人都認為，中國古代只有農曆形態的曆法而沒有五行曆，所以五行不是曆法，最多只是一種比附。《禮運》說：“播五行於四時，故五時謂之五辰。”比附的觀念，從《禮運》“播五行於四時”之“播”字找到依據，即五行雖有五時之說，但這僅僅是將五行觀念分配於四時，就如五帝分配於四時一樣，五帝顯然沒有季節觀念，那麼五行當然也可以沒有。這種強辯看似有理，實質無理。正如上引《管子・五行》所述“作立五行”的目的是為了“正天時”，它不是如五帝那樣是人間帝王。現今已從彝族地區發掘出許多記載十月曆的文獻，證明中國古代確實行用過一種不同於農曆的十月曆，這種十月曆，正與五行曆相合。因此，它不得不令人深思：五行就是實際行用的曆法。

那麼，這就要請讀者耐心地看一看《管子・五行》究竟是如何介紹五行的。《管子・五行》將一歲分為五季，每季 72 日，合起來正為 360 日，是為一歲。它詳細地記載了人們在每一行中所做的事情，故郭沫若等學者早就說過《管子・五行》是齊月令。月令是什麼？月令是曆法，而不是什麼哲學觀念。我們在這裡說五行是曆法，總毫沒有否定五行在哲學上的含義和價值，那是在春秋戰國以後陰陽五行曆已退出中原歷史舞台，人們將其演變成哲學觀念的結果。

現今所能見到的《管子》刻本，是南宋紹興本，明趙用賢本也較著名，清代也有校本。因傳抄翻刻凌亂，訛脫較多，清劉績特作《管子補注》，以匡正繆誤。在考訂研究的著作中，唐尹知章注最為著名。清有洪頤煊《管子正義》，王念孫《讀書雜志・管子》。俞樾則有《諸子平議・管子》，丁士涵《管子臆解》，王先謙《管子集解》。近代則有馬非百《管子輕重篇新詮》，郭沫若《管子集校》等，本注所引諸家之說，均出自上引諸家相應著作，不再一一列舉。

一者本也[1]，二者器也[2]，三者充也[3]，治者四也，教者五也，守者六也[4]，立者七也[5]，前者八也[6]，終者九也，十者然後具五官于六府也[7]、五聲于六律也[8]。

【注釋】

1. 唐尹知章《管子》注曰：“本，農桑也。”本即根本，是說農業爲國家的根本。

2. 尹知章注曰：“器，所以理農桑之具也。”是說器者，農業之器具也。

3. 尹注曰：“充，謂人力能稱本與器也。”即指能從事農業勞動的人力。

4. “治者”，治理；“教者”，教化；“守者”，掌管。故尹知章曰：“人既奉法從教，則設官以守之。”

5. “立者”，立事。

6. “前者”，齊全。

7. “終者”，最後。其實，有實質內容的是前六項，自七至十是教條式的虛話，其目的大致是爲了湊全十條。《禮記・曲禮》曰：“天子之五官，曰司徒、司馬、司空、司士、司寇，典司五眾。”又曰：“天子之六府，曰司土、司木、司水、司草、司器、司貨，典司六職。”鄭玄注曰：“府，主藏六物之稅者，此亦殷時制也。”官，職務也；府，衙門也。有官無府，或兩官合一府，並不對應，恐六府形成於殷，五府形成於周。

8. “五聲”爲五音，即指宮、商、角、徵、羽。“六律”即黃鐘、太簇、姑洗、蕤賓、夷則、無射。《孟子》曰：“不以六律，不能正五音。”古代以律來正音。

譯文

天子治理國家，要注意十件大事。第一是以農桑爲根本，解決好人民的吃飯穿衣問題。第二是農具。第三是要保證有從事農業生產的足夠的勞動力。第四是對農業生產進行治理，採取一些有利於促進農業生產的措施。第五是教化，使人民懂得安心從事農業生產的道理，學習促進農業豐收的技術。第六是管理，政府設立官員掌管，使其有序地得以進行。國家設立了這項事業是第七。將管理工作配套齊全是第八。對其進行終止和總結是第九。第十是國家要設立五官來分管六府的事情，同時規定六律來確定五音。

六月日至[1]，是故人有六多[2]，六多所以街天地也[3]。

天道以九制，地理以八制，人道以六制。以天爲父，以地爲母，以開乎萬物[4]，以總一統。通乎九制、六府、三充[5]，而爲明天子。修概水上[6]，以待乎天堇[7]；反五藏[1]，以視不親[9]；治祀之下，以觀地位[10]；貨曋神廬[11]，合于精氣。已合而有常，有常而有經。審合其聲，修十二鐘[12]，以律人情[13]。人情已得，萬物有極[14]，然後有德。故通乎陽氣，所以事天也，經緯日月[15]，用之于民；通乎陰氣，所以事地也，經緯星曆，以視其離[16]。通若道然後有行[17]，然則神筮不靈[18]，神龜不卜，黃帝澤參[19]，治之至也。

【注釋】

1. “日至”，指日長至、日短至，也即是夏至冬至。周時用農曆，一歲十二個月，過六個月爲夏至，又過六個月爲冬至，合爲一歲。

2. 張佩綸說：“六多爲六爻之誤。”爻是易卦的基本符號，分陽爻和陰爻，三爻合成一卦，重卦稱爲六爻。

3.《玉篇》曰：“街，通道也。”街即道路之義，此處作動詞使用。

4. 丁士涵認爲，“以開始萬物”與“以總一統”爲對文，故“乎”字爲衍文。”

5.《尚書・大禹謨》載以水、火、金、木、土、穀爲六府，以正德、利用、厚生爲三事，合而爲九功。故有人以爲此“九制、六府、三充”，當爲九功、六府、三事之誤。

6. 王念孫云：“上當爲土，概爲平也，謂修平水土也。”當從王說。

7. “天堇”即天饉，《爾雅・釋天》曰：“穀不熟爲飢，蔬不熟爲饉。”

8.“以待乎天堇，反五藏”，郭沫若認爲，當是“以待天饉，平發五藏”之誤，平錯爲乎，發錯爲反，後又將乎錯置於天饉之前。

9. 郭沫若云：“賑誤爲親。”“視”作看待，“不親”釋作平民百姓，似也可通。能不改字，應盡量不改。

10. “地位”，當作物產解。郭沫若認爲“地位”當爲“地利”之誤。

11. 郭沫若曰：“貨曋當讀爲化潭”“神臚指心言，《內業篇》所謂精舍。”是說人的心情應該涵養成像潭水一樣平靜深厚，才能合於精氣的要求。

12.“十二鐘”，即十二鐘律。《史記・律書》曰：“王者制事立法，物度軌則，壹稟於六律，六律爲萬事根本焉。”《索隱》案：“律有十二。陽六爲律，黃鐘、太簇、姑洗、蕤賓、夷則、無射；陰六爲呂，大呂、夾鐘、中呂、林鐘、南宮、應鐘是也。名曰律者，《釋名》曰：‘呂，旅，助陽氣也。’案：古律用竹，又用玉，漢末以銅爲之。呂亦稱閒，故有六律、六閒之說。”

13. 此處“律”字，當約束解。

14. “極”，作“準則”解，萬物有極，爲萬物有了準則。丁士涵以爲“萬物有極”當作“萬物已極”，與上文“人情已得”對文。

15. “經緯”，作“運行規律”解，“經緯日月”，即日月運行的規律，實指推算曆法之月日，供人民記時日之用。

16. “離”，讀爲“列”，尹知章注曰：“離，謂位次之列也。”“經緯星曆，以視其離”，即掌握星宿的運行規律，以觀察它們的排列次序。

17. “若”，此也。“道”，規律。“有行”，去行事。

18. 古時占卜有兩種方式，一是用蓍草爲筮占，另一種是以龜版占卜，故《傳・氓》曰：“爾卜爾筮。”《傳》曰：“龜曰卜，蓍曰筮。”

19. “澤”即“釋”，爲放棄之義。“參”，指占卜之人。

譯文

每經過六個月便是一次日至，即從冬至到夏至，又從夏至到冬至。所以人們設立六爻，用以溝通天地的關係。天道以九爲制，地道以八爲制，人道以六爲制。天子以天爲父，以地爲母，以此來開創萬物，又以此來總括統一。能通曉九功、六府和三事，並用其治理國家，他就能成爲聖明的天子。政府用修平水土的方法，來解決天年可能出現的天災和飢荒。用平價出售庫存糧食的辦法，來救濟災民。在舉行祭祀的時候，注意觀察物產的豐欠。要加強心靈的修養，使它合乎精氣的要求。如果已經達到合乎精氣的要求，就要使其經常保持下去。能長期保持下去，那麼辦事就有規範。要研究審核音樂之事，制定十二鐘律，用來規範百姓的感情。百姓的感情規範之後，萬事也就有了準則，那麼，也就成爲有聖德的天子。所以，通曉陽氣的規律，是爲了用來事奉上天，掌握日月計算得規律，讓百姓使用。通曉陰氣的規律，是爲了用來事奉大地，掌握五星的運行規律，用以觀察它們的位置來判斷吉凶。如果能夠通曉這些規律然後去行事，那麼，也就不必用蓍草筮占，不必用龜甲來行卜，黃帝也就可以不用占卜之人，這是最好的治國方法。

昔者黃帝得蚩尤而明于天道，得大常而察于地利[1]，得奢龍而辯于東方[2]，得祝融而辯于南方，得大封而辯于西方，得后土而辯于北方。黃帝得六相而天地治，神明至[3]。蚩尤明乎天道，故使爲當時[4]；大常察乎地利，故使爲廩者[5]；奢龍辯乎東方，故使爲土師[6]；祝融辯乎南方，故使爲司徒；大封辯于西方，故使爲司馬；后土辯乎北方，故使爲李[7]。是故春者土師也[8]，夏者司徒也，秋者司馬也，冬者李也。

【注釋】

1. 古代稱知識淵博之人爲上知天文，下知地理。此“明於天道”、“察於地理”，也即此義。天道爲天文知識，地利、地理，均爲地理知識。

2. “奢龍”，古本作“青龍”；“辯”，通“辨”。

3.《御覽》七十九引作“天下治，神明之至也。”

4. “當時”，即掌時，爲六相之一，掌天時之官。

5. “廩者”，掌開食救濟之官。

6. “土師”，古本作“工師”。“土”爲“工”字之誤。《周禮·周官》中名爲司空，司空即司工，“空”爲“工”之假借字。

7. “李”即“理”。爲周代法官之名稱。尹知章注曰：“李，獄官也。”

8. 古時將春夏秋冬分屬東西南北。故將土師即工師分配於春季。

譯文

從前，黃帝得到蚩尤爲相而明察天道，得到大常爲相而明察地理，得到青龍爲相而明辨東方，得到祝融爲相而明辨南方，得到封爲相而明辨西方，得到后土爲相而明辨北方。黃帝得到這六個人擔任相而天下安定，真是神明極了。蚩尤明察天道，所以任命他爲掌管天時的官；大常明察地理，所以任命他爲掌管糧食的官；青龍明辨東方，所以任命他爲司空的官；祝融明辨南方，所以任命他爲司徒的官；大封明辨西方，所以任命他爲司馬的官；后土明辨北方，所以任命爲治獄的官。因此，春是司空，夏是司徒，秋是司馬，冬是獄官。

昔黃帝以其緩急作五聲[1]，以政五鐘[2]。令其五鐘[3]，一曰青鐘大音，二曰赤鐘重心，三曰黃鐘洒光，四曰景鐘昧其明[4]，五曰黑鐘隱其常。五聲既調，然後作立五行以正天時，五官以正人位[5]。人與天調，然後天地之美生[6]。

【注釋】

1.《書鈔》引古本作之下有“立”字，故此“作五聲”應爲“作立五聲”，與下文“作立五行”爲相對文。

2. “政”同“正”，爲樹立、規範之義。

3. “令”，命令，爲使、讓之義。

4. 此處“景鐘”即顥鐘。“顥”即白也。與其餘青赤黃黑相配，各主一方之色。

5. 五聲是一種規範，五聲調整好了，便以此爲依據，作立五行，來確立天時季節，即將一歲分爲五時及五季；又作立五官，來確立官位等級的高低。

6. “天地之美生”，指天地間的美好事物就形成了。即五時制度確定了，人們判斷時節、記載時日就有了依據；五官制度確定了，人們分判人間等級也就有了依據。這樣，人間社會就有了和平和致序，就有了美好的生活。

譯文

從前，黃帝以聲音的緩急來定五聲，用以校正五鐘，並命名五鐘爲：一是青鐘大音，二是赤鐘重心，三是黃鐘洒光，四是白鐘昧明，五是黑鐘隱常。五聲調正以後，然後制作確立五行，用以判斷天時季節，設立五官，用以區別人們的品位。人與天協調了，那麼天地之間就能產生美好的事物。

日至[1]睹甲子木行御[2]。天子出令，命左右士師內御[3]，總別列爵，論賢不肖士吏。賦秘[4]，賜賞于四境之內；發故粟以田數[5]。出國衡[6]，順山林[7]，禁民斬木，所以愛草木也。然則冰解而凍釋，草木區萌[8]。贖蟄蟲卵菱[9]，春辟勿時[10]，苗足本[11]，不癘雛鷇[12]，不夭麑麇[13]。毋傅速[14]，亡傷襁褓[15]。時則不凋[16]，七十二日而畢[17]。

【注釋】

1.《左傳》僖公五年載“春王正月辛亥朔日南至”，此處之“日至”，即日南至也。“日南至”即冬至。尹知章注曰：“謂春日既至，睹甲子，用木行御時也。”尹的解釋不錯，但較含糊不清。《左傳》對春夏秋冬的區分，是從冬至開始的，即冬至所在月爲正月，它以正二、三月爲春，四、五、六月爲夏，七、八、九月爲秋，十、十一、十二月爲冬。但《月令》則以寅月爲正月，有以正二、三月爲春，其即物候上實際差了二個。“睹”者，見也。即謂在冬至日之後，凡見到甲子日，才是木行的第一天。由於一回歸年爲 365 天多，冬至日將每年後退五至六個干支。那麼，《管子·五行》所確定五行曆的元日甲子，將在冬至以後至雨水的二個月內變化。其所定五行元日甲子的所在季節不是很準確，但正合於上古之實際。

2.“御”者，駕馭，控制也。是說元旦之後，從甲子日開始以後的 72 日，是木行通治的季節。也可理解爲是木氣實行統治的季節。以下“火行御”、“土行御”、“金行御”、“水行御”解釋仿此。

3.“左右士師內御”即所有內侍的官員。

4. “賦”，布也。賦秘，散布秘藏之物。

5. “故粟”，陳舊之粟。以田數，依據承種公田的數量。全句爲：依據承種公田的數量，將陳糧借貸農人。

6. “國”，國都。“衡”，周代掌管山林之官。

7. “順”，巡也，古代順、巡通用。

8. “區”讀溝，同“勾”。《禮記．樂記》曰：“草木茂，區萌達。”言草木之嫩芽萌發生長。

9. “賾”者，去也，除去也。“蟄蟲”，即蟄伏之昆蟲，這些昆蟲大多是危害農業的，故言除去蟄蟲之卵。“菱”，當爲衍文。

10. 郭沫若曰：“時當爲待，涉注而誤。”尹注云：“春當耕辟，無得不及時也。”即及時春耕春種，勿誤農時。

11. 尹注曰：“足，猶擁有。春生之苗，當以土擁其本。”即以土擁塞新生幼苗之根部，防其受凍。

12. “癘”者，殺也。“雛鷇”，幼小待哺食的鳥。

13. “麛麇”，幼小的麋鹿。《國語．魯語》韋昭注曰：“鹿子曰麛，麋子曰麇。”

14. 郭沫若曰：“副讀爲縛，速，爲緊束也。春氣已至，不可縛之過緊，免傷襁褓。”

15. “亡”者，無也。

16. “不凋”，動植物生長繁茂而不凋枯。

17. 自甲子一周 60 日，再數至下文丙子前一日乙亥，爲 72 日，統爲木行之日。以下火、土、金、水四行，也各 72 日，計爲 360 日。合爲一歲之數。

譯文

冬至日以後，見到甲子日起，木行就開始行令了。這時，天子發出政令，命令左右士師內侍官員在朝內理事，要匯總區別各種官爵，評定賢良與不肖的官吏，然後拿出官庫秘藏的財物，賞賜給國家的官吏。取出庫中的糧食，按承種田畝的數量，將糧食貸給農民。掌管山林的官員，要走出國都，去巡視山林，禁止百姓砍伐樹木，因爲這正是草木的生長季節，要愛護它們。這個時節冰雪開始融化消釋，草木開始發芽生長。要挖除蟄蟲的卵，以防害蟲繁殖，爲害農作物的生長。要及時春耕春種，對禾苗根部培土要充足，以防止早春凍害。不要殺害雛鳥，不要使幼鹿夭折，不要將幼畜縛得過緊，以免傷害幼畜的生長。如果能做到這些春天就會繁榮而不凋落。木行經過 72 天而完畢。

睹丙子火行御[1]。天子出令，命行人內御[2]。令掘溝澮[3]津舊涂[4]。發臧[5]，任君賜賞。君子修游馳[6]，以發地氣。出皮幣[7]，命行人修春秋之禮于天下[8]，諸候通，天下遇者兼和[9]。然則天無疾風，草木發奮，鬱氣息[10]，民不疾而榮華蕃[11]。七十二日而畢。

【注釋】

1. 這種曆法以五行木火土金水爲順序，每一行 72 天，又以干支記日。它以甲子爲本行第一天，經過一行 72 天，第一行完畢，那麼第二行火行的第一天就是丙子，這便是丙子的來曆，以下類同。這種曆法再將一行分爲陰陽二部分，每一部分爲 36 天，稱爲一個陽曆月，則一歲便爲十個月，故這種曆法稱爲陰陽五行曆，又稱爲十月曆。

2. "行人"，官名，爲使者。《周禮・秋官》載"行人"曰："大行人，中大夫二人；小行人，下大夫四人。”注曰：“主國使之禮。”管朝覲聘問之事。春秋戰國時各國都有設置。漢代稱之爲大行會。

3.“溝澮”，田間的水溝。

4.“舊涂”，指舊的通道。“津舊涂”，指橋，全句謂修整河口之橋梁，保持道路的通暢。

5.“臧”，通“藏”，指府庫積貯之物。

6.“修游馳”，舉行遊樂馳馬活動。

7.“皮幣”，指毛皮和布帛，古代作爲貴重的禮物使用。《孟子·梁惠王》曰：“昔者太王居邠，狄人侵之，事之以皮幣，不得免焉。”漢武帝時曾據此發行過信用貨幣，也稱作皮幣。

8.“修春秋之禮”，舉行春秋二季互相聘問的禮節。是指諸侯各國間的互相聘問交往。

9.“兼”同“謙”。“兼和”，互相敬重和睦。

10.“鬱氣息”，鬱蒸之氣止息。

11.“榮華”，本作草木繁榮開花，今引申爲百姓昌盛顯達。“蕃”，指人民繁榮發達。

譯文

見到丙子日，火行就開始司令了。這時天子發出命令，讓使者在朝內行事。命令百姓在田間挖掘排水溝，在舊的渡口修築橋梁，打開庫藏，讓天子賞賜給官員。在這個時節，君子應該到野外出遊和馳馬，以便散發地氣。天子拿出貴重的毛皮、布帛等皮幣，到諸侯各國行春秋之禮。與諸侯通好，使諸侯各國間相互敬慕和睦。如果能做到這樣，天就沒有風暴，草木就能繁榮生長，鬱蒸之氣就會停息，百姓不患疾病，子孫繁榮昌盛。火行經過 72 日而完畢。

睹戊子土行御。天子出令，命左右司徒內御[1]。不誅不貞[2]，農事爲敬。大揚惠言[3]，寬刑死，緩罪人。出國，司徒令命順民之功力[4]，以養五穀。君子之靜居[5]，而農夫修其功力極。然則天爲粵宛[6]，草木養長，五穀蕃實秀大，六畜犧牲具，民足財，國富，上下親，諸侯和。七十二日而畢。

【注釋】

1. “司徒”，西周管理土地和人民的官員。這個季節爲土行，又逢作物生長成熟季節，所載天子的活動又都與農事有關，故配以司徒內御。

2. “不誅不貞”，俞樾云：“貞，乃賞字之誤。”賞確實與誅懲相對，其義相協。但“貞”作忠貞、堅貞等操行解，似也可通。

3. “大揚惠言”，揚，宣揚。“惠”，仁惠。陶鴻慶云：“言字不當有，蓋即涉注文而衍者。”

4. “出國”，出國都。“順民”，巡視百姓。“功力”，指農業勞動。

5. “之靜居”，“之”字爲衍文；敬靜居，閉不出戶，以免騷擾農業生產。

6. “粵宛”，安井衡云：“粵當爲奧。粵，深也。宛當讀爲苑。深邃之苑，無物不有也。”

譯文

見到戊子日，便是土行行令的開始。天子發出政令，命左右司徒到朝內行事。這個時節，不行誅懲，也不行賞賜，唯農事爲重。大力宣揚仁惠之事，寬大處理已判死刑的人，暫緩拘捕已犯罪的人。這個時節，司徒應走出國都，命令地方官員，巡視百姓從事農業生產的情況，使其有利於五穀的生長。君子應該靜居在家，農民盡力勞作。大地就像一個深邃的植物苑圃，草木茂盛地生長，五穀也生長得充實飽滿，六畜和作爲祭祀用的犧牲，也都飼養齊全了，這樣做了之後，百姓便有了充足的財力，國家富強了，君子和小民上下親密，諸侯間也能和睦相處。土行經過 72 日而完畢。

睹庚子金行御。天子出令，命祝宗[1]選禽獸之禁[2]，五穀之先熟者，而荐之祖廟與五祀[3]，鬼神饗其氣焉，君子食其味焉。然則涼風至，白露下[4]。天子出令，命左右司馬衍[5]。組甲厲兵[6]，合什爲伍[7]，以修于四境之內，諛然告民有事[8]，所以待天地之殺斂也。然則晝炙陽，夕下露，地竟環[9]，五穀鄰熟[10]，草木茂實，歲農豐年大茂[11]。七十二日而畢。

【注釋】

1.“祝宗”，祭祀時，專管祝禱之人。

2.“選禽獸之禁”，禁爲禁苑，言到禁苑挑選專供祭祀而飼養的動物，以供祭祀之用。

3. 尹知章注曰：“謂門、行、戶、灶、中霤。”中霤爲土神。即五祀爲古代天子祭祀的五種神祇。

4. 據《管子·幼官》記載，它將一歲分爲正副五圖，又將一歲分爲 30 節氣，每個節氣爲 12 天。此“白露下”應爲曆法中的一個節候，《管子·幼官》“西方本圖”中第三節氣正爲“白露下”。

5.“司馬”，西周時掌管軍政和軍賦之官。“衍”，張佩綸曰：當即“內御”二字之壞。

6.“組甲”，尹注曰：“謂以組貫甲也。”“組”爲絲帶，供貫盔甲之用。“厲”同“礪”，“厲兵”即將兵器磨利。

7. 周時軍隊編制，五人爲一伍，十人爲一什。

8.“諛”，爲“俞”之假借字，“俞然”，容貌和恭之態。

9. 尹知章注曰：“環，炙實貌。方秋之時，晝則暴炙，夕則下寒露而潤之，陰陽更生，故地氣交竟而炙實。”

10.“鄰熟”，接連成熟。

11.“歲農豐”，農業豐收之年，承五穀鄰熟而言。“年大茂”，指畜牧、林業等豐收，承“草木茂實”而言。

譯文

見到庚子日，便是金行行令的開始。天子發出政令，命令祝宗到禁苑中挑選祭祀用的禽獸，以及收取首先成熟的五穀，敬獻給祖廟和五紀之神。讓鬼神享受祭品的香氣，讓君子品嘗他們的滋味。這個時節，正是涼風到來，白露下降之時，天子再次發出政令，命左右司馬準備盔甲，磨礪兵器，組織軍隊，在全國各地進行作戰訓練。以認真的態度告訴人民將可能有戰事發生，所以應作好戰鬥的準備。正逢秋季時節，白天太陽炙曬，夜間白露下降，大地交相循環冷熱變化，促使五穀相繼成熟。草木豐茂壯實，農業豐收，年成大好。金行經過 72 日而完畢。

睹壬子水行御。天子出令，命左右使人內御[1]，御其氣足則發而止，其氣不足則發撊瀆盜賊[2]。數剩竹箭[3]，伐檀柘[4]，令民出獵，禽獸不釋巨少而殺之[5]，所以貴天地之所閉藏也。然則羽卵者不段[6]，毛胎者不牘[7]，飁婦不銷弃[8]，草木根本美。七十二日而畢。

【注釋】

1. 張佩綸曰："使當作李，篆文相近。"李人即理人。《禮記・月令》孟秋之月鄭注曰："理治獄官也。"故理人即法官。

2. "御其氣足則發而止。"御字爲衍文，爲上一御字重複所致。"撊瀆"即"澗瀆"，爲山澗江河之義。

3. "剩"，截也，與"勦"同音。"數剩竹箭"，爲多截竹爲箭之義。

4. "伐檀柘"，尹注曰："伐檀柘所以爲弓也"。"檀柘"，爲兩種名貴硬木，適宜作弓。

5. "不釋"，即不擇。

6. "段"即"毈"字，《說文》曰："毈，卵不孚也。"

7. "牘"者，流產也。故全句文義爲禽鳥可以孵化，獸畜也能懷胎。

8. "飁婦"即孕婦。"銷弃"即散壞。

譯文

見到壬子日，水行就開始行令了。天子發出政令，命左右法官到朝內行事。如果冬氣充足，那麼捕盜之事很快便可結束；如果冬氣不足，那麼就將在山溝和江河中認真捕盜。要多準備好竹箭，多伐檀柘樹製弓，作好長期充分的準備。

官員們下令百姓出去打獵，不管禽獸的大小全都可以捕殺，這正是重視天地閉藏之氣。這樣做，不會影響鳥卵的孵化，也不會影響母獸的懷胎。懷孕婦女的胎兒也不會受到夭折。草木的根部也會受到很好的保護。水行經過 72 日而完畢。

睹甲子木行御。天子不賦不賜賞。而大斬伐傷[1]，君危；不殺[2]，太子危，家人夫人死；不然，則長子死。七十二日而必畢。睹丙子火行御，天子敬行急政[3]，旱札苗死民厲[4]。七十二日而畢。睹戊子土行御，天子修宮室，築台榭，君危；外築城郭臣死。七十二日而畢。睹庚子金行御，天子攻山擊石[5]，有兵作戰而敗[6]，士死，喪執政。七十二日而畢。睹壬子水行御，天子決塞，動大水，王后夫人薨[7]；不然，則羽卵者段，毛胎者牘，臁婦銷弃，草木根本不美。七十二日而畢也。

【注釋】

1. 以下講天子逆時節所作政事而導致的災禍。就這點而言，它與《月令》所載政令是相對應的，《月令》在記載天子每月政令之後，也都記載了不該做什麼事，而如果違反這個季節規律做了不該做的事，就該遭受禍殃和懲處。不同之處在於《月令》所載不該做的政事，都置於每月之下，而《管子·五行》則在五行政令結束之後再作總敘。例如，《月令》孟春之月條說：“禁伐林木，毋覆巢，毋殺孩蟲、胎夭飛鳥，毋聚大眾，毋置城郭，掩骼埋胔。是月也，不可以稱兵，稱兵必天殃。兵戎不起，不可從我始。毋絕地理，毋亂人之紀。孟春行夏令，則雨水不時，草木早落，國時有恐；行秋令，則其民人疫，飆風暴雨總至，藜莠蓬蒿並興；行冬令，則水潦爲敗，雪霜大摯，首種不入。”即告戒天子，不能違反農時規律行事。故前人早已指出，《管子·五行》就是齊國之《月令》。這一評價是很準確的。也就是說，在行農曆的國家和地區，人們以十二月令指導自己的農事活動和政令，在齊國，則以五行月令指導自己的農事活動和政令。

2. “不殺”，當爲“不然”之誤。

3. 王念孫曰：“‘敬’當作‘亟’。”“亟行”，爲屢次做、多次做。“急政”，指違反、影響農事的政令。

4.《周禮·大宗伯》曰：“以荒禮哀凶禮。”鄭注曰：“札讀爲截，謂疫厲。”疫厲即疫癘，傳染病，故“札”爲瘟疫。

5. “攻山擊石”，爲開山取石的活動，當然也包括採礦。

6. 郭沫若曰：“當爲祠兵之誤。魯莊八年《公羊傳》‘出曰祠兵，入曰振旅。’”故“祠兵”即出兵。

7. “王后夫人薨”。古代諸侯死稱薨。《禮記·曲禮》曰：“天子死曰崩，諸侯死曰薨。王后夫人死亦稱薨。”

譯文

當見到甲子日，木行行令之時，天子如果不分發府庫的財物，賞賜給政府官員，卻大肆砍伐山林，那麼君主的位置也就危險了。是太子遇到危機，或者他的家人或夫人死亡。再不然就是長子死亡。這種狀況經過 72 日而完畢。見到丙子日，火行開始行令之時，天子如果多次頒行有違於農時的政令，就會發生旱災，禾苗枯死，瘟疫流行。這種狀況經過 72 日而結束。見到了戊子日，土行開始行令之時，天子如果有違農時，在這個時節修築宮室，修築台榭，那麼這個君主也就危險了；如果在外修築城牆，那麼大臣就會死亡。這種狀況經過 72 日而完畢。見到庚子日，金行開始行令之時，如果天子違反農時，進行開山擊石，或開發山中的礦藏，那麼作戰將會失敗，士兵死亡，或喪失執政的官員。

這種狀況經過 72 日而完畢。見到壬子日水行開始行令之時，天子如果違反天時，去做開決或堵塞河道之事，就會造成大水，王后、夫人死亡；不然禽卵就會孵不出禽來，獸胎也會流產，孕婦的胎兒也會夭亡，草木的根基也保護不好。這種狀況經過 72 日而結束。

五

《史記・天官書[1]》注譯

（一）

中宮。[2] 天極星，其一明者，太一常居也。[3] 旁三星三公，或曰子屬。[4] 後句四星，[5] 末大星正妃，餘三星後宮之屬也。環之匡衛十二星，[6] 藩臣。皆曰紫宮。[7]

前列直斗口三星，[8] 隨北端兌，[9] 若見若不，曰陰德，或曰天一[10]。紫宮左三星曰天槍，右五星曰天棓[11]，後六星絕漢抵營室[12]，曰閣道[13]。

【注釋】

1. 張衡《靈憲》說："眾星列布，各有所屬，在野象物，在朝象官，在人象事。"故中國星名大多以器物、官名、人事名之。尤以官名最爲普遍，故稱《天官書》。本篇包括全天各星座的分布、五星及其運動、日月運動及交蝕、異星、雲氣、候歲和總論七個部分。

2. "中宮"，中國先秦曾將黃道分爲東西南北中五個部分，分別稱之爲東方蒼龍，北方玄武，西方白虎，中方黃龍，南方朱雀。黃龍介於朱雀和白虎之間的黃道上，即軒轅座、五帝座一帶。黃道五方星又與五方神相對應，《天官書正義》說："皇帝座一星，在大微宮中，含樞紐之神。四星夾皇帝座：

蒼帝東方靈威仰之神；赤帝南方赤爆怒之神；白帝西方自昭矩之神；黑帝北方葉光紀之神。”又稱青黑白黃赤五帝。後來黃道五方星才演變成四方星，並將中方移至北極附近，即紫微垣。《史記考異》說：“此中宮及東宮、南宮、西宮、北宮五宮字皆當作官。”此論不妥，帝和官不同，宮和座也不相當。每宮各包括若干星官。宮為天區之名，如中宮、東宮、南宮、西宮。

3.“太一”，內眼所見不隨天球旋轉而轉動的那顆星稱為天極星，由於它處於全天星座中的特殊地位，古人都把它比喻為八卦中的太極，或曰太一。由於歲差的關係，北極的位置將在星座間移動，不同歷史時期有不同的極星，以至於哪顆星是太一也有不同的說法。《天官書》所說的太一，實是通常所說的帝星。

4.“或曰子屬”帝星旁的三星也非三公，應是太子、庶子、後宮三星，所以說“或曰子屬”。通常所說的三公，在宮垣外，遠離極星，不屬“旁三星”。

5.“句”，同“勾”。“後句四星”，實即指句陳中的四顆亮星。

6.“十二星”，一說十五星，即指紫微垣十五星。

7.“紫宮”即“中宮”，也稱紫微垣。紫微垣與太極垣、天市垣、二十八宿合稱全天四大天區。它包括紫微星宮和北極附近等許多星官在內。紫微星宮在北斗北，15 星，像圍繞北極星左右兩列垣墻。

8.“直”，當也。“斗口”，即北斗星之口。

9.“隨”，音義通“隋”，下垂之義。“兌”，通“銳”。意謂三星向北垂下，呈端點尖銳的三角形。《索隱》作“隋斗端兌”。

10.“曰陰德，或曰天一”，《星經》，所載陰德為二星，當斗口在宮垣內，由於此三星若隱若現，第三顆暗星難以判定。天一在宮坦外，近右樞，只一顆星，近斗杓。故此三星非指天一。

11.“棓”通“棒”。“天棓”，與上“天槍”均為守衛宮門的兩件兵器。

12.“後六星”，指宮垣後門外的六顆星。“絕”，度，過。“漢”，即銀河。“抵”，至。“營室”，天子的離宮。

13.“閣道”，天子從紫宮到營室所經過的一條路。

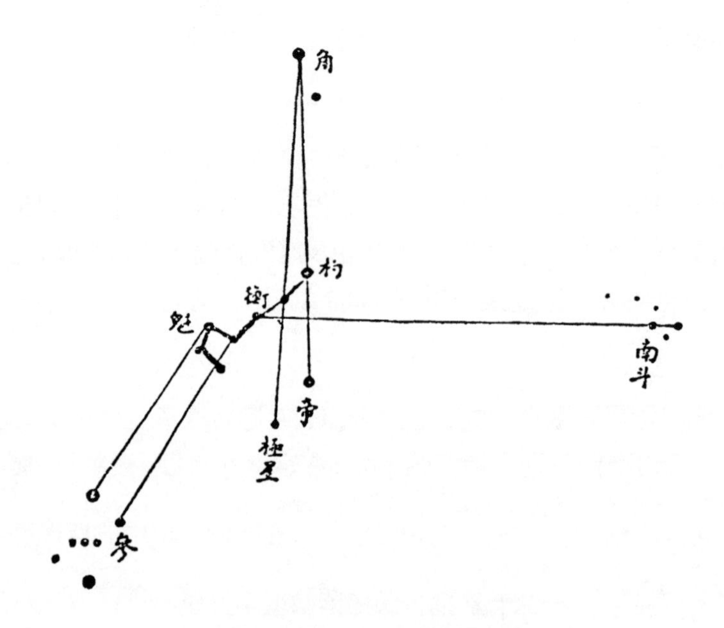

圖一　北極星與其他恆星的相對爲位置

北斗七星，所謂“旋、璣、玉衡，[1]以齊七政”。[2]杓攜龍角，[3]衡殷南斗，[4]魁枕參首。[5]用昏建者杓，[6]杓，自華以西南，[7]夜半建者衡，[8]衡，殷中州河、濟之間，[9]平旦建者魁，[10]魁，海岱以東北也。[11]斗爲帝車，運於中央，臨制四鄉。分陰陽，[12]建四時，均五行，[13]移節度，[14]定諸紀，[15]皆係於斗。

【注釋】

1.“旋、璣、玉衡”，從斗口開始，第一“天樞”，第二“旋”，第三“璣”，第四“權”，第五“衡”，第六“開陽”，第七“搖光”。一至四合稱“魁”，五至七合稱“杓”，總稱爲“斗”。馬融把璇璣比喻爲渾儀中可以轉動的圓環，玉衡比喻爲望筒。

2.“齊”，齊全。“七政”，《尚書大傳》釋爲七項政事；《尚書》馬融注以爲是指日月五星的運行。

3.“杓”，指斗杓。“攜”，連。“龍角”，指蒼龍的角，即角宿。據朱文鑫《史記天官書恆星圖考》的解釋，角宿主星、開陽和帝星在一直線上，故曰“杓攜龍角”。

4.“殷”，當也。“南斗”，即斗宿。衡星與斗宿中的二星正好在一直線上，故曰“衡殷南斗”。

5.“魁枕參首”，魁四星位於參宿兩肩之上。參宿的左右肩兩星分別與魁四星中的左右兩星兩兩相連，成兩條並行的直線。故曰“魁枕參首”。

6.“用昏建者杓”，用初昏時斗杓的指向來建立月序。

7.“杓，自華以西南”，此是天文上的分野之說。華山的西南方屬杓。

8.“夜半建者衡”，以夜半時衡星與南斗二星連線的指向來確定月建。

9.“河”，黃河。“濟”，濟水。“河、濟之間”，指開封、商丘、定陶一帶地區。

10.“平旦建者魁”，言黎明前以魁星與參肩連線所指定月建。《索隱》引孟康說：“假令杓昏建寅，衡夜半亦建寅也。”但魁平旦不指寅而指子。

11.“海岱”，指代郡。

12.“陰陽”，指一年中上半年和下半年的陰陽兩部分。

13.“五行”，指一年中的五節。並非指哲學上的陰陽五行的概念。

14.“節度”，即節氣和太陽的行度。

15.“紀”，曆法中的周期。“諸紀”，主要是指紀年、紀月、紀日的周期。

斗魁戴匡六星[1]，曰文昌宮[2]：一曰上將，二曰次將，三曰貴相，四曰司命，五曰司中，六曰司祿。在斗魁中，貴人之牢[3]。魁下六星，兩兩相比者，名曰三能[4]。三能色齊，君臣和；不齊，爲乖戾。輔星明近[5]，輔臣親強[6]；斥小，疏弱。[7]

杓端有兩星：[8]一內爲矛，招搖；[9]一外爲盾，天鋒。[10]有句圜十五星，[11]屬杓，曰賤人之牢。其牢中星實則囚多，虛則開出。

天一、槍、棓、矛、盾動搖，角大，兵起。[12]

【注釋】

1.“戴匡”，舊釋爲戴在魁頭上的飯器或籮筐。此解似屬附會。飯器或籮筐不能當帽子戴，文昌六星也不成筐形。同時，文昌六星都是天帝的文臣武將，是重要的輔臣，不可能合在一起即成飯器。今依《爾雅．釋地》，“戴”解作“值”；“匡”解作輔助。全句可解擇爲與“斗魁相值的匡扶天帝的六星”。

2. 文昌宮，屬紫微垣。又名文曲星、文星。中國神話中主宰功名、祿位之神，舊時，多爲讀書人所崇祀

3.“在斗魁中，貴人之牢”，《集解》，引孟康曰：“《傳》曰天理四星在斗魁中，貴人牢，名曰天理。”“牢”，即牢獄。

4.“能”，音“台”。“三能”，即三台。

5.“輔星”，在開陽旁的小星。“明進”，離開陽近而且明亮。

6.“親強”，親近強盛。

7.“斥小”，離開陽遠而且暗。“疏弱”，君臣關係疏遠，國政衰弱。

8.“杓端”，斗柄的延長線上。內爲近杓，外爲遠杓。

9.“招搖”，爲矛，又名更河。

10.“天鋒”，爲盾，一名玄戈。

11.“句圜”，音“溝垣”。星形如鉤似環，即貫索星。

12.“兵起”，當天一諸星顫動，芒角大時，則發生戰亂。

東宮蒼龍。房、心。[1] 心爲明堂，[2] 大星天王，前後星子屬。[3] 不欲直，直則天王失計。[4] 房爲府，曰天駟。[5] 其陰，[6] 右驂。[7] 旁有兩星曰衿；[8] 北一星曰舝。[9] 東北曲十二星曰旗。[10] 旗中四星曰天市；[11] 中六星曰市樓。市中星眾者實；[12] 其虛則秏。[13] 房南眾星曰騎官。

左角，李；右角，將。[14] 大角者，天王帝廷。其兩旁各有三星，鼎足句之，曰攝提。[15] 攝提者，直斗杓所指，以建時節，故曰：“攝提格”。亢爲疏廟，[16] 主疾。其南北兩大星，曰南門。[17] 氐爲天根，[18] 主疫。

尾爲九子，曰君臣。[19] 斥絕，不和。箕爲敖客，[20]

曰口舌。

火，犯、守角，[21]則有戰；房、心，王者惡之也。[22]

【注釋】

1.“房、心”，《爾雅・釋天》曰：“大辰，房心尾也。”李巡曰：“大辰，蒼龍宿，體最明也。”《石氏星經》曰：“東方蒼龍七宿，房爲腹。”所以心爲龍心，尾爲龍尾，房爲龍腹。房、心爲龍體的主要部分。

2.“心爲明堂”，心宿又稱爲明堂，明堂是天王布政的地方。

3.“大星”，即心宿二，也即大火星。前星爲太子，後星爲庶子，故稱“子屬”。

4.“失計”，政令疏失。

5.“房爲府，曰天駟”，房宿也稱天府，又曰天駟。天駟即天馬。晉郭璞《爾雅注》說：“龍爲天馬，故房四星謂之天駟。”天馬由龍引申而來。

6.“陰”，北也。

7.“右驂”，王元啓《史記正訛》說：“右上當有左字，房星之北，左右各有四星，今名東威西威。”

8.“衿”，即鉤鈐。

9.“舝”，同「轄」，車兩頭的金屬鍵，舝星即鍵閉星。

10.“東北曲十二星曰旗”，《史記正訛》說：“曰十二者，上脫二字也。”朱文鑫認爲：“謂十二星者，指其大者言也。”

11.“旗中四星曰天市”，《史記正訛》說：“統言之，天旗即天市；析言之，則天旗南北門左右各兩星爲天市，余但謂之天旗也。”《正義》以爲左右旗在河鼓附近，誤。

12.“實”，歲實。

13.“秏”，歲虛。

14.“左角，李；右角，將”，角宿有二星，左爲李星，右爲將星。「李」，理也，法官。

15.“攝提”，提攜。言提斗攜角，以建時節。

16.“亢爲疏廟”，《說文解字》曰：“亢，人頸也。”此處原義爲龍頸。“疏”，外。“廟”，朝。“疏廟”，可釋爲行宮。

17.“其南北兩大星，曰南門”，依鄒伯奇的考證，此處南門星在庫樓南。“南北兩大星”中衍入一“北”字。

18.“氐爲天根”，《索隱》引孫炎曰：“角、亢下繫於氐，若木之有根也。”《石氏星經》曰：“氐，胸也，位於蒼龍之胸。”角、亢爲龍角龍頸。下繫之物應是龍胸。

19.“尾爲九子”，《索隱》、《正義》，都認爲尾、箕爲後宮之場。故《史記志疑》引王孝廉曰：“疑君臣乃群姬之訛。尾星斥絕，群姬不和矣。《漢志》敖客下有後妃之府四字。”不言而喻，此處之尾宿，與角亢氐房心相對應，也有龍尾之義。

20.“敖客”，調弄是非之客。又箕主八風，月宿其野，爲風起。

21.“火”，熒惑。“角”，角宿。“犯、守”，凌、犯、守均爲星占名詞。表示二天體接近的程度。

22.“房、心，王者惡也之”，言熒惑犯房心，王者遇惡運。

南宮朱鳥。權、衡。衡，[1] 太微，三光之廷。[2] 匡衛十二星，藩臣，西將、東相、南四星，執法。[3] 中，端門；

門左右，掖門；[4]門內六星，諸侯；[5]其內五星，五帝坐；[6]後聚一十五星，蔚然，曰郎位；[7]傍一大星，將位也。[8]月、五星順入，軌道，[9]司其出，[10]所守，天子所誅也。[11]其逆入，若不軌道，[12]以所犯命之；中坐，[13]成形，[14]皆群下從謀也。[15]金、火尤甚。[16]廷藩西有隋星五，[17]曰少微，士大夫。[18]權，軒轅。軒轅，黃龍體。[19]前大星，女主象；旁小星，御者後宮屬。月、五星守犯者，如衡占。

【注釋】

1. “權、衡”，此處軒轅爲權，太微爲衡，與北斗中的天權、天衡不同。

2.太微，爲天子南宮。“三光”，日、月、五星。黃道經過太微垣的南部，爲三光必經之路，故曰“三光之廷”。

3. “藩臣：西將、東相、南四星，執法”，西，上相、次相、次將、上將，東，上將、次將、次相、上相，共八星，左南執法各二星，共十二星爲藩臣。

4. “端門”、“掖門”左右執法之間爲端門，之外爲左右掖門，不在十二藩臣之列。

5. “諸侯”，《晉書·天文志》等稱五諸侯，爲五星，在左上將和九卿西，在大微垣內。

6. “五帝座”，一大星與四小星，居太微垣正中。

7. “蔚然，曰郎位”，郎位十五星聚在一團，均屬五、六等小星，眾星蔚茂，故曰“蔚然”。

8.“將位”，也稱郎將。

9.“月、五星順入”，自西向東運行曰“順”，自東向西曰“逆”。進入太微垣曰“入”，離開曰“出”。“軌道”，指月、五星運行的路徑。《晉書·天文志》“軌道”下有一“吉”字，應是順行，吉。當發生守、逆行天象時，謀爲不規。

10.“司”，觀察。

11.“守”，停留。“天子所誅”，月、五星在所守的那個星官停留十日以上，說明要謀爲不規，是天子誅罰的對象。

12.“若”，如也。此下二句謂如果逆行，如同不順軌道運行，以所接近的星官來判定。

13.“中坐”，即帝坐。曰犯中坐。

14.“成形”，形跡已顯。

15.“皆群下從謀”，皆群臣相從謀爲不規的跡象。

16.“尤甚”，更嚴重。由於金火的逆行最明顯，故說“尤甚”。

17.“隋”，音“駝”，垂下也。“隋星五”《漢書·天文志》，曰“隋星四”，少微爲四星，此處“五”疑爲“四”之誤。

18.“曰少微，士大夫”，此四少微爲處士、議士、博士、大夫。

19.“軒轅，黃龍體”，軒轅蜿蜒如騰龍形，原爲中宮，中宮屬土，色黃，故曰“黃龍體”。

東井爲水事。[1]其西曲星曰鉞。鉞北，北河；南，南河；兩河，天闕；[2]間爲關梁。[3]輿鬼，鬼祠事；中白者爲質。[4] 火守南北河，兵起，穀不登。故德成衡，[5] 觀成潢，[6] 傷成鉞，[7] 禍成井，[8] 誅成質。[9]

柳爲鳥注，[10] 主木草。七星，頸，[11] 爲員官，[12] 主急事。張，素，[13] 爲廚，主觴客。[14] 翼爲羽翮，主遠客。

軫爲車，主風。[15] 其旁有一小星，曰長沙星，星不欲明；明與四星等。若五星入軫中，兵大起。軫南眾星曰天庫、樓；[16] 庫有五車。[17] 車星角若益眾，[18] 及不具，[19] 無處車馬。[20]

【注釋】

1. "東井爲水事"，因東井如井字，故以其義推爲水事。

2. "闕"，皇宮前面兩邊的樓台，中間有道路。

3. "間爲關梁"，言南河北河爲宮闕兩邊樓台，其間爲關梁，即兩邊樓台間的道路。此天闕並非闕丘星。

4. "輿鬼"，即鬼宿，四星。中間一星曰"積屍"，一名"質"。《觀象玩占》說："如雲非雲，如星非星，見氣而已。"是肉眼所見著名之星團。

5. "衡"，即太微，爲帝宮，有德者爲帝，故曰"德成衡"。

6. "潢"，帝車舍。帝出遊需車，故曰"觀成潢"。

7. "鉞"，主伺奢淫之星，故傷敗成形於鉞。

8. "禍成井"，天子以火星入居井一星旁爲敗，故曰。"禍成井"。

9. "誅成質"，《正義》曰："輿鬼四星，主祠事，天目也。主視明察奸謀。"

輿鬼爲天目，主視明察奸謀，火星入輿鬼和質，主大臣有誅，故曰“誅成質”。

10. “注”，《漢書・天文志》，作“喙”，鳥之口。

11. “七星，頸”，七星爲鳥頸。“頸”，鳥頸。

12. “員官”，喉嚨。

13. “素”，嗉也，受食之處，即鳥胃。

14. “觴客”，設酒宴待客。“羽翮”，鳥翅。

以上是說，鬼爲鳥目，柳爲鳥口，七星爲鳥頸，張爲鳥喙，翼爲鳥翅。南方七宿中有五宿都爲鳥體。

15. “軫爲車，主風”，軫宿四星，宋均曰：“軫四星居中，又有二星爲左右轄，車之象也。軫與巽同位，爲風，車動行疾似之也。”軫爲黃道南方星座，爲朱鳥之最後一宿，位在東南，故曰“與巽同位”。

16. “天庫，樓”，《晉書・天文志》曰：“庫樓十星，其大星爲庫，南四星爲樓.”。所以天庫樓又分稱天庫、天樓。

17. “庫有五車”，指五柱星，非指五帝車舍之五車。

18. “角”，芒角也。言星芒角起，星益衆也。

19. “不具”，不成行列也。

20. “無處車馬”，言五車星不具也。

西宮〔白虎〕。[1]咸池，曰天五潢。五潢，五帝車舍。[2]火入，旱；金，兵；水，水。[3]中有三柱；柱不具，兵起。

奎曰封豕，[4]爲溝瀆。[5]婁爲聚眾。[6]胃爲天倉。其南眾星曰廥積。[7]

昴曰髦頭，[8]胡星也，爲白衣會。[9]畢曰罕車，[10]爲邊兵。主弋獵。其大星旁小星爲附耳。[11]附耳搖動，有讒亂臣在側。昴、畢間爲天街。[12]其陰，陰國；陽，陽國。[13]

【注釋】

1. “西宮”，下漏“白虎”二字。下句，“咸池”僅爲一星座名，與房、心、權、衛等同，不得作爲宮名與蒼龍、朱鳥、玄武並列。舊解均不足取。

2. “五帝車舍”，《天官書》以五帝車舍爲天五潢，也即爲咸池。而《晉書．天文志》以五車“中五星爲天潢，天潢南三星曰咸池”。兩說不同。

3. “火入，旱金；金，兵；水，水”，火，金、水三星入五帝車舍各成旱、兵、水災。

4. “封豕”，大豬。

5. “溝瀆”，溝渠。

6. “聚眾”，聚集兵眾。

7. “廥積”，堆積牲畜乾草的地方。

8. “髦頭”，毛髮。指虎頭前的長毛和虎鬚。

9. “白衣會”，主喪獄事。

10. “罕車”，樹著旌旗的車子。《觀象玩占》曰：“畢八星，一曰天耳，一曰天口，一曰虎口。”故畢宿爲虎口或虎耳。《正義》曰：“畢動，兵起。月宿，則多雨。毛萇云：‘畢所以掩兔也。’”故古人曰“軫”爲風星，

"畢"爲雨星。

11."大星"，爲天高星，其東南小星曰「附耳」。

12."天街"，天街兩星在畢昴間，正是黃道所經之處，故曰"天街"。

13."陰國"、"陽國"，在天街兩星中，北星爲"陰國"，南星爲"陽國"。

參爲白虎。[1]三星直者，[2]是爲衡石。[3]下有三星，兌，[4]曰罰，[5]爲斬艾事。其外四星，左右肩股也。小三星隅置，曰觜觽，爲虎首，主葆旅事。[6]其南有四星，曰天廁。廁下一星，曰天矢。[7]矢黃則吉；青、白、黑，凶。其西有句曲九星，三處羅：[8]一曰天旗，二曰天苑，[9]三曰九游。其東有大星曰狼。狼角變色，多盜賊。下有四星曰弧，[10]直狼。[11]狼比地有大星，[12]曰南極老人。老人見，[13]治安；不見，兵起。常以秋分時候之於南郊。

附耳入畢中，兵起。

【注釋】

1."參爲白虎"，參星爲西宮白虎的主體。參四星爲左有肩股，可見多爲虎身。觜觽爲虎頭，罰爲虎尾。其口爲畢宿，虎鬚爲昴宿。錢大昕《三史拾遺》以爲虎在參，不當西方正位，只有咸池爲正位，所以咸池與蒼龍、朱鳥、玄武並稱，爲西宮之名稱。此論失當。實際自昴畢至參罰，均屬虎的一部分。

2."直"，三星成一直線，與赤道平行。

3.“爲衡石”，如稱衡一樣平。

4.“兌”，銳。上小下大。

5.“罰”，一作“伐”。以字義引申爲主斬艾事。

6.“葆旅”，或謂守軍，或謂野菜。由於虎爲兇猛的象徵，主戰殺，虎頭更應與此相應，不能想像虎頭去找野菜吃，當釋爲守軍，主斬艾除凶。

7.“天矢”，一作“天屎”。與天廚相應。

8.“羅”，羅列。《漢書・天文志》“羅”下有“列”字。三處羅列，每處都爲九星。

9.“天苑”，天帝養禽獸之處。《晉書・天文志》載天苑十六星。各代所定星數不同。

10.“弧”，天弓。

11.“直狼”，與狼相直。

12.“比地”，近地平。

13.“老人”，與狼均爲全天最亮之恒星，因老人星近南極，在北緯三十六度觀看，僅在地平上一度多，由於地平常有雲彩蔽蓋，故不多見。只有在秋分前後，當其位於正南方時，才能偶見。

北官玄武。[1]虛、危。危爲蓋屋；[2]虛爲哭泣之事。[3]

其南有眾星，曰羽林天軍。[4]軍西爲壘，[5]或曰鉞。旁有一大星爲北落。[6]北落若微亡，軍星動角益希。[7]及五星犯北落，[8]入軍，軍起。火、金、水尤甚：火，軍憂；水，〔水〕患；木、土，軍吉。危東六星，[9]兩兩相比，曰司空。

營室爲清廟，[10]曰離宮。[11]閣道。[12]漢中四星，曰天駟。旁一星，曰王良。[13]王良策馬，車騎滿野。[14]旁有八星，絕漢，曰天潢。天潢旁，[15]江星。江星動，人涉水。[16]

杵、臼四星，在危南。[17]匏瓜，[18]有青黑星守之，魚鹽貴。

南斗爲廟，[19]其北建星。[20]建星者，旗也。牽牛爲犧牲。[21]其北河鼓。[22]河鼓大星，上將；左右，左右將。婺女，[23]其北織女。織女，[24]天女孫也。[25]

【注釋】

1.“玄武”，靈龜，或云龜蛇。“玄”，黑色，又訓北方，又訓幽遠。“武”，勇猛。武士都披鎧戎甲，故玄武可直譯作北方披著鱗甲的神。在五行中北方屬水，故北宮星象多與水生動物有關，如南斗又稱玄龜之首，斗箕二宿南有大鱉、天龜二星，壁宿又稱天池。又據玄幽之意，派生出虛、玄宮（室宿）等星。

2.“危爲蓋屋”，《索隱》引宋均說：“危上一星高，傍兩星隋下，似乎蓋屋也。”依《天官書》危宿即蓋屋星。後世另有蓋屋星，是依據《天官書》衍出。

3.“虛爲哭泣之事”，即虛宿主死喪哭泣之事。又爲祭祀禱祝之事。因爲虛危爲北宮的代表，故人們常把幽冥稱爲陰間。

4.“羽林天軍”，即羽林軍。

5.“壘”，即壘壁陣。

6.“北落”，即北落師門。

7. 羽林軍近北落師門，稍北，當北落近地平或雲氣濃厚而星光暗弱時，羽林軍也弱，所以說“動角益希”。

8.“五星犯北落”，此下三句言當五星犯北落師門和羽林軍時，則有軍兵動。

9.“危東六星”，危西確有六星，兩兩相比。此六星在《晉書．天文志》中稱爲司命、司祿、司危。此處恐“東”爲“西”之誤，或“危”爲“虛”之誤。至於下文“司空”星名，可能是後人誤置。故《正義》曰：“比音鼻。比，近也。危東西兩相比者，是司命等星也。司空唯一星耳，又木在危東，恐命空也。司命二星在虛北，主喪送。司祿二星在司命北，主官司。危二星在司祿北，主危亡。司非二星在危北，主愆過。皆置司之職。”

10.“營室”，室宿二星與壁宿二星，成一大正四方形。古稱爲定星。《詩》曰：“定之方中，作於楚宮。”言當黃昏時定星位於南中時，正是建築宮室的時侯。

11.“離宮”，營室爲清廟，又稱爲離宮。可見《天官書》營室、離宮合爲一個星座。由於《天官書》中二十八宿僅缺壁宿，《史記正訛》便在閣道下補入“東壁二星主文章，天下圖書之秘府也”十五字，此實畫蛇添足。壁宿又稱東壁，是從營室中分出來的。《元命苞》云：“營室十星。”後世室宿爲二星，壁宿爲二星，離宮也獨立爲六星。三座星數相加正爲十星。可見《天官書》之營室包括室宿、壁宿、離宮在內。

12.“閣道”，營室北的另一星座。

13.“王良”，後世又將天駟、王良合稱王良五星。《晉書．天文志》說：王良五星，“其四星曰天駟，傍一星曰王良，亦曰天馬”。

14.“車騎滿野”，《晉書．天文志》對此句有兩解，一曰王良“其星動，爲策馬，車騎滿野”。策爲馬鞭，策馬爲趕馬前進。意思是說當王良星顫動時，策馬前進，這時周圍都是車騎。另一解是王良前有一星曰策馬，若策馬星移動，則車騎滿野。王良星周圍小星密布，故有車騎滿野之說。

15. “天潢” ，此天潢八星，非五車中之天五潢。它在王良附近，與江星合爲九星，後世改名爲天本九星。

16. “江星動，人涉水” ，本是占語，言觀察到江星顫動時，就要下大雨了。後世由此衍生出人星。

17. “在危南”杵、臼星在危北，此處誤爲南。

18. “匏” ，音“咆” ，葫蘆。

19. “南斗” ，即斗宿，也成斗形，六星，與北斗星相對應。

20. “建星” ，南斗近北處爲建星六星。

21. “犧牲” ，祭祀用的牲畜。此指用於郊祭的犧牛。此處的牽牛即指牛宿。

22. “河鼓” ，《爾雅》曰：“河鼓謂之牽牛。”與《天官書》牛宿爲牽牛有異。此即牛郎織女七月七日相會之星。它與織女星在銀河兩岸遙遙相對。

23. “婺女” ，又作須女，賤妾之稱。

24. “織女” ，此星主果蓏絲帛珍寶，舊時婦女七月七日晚向之乞巧。

25. 以上專論恒星。

譯文

（一）、恒星占

天上的星座可以分爲五大區域，稱爲五宮。在中宮正中央的一顆星稱爲天極星。它比附近的星都較明亮，常居於固定的位置不動，故稱其爲太一。旁邊三顆星爲三公，也有人把它們稱爲天帝的子屬。在後面成鉤形的四顆星中，最末一顆較亮，爲正妃，其餘三顆星爲後宮的嬪妃之類，像匡衛一樣環繞著天極星的十二顆星爲藩臣，它們合起來稱爲紫官。

正對北斗斗口的三顆星，向北面下垂，而呈端點尖銳的三角形，若隱若現，稱作陰德，或叫做天一。紫宮左面的三顆星叫天槍；右面的五顆星叫天棓；後面的六顆星通過銀河直達營室的星座，稱爲閣道。

北斗七星，這就是《尙書》，所說的考察旋、璣、玉衡的運動來確定七項政事的星座。斗杓連著東方蒼龍的角，斗衡正當著南斗的中央，斗魁則正好枕在參宿的頭。因此，十二個月的月建可以用以下三種不同的方法來確定，初昏時用斗杓的指向定月建，杓在地理上的分野相當於華山的西南部；夜半時以斗衡所對定月建，衡相當於中州的河濟之間的區域；平旦時以斗魁所指定月建，斗魁相當於代郡東北的區域。北斗爲天帝的車子，它在中央運轉，代表著天帝巡行並節制四方。陰陽和四時的建立，五行的分配，節氣和日月行度的確定，各種曆紀的配合，都決定於北斗的運動。

與斗魁相對的匡扶天帝的六顆星，稱爲文昌宮。其中第一顆叫上將，第二顆叫次將，第三顆叫貴相，第四顆叫司命，第五顆叫司中，第六頂叫司祿。在斗魁裡面是貴人的牢獄，在斗魁下方的六顆星，每兩顆兩顆相近，叫做三能。三能的顏色相同，表示君臣協和；如果顏色不同，表示君臣互相違逆。在北斗第六顆星旁的是輔星，輔星如果明亮而且接近，則輔臣親睦，國家強盛；如果遠離而且暗淡，則輔臣疏遠，國家衰弱。

斗的末端有兩顆星，較近的一顆是矛，稱爲招搖；較遠的一顆是盾，稱爲天鋒。有如鉤似環的十五顆星，附屬於斗杓，稱爲賤人之牢。如果牢中星多，則表示獄裡囚犯多；如果星少，則犯人得到開脫。

如果天一、槍、棓、矛、盾五顆星顫動，芒角增大，將有戰爭發生。

東宮之神爲蒼龍。其代表星座爲房、心二宿。心宿爲天王頒布政令的明堂，其中大星爲天王，前後兩顆小星爲王子。這三顆星不希望它們在一直線上，在一直線上則天王施政有了疏失。房宿爲天府，又稱爲天駟。是天驅的北面一星即是右邊的驂馬。旁邊有兩顆星稱爲衿，即車的鉤鈐。北邊的一顆星爲舝，即車轄。東北彎曲環繞的十二顆星稱爲旗，旗中有四顆星稱爲天市，又有六顆星稱爲市樓。天市裡如果星多，表示國庫充足；如果星少，表示國庫空虛。房宿南方的一群星稱爲騎官。

角宿左邊的星爲理，主刑法；右邊的星爲將，主軍事。角宿旁邊的大角星，是天王的朝廷。大角星的兩邊各有三顆星，成鉤狀，分立如鼎的三只足，稱爲攝提。攝提星，它正對著斗杓所指的方向，可以更準確地用以指示時節，所以攝提格的名稱由此而來。攝提格，就是攝提星至的意思。亢宿爲外廟，它主管疾病。它的南北兩顆大星，稱爲南門。氐宿爲天的根，主管疫病。

尾宿有九顆星，代表著君臣，如果互相排斥離絕，則君臣不和。箕宿代表著調弄是非的客卿，它主管著口舌之象。

火星如果侵犯和守候在角宿，將有戰事發生。火星侵犯房宿、心宿，也是王者忌諱的事情。

南宮之神爲朱鳥。它的代表星座爲權、衡。衡爲太微，是日月五星的宮廷。環繞護衛著它的十二顆星，稱爲蕃臣，西面爲將星；東面爲相星；南面四星爲執法；中間爲端門；端門的左右爲掖門。門內的六顆星爲諸侯；裡面的五顆星稱爲五帝座。後面聚集著的十五顆星，眾星光芒蔚茂，稱爲郎位。旁邊有一顆亮星，稱爲將位。月亮和五星循著正常的軌道順行迸入太微，則觀察它們的出行和在其內守候的情況，如有違犯，由天子派使臣進行誅罰；如果月亮和五星是逆入的，就如不按軌道運行一樣，以所侵犯之位，責罰相應的官員。如果侵犯的是帝座，則群臣相從謀爲不軌的行跡已經顯露；如果是金星、火星侵犯，則情況尤其嚴重。在太微的西邊有五顆成橢形的星座叫作少微，爲士大夫。權爲軒轅，軒轅爲黃龍星座的主體，其前面的一顆大星爲女主的象徵，旁邊的小星則是侍御的嬪妃和後宮之屬。月亮和五星對於權星的守犯情況，其占卜的原則與衡星一樣。

東井是主管水事的星宿，它的西面成曲形的星座名叫鉞。鉞的北面是北河，南面是南河。兩星分立南北，猶如天闕。日月五星通過其間，就像天津一樣。

輿鬼宿，主管祠鬼的事，它的中間，有白色的積氣，稱爲質星，也叫做積屍。火星如果守候在南、北河，則戰爭將起，五穀不登。因此，有德的人先成形於衡宿；帝王將遊觀，先成形於天潢（五帝車舍）；有傷敗的事，先成形於鉞宿；有禍害之事，先成形於井宿；有誅殺的事，先成形於質宿。

柳宿爲朱鳥的喙，主管草木之事。七星宿爲脖頸，爲朱鳥的喉，所以柳宿主管急事。張宿爲鳥的嗉囊，所以是廚子，主管飲宴客人。翼宿是鳥的羽翼，主管遠客到來之事。

軫宿爲車子，主管風。它旁邊有一顆小星，名叫長沙，這顆星一般比較暗，但有時能達到與軫宿四星相同的亮度。如果五星進入軫宿，那麼戰爭就即將發生了。軫宿南面的一群星星，稱爲天庫樓。天庫中有五車，即五柱星。五柱星中如果星數眾多，且芒角閃動，不成行列，則主車馬騷動。

西宮之神爲白虎，其代表星爲咸池。咸池星爲天五潢，即五帝的車駕和館舍。火星入五潢，主旱；金星入五潢，有兵；水星入五潢，爲大水。五演中有三柱，每柱各三顆星。如果三柱不成行列，就會有戰爭。

奎宿又叫封豕，即大豬，主管開溝渠之事；婁宿主管眾兵聚集；胃宿爲天的穀倉；胃宿南面諸星稱爲廥積，爲堆積牲飼的地方。

昴宿爲髦頭星，即代表白虎頭上的長毛。它是主管胡人的星宿；又主白衣會，主管喪事和獄事。畢宿叫做罕車，像插著旌旗的車子，它代表邊境的軍隊，主管狩獵。畢宿大星旁邊的一顆小星叫作附耳，附耳如果搖動，表示有讒賊亂臣在人君之側。昴宿和畢宿之間爲天街，是日月五星的通道。天街的北面爲陰國，南面爲陽國。

參宿爲白虎的主體。中間成一直線橫著的三顆星，就是衡石；其下三顆向下垂的星稱爲罰，主斬伐芟刈之事；外圍的四顆大星，就是白虎的左右肩和兩股。另有三顆小星在參宿之北，稱爲觜觿，爲白虎的頭，主管守軍之事。在參宿之南有四短星爲天廁，天廁下有一顆星爲天矢。天矢呈黃色，則吉利；呈青色、白色或黑色，則凶。在參宿西面分三處羅列著的呈彎曲形的九顆星，其一名天旗，二名天苑，三名九游。在參宿的東面有一顆大星叫作狼，狼星如果生出芒角或改變顏色，則盜賊就多了。下面有四顆星叫作弧，與狼相對。狼星與地平之間有一顆大星，叫做南極老人星。如果老人星出現，則社會安定；如果不見，將有戰亂。老人星常於秋分前後見於南郊。

附耳星如果進入畢宿之中，那就有戰爭發生了。

北宮之神爲玄武。其代表星爲虛宿和危宿。危宿的形狀像屋蓋；虛宿主管哭泣之事。

在虛宿、危宿之南聚集著許多星，叫做羽林天軍。在羽林軍的西面爲壘星，或叫做鉞星。在羽林軍的旁邊有一顆大星爲北落星。如果北落微弱或者不見，羽林軍顫動並且星數稀少，這時如果五星侵犯北落或進入羽林軍，則有兵災，如果是火、金、水三星犯入，情況就更爲嚴重；火星主軍憂；水星主水患；木、土星主軍隊吉利；危宿之東有六顆星，兩兩排列，叫作司命。

營室爲天上的清廟，又是天帝的離宮。有閣道與之相通。銀河中有四顆星，叫做天駟。旁邊一顆星爲王良，王良如果閃動，就是策馬的象徵，則人間就將到處有車騎奔馳了。其旁邊有八顆星，橫渡銀河，稱爲天潢。天潢旁邊是江星。江星一動，人就要涉水了。

杵、臼四顆星，在危宿的北面。它旁邊的匏瓜星，如果有青黑星守著，那麼魚、鹽就要貴了。

南斗六星爲天帝的廟，在它的北面爲建星。建星的形狀彎曲如旗。牽牛星（牛宿）主管犧牲之事，在它的北面爲河鼓。河鼓中的大星爲上將，兩旁的小星爲左右將。牛宿的東邊爲婺女宿。在婺女宿的北面爲織女星，織女爲天帝之孫女。

（二）

察日、月之行，[1]以揆歲星順逆。[2]曰東方木，主春，日甲、乙。[3]義失者，[4]罰出歲星。[5]歲星贏縮，[6]以其舍命國。[7]所在國不可伐，可以罰人。[8]其趨舍而前曰贏，退舍曰縮。[9]贏，其國有兵不復；[10]縮，其國有憂，將亡，國傾敗。其所在，五星皆從而聚於一舍，[11]其下之國可以義致天下。[12]

【注釋】

1. "察日、月之行"，以下講五星的運動及其星占。

2. "揆"，測度。太陽一月行三十度，一年行一周。月亮一月行一周外加三十度。日月的行度都是固定的，只要考察日月的行度，就可以推知歲星運行的順逆。"歲星"，中國古代以十二生肖或十二地支紀年，十二年爲一周。木星十二年運行一周天，每年運行一個星次，故可以十二星次與十二地支相對應，以木星每年行經星次來紀年，由此便稱之爲歲星；歲星在天上所在的星宿，與地上國家的命運相對應，故曰應星；歲星與金、火二星不同，可以遠離太陽，經天而行，故曰經星；用歲星來紀年，故又可稱爲紀星。

3. "曰東方木，主春月甲、乙"此爲五行的季節分配方法，以下火、土、金、水同此。從冬至開始，以木、火、土、金、水次序，每行七十二日，一年爲三百六十日。五行以五色相配，分別爲木，青色；火，朱色；土，黃色；金，白色；水，黑色。五星也有不同的顏色，例如太白星發出白色的光，歲星的光爲青藍色，地侯星發出土黃色的光，熒惑星發出火紅色的光，等等。於是便依據五行與五星的顏色相配，歲星屬木，主春，春天的星宿爲東方蒼龍；熒惑星屬火，主夏，夏天的星宿爲南方朱雀；地侯星屬土，主季夏，季夏的星宿屬中方黃龍；太白星屬金，主秋，秋季的星宿爲西方白虎；辰星屬水，主冬，冬季的星宿爲北方玄武。五行每季七十二日，又將其分為兩半，各為三十六日，分別以天干的次序記之，木行屬甲月乙月。以下火行配丙月丁月，土行配戊月己月，金行配庚月辛月，水行配壬月癸月仿此。

4.“義失者”，失去義的國家。

5.“出”，顯示。某國家失義了，征伐就顯示於歲星。

6.“贏縮”，天體運行快為贏，慢為縮。

7.“舍”，歲星所處的星宿。“命國”，該星宿所對應的國家。

8.“所在國不可伐，可以罰人”，言不可對歲星所舍星宿的國家進行討伐，伐之則不利，而這個國家討伐別的國家則吉。

9.“趨”，促；“退”，遲。

10.“兵不復”，遭兵災後國家不會覆滅。

11.“五星皆從而聚於一舍”，五星聚集於一宿，這是難得的吉兆。

12.“義致天下”，以義統一天下。漢高祖元年，五星聚於東井，是漢要統一的吉兆。

以攝提格歲：[1] 歲陰左行在寅，歲星右轉居丑。[2] 正月，與斗、牽牛晨出東方，[3] 名曰監德。[4] 色蒼蒼有光。其失次，有應見柳。[5] 歲早，水；晚，旱。[6]

歲星出，[7] 東行十二度。[8] 百日而止，[9] 反逆行；逆行八度，百日，復東行。歲行三十度十六分度之七，率日行十二分度之一，十二歲而周天。出常東方，以晨；入於西方，用昏。

單閼歲：[10]歲陰在卯，星居子。以二月與婺女、虛、危晨出，曰降入。大有光。其失次，有應見張。其歲大水。

執徐歲：[11]歲陰在辰，星居亥。以三月與營室、東壁晨出，曰青章。青青甚章。其失次，有應見軫。歲早，旱；晚，水。

大荒駱歲：[12]歲陰在巳，星居戌。以四月與奎、婁晨出，曰跰踵。[13]熊熊赤色，有光。其失次，有應見亢。

敦牂歲，[14]歲陰在午，星居酉。以五月與胃、昴、畢晨出，曰開明。炎炎有光。偃兵；唯利公王，不利治兵。其失次，有應見房。歲早，旱；晚，水。

葉洽歲：[15]歲陰在未，星居申。以六月與觜觿、參晨出，曰長列。昭昭有光。利行兵。其失次，有應見箕。

涒灘歲，[16]歲陰在申，星居未。以七月與東井、輿鬼晨出，曰大音。[17]昭昭白[18]。其失次，有應見牽牛。

作鄂歲：[19]歲陰在酉，星居午。以八月與柳、七星、張晨出，曰長王。作作有芒。國其昌，熟穀。其失次，有應見危。有旱而昌，有女喪，民疾。

閹茂歲：[20]歲陰在戌，星居巳。以九月與翼、軫晨出，曰天睢。[21]白色大明。其失次，有應見東壁。歲水，女喪。

大淵獻歲：[22]歲陰在亥，星居辰。以十月與角、亢晨出，曰大章。[23]蒼蒼然，星若躍而陰出旦，是謂“正平”。起師旅，其率必武；其國有德，將有四海。其失次，有應見婁。

困敦歲：[24]歲陰在子，星居卯。以十一月與氐、房、心晨出，曰天泉。[25]玄色甚明。江池其昌，不利起兵。其失次，有應見昴。

赤奮若歲，[26]歲陰在丑，星居寅。以十二月與尾、箕晨出，曰天皓。黫然黑色甚明。[27]其失次，有應見參。

【注釋】

1. “攝提格歲”，即寅年。以下單閼、執徐、大荒駱、教牂、葉治、涒灘、作鄂、閹茂、大淵獻、困敦、赤奮若歲，分別爲卯、辰、巳、午、未、申、酉、戌、亥、子、丑歲。攝提，指攝提星，它與北斗相配，用以定月建。李巡曰：“格，起也。”以攝提星建時節從正月起。攝提格歲，爲以攝提星首起建時節之歲，即初昏時攝提星指寅之月，歲星晨出東方之歲。

2. “歲星右轉居丑”，歲星自西向東順行曰右行；斗杓、攝提按月序自東向西月移一辰成月建，爲左行，故曰歲星右轉，歲陰左行。古代曆法家規定，北方玄武正中虛宿爲正北，正北方爲子位；西方白虎正中昴宿爲正西，正西方爲酉位；南方朱雀正中七星宿爲正南，正南方爲午位；東方蒼龍正中房宿爲正東，正東方爲昴位。故當歲星在斗、牛時居丑，在女虛危時居子，在室壁時居亥，依次類推。又依斗建，初昏攝提指寅爲正月，指昴爲二月，指辰爲三月，依次類推。這就是歲陰左行在寅，歲星右轉居丑等的原意。由於歲星正月與斗牛出東方，正月攝提指寅，就將該年叫做寅年，依次類推。此月建定義適於夏正，《天官書》用周正，此紀年是由夏正移植的。故嚴格地說，二者並不相配。

3.“晨出東方”，《索隱》曰：“太歲在寅歲星正月出東方。”

4.“監德”，歲星在十二年一周中，每年都有不同的名稱。如寅年監德，昴年降入，辰年青章等。不同星名其光亮各不相同。

5.“有應見柳”，斗、牽牛與柳宿之間相距十二宿，約爲一百五十餘度。當歲星晨見東方時，一般地說，柳宿已隱沒於西方。但當歲星縮行或逆行時，其間相距就不足十二宿，歲星和柳宿便能分別見於東西方，故曰“有應見柳”。以下同此。

6.“歲早，水；晚，旱”，其歲，早期有大水，晚期旱。執徐年早期旱，晚期水。此是言十二年中每年的水旱狀況，非指贏縮引起的水旱。

7.“歲星出”，歲星在晨初見於東方。自此句至“用昏”止，似應接“義致天下”，文義較通順。今前後均言歲星紀年，不當在中間插入言木星行度文。

8.“東行”，言在恆星背景上東行。

9.“止”，在恆星間停留。

10.“單閼”，歲星晨出所在月的物候。以下同此。《索隱》引李巡曰：“陽氣推萬物而起，故曰單閼。單，盡也。閼，此也。”

11.《索隱》引李巡曰：“伏蟄之物皆敦舒而出，故曰執徐。執，蟄徐，舒也。”

12.《索隱》引姚氏云言萬物皆熾盛而大出，霍然落落，故曰荒駱也。

13.“跰踵”，音“駢冢”。

14.“敦牂”，音“屯張”。《索隱》引孫炎云，：“敦，盛；牂，壯也。言萬物盛壯。”

15.《索隱》引李巡曰：“陽氣欲化萬物，故曰協洽。協，和；洽，合也。”

16.《索隱》引李巡曰：“涒灘，物吐秀傾垂之貌也。”

17.“大音”，《漢志》作“天晉”。

18.《史記志疑》認爲“白”下當有“色”字。

19.《索隱》引李巡曰：“作咢，皆物芒枝起之貌。”

20.《索隱》引孫炎云：“萬物皆蔽冒，故曰閹茂。閹，蔽，茂，冒也。”

21.“睢”，音“綏”。

22.《索隱》引孫炎云：“淵，深也，大獻萬物於深，謂蓋藏之於外耳。”

23.“大章”，《漢志》作“天皇”。疑“大章”誤。

24.《索隱》引孫炎云：“困敦，混沌也。言萬鉤初萌，混沌於黃泉之下也。”

25.“泉”，《漢志》作“宗”。

26.《索隱》引李巡曰：“言陽氣奮迅。若，順也。

27.“黫”，音“煙”。

當居不居，居之又左右搖，未當去去之，與他星會，其國凶。所居久，國有德厚。其角動，乍小乍大，若色數變，人主有憂。

其失次舍以下，[1]進而東北，三月生天棓，[2]長四丈，末兌。進而東南，三月生彗星，長二丈，類彗。退而西北，三月生天欃，長四丈，末兌。退而西南，三月生天槍，長數丈，兩頭兌。謹視其所見之國，不可舉事用兵。其出如浮如沉，其國有土功；如沉如浮，[3] 其野亡。[4] 色赤而有角，其所居國昌。迎角而戰者，[5] 不勝。星色赤黃而沉，所居野大穰。[6] 色青白而赤灰，所居野有憂。歲星入月，其野有逐相；與太白鬥，[7] 其野有破軍。

歲星一曰攝提，曰重華，曰應星，曰紀星。營室爲清廟，歲星廟也。

【注釋】

1. “舍”，宿也。失次在一宿以下。有人改爲“一舍以上”。

2. “天棓”，與下文“天欃”、“天槍”，都是彗星，只是生在東北曰天棓，生在西北曰天欃，生在西南曰天槍。彗星則是泛指。

3. “有土功”，國土有所收穫。

4. “野亡”，失地。

5. “迎角”，逢歲星有芒角。

6. “穰”，豐收。

7. “鬥”，相遇。

察剛氣以處熒惑。[1] 曰南方火，主夏，日丙、丁。禮失，[2]罰出熒惑，[3]熒惑失行是也。出則有兵，[4]入則兵散。[5]以其舍命國。熒惑爲勃亂，殘賊、疾、喪、飢，兵。反道二舍以上，居之，[6]三月有殃，五月受兵，七月半亡地，九月太半亡地。[7]因與俱出入，[8]國絕祀。[9]居之，殃還至，[10]雖大當小，[11]久而至，[12]當小反大。其南爲丈夫喪，北爲女子喪。[13]若角動繞環之，及乍前乍後，左右，殃益大。與他星鬥，[14]光相逮，[15]爲害；不相逮，不害。五星皆從而聚於一舍，其下國可以禮致天下。

法，出東行十六舍而止，[16]逆行二舍，六旬；[17]復東行，自所止數十舍，[18]十月而入西方；[19]伏行五月，[20]出東方。其出西方曰"反明"，[21]主命者惡之。東行急，一日行一度半。[22]

其行東、西、南、北疾也，兵各聚其下，[23]用戰，順之勝，逆之敗。熒惑從太白，軍憂；離之，軍卻；出太白陰，[24]有分軍；行其陽，[25]有偏將戰。當其行，太白逮之，破軍殺將。其入守犯太微、軒轅、營室，主命惡之。心爲明堂，熒惑廟也。謹候此。

【注釋】

1. "剛"，一作"罰"，以"罰"爲是。言赤帝之神伺察懲罰之氣，以決定熒惑的遲速運動。

2. "禮失"，地上失禮的國家。

3.“罰出熒惑”，以熒惑顯現出對其懲罰。懲罰即顯現在失行上。

4.“出”，熒惑出現於該國所相應的星座。

5.“入”，隱沒。

6.“居”，停留。

7.“五月”、“七月”、“九月”，《漢書·律曆志》說：火星留十日，逆行十七度，六十二日，復留十日。合計不出九十日，不足二宿。此處所言“五月”、“七月”、“九月”，實爲誇張之辭。

8.“因與俱出入”，言火星停留，九月以後仍在該舍。

9.“國絕祠”，亡國而不再有祭祀的人，即沒有繼位的國君。

10.《索隱》云：“還音旋。旋，速也。”“殃還至”，言禍殃來得早。

11.“雖大當小”，雖然顯現的天象災禍大，但由於現形快而實際災禍小。

12.“久而至”，隔了很久才來。

13.“南爲丈夫喪，北爲女子喪”，言熒惑守輿鬼南，男人受害；守輿鬼北，女人受害。

14.“鬥”，光芒相及。《宋史·天文志》曰：“兩體俱動而直觸，離復合，合復離，曰鬥。”

15.“光相逮”，光相接觸。

16.“出”，日出前火星晨初出現於東方。“東行十六舍而止”，據《漢志》出東行二百七十六日，曆百五十九度。以平均每舍十三度計，十六舍當二百八度，誤差較大。王元啓以爲此處每舍各十度。

17.“逆行二舍，六旬”，《漢志》爲逆行六十二日，十七度。

18.“數十舍”，可能是“十數舍”之誤。

19.“十月而入西方”《漢志》云“復順行二百七十六日”，此處十月計二百九十五日誤差也較大。

20.“伏行五月”，《漢志》伏行百四十六日，與此五月近。

21.“其出西方”，火星伏而昏復出西方是不可能的，此是假想的占語，

22.“一日行一度半”《漢志》順行平均爲九十二分度之五十三。

23.“兵各聚其下”，《漢書・天文志》說：，“東行疾則兵聚於東方，西行疾則兵聚於西方。”此處文意當與《漢志》同。

24.“出大白陰”，言熒惑在太白北面。

25.“行其陽”，行至太白南面。

曆斗之會以定塡星之位。[1]曰中央土，主季夏，日戊、己，黃帝，主德，女主象也。歲塡一宿，其所居國吉。未當居而居；若已去而復還，還居之，其國得土，不乃得女。若當居而不居，既已居之，又西東去，其國失土，不乃失女，不可舉事用兵。其居久，其國福厚；易，福薄。

其一名曰地侯，主歲。歲行十三度百十二分度之五，日行二十八分度之一，二十八歲周天。其所居，五星皆從而聚於一舍，其下之國，可以重致天下。[2]禮、德、義、殺、刑盡失，而塡星乃爲之動搖。

贏，爲王不寧；其縮，有軍不復。塡星，其色黃，

九芒，音曰黃鐘宮。其失次上二三宿曰羸，有主命不成，[3]不乃大水。失次下二三宿曰縮，有后戚，[4]其歲不復，[5]不乃天裂若地動。

斗爲文太室，塡星廟，天子之星也。

【注釋】

1.“曆斗之會以定塡星之位”，言以曆元時與斗宿相會，來推定塡星的方位。《索隱》引晉灼曰：“常以甲辰之元始建斗，歲鎭一宿，二十八歲而周天。”即以曆元從斗宿開始，每年行一宿推定。甲辰當是甲寅之誤。“塡星”又名鎭星，屬中央土。

2.“可以重致天下”，木星以義致天下，火星以禮致天下，土星以重致天下。各以其德取得天下的信任。“重”，倚重，看重。

3.“主命不成”，國君將亡。

4.“後戚”，王后有悲戚事。

5.“其歲不復”這年將亡而不得復生。

木星與土合，[1]爲內亂，飢，主勿用戰，敗；水則變謀而更事；[2]火爲旱；金爲白衣會若水。[3]金在南曰牝牡，[4]年穀熟；金在北，歲偏無。[5]火與水合爲焠，[6]與金合爲鑠，[7]爲喪，皆不可舉事，用兵大敗；土爲憂，主孽卿；[8]大飢，[9]戰敗，爲北軍，軍困，舉事大敗。土與水合，穰而擁閼，[10]有覆軍，其國不可舉事，出，亡地，入，得地；金爲疾，爲內兵，[11]亡地。三星若合，[12]其宿地國外內有兵與喪，改立公王。四星合，兵喪並起，君子憂，小人流。[13]五星合，是爲易行，[14]有德，受慶，改立大人，掩有四方，子孫蕃昌；無德，受殃若亡。五星皆大，其事亦大；皆小，事亦小。

蚤出者爲贏，贏者爲客。晚出者爲縮，縮者爲主人。必有天應見於杓星。同舍爲合。[15]相陵爲鬥，[16]七寸以內必之矣。[17]

五星色白圜，[18]爲喪旱；赤圜，則中不平，爲兵；青圜，爲憂水；黑圜，爲疾，多死；黃圜，則吉。赤角犯我城，[19]黃角地之爭，白角哭泣之聲，青角有兵憂，黑角則水。意行窮兵之所終。[20]五星同色，天下偃兵，百姓寧昌，春風秋雨，冬寒夏暑。[21]動搖常以此。[22]

塡星出百二十日，而逆西行，西行百二十日，[23]反東行。[24]見三百三十日而入，入三十日復出東方。[25]太歲在甲寅，鎭星在東壁，故在營室。[26]

【注釋】

1. 講完木火土三個外行星之後，以下對它們與其它行星會合所引起的社會治亂再作一綜合性的介紹。先說木星與其它行星會合的影響，次說火星、土星，再說三星、四星、五星相遇，條理分明，

2. "水"，與水合。"變謀"，改變政策。"更事"，變更所做的人事。

3.“火爲旱；金爲白衣會若水”言木與火合爲旱；木與金合有喪亡疾病，並且有水災。

4.“金在南曰牝牡”，言當木與金會合時，金在木南面曰牝牡。木陽，金陰，故稱雌雄。

5.“歲偏無”，歲無收成。

6.“焠”，火入水中爲“焠”。火星、水星相遇，也將發生焠的現象。

7.“鑠”，熔化。金星與火星合，象徵著金屬遇到了火，要發生熔化。

8.“主孽卿”，產生作孽的公卿。

9.“大飢”，陳仁錫指出飢前之“大”爲“木”字之誤，王元啓則爲瞽說。今從陳說。言火與木相遇爲飢，“戰敗，爲北軍，軍田，舉事大敗”。“北軍”，敗軍也。

10.“穰”，音“攘”，稻麥豐收。“閼”，音“俄”，堵塞。水遇到土，水流爲土壩所阻。

11.“內兵”，叛軍。

12.“三星”，指前已述及的木、火、土三星。

13.“小人流”，指因兵荒引起的人民流亡。

14.“易行”，改換行動。

15.“同舍爲合”兩行星處於同一宿爲合。

16.“陵”，《集解》引孟康曰：“陵，相冒占過也。”又引韋昭曰：“實掩爲陵。”均非是。“陵”與“凌”相通，作兩星凌犯解。

17.“必之矣”，《索隱》引韋昭云：“必有禍也。”也非是。“必之”意爲必定發生。言兩星在七寸以內相遇，必定發生凌鬥的現象。七寸大約相當於一度，已光芒相及。《正義》曰：“鬥謂光芒相及。”孟康曰：“犯，七寸已內光芒相及也。”可見七寸內謂之凌犯，也稱爲鬥。

18.“白圜”，由於地球大氣的變化而在五星周圍形成的白色光環。

19.“赤角”，星四周產生的赤色芒角。

20.“意”集解引徐廣曰一作“志”。“志行窮兵之所終”言五種芒角所產生的現象，皆是窮兵所產生的結果。王元啓認爲此句爲衍文，其言不確。

21.“春風秋雨，冬寒夏暑”，爲風調雨順之象。此與五星同色相合。

22.“動搖常以此”，是指由於五星生圜和芒角而起的社會動搖。王元啓將此句移置於言土星中之“填星乃爲之動搖”後，不當。

23.“百二十日”，據《漢書・律曆志》晨始見，順行八十七日，留三十四日，計一百二十一日，與《天官書》出百二十日相當。《漢志》曰：逆行百一日，留三十三日，計一百三十四日，與《天官書》百二十日差十四日，故王元啓以爲此處爲百三十日之誤。

24.“反東行”，下缺載日數。據下文“見三百三十日”來看，當缺“九十日”三字。

25. 土星一個會合周期爲三百七十日，行十二度。此處“見三百三十日”，伏三十日，爲一年大概日數的說法。

26.“故在營室”，《天官書》以甲寅年爲曆元，曆元正月時日月五星具在營室。此處甲寅年鎭星在營室，下文太白“以攝提格之歲，與營室晨出東方”均爲明證，此採自顓頊曆。唯《天官書》歲星紀年採自他說，歲星甲寅年與斗、牽牛晨出，與此不合。

察日行以處位太白。[1] 曰西方，秋，[2] 日庚、辛，主殺。殺失者，罰出太白。太白失行，以其舍命國。其出，行十八舍二百四十日而入；入東方，伏行十一舍百三十日；[3] 其入西方，[4] 伏行三舍十六日而出。[5] 當出不出，當入不入，是謂失舍，不有破軍，必有國君之篡。

其紀上元，[6] 以攝提格之歲，與營室晨出東方，至角而入，與營室夕出西方，至角而入；[7] 與角晨出，入畢，與角夕出，入畢；與畢晨出，入箕，與畢夕出，入箕；與箕晨出，入柳，與箕夕出，入柳；與柳晨出，入營室，與柳夕出，入營室。凡出入東西各五，為八歲，二〔千九〕百二十日，[8] 復與營室晨出東方。其大率，歲一周天。其始出東方，行遲，率日半度，一百二十日，必逆行一二舍；上極而反，東行，行日一度半，一百二十日入。[9] 其痺，[10] 近日，曰明星，柔；高，遠日曰大囂，剛。其始出西方，行疾，率日一度半，百二十日；上極而行遲，日半度，百二十日，旦入，[11] 必逆行一二舍而入。其痺，近日，曰大白，柔；高，遠日，曰大相，剛。出以辰、戌，入以丑、未。[12]

當出不出，未當入而入，天下偃兵，兵在外，入。未當出而出，當入而不入，天下起兵，有破國。其當期出也，其國昌。其出東為東，入東為北方；出西為西，入西為南方。[13] 所居久，其鄉利；易，其鄉凶。

出西至東，正西國吉。出東至西，正東國吉。其出不經天；[14] 經天，天下革政。

【注釋】

1.“察日行以處位太白”，大白與日相距最大角距不到五十度，故可以通過考察太陽的行度來判斷太白的方位。

2.“曰西方秋”，此處欠通順，據其它四星相應說法，“秋”字前當缺“金主”兩字，爲“曰西方金，主秋。”

3.“伏行十一舍百三十日”，據《漢志》：金星晨始見，凡二百四十四日，行星二百四十四度；伏八十三日，行星百十三度。十八宿二百三十五度，與《漢志》差九度；日數則差四天。十一舍合一百四十三度，與《漢志》差三十度；日數則差四十七天。

4.“其入西方”，此句前當缺夕出西方的天數和行度。

5.“伏行三舍十六日而出“，《漢志》曰，夕始見，凡見二百四十一日，行星二百四十一度；伏十六日，逆行十四度。十六日太陽順行十六度，加星逆行十四度，計三十度，與三舍三十九度差九度，逆行日數則相同。

6.“其紀上元”其曆紀的上元。指日月五星同聚於營室的那一年（甲寅年正月），作爲曆法的起算點。

7.“至角而入”，言在金星與太陽的會合運動中，第一次與營室晨出東方，第二次與角，第三次與畢，第四次與箕，第五次與柳晨出，第六次又回到與營室晨出。五個會合周期正好八年。每個會合周期合五百八十四日，行五百八十四度，自營室順行一周再行至角，爲二十八宿加十六宿，合四十四宿，自角宿順行一周再行至畢宿爲四十六宿，平均爲四十五宿，每宿以十三度計，爲五百八十五度。這就是第一次營室晨出、第二次角宿晨出、第三次畢宿晨出等的意義。

8.“二百二十日”，應爲“二千九百二十日”之誤，此爲三百六十五日之八倍。

9.“一百二十日入”，《天官書》之金星行度不計逆行，晨出順行（行遲）

一百二十日，每日行半度，合六十度。上極而反以後，每日行一度半，一百二十日行一百八十度，合計爲二百四十度，與《漢志》正合。此處云“必逆行一二舍而入”是不可能的，必爲衍文。或應云“必遲行五舍而入”下文“逆行”句也同此例。

10.“痺”同“卑”，低也。

11.“旦入”，“且入”之誤。

12.“出以辰、戌，入以丑、未”，言晨出辰位，夕出戌位；晨入丑位，夕入未位。

13.“入西爲南方”，以上數句言金星出沒的方位，及其占卜與所主方位的國家的關係。

14.“其出不經天”，金星爲內行星，只能在日旁運動，故晚上不能見到其運行經過中天，故有此占。一說晝見爲中天。

小以角動，兵起。始出大，後小，兵弱；出小，後大，兵強。出高，用兵深吉，淺凶；痺，淺吉，深凶。日方南金居其南，[1]日方北金居其北，曰贏，侯王不寧，用兵進吉退凶。日方南金居其北，日方北金居其南，曰縮，侯王有憂，用兵退吉進凶。用兵象太白：太白行疾，疾行；遲，遲行。角，敢戰。動搖躁，躁。圜以靜，靜。順角所指，吉；反之，皆凶。出則出兵，入則入兵。赤角，有戰；白角，有喪；黑圜角，憂，有水事；青圜小角，憂，有木事；黃圜和角，[2]有土事，有年。[3]其已出三日而復，有微入，入三日乃復盛出，是謂耎，[4]其下國有軍敗將北。其已入三日又復微出，出三日而復盛入，其下國有憂；師有糧食兵革，遺人用之；卒雖眾，將爲人虜。其出西失行，外國敗；其出東失行，中國敗。其色大圜黃滜[5]，可爲好事；其圜大赤，兵盛不戰。

太白白，比狼；赤，比心；黃，比參左肩；蒼，比參右肩；黑，比奎大星。五星皆從太白而聚乎一舍，其下之國可以兵從天下。居實[6]，有得也；居虛[7]，無得也。行勝色，色勝位，[8]有位勝無位，有色勝無色，行得盡勝之。出而留桑榆閒，[9]疾其下國。上而疾，未盡其日，[10]過參天[11]，疾其對國。上復下，下復上，有反將。其入月[12]，將僇[13]。金、木星合，光，[14]其下戰不合，兵雖起而不鬥；合相毀，野有破軍。出西方，昏而出陰，陰兵彊；暮食出，小弱；夜半出，中弱；雞鳴出，大弱：是謂陰陷於陽。其在東方，乘明而出陽，陽兵之彊，雞鳴出，小弱；夜半出，中弱；昏出，大弱：是謂陽陷於陰。太白伏也，以出兵，兵有殃。其出卯南，南勝北方；出卯北，北勝南方；正在卯，東國利。出酉北，北勝南方；出酉南，南勝北方；正在酉，西國勝。

【注釋】

1.“日方南”，大陽位於赤道南。

2.“圜和角”，王元啓曰“圜”、“角”不並存，以上“圜”、“圜小”、…

“圜和”皆爲衍字。

3.“有年”，豐收的年成。

4.“耎”，音“軟”，軟弱。

5.“槔”，同“澤”。

6.“居實”，星居於合居之宿。

7.“居虛”，居於贏縮後所達之宿。

8.“行勝色，色勝位”，金星行度贏變化所引起的影響，又要大於金星所處方位的影響。

9.“留桑榆間”，從桑、榆樹陰的縫隙間看金星，不見位置的變化。

10.“未盡其日”，沒有達到那些天數。

11.“過參天”，三分天過其一。天從東到西爲六辰，三分之一爲二辰。舊解似是而非。

12.“入月”，月掩星。

13.“僇”，通“戮”。“將僇”，將有刑戮。

14.“光”，兩星相合而光不及也。王元啓以爲此處“金木”爲“金水”之誤。

其與列星相犯，小戰；五星，大戰。其相犯，太白出其南，南國敗；出其北，北國敗。行疾，武；[1]不行，文。[2]色白五芒，出蚤爲月蝕，晚爲天夭及彗星，[3]將發其國。[4]出東爲德，舉事左之迎之，[5]吉；出西爲刑，舉事右之背之，[6]吉。反之皆凶。太白光見景[7]，戰勝。晝見而經天，是謂爭明，強國弱，小國強，女主昌。

亢爲疏廟，太白廟也。太白，大臣也，其號上公。其他名殷星、太正、營星、觀星、宮星、明星、大衰、大澤、終星、大相、天浩、序星、月緯。大司馬位謹候此。[8]

【注釋】

1. “行疾，武”，太白行疾，有武事。
2. “文”，文事。
3. “天夭”，即天妖，有妖星出現。
4. “將發其國”，災異將發生在與其相應的國家。
5. “左之迎之”，從左面迎著它。
6. “右之背之”，從右面背著它。
7. “景”，通“影”。
8. “大司馬”，《晉志》曰：“太白主大臣，其號上公也，大司馬位謹候此。”則大司馬爲太白大臣之官名。

察日辰之會，以治辰星之位。[1]曰北方水，太陰之精，主冬，日壬、癸。刑失者，罰出辰星，以其宿命國。

是正四時：仲春春分，夕出郊奎、婁、胃東五舍，[2]為齊；仲夏夏至，夕出郊東井、輿鬼、柳東七舍，為楚；仲秋秋分，夕出郊角、亢、氐、房東四舍，為漢；仲冬冬至，晨出郊東方，與尾、箕、斗、牽牛俱西，[3]為中國。其出入常以晨、戌、丑、未。

其蚤，為月蝕；晚，為慧星及天夭。其時宜效不效為失，追兵在外不戰。一時不出，其時不和；四時不出，天下大飢。其當效而出也，色白為旱，黃為五穀熟，赤為兵，黑為水。出東方，大而白，有兵於外，解。常在東方，其赤，中國勝；其西而赤，外國利。無兵於外而赤，兵起。其與太白俱出東方，皆赤而角，外國大敗，中國勝；其與太白俱出西方，皆赤而角，外國利。五星分天之中，積於東方，中國利；積於西方，外國用兵者利。五星皆從辰星而聚於一舍，其所舍之國可以法致天下[4]。辰星不出，太白為客；其出，太白為主。出而與太白不相從，野雖有軍，不戰。出東方，[5]太白出西方；若出西方，太白出東方，為格，野雖有兵不戰。失其時而出，為當寒反溫，當溫反寒。當出不出，是謂擊卒，兵大起。其入太白中而上出，破軍殺將，客軍勝；下出，客亡地。辰星來抵太白，太白不去，將死。正旗上出，[6]破軍殺將，客勝；下出，客亡地。視旗所指，以命破軍。其繞環太白，若與鬥，大戰，客勝。免過太白，[7]間可械劍，[8]小戰，客勝。兔居太白前，軍罷；出太白左，小戰；摩太白，有數萬人戰，主人吏死；出太白右，去三尺，軍急約戰。青角，兵憂；黑角，水。赤行窮兵之所終。

【注釋】

1. “辰星”，水星與太陽相距最大的角距不超過一辰，故曰“辰星”。此上二句言觀察太陽、水星的交會，可以推知水星的方位。

2. “郊”，通“效”，見也。“東五舍”，太陽東面的五宿。

3. “俱西”，俱在太陽以西。

4. 木星主義，火星主禮，土星主德，金星主殺，水星主刑，故言水星“所舍之國可以法致天下”。

5. “出東方”此下六句言水出東方，則金出西方；水出西方，則金出東方，爲格，“格”，爲不和同。水出於金，母子關係，故雖不和同，而有兵不戰。

6. “旗”，此字與下文另一“旗”字，《正義》釋爲旗星。不過《天官書》五星占幾乎沒有言及行星與具體恒星相犯的占事，獨此處上下兩次言及，似不可能。《漢志》兩“旗”字均作“其”，此處上下兩“旗”字應爲“其”字之誤。

7. “兔”，《廣雅》云：“辰星謂之兔星。”則兔爲辰星之別名，也即天欃星。

8. “棫”，音“含”，通“函”。“間可棫劍”，中間可容一劍。

免七命，[1]曰小正、辰星、天欃、安周星、細爽、能星、鉤星。其色黃而小，出而易處，[2]天下之文變而不善矣。免五色，青圜憂，白圜喪，赤圜中不平，黑圜吉。赤角犯我城，黃角地之爭，白角號泣之聲。

其出東方，行四舍四十八日，其數二十日，[3]而反入於東方；其出西方，行四舍四十八日，其數二十日，而反入於西方。其一候之營室、角、畢、箕、柳。[4]出房、心間，地動。

辰星之色：春，青黃；夏，赤白；秋，青白，而歲熟；冬，黃而不明。即變其色，其時不昌。春不見，大風，秋則不實；夏不見，有六十日之旱，月蝕；秋不見，有兵，春則不生；冬不見，陰雨六十日，有流邑，[5]夏則不長。

【注釋】

1. "命"，即名。

2. "其色黃而小，出而易處"，這是辰星的特徵。王元啓以爲此句當移至下文"黑圜吉"句之末，爲五色中的一色。其實不妥。免五色是帶圜的，此處並無圜。此段先言七命，次言總的特徵，再言五色圜，後言五色芒角，若說五色圜色不全，則五色芒角也不全。其實不必全載。

3. "四十八日"，應是"四十八度"之誤。出東方至入東方，兩個基本數據一是度數，一是日數，此處開頭載合數，後面載日數，有了日數以後，中間就不可能再載日數，必是將合數折合成度數。如取一合爲十二度，四十八正是四舍之度數。下文"四十八日"同樣是"四十八度"之誤。據《漢志》水星出東方凡見二十八日，行星二十八度。出西方，凡見二十六日，行星二十六度。《天官書》所載誤差較大。

4. 與室、角、畢、箕、柳的會合周期，只適合於太白，置於此有誤。

5. "邑"，村鎮或家室。"流邑"即因災禍造成的流民。

角、亢、氐，兗州。房、心，豫州。尾、箕，幽州；斗，江、湖。[1]牽牛、婺女，楊州。虛、危，青州。營室至東壁，并州。奎、婁、胃，徐州。昴、畢，冀州。觜觿、參，益州。東井、輿鬼，雍州。柳、七星、張，三河。[2]翼、軫，荊州。

七星爲員官，辰星廟，蠻夷星也。

【注釋】

1 "江、湖"，指江、浙、贛沿江一帶。

2 "三河"指河南、河東、河內三郡。

兩軍相當，日暈；暈等，力鈞；厚長大，有勝；薄短小，無勝。重抱，大破；無抱，爲和；背，不和，爲分離相去。直爲自立，立侯王；破軍殺將。負且戴，[1]有喜。圍在中，中勝；在外，外勝。青外赤中，以和相去；赤外青中，以惡相去。氣暈先至而後去，居軍勝。先至先去，前利後病；後至後去，前病後利；後至先去，前後皆病，居軍不勝。見而去，其發疾，雖勝無功。見半日以上，功大。白虹屈短，上下兌，有者下大流血。日暈制勝，近期三十日，遠期六十日。

其食，食所不利；[2]復生，生所利；[3]而食益盡，爲主位。[4]以其直及日所宿，加以日時，用命其國也。[5]

【注釋】

1. "負且載"，陳仁錫曰："日旁如半環向日曰'抱'；青赤氣如月初生背日曰'背'；青赤氣長而立旁曰'直'，青赤氣如小半暈狀在日上曰'負'；形如直狀其上微氣在日上曰'戴'。"

2. "食所不利"，此占卜指日食而言。謂發生日食時太陽所處星宿對應的國家不利。

3. "生所利"，復生後所在星宿對應的國家有利。

4. "食益盡，爲主位"，謂食盡，咎在主位。

5. "以其直"，以其所對的方位。"日所宿"，太陽所處的星宿。"日時"，發生日食的日期及時刻。此以方位、星宿、日期、時刻綜合起來考慮，用以判斷所當國家的命運。日食日期及時刻的占文見下文。

月行中道，[1]安寧和平。陰間，多水，陰事。外北三尺，陰星。[2]北三尺，太陰，[3]大水，兵。陽間，驕　。陽星，多暴獄。太陽，[4]大旱、喪也。角，天門，[5]十月爲四月，十一月爲五月，十二月爲六月，水發，近三尺，遠五尺。[6]犯四輔，[7]輔臣誅。行南北河，[8]以陰陽言，旱水兵喪。[9]

月蝕歲星，其宿地，飢若亡；熒惑也，亂；填星也，下犯上；太白也，強國以戰敗；辰星也，女亂；蝕大角，主命者惡之；心，則爲內賊亂也；列星，其宿地憂。

月食始日，五月者六，六月者五，五月復六，六月者一，而五月者五，凡百一十三月而復始。[10]故月蝕，常也；日蝕，爲不臧也。甲、乙，四海之外，日月不占。丙、丁，江、淮、海、岱也。戊、己，中州河、濟也。庚、辛，華山以西。壬、癸，恒山以北。[11]日蝕，國君；月蝕，將相當之。[12]

【注釋】

1. “中道”，月行有三道，中道、陽道、陰道。大陽的行道有黃道、光道、中道三種名稱。此處中道即黃道。

2. “陰星”，陳仁錫據《漢志》在此句下補“多亂”二字。言之有理。

3. “太陰”，即月行太陰道。《索隱》曰：“太陰、太陽，皆道也。”中道與大陰道之間爲陰間，中道與大陽道之間爲陽間。中道北三尺處有陰星，中道以北三尺爲陰道。七寸爲一度，三尺爲四度餘，爲黃道與白道間的夾角。此“三尺”爲約數。

4. “太陽”，太陽道。此太陽道是指月亮南行的陽道，非太陽運行的黃道。

5. “角，天門”，角爲天門，並非兩個星座。

6. “水發，近三尺，遠五尺”言凡月經過天門，六個月以後水發；水深近則三尺，遠則五尺。

7.《索隱》曰：“‘四輔’，房四星也。房以輔心，故曰‘四輔’。”

8. “南北河”，指南河、北河各三星。

9. “以陰陽言，旱水兵喪”，月行北河爲陰，有水和兵；月行南河爲陽，有旱和喪。

10. 此《天官書》，所載交食周期，爲中國最早之紀錄，但有缺誤。按所載月數統計，實爲一百二十一月，非一百十三月，而此兩個月數均不等於交食年的倍數，故必有誤。《索隱》據《三統曆》得：六月者七，五月者一，又六月者一，五月者一，凡一百三十五月而復始。有人以爲此處即一百三十五月之交食周期，只是文字有缺誤而已。

11. 以上爲日月食以十干表示的日期和時刻的占文。甲乙主海外，所以說“不占”。《漢志》日期占下還載有十二時辰的占文，現附載於此：“子周，丑翟，寅趙，卯鄭，辰邯鄲，巳衛，午秦，未中山，申齊，酉魯，戌吳越，亥燕代。”

12. 以上專論五星日月。

譯文

（二）、木火土金水日月占

太陽一個月運行一個星次，月亮一個月運行一周天而超行一個星次，因此觀察日月的行度，可以揆度歲星運動的順逆。歲星在五行中屬東方木，主春，其判定季節的干支爲甲、乙。有失義的國家，其懲罰就顯示在歲星上面。相對於正常運行，歲星有盈有縮，以它所在的星宿占卜相對應國家的命運。歲星所在星宿相對應的國家不可以被討伐，這個國家可以征伐其它的國家。歲星運行超過它所應在的星宿，便稱爲贏，未到達所在的星宿，則稱爲縮。歲星超舍，其相應的國家將有兵災，但國家不會覆滅；歲星縮舍，所當的國家有憂患，將有戰將死亡，國家傾敗。如果歲星所在的地方，其它行星也都相從而聚於一宿，則其相應的國家可以義統率天下。

在攝提格這一歲（寅年），歲陰向左（順時針）指向寅位，歲星則右行（逆時針）居於丑位。在正月時，歲星與斗、牽牛在清晨時同出現於東方。這時歲星名叫監德，其顏色青蒼而有光。如果歲星運行失了星次，這時在西方應能見到柳宿。其歲早期有大水，晚期乾旱。

歲星晨見東方以後，順行十二度，用時一百日而停止，再逆行八度，用時一百日；然後再順行。歲星一年行三十度又十六分度之七，平均每天行十二分度之一，計十二年而運行一周天。在每一個會合周期中，開始於晨出東方，結束於黃昏時隱沒於西方。

在單閼這一歲（卯年），歲陰在卯位，歲星居子位，二月時與婺女、虛、危三宿在清晨時同現於東方。這時歲星名叫降入，其顏色大而有光。當歲星失次時，在西方應能見到張宿。這一年有大水。

執徐歲（辰年），歲陰在辰位，歲星居亥位。歲星在三月時與營室、東壁晨出東方。這時歲星名叫青章，其顏色青青而章明。如果歲星失次，其時在西方應能見到軫宿。此年早期有旱災，晚期有水災。

大荒駱歲（巳年），歲陰在巳位，歲星居戌位。歲星在四月與奎宿、婁宿晨出東方。這時歲星名叫跰踵，其顏色像熊熊燃燒的火焰，赤色而且有光。如果歲星失次，這時在西方應能見到亢宿。

敦牂歲（午年），歲陰在午位，歲星居酉位。歲星以五月與胃宿、昴宿、畢宿辰出東方。這時歲星名叫開明，其顏色炎炎有光。這年應該息武事，不利於治軍，只對公王有利。歲星如果失次，這時在西方應能見到房宿。此年早期旱，晚期大水。

葉洽歲（未年），歲陰在未位，歲星居申位。歲星以六月與觜宿、參宿晨出東方。這時歲星名叫長列，其顏色明亮而有光，這時利於用兵。歲星如果失次，在西方應能見到箕宿。

涒灘歲（申年），歲陰在申位，歲星居未位。歲星以七月與東井、輿鬼晨出東方。這時歲星名叫大音，其顏色爲明亮的白光。如果歲星失次，在西方應能見到牛宿。

作鄂歲（酉年），歲陰在酉位，歲星居午位。歲星以八月與柳宿、七星、張宿晨出東方。這時歲星名叫長王，其顏色灼灼有光芒。此年國家昌盛，五穀豐收。歲星如果失次，在西方應能見到危宿。雖有旱情，但仍昌盛，有女喪，人民有疾苦。

閹茂歲（戌年），歲陰在戌位，歲星居巳位。歲星以九月與翼宿、軫宿晨出東方。這時歲星名叫天睢，其色白而光輝盛大。歲星如果失次，在西方應能見到東壁。此年有大水和女喪。

大淵獻歲（亥年），歲陰在亥位，歲星居辰位。歲星以十月與角宿、亢宿晨出東方。這時歲星名叫大章，呈蒼青色。它好像是早晨突然從陰地裡跳出來似的，這就叫做正平。與歲星所在星次相對應的國家如果用兵；其將帥必定勇武；如果國家有德，將能使四海臣服。歲星如果失次，在西方應能見到婁宿。

困敦歲（子年），歲陰在子位，歲星居卯位・歲星以十一月與氐宿、房宿、心宿晨出東方。這時歲星名叫天泉，呈玄黑色，但很明亮，此年江池水產昌盛，但不利於用兵。歲星如果失次，在西方應能見到昴宿。

赤奮若歲（丑年），歲陰在丑位，歲星居寅位。歲星以十二月與尾宿、箕宿晨出東方。這時歲星名叫天皓，呈煙黑色，但很清楚。歲星如果失次，在西方應能見到參宿。

歲星有一定的行度，如果當居某宿而不居，或者雖然居其位但左右搖動，不該去而又提早離去，與其它星會合，那麼所當的國家有凶。歲星在其宿久居不行，則所當之國有厚德。如果其有芒角且顫動，其光芒時大時小，顏色數變，則人主有憂。

歲星失次超過一宿以上，盈入東北，則三個月生天棓，長四丈，末端銳；盈入東南，三個月生彗星，長二丈，形狀像掃帚；退縮入西北，三個月生天欃，長四丈，末端銳；退縮入西南，三個月生天槍，長數丈，兩頭尖銳。應該謹慎地觀察歲星的贏縮狀況，對其對應的國家不可舉事用兵。歲星出現時像要往上浮卻下沉，其對應的國家對土地有所收穫；歲星如果像要往下沉卻又上浮，則所當的國家將要喪失土地。歲星的顏色赤而有芒角，其所居的國家昌盛。如果趕在歲星生芒角時去打仗，將不能取得勝利。星色赤黃而且下沉，則所當的國家將獲得大豐收。歲星的顏色青白而赤灰，而所對應的國家將有憂患。月食歲星，則所對應的國家有逐相之事。歲星與太白相遇，所當的國家就要有失敗的軍隊了。

歲星一名攝提，一名重華，一名應星，一名紀星。營室為天上的清廟，也就是歲星的廟。

觀察懲罰之氣，以判定熒惑的方位。熒惑在五行中屬火，主夏，其判定季節的干支為丙、丁。如果有失禮的國家，其懲罰就顯現在熒惑上，這就是熒惑失行。熒惑出現則有兵，消失則兵散，以它所在星宿的分野判斷凶吉；熒惑代表了勃亂、傷殘、賊害、疾病、死喪、飢饉和兵災。熒惑逆行二宿以上，然後停留在那裡，則三個月有殃；五個月受到敵軍的攻擊；七個月失去一半土地；九個月失去大半土地；如果從晨出東方到夕入西方這個過程中，一直與該星宿同出入，則相應的國家就要滅亡了。熒惑所停留的國家，如果災禍很快地到來，則本來應該嚴重的災禍反而變小了。如果熒惑守候在輿鬼南面，則男子受害；守在北面，則女子受害。如果熒惑芒角閃動，並且繞圈打轉，或者忽前忽後，忽左忽右，則災害更為嚴重。與其它行星相遇，如果光芒相及，則有災；不相及，則無災。如果行星都跟隨熒惑聚於一宿，則其下之國就能以禮統率天下。

推算熒惑行度的方法是，晨出東方，順行十六宿而留；逆行二宿，計六十天；再順行十數宿，計十個月，然後夕隱沒於西方；伏行五個月，再次晨出東方，完成一個周期。熒惑夕出西方叫做反明，這是所當之國忌諱的。熒惑向東順行快，一天行一度半。

當熒惑向東、西、南、北方向疾行時，雙方之兵都聚集在它的下面，當順著其運行方向用戰時，便獲勝利；逆著方向時，則失敗。熒惑如果跟隨著太白，則軍隊有憂；離開太白時軍隊將退卻；熒惑出現在太白北邊，將有分軍攻擊；出現在太白南邊，將有副將出戰；熒惑在運行過程中如果被太白趕上了，將有被宰殺將之事發生。熒惑進入並守、犯太微、軒轅、營室時，這是所當者忌諱的事情。心宿爲天上的明堂，也就是熒惑的廟，對此要謹慎地占候。

斗宿是各種天體運行的起算點，計算與斗宿相會的狀況，可以確定塡星的位置。以五行來推算，塡星屬中央土，主季夏，其判定季節的干支爲戊、己。土爲黃帝主德，女主的象徵。塡星一歲順行一宿，其所居之宿相應的國家吉利。不當居而居，或是已經離開而又返回，回來後還停留著，則所當的國家將得到土地，否則將得到女子。如果當居而不居，或者已經停留下來又向東或向西離去，則所當的國家將喪失土地，不然將喪失女子，該國不可舉事用兵。它停留得越久，其相應國家的福分就越厚重；停留得短，則福薄。

塡星另一個名字叫地侯。主年歲的豐歉。它每歲行十三度又一百十二分之五度，日行二十八分之一度，計二十八歲行一周天。在其所居的地方，如果五星都相從而聚於一宿，則其相應的國家可以得到人們的倚重而統率天下，如果禮、德、義、殺、刑這些維持天下的理法都喪滅了，那麼塡星也就會因此而動搖。

塡星運行如果贏，做王的不安寧；如果縮行，則出戰的軍隊不得復返。塡星，它的顏色是黃的，有九道芒角，音爲黃鐘之宫。塡星失次超過二三宿稱爲贏，所當國家的國君將要死亡，否則將有大水暴發；失次遲於二三宿稱爲縮，所當之國王後將有悲戚事，該年將亡而不得復生，不然將天裂地動。

斗宿爲天上的太室，塡星之廟，是屬於天子之星。

木星與土星相合，將有內亂和飢荒發生，這時不能用兵，戰之則敗；木星與水星相合，則應更改策略和行事；木星與火星相合主乾旱；木星與金星相合爲白衣會，主喪亡疾病，也主水災。金星在木星南稱爲牝牡，主當年穀熟；金星在木星北，則當年毫無收成。火星與水星相合爲焠，與金星相合爲鑠，主喪，不可以舉事，用兵將大敗；火星與土星相合有憂，主有作孽的公卿，國大飢，戰則敗，有敗軍，軍受困，辦事將一敗塗地。土星與火星相合，穀物豐收，但國家將受到困阻，有覆滅的軍隊，所當之國不可以興辦事業，與土星所出相對應的國家將失地，與所入相對應的國家將得地；土星與金星相合，則主疾病，內有叛軍，將失地。木火土三星相合，與所在星宿相當的國家內外均有兵與喪亡，將改立王公；如四星相合，則兵、喪二災將同時發生，君子有憂患，下民將流亡；如果五星相合，那就要改弦更張了，有德者，受到人民的擁戴，改立爲王者，統率著四方，子孫也蕃茂昌盛，無德者，則遭受禍殃，以至於滅亡。如果五星皆大，則影響的事也大，如果五星皆小，則事也小。

行星提早出現爲贏，贏者爲客，晚出現爲縮，縮者爲主人。二者均爲失次，必有應驗於斗杓。三行星同處於一舍爲合，互相侵凌爲鬥，二星相距在七寸以內，就必定發生鬥的現象。

五星有白環，主喪和乾旱；有赤環，則內有不平事，主兵；有青環，主水患；有黑環，主疾疫，多死喪；有黃環，則吉利。星赤色而有芒角，則有敵人來犯我城池；星呈黃色而有芒角，則有土地的爭執；星呈白色而有芒角，將有哭泣之聲；星呈青色而有芒角，則有兵患；星呈黑色而有芒角，則有水災。如果五星顏色相同，則天下息兵，百姓昌寧，春風秋雨，冬寒夏暑，風調雨順，沒有災異。

填星晨出東方後，順行經一百二十日，轉而向西逆行，逆行一百二十日以後，再次向東順行，共見三百三十日，而夕入西方入伏三十日而復晨出於東方，完成一個運動周期。上元太歲在甲寅之年，鎭星在東壁，東壁是從營室分出的，故也就是在營室。

觀察太陽的運行可以判斷太白的方位。太白在五行中居西方，主秋，其判定季節干支爲庚、辛。太白主殺，如果刑罰有疏失，其懲罰將顯示在太白上，太白運行失常，其吉凶將呈現在所對應的國家。太白晨出東方，運行十八宿，用時二百四十日；然後再隱沒於東方，伏行十一宿，用時一百三十日；夕入西方以後，伏行三宿，用時十六日而再次晨出東方。如果太白當出不出，或者當入不入，這是失舍，便應在軍隊破敗，或者發生君位被篡之事，二者必居其一。

以曆紀的上元攝提格之歲（寅年），太白與營室晨出東方開始起算，自營室起，行十六宿，至角宿而隱沒於東方；伏行十二宿，至營室而夕出西方；又行十六宿，至角宿而夕入西方；伏行後再次與角宿晨出東方，完成一個會合周期，共行星四十四宿左右。第二周與角宿晨出，入於畢宿。伏行後與角宿夕出，入於畢宿，伏行後與畢宿晨出東方。第三周與畢宿晨出，入於箕宿，與畢宿昏出，入於箕宿。第四周與箕宿晨出，入於柳宿，與箕宿昏出，入於柳宿。第五周與柳宿晨出，入於營室，與柳宿夕出，入於營室。第六周又與營室晨出，完成了一個大的會合周期。凡出入東西各五次，需時八年，即二千九百二十日，再次與營室晨出東方。平均的結果是，大約一歲一周天。當金星剛開始晨出東方時，其運行緩慢，平均一天行半度，一百二十日，必行一、二宿；達到極點後，日行一度半，一百二十日而入於東方。當它行低而近日時，叫做明星，性柔和；當它行高而遠日時，叫做大囂，性剛強。它剛從西方出現時，行度較速，平均每天行一度半，共行一百二十日；達到極點後，就開始行遲，每天行半度，計一百二十日，必行一、二宿，然後夕入西方。當它行低而近日時，叫做太白，性柔和；當它行高而遠日時，叫做大相，性剛強。它以辰、戌方位出，以丑、未方位入。

如果太白當出現而不出現，不當入而入，則天下將息兵，在外的兵也將返回。未當出而出，當入而不入，則天下將有兵災，所當之國破敗。如果按時出入，則所當之國昌盛，其出於東方，主東方之國；入於東方，主北方之國；出於西方，主西方之國；入於西方，主南方之國。如果停留的時間長久，則所主的那一方有利；停留短，則所主的那一方有凶。

其夕出西方，向東運行，則正西方的國家吉利；其晨出東方，向西運行，則正東方的國家吉利。金星的運行一般不能經天，一旦經天運行，則天下就將發生大的變革了。

太白星小而有芒角閃動，主有兵起。開始出現時大，後來變小，則兵弱；

開始出現時小，後來變大，則兵強。太白出行距地高，則用兵深入吉利，不敢深入則凶；太白出行距地低，則用兵不深入吉利，深入則凶。太陽偏南方時（在赤道南）金星在日南，太陽偏北方時（在赤道北）金星在日北，則金星的運動叫做贏，主侯、王不寧，用兵時進則吉，退則凶；日在南方金星在日北，日在北方金星在日南，這時金星運動叫做縮，主侯、王有憂，用兵時退兵吉利，進兵則凶。用兵應該像太白那樣，太白行疾，兵宜疾行；太白行遲，則兵易遲行。太白有芒角，則士兵敢戰；太白動搖輕躁，則軍隊也輕躁；太白圓且穩靜，則軍隊也穩定。順著太白星芒角所指的方向出擊則吉利，反之則凶。太白出則出兵，太白入則收兵。太白呈赤色且有芒角，則有戰爭發生；呈白色且有芒角，則有死喪之事。呈黑環且有芒角，主有憂，有與水有關的事情發生；呈青環且有小芒角，也有憂，有與木有關的事情發生；呈黃環且有平和的芒角，則有與土有關的事情發生，將會獲得好收成。如果已出三日而又微微隱沒，或者已入三日後又長時間地復出，這就稱爲更，所當的國家將有軍隊潰散和將帥的敗北；如果已入三日又再次微微出現，或出三日而又長期沒入，則與其相應的國家有憂患，軍隊的糧食和軍需品將白白送給別人使用，兵卒雖多，也將變成敵人的俘虜。太白如果夕出而失行，則外國敗；晨出東方而失行，則中國敗，如果其環大且呈黃色而潤澤，則可看作好事；如果其環大而且呈赤色，則有盛兵而不戰。

太白的顏色是多變的，其白色可與天狼星相比，赤色可與心宿大星相比，黃色可與參宿左肩之星（參宿四）相比，蒼色可與參宿右肩之星（參宿五）相比，黑色可與奎宿大星（奎宿九）相比。如果五星都跟隨太白聚於一宿，則相應的國家可以兵威統率天下。太白如果實居其位，則相應的國家有所收穫；如果是由於盈縮之故而居之，則就沒有收穫。利用太白，可以作出多種占卜，但主次各有不同。判斷的根據是，其運行的盈縮勝於顏色，顏色的變化又勝過所處的方位，所出現的方位又勝於不出現太白的地方（失次），總起來說，盈縮所引起的影響，超過了其它的一切影響。如果太白出而停留在桑榆間不動，將有害於所當的國家

如果很快地上升，沒有到應該到的日子，便上升到超過全天三分之一的宿度，將有害於所對的國家；如果金星運行上而復下，又下而復上，則主有反叛

的將軍。如果金星入月，主有將軍受刑戮。金木之星合而光不相及，其下所當的國家不會遭遇交戰，雖然起兵，也不會發生戰鬥；如果兩星合而光芒相及，則郊野裡就會有破敗的軍隊了。太白在西方出現，如果在黃昏時從暗處出，陰兵強；在暮食時出，是稍弱；夜半出，中弱；在雞鳴時出，則大弱，這時稱爲陰陷於陽。如果黎明時在東方出現，陽兵強；雞鳴時出現，小弱；夜半時出現，中弱，黃昏時出現，則大弱，這時稱爲陽陷於陰。如果在太白伏行時出兵，則兵有禍殃。如果太白在卯南（東南）出現，則南軍勝北軍；出現在卯北（東北），則北軍勝南軍；在正卯（正東）出現，東方的國家有利；在酉北（西北）出現，北軍勝南軍；在酉南（西南）出現，南軍勝北軍；在正酉（正西）出現，則西方的國家勝。

太白與列星相犯，有小的戰爭；五星相犯，則有大戰。相犯時，如果太白在列星南出現，南國敗；在列星北出現，則北國敗。太白行得快，表示有武事，停留不動，有文事。太白星色白而有五道光芒，則早出有月食，晚出有妖星和彗星，將影響到地上相應的國家。太白出現於東邊爲德，從左邊迎著太白的方向辦事則吉利；太白出現於西邊爲刑，從右邊背著太白的方向辦事則吉利，與之相反則都凶。如果太白的光亮能夠照物見影，打仗則能取勝。如果白天見太白經天而行，稱爲太白爭明，主強國弱，小國強，女主昌盛。

亢宿爲疏廟，是太白星的廟。太白是大臣，號爲上公。太白的其它名字還有，殷星、太正、營星、觀星、宮星、明星、大衰、大澤、終星、大相、天浩、序星、月緯。關於大司馬位，應謹慎地用以上方法進行占卜。

觀察太陽與辰星的交會情況，可以推知辰星的方位。辰星在五行中屬北方水，爲太陽的精氣，主冬。其判定季節干支爲壬、癸，如果刑罰有疏失，其懲罰就應驗在與辰星所在星宿相應的國家。

用辰星可以校正四時，如果辰星與奎、婁、胃宿夕出，則這些星宿爲在太陽以東的五宿，在分野上周齊，應是仲春春分。如果辰星與東井、輿鬼、柳夕出，爲太陽以東的七宿，在分野上屬楚，應是仲夏夏至；如果辰星與角、亢、氐夕出，爲太陽以東四宿，分野上屬漢中，應是仲秋秋分；如果辰星與尾、箕、斗、牽牛展出東方，則這些星宿俱在太陽以西，分野上屬中國，爲仲冬冬至。

辰星的出入，常在辰、戌、丑、未方位。

辰星過早出現、將有月食發生，過遲出現，將有彗星和妖星。辰星應見不見爲失行，主追兵在外而不戰；如果一個季節不出現，則該季節天下不和；如果四季不出，則天下將發生大的飢荒。如果在該出的時候出現，色白爲旱；色黃爲五穀豐收；色赤有兵災；色黑有大水。辰星出東方，如果形大而色白，雖有敵兵在外，也能化解。如果辰星在東方，爲赤色，則中國勝利；如在西方，爲赤色，則外國有利。如果辰星爲赤色，雖無敵兵在外，也將發生戰亂；當辰星與太白同出東方並皆爲赤色時，則外國大敗，中國勝利；同出西方並皆赤色而有芒角時，則外國有利。如果五星分布於天空的一半，都聚於東方，則中國利；聚於西方，則外國用兵者利。如果五星都跟隨辰星而聚於一宿，則所對應的國家可以憑藉法令統率天下。如果辰星不出，則太白爲客；辰星出，則太白爲主人。辰星出但不跟隨著太白運動，則野外雖有軍隊，卻不會發生戰鬥。如果辰星出東方，太白出西方；或者辰星出西方，太白出東方，稱爲格（不和同），野外雖有軍隊，但不會交戰。如果不在應出之時而出，則當寒反暖，或當熱反寒。如果當出不出，稱爲擊卒，主天下兵革大起，如果辰星入太白中，後又從上面出現，主軍隊破敗，將領被殺，客軍勝；如果從下面出現，則主客亡地。辰星芒角所指的方向，主有破敗的軍隊。辰星一名兔星，它環繞太白運動，如果相鬥，則將發生大的戰爭，主客勝；如果辰星通過太白，中間容下一劍之地，則會發生小的戰爭，也主客勝；辰星居太白前，兩軍罷戰；辰星出現在太白左面，則有小的戰鬥，如果辰星與太白相摩擦而過，則主有數萬人的大戰，有將吏死亡；如果辰星出現在太白的右方，相距三尺，主兩軍緊急約戰。辰星有青色芒角，主兵憂；有黑色芒角，主水災；有赤色芒角，主走投無路的敗兵的末日到了。

兔星有七個名字，那就是小正、辰星、天欃、安周星、細爽、能星、鉤星。它的顏色黃而且光亮較小，出行之後運行得快，所以，天下的制度常有變革而不完善。兔有五種顏色，呈青環時則有憂，呈白環時有喪，呈赤環時中有不平，呈黑環時吉利。有赤色芒角時主敵兵犯我城，有黃色芒角時主爭地，有白色芒角時將聽到號泣之聲。

辰星晨出東方，行四舍，計四十八度，二十日後，又隱沒於東方；辰星夕出西方，行四舍，計四十八度，二十日後，又隱沒於西方。另外一種情況，在室宿、角宿、畢宿、箕宿、柳宿觀察它。如果辰星從房心二宿間出現，將有地震發生。

辰星有顏色的變化，如果春季呈青黃色，夏季呈赤色，秋季呈青白色，則爲豐收年景。冬季辰星如果黃而不明，即使後來改變顏色，這個時期也不會昌盛。春季如果不見辰星，則主大風，秋季沒有收成；夏季不見辰星，則主有六十日之乾旱，同時有月食發生；秋季不見辰星，有兵災，春天草木不生；冬季不見辰星，有六十天的陰雨，有流民，夏季草木不生。

二十八宿在地理上的分野是：角、亢、氐三宿爲兗州。房、心二宿爲豫州。尾箕二宿爲幽州。斗宿爲江、湖之地，牽牛、婺女二宿爲楊州。虛、危二宿爲青州。營室、東壁二宿爲并州。奎、婁、胃三宿爲徐州。昴、畢二宿爲冀州。觜、參二宿爲益州。東井、輿鬼二宿爲雍州。柳、七星、張三宿爲三河地區。翼、軫二宿爲荆州。

七星宿爲員官，辰星的廟，是主管蠻夷的星。

兩軍對陣，則有日暈。日暈均勻，則兩軍勢均力敵；日暈厚而且長大，則互有勝負；日暈薄而且短小，則沒有勝負。日暈重重相抱，則軍將大破；無抱，則兩軍修和；日暈相背，則不和，兩軍分離而去。日暈直立，主自立，有王侯立，有破軍殺將。既負又載（日上日下均有光氣），主有喜事。日暈如被圍在日中央，則主被圍者勝，如日暈在外，主圍者勝。日暈如果外青而中赤，則雙方媾和而去；外赤而中青，則交惡而去。如果氣暈先到而後去，則守軍勝；如果先到者先去，則守軍前利後害；如果後到者後去，則守軍前害而後利；如果後到先去，則前後都受害，守軍不勝。日暈出現後離去，如果出現的時間很短暫，則雖然戰勝卻無所收穫；出現半日以上，則能獲大功。如果有短而直、上下都尖銳的白虹出現，則相應的一方將有大的喪亡。以日暈占卜勝負，近者三十日，遠者六十日應驗。

日食的占卜是，日食時，與太陽所處星宿相應的國家不利；生光時，與生光相應的國家有利。如果日食食盡，則咎在主位。以當時太陽所處的方位和所在星宿，再配合以日期和時刻，用以占卜相應國家的吉凶。

月亮在中間軌道運行時，則天下安寧和平。在陰間（中道以北）運行時多水，多惡事；中道以北三尺的地方有陰星；距離中道以北三尺處爲太陰道，月行太陰道，則有大水和兵災，當月亮在陽間（中道以南）運行時，則有驕態的事情發生；在中道南三尺處是陽星，月亮行於陽星，則多大的刑訟；中道南三尺處爲太陽道，月行於太陽道，則主大旱和喪事。角宿爲天門，月亮如十月過天門，則四月水發，如十一月過天門，則五月水發，如十二月過天門，則六月水發，水深近則三尺，遠則五尺。月亮若犯四輔（房宿），則有輔臣受誅，月亮如果運行至南、北河，則以陰陽判斷旱、水、兵喪。

如果月食歲星，則與所在星宿相應的地方將發生飢荒或敗亡；月食熒惑主有亂；月食塡星主下犯上；月食太白主強國戰敗；月食辰星主有女亂，月食大角星則人君有忌諱；月食大火星，主有內亂的賊人；月食列宿，則該宿所相應的地方有憂患。

推算月食的周期，從歷元開始之月的第一次月食起算，以後每隔五個月可能有一次月食發生，接連六次；然後又每隔六個月可能有一次月食發生，接連五次；然後又每隔五個月可能發生一次月食，接連六次；以後隔六個月可能有一次；又隔五個月可能有一次，接連五次，共計一百十三個月而完成一個月食周期（前後總月數不合，當有誤），又回到初始狀態。所以月食是經常發生的事，而日食就不常見了，見之必有災應，故《詩經》說“於何不臧”以日時干支占卜月食吉凶的方法如下，甲乙主四海之外，所以海內之日月食不必占卜；丙丁主江、淮、海、岱，戊己主中州的河、濟，庚辛主華山以西；壬癸主恒山以北。日食應在國君，月食應在將相。

（三）

國皇星，[1] 大而赤，狀類南極。[2] 所出，其下起兵，兵強；其衝不利。

昭明星，[3] 大而白，無角，乍上乍下。所出國，起兵，多變。

五殘星，[4] 出正東東方之野。其星狀類辰星，去地可六丈。

大賊星，[5] 出正南南方之野。星去地可六丈，大而赤，數動，有光。

司危星，[6] 出正西西方之野。星去地可六丈，大而白，類太白。

獄漢星，[7] 出正北北方之野。星去地可六丈，大而赤，數動，察之中青。此四野星所出，[8] 出非其方，其下有兵，衝不利。

四填星，所出四隅，去地可四丈。

地維咸光，亦出四隅，去地可三丈，若月始出。所見，下有亂；亂者亡，有德者昌。

燭星，[9] 狀如太白，其出也不行。見則滅。所燭者，城邑亂。

如星非星，如雲非雲，命曰歸邪。[10] 歸邪出，必有歸國者。

星者，金之散氣，其本曰火。[11] 星眾，國吉；少則凶。

漢者，亦金之散氣，其本曰水。漢，星多，多水；少則旱，其大經也。[12]

天鼓，有音如雷非雷，音在地而下及地。其所往者，兵發其下。

天狗，狀如大奔星，[13] 有聲，其下止地，類狗。所墮及，[14] 望之如火光炎炎衝天。其下圜如數頃田處，[15] 上兌者則有黃色，千里破軍殺將。[16]

格澤星者，如炎火之狀。黃白，起地而上。下大，上兌。[17] 其見也，不種而穫；不有土功，必有大害。[18]

蚩尤之旗，類彗而後曲，象旗。見則王者征伐四方。

旬始，出於北斗旁，狀如雄雞。其怒，青黑，象伏鱉。

枉矢，類大流星，蛇行而倉黑，望之如有毛羽然。

長庚，如一匹布著天。此星見，兵起。

星墜至地，則石也。河、濟之間，時有墜星。

天精而見景星。[19] 景星者，德星也。其狀無常，常出於有道之國。

【注釋】

1.“國皇星”，《正義》說其特徵爲“去地三丈，如炬火”。《集解》引孟康曰“歲星之精散所爲”。

2.“類南極”，即類南極老人星。

3.“昭明星”，《釋名》曰：“氣有一枝，末銳似筆。亦曰筆星也。”《集解》引孟康曰“熒惑之精”。

4.“五殘星”，《索隱》引孟康曰：“星表有青氣如暈，有毛，填星之精也。”

5.“大賊星”，《集解》引孟康曰：“形如彗，九尺，太白之精。”

6.“司危星”，《集解》引孟康曰：“星大而有尾，兩角，熒惑之精也。”

7.“獄漢星”集解引孟康曰：“亦填星之精。”

8.“四野星”，五殘、大賊、司危、獄漢合爲“四野星”。

9.“燭星”，《集解》引孟康曰：“亦填星之精。”

10.“歸邪”，《集解》引孟康曰，“星有兩赤彗上向，上有蓋，狀如氣，下連星。”

11.“其本曰火”，《漢志》作“其本曰人”。王元啓以爲“火”爲“人”之誤，恐非是。此句與下文“其本曰水”相應。

12.“大經”，大概的規律。

13.“大奔星”，大的火流星的形象名稱。

14.“所墮及”，能夠墮至地面的。此是指隕石，在大氣中來不及燃燒完而落至地面。

15.“圜如數頃田”，非指隕石有數頃田大，而是指隕坑。

16.“破軍殺將”，由於這種大的隕石很少見，故用於“破軍殺將”之占。

17. “上兌” ，以上描述的格澤星狀態，類似北極光。

18. “大害” ，《星經》和《漢志》、《晉志》均作“大客” 。

19. “天精而建景星” ，《集解》引孟康曰：“精，明也。”《索隱》引韋昭云：“精謂清朗也。”

凡望雲氣，仰而望之，三四百里；平望，在桑榆上，千餘二千里；登高而望之，下屬地者三千里。[1]雲氣有獸居上者，勝。[2]

自華以南，[3]氣下黑上赤。嵩高三河之郊，氣正赤。恆山之北，氣下黑上青。勃、碣、海、岱之間，氣皆黑。江、淮之間，氣皆白。

徒氣白。[4]土功氣黃。車氣乍高乍下，往往而聚。騎氣卑而布。[5]卒氣摶。[6]前卑而後高者，疾；前方而後高者，兌；後兌而卑者，卻。其氣平者其行徐。前高而後卑者，不止而反。氣相遇者，卑勝高，兌勝方。氣來卑而循車通者，[7]不過三四日，[8]去之五六里見；氣來高七八尺者，不過五六日，去之十餘里見；[9]氣來高丈餘二丈者，不過三四十日，去之五六十里見。

稍雲精白者，[10]其將悍，其士怯。其大根而前絕遠者，[11]當戰。青白，其前低者，戰勝；其前赤而仰者，戰不勝。陣雲如立垣，杼雲類杼。[12]軸雲摶兩端兌。[13]杓雲如繩者，

[14]居前亙天，其半半天。其蛪者類闕旗故。[15]鉤雲句曲。諸此雲見，以五色合占。而澤摶密，其見動人，[16]乃有占；兵必起，合鬥其直。[17]

【注釋】

1.“屬”，連續。“下屬地”，下連地。

2.“勝”，作戰勝利。《晉志》：“軍上氣，高勝下，厚勝薄，實勝虛，長勝短，澤勝枯。”

3.“華”，華山。

4.“徒氣”，徒眾之氣。徒氣白，預示得徒眾的雲氣爲白色。下同。

5.“布”，廣布。

6.“摶”，義爲盤旋。有的版本作“摶”，王元後認爲，依《莊子》“摶扶搖而上”，與“騎氣卑而布”正好相對。

7.“車通”，即車轍。爲避武帝諱而改作“通”。

8.“不過三四日”，言不過三四日，軍情即現。軍情即指前面所說的疾、卻、行徐、反。

9.“去之十餘里見”，指離開十餘里尚能見到。看到的遠近與雲氣的高低有關。下同。

10.“稍雲”，《漢志》作“捎雲”，當從《漢志》，搖捎之意。

11.“大根”，大的根基。“前絕遠”，前端延伸到很遠的地方。

12.“杼”，指織布機上的梭。

13.“軸雲摶兩端兌”，軸雲成螺旋狀，兩端尖。《史記志疑》認爲“雲摶”

當爲“摶雲”二字倒置。應讀作“杼雲類杼軸，摶雲兩端兌”。王元啓認爲“雲摶”爲衍文，當讀作“杼雲類杼軸，兩端兌”。

14.“杼雲如繩狀”，形如繩狀的條狀云。

15.“蜺”，音“孽”，通“霓”，狀如虹之云。此句《漢志》作“霓云者，類鬥旗故”。

16.“動人”，引人注目。這是由於具有潤澤、盤旋、密集的雲氣不多見，故以爲占。

17.“合鬥其直”，占卜打仗勝敗，視其雲所直宿也。

王朔所候，[1]決於日旁。日旁雲氣，人主象。皆如其形以占。

故北夷之氣如群畜穹閭，[2]南夷之氣類舟船幡旗。大水處，敗軍場，破國之虛，下有積錢，金寶之上，皆有氣，不可不察。海旁蜃氣象樓臺；廣野氣成宮闕然。[3]雲氣各象其山川人民所聚積。

故候息耗者，入國邑，視封疆田疇之正治，[4]城郭室屋門戶之潤澤，次至車服畜產精華。實息者，吉；虛耗者，凶。

若煙非煙，若雲非雲，郁郁紛紛，蕭索輪囷，[5]是謂卿雲。卿雲，喜氣也。若霧非霧，衣冠而不濡，見則其域被甲而趨。[6]

夫雷電、蝦虹、[7]辟歷、[8]夜明者，[9]陽氣之動者也，春夏則發，秋冬則藏，故候者無不司之。

天開縣物，[10]地動坼絕。[11]山崩及徙，川塞溪垘，[12]水澹地長，澤竭見象。城郭門閭，閨臬槁枯；[13]宮廟邸第，人民所次。謠俗車服，觀民飲食。五穀草木，觀其所屬。倉府廄庫，四通之路。六畜禽獸，所產去就；魚鱉鳥鼠，觀其所處。鬼哭若呼，其人逢俉。[14]化言誠然。[15]

【注釋】

1.“王朔”，漢人，善望氣。

2.“群畜穹閭”，爲北夷人的生活風俗特徵，猶如商人尙舟船幡旗。“穹閭”，《索隱》引作“弓閭”，即弓形的居室，以氈爲之，俗稱蒙古包。

3.“廣野氣成宮闕然”，此即海市蜃樓景象。

4.“封疆田疇”，疆界內的田地。“正治”，整治。

5.“輪囷”圓形的穀倉。

6.“被甲而趨”，即披甲奔走，前去打仗。

7.《史記志疑》引孫侍御云：“蝦，《漢志》作赮，皆霞字之異體。”此說有理。王元啓將“蝦”釋作赤色，似不合文義。

8.“辟歷”，疾雷。

9.“夜明”，如天開眼。

10.“天開縣物”，《集解》引孟康曰：“謂天裂而見物象，天開示縣象。”“縣”，通“懸”。

11.“坼絕”，斷裂。

12.“垘”，土填塞。“溪垘”，山谷崩塌填塞。

13.“闐臬槁枯”，《漢志》作“潤息槁枯”，當從《漢志》。“潤息槁枯”，義爲繁榮或衰落。

14.“逢俉”，相逢而驚。

15.“化”，音“額”，通“訛”。“化言”，妖言。《史記志疑》說：“四字二韻，化即訛省。”

凡候歲美惡，[1] 謹候歲始。[2] 歲始或冬至日，產氣始萌；[3] 臘明日，[4] 人眾卒歲，一會飲食，發陽氣，故曰初歲；正月旦，王者歲首，[5] 立春日，四時之始也。[6] 四始者，候之日。[7]

而漢魏鮮集臘明正月旦決八風。[8] 風從南方來，大旱；西南，小旱；西方，有兵；西北，戎菽爲小雨，[9] 趣兵；[10] 北方，爲中歲；東北，爲上歲；[11] 東方，大水；東南，民有疾疫，歲惡。故八風各與其衝對，課多者爲勝。多勝少，久勝亟，[12] 疾勝徐。旦至食，[13] 爲麥；食至日昳，爲稷；昳至餔，爲黍；餔至下餔，爲菽；下餔至日入，爲麻。欲終日有雲，[14] 有風，有日。日當其時者，深而多實；[15] 無雲，有風日，當其時，淺而多實；有雲風，無日，當其時，深而少實；有日，無雲，不風，當其時者稼有敗。如食頃，小敗；熟五斗米頃，大敗。則風復起，有雲，其稼復起。各以其時用雲色占種其所宜。其雨雪若寒，歲惡。

是日光明，聽都邑人民之聲。聲宮，則歲善，吉；商，則有兵；徵，旱；羽，水；角，歲惡。

或從正月旦比數雨。[16]率日食一升，[17]至七升而極；[18]過之，不占。數至十二日，日直其月，[19]占水旱。爲其環域千里內占，則爲天下候，竟正月。[20]月所離列宿，[21]日、風、雲，占其國。然必察太歲所在。在金，穰；水，毀；木，飢；火，旱。[22]此其大經也。

正月上甲，風從東方，宜蠶；風從西方，若旦黃雲，惡。冬至短極，縣土炭。[23]炭動，[24]鹿解角，蘭根出，泉水躍，略以知日至。[25]要決晷景。[26]歲星所在，五穀逢昌。其對爲衝，歲乃有殃。[27]

【注釋】

1. “歲美惡”，每歲年成之好壞。

2. “歲始”，一歲的開始。古時有以冬至或臘爲歲始，也有以夏曆的十一月朔日、十二月朔日或正月朔日爲歲首。

3. 冬至陰氣達到極盛，同時陽氣開始萌動。“產氣”即陽氣。

4.“臘明日”，即臘日之後的一天爲歲首。晉博士張亮議曰：“臘者，接也，祭宜在新故交接也，俗謂臘之明日爲初歲，秦漢以來有賀此者，古之遺俗也。”王元啓認爲“臘明日”即立春日。此說不妥。《說文解字》曰：“冬至後三戌臘祭百神。”即冬至後三十六天以內爲臘日，故臘非立春也。據前注所引，臘即先秦新年之遺俗，好比今用陽曆而民間過春節也。

5. 正朔由王者頒布，歲首由王者選定，故曰“正月旦，王者歲首”，而與“臘明日。人眾卒歲”相區別。

6.“立春日，四時之始也”，夏曆四季之區分，始自立春。終於大寒，故以立春爲四時之終始點。

7.“四始”，年月日時之始合稱爲“四始”，但不可能每年立春和正月朔都在同一天。

8.“魏鮮”，漢代占候者。“集臘明正月旦決八風”，言於臘明日和正月旦兩種歲首以八風爲占卜。“集”，歸納。

9.“菽”，豆也。“戎菽”，戎豆或胡豆，即大豆也。“爲”成也。

10.“趣”，同“促”。“趣兵”，即戎菽成，配以小雨，促成兵起也。

11.“中歲”，中等年成。“上歲”，豐收年。

12.“戚”，此處作“短”解。

13.“旦”，旦時。“食”，食時。均西漢以前的習稱。一天共分夜半、夜大半、雞鳴、晨時、平旦、日出、早食、食時、東中、日中、日昳（西中）、餔時、下餔、日入、昏時、夜食、人定、夜少半十六個時段，與東漢以後一日十二時段分法不同。

14.“欲終日”，此下依《漢志》刪去“有雨”二字。“欲”，希望。“終日”，整日。

15.“深而多實”，收穫期間長而且結實多。“深”與下文“淺”，指收穫時期的長短。

16.“比數雨“，排著日子計算下雨的日期。

17.“日食一升”，即一日下雨，民食一升；二日下雨，民食二升。下同。

18.“而極”，而止。

19.“日直其月”，即以初一至十二日對應於一月至十二月，占水旱。

20.“竟正月”，以整個的正月各日爲占。

21.“月所離列宿”，言要對廣大的地域進行占卜則需考察正月中各日的雨情，以月亮所在的星宿，再配以日、風、雲，來考察對應地域的水旱及豐歉。

22.“在金，穰；木，飢；火，旱”，此是以太歲（而非歲星）所處的方位來占豐歉，在金，即西方申酉戌三個方位穰；在水，即北方亥子丑三個方位毀；在木，即東方寅卯辰三個方位飢；在火，即南方巳午未三個方位旱。

23.“冬至短極，縣土炭”，“土炭”，即燃燒後的木炭。“縣土炭”，將土炭放於稱衡上，使其平街，然後觀察稱衡的變化。《集解》引孟康曰：“先冬至三日，縣土炭於衡兩端，輕重適均，冬至日陽氣至則炭重，夏至日陰氣至則土重。”又引晉灼曰：“蔡邕《律曆記》：‘候鐘律權土炭，冬至田氣應黃鐘通，土炭輕而衡仰，二至陰氣應蕤賓通，土炭重而衡低，進退先後，五日之中。’”所謂陽氣、陰氣，係指乾燥之氣和潮濕之氣。

24.“炭動”，言稱衡的高低有了變化。此實際是記載了古人發明的測量空氣濕度以報雨晴的一種方法。空氣濕度大，土炭從空氣中吸入的水分多，則土炭加重而下沉，使稱衡失去平衡。

25.“略以知日至”，言以炭動、鹿角、蘭根等動植物候，能大致判斷冬至的先後。

26.“要決晷景”，主要以晷影的長短來決定冬至的日期。

27. 以上專論妖星、雲氣、八風。

譯文

（三）、妖星雲氣八風占

國皇星，形大而赤，樣子很像南極老人星。與所出現的宿位相應的地方有戰爭發生，並且兵力強盛，而與其對衡的國家則不利。

昭明星，形大而色白，沒有芒角，忽上忽下移動。所當的國家將有戰爭，而且多變亂。

五殘星，出現於正東方的地平之上，其形狀像辰星，離地可達六丈。

大賊星，出現於正南方地平之上，星離地可達六丈，形大而且呈赤色，常常閃動而有光輝。

司危星，出現在正西方地平線以上，離地可達六丈，形狀大而呈白色，像太白星。

獄漢星，出現在正北方地平以上，離地可達六丈，形大而呈赤色，常常閃動，仔細觀察，中間是青色的。這四方所出現的異星，如果在不應出的方位出現，則所當的國家有兵災，與其對衡的國家也不吉利。

四塡星，出現在四角，離地可達四丈。

地維、咸光星，也出現在四角，離地可達三丈，其光像月亮始出時的樣子。其出分野所當的國家有亂事，作亂者亡，有德者昌盛。

燭星，形狀像太白，它出現時並不移動，一現即滅。出現時相應國家的城邑有亂事。

有一種如星非星、如雲非雲的天體，叫做歸邪。當歸邪出現時，就必定有歸國者回國。

星是金屬散發出來的氣體而形成的，它的本質爲火。星多則國家吉利，星少則國家凶。

銀河也是金屬散發出來的氣體形成的，它的本質爲水。銀河中星多，則地上多水，星少則旱。這是大概的原則。

天鼓，它發出的聲音似雷非雷，音在地表而傳到地下。其所出現的地方，將有兵事。

天狗，其形狀像大的奔星，出現時有聲響，它落到地上，形狀像狗。在墜落的過程中，其炎炎的火光衝天，落到地下之後，下面的圓坑有數頃田大。上面尖銳的，則呈黃顏色。主在千里之外破軍殺將。

格澤星，像火焰的樣子，呈黃白色，從地上升起而上行。下面大，上面銳。凡是格澤星出現的地方，不需耕種就能得到收穫；但如果沒有土地方面的收穫，則就必然有大的禍害發生。

蚩尤旗，其形狀像彗星，但尾彎曲像旗子，它的出現，主王者征伐四方。

旬始，常出現於北斗星旁邊，其形狀如雄雞。當其發怒時，呈青黑色，像匍匐著的鱉。

枉矢，狀如大流星，像蛇行似地行動，呈蒼黑色，看上去好像長了羽毛似的。

長庚，如一匹布似地分布在天上。此星如果出現，將有兵災。

星落到地上，便是石頭。在河、濟之間的地方，常有墜星發現。

天氣晴朗，就可能看到景星出現。景星是德星。其形狀不定。常出現於有道德的國家。

大凡觀察雲氣，從較低的地方仰著頭向上觀察時，能看到三、四百里；如果在桑榆之上向遠處平望，可以看到一、二千里遠；如果爬到高山上俯視遠處，可以看到三千里遠。雲氣有各種形狀，以有獸居上者爲勝。各地雲氣的顏色不同，自華山以南，雲氣下黑上赤；嵩高、三河的郊外，雲氣爲正赤色；恒山的北方，雲氣下黑上青；勃、碣、海、岱之間，雲氣都是黑色的；江淮之間，雲氣都是白色的。

認識了這些帶有地方特徵的雲氣之後，便能識別和判斷帶有各種事物特徵的雲氣。象徵得到徒眾的雲氣是白色的；得土功的雲氣是黃色的；車隊的雲氣忽高忽下，往往聚在一起；騎隊的雲氣則低而寬廣；得士卒的雲氣則旋轉扭曲。前低後高的雲氣主軍行疾；前方而後高的雲氣主士氣銳；後銳而低的雲氣主軍退行；平平的雲氣主軍行舒緩；前高而後低的雲氣主不停而返回。兩氣相遇，則低勝高，銳勝方。低低地沿著車轍而來的雲氣，不過三四日軍情即能表現出來，離開五六里遠可以看到；離地七八尺高而來的雲氣，不過五六日即能顯現，離開十餘里遠可以看到；離地一二丈而來的雲氣，不過三四十日即能顯現，離開五六十里遠能看見。

搖捎之雲，其中顏色潔白的，主將領悍勇而士卒怯懦。基部大而前端延長到很遠處的雲，主戰爭；顏色青白、前端低下的雲氣，主戰勝；前面赤色而向上仰的雲氣，主戰不勝。陣雲像直立的牆垣；杼雲形狀像杼；軸雲如螺旋；兩端尖銳；構雲牽著雲像繩子，在前面橫直全天，它的一半也有半天寬，那種霓虹，類似闕旗，所以尖銳；鉤雲彎曲。以上各種形狀的雲氣，還須以五種顏色配合占卜。潤澤而摶密在一起，出現時形象異常動人的雲氣，方才有徵兆可占。戰爭將要發生，則雲氣必合鬥於所當之地。

王朔所占候的內容，都取決於太陽旁邊。日旁的雲氣，是人主的象徵，都依它們的形狀來占卜。

因此，象徵北方夷狄的雲氣，就像群畜和彎廬的形狀。南方蠻夷的雲氣，象徵著舟船和旗幟的形狀。行將發生大水的地方，軍隊潰敗的戰場，國家破滅的廢墟，地下藏有金錢和財寶等處的上方，都有雲氣呈現出來，不可不仔細觀察。海邊的蜃氣像真正的樓台，廣野的雲氣像宮闕的樣子。各地的雲氣，各與其山川人民所積聚而生的雲氣相當。

因此，占候各地繁榮衰落的人，每到一個都邑，就必須考察疆界田地的治理和城廓房舍門戶的潤澤狀況，然後再考察車駕服飾畜產等重要物資，凡是充實者則吉利，虛耗者凶。

如煙非煙、如雲非雲、繁茂雜亂，內中蕭疏地散布著形如圓形囷倉的雲氣，

稱爲卿雲。卿雲主喜氣。另一種如霧非霧，但並不沾濕衣冠的雲氣，如果出現了，則某地將發生戰爭，人人都將披甲參戰了，

雷電、霞虹、霹靂、夜明這些現象，都是由於陽氣動而產生的。春夏則出現，秋冬則掩藏，所以占候的人無不等待觀察。

在自然變化上，要觀察天開裂見物懸示的現象；還要觀察山崩陵徙，河川塞阻，溪谷堵塞，水流回旋起伏，地面隆起，水澤枯竭，顯示跡象。在人事上，要觀察城廓里弄的繁榮和衰落；從官廟邸第，可以了解到人民居處的狀況；從童謠習俗車輛服飾，去了解人民的飲食；從五穀草木，去觀察它們生長的地方；留意府舍廄庫、四通之路的狀況；從六畜禽獸，去了解它們生長繁衍的環境；從魚鱉鳥鼠，觀察它們藏匿的地方；留意鬼哭呼號，使人相遇而驚的現象。雖然可能是傳訛之言，但仍然有可信的地方。

凡是占候年成的好壞，一定要謹慎地觀察一歲的開始。一歲的開始有四種，一曰冬至日，是萬物剛剛開始萌發；二是臘明日，這是群眾卒歲、團聚飲宴、引發陽氣的日子，故稱爲初歲；三是正月初一，王者的歲首；四是立春日，爲四季之開始。此四種歲始，是占候之人觀察的日子。

漢朝人魏鮮曾經收集過臘明日和正月朔旦時決定八風的方法。風從南方來，則大旱；風從西南，小旱；從西方，有兵；從西北，大豆豐收，有小雨，促成起兵；從北方，爲中等年成；從東北，爲上等年成；從東方，有大水；從東南方，人民有疾疫，收成差。而八風應與其對衝相遇的風相比較，以判斷多者爲勝，多勝少，久勝短，速勝慢。風對五穀的占兆是：旦至食時，主麥；食時至日昳時，主稷；昳至餔時，主黍；餔時至下餔，主豆；下餔至日入，主麻。要求臘明日和正月朔日這一天整天有雲有風有太陽。逢著這樣一天則該年收穫時間長而且結實多；遇到無雲而有風有太陽，則該年收穫時間短而結實多；通到有雲有風無太陽，則該年收穫時間長但結實少；遇到有太陽無雲無風，則該年莊稼將受到損害，如果一頓飯的時間無雲無風，則收成小損；如果煮熟五斗米的時間無雲無風，則收成大損；如果後來風復起而且有雲，則受損失的莊稼還能復甦過來。所以，應該考慮不同時刻的雲色，選擇種植適宜的作物。如果該日有雨雪而且寒冷，則該歲年成不好。在歲始那一天，如果是晴朗的天氣，

就聽城裡人民的聲音，如果是中宮聲，該歲善吉；如果是中商聲，該歲有兵災；如果是中徵聲，該歲天旱；如果是中羽聲，該歲有水患；如果是中角聲，則收成不好。另一種占卜豐歉的方法，這就是從正月朔旦開始，卜人民吃糧的多少，看哪一天下雨，每推遲一天下雨增食糧一升，直至初七日爲止，超過初七下雨就不占了。還有一種占卜的方法是，從正月初一日數至十二日，日數和月數相對應，看這十二天的雨情，用以占一年十二個月的水旱。如果爲超過千里範圍的大國占卜，則就像爲天下占卜一樣，需要以整個正月來占卜了。該月中以各日月亮所在的星宿、各日的大陽、風、雲的狀況，綜合起來占卜各地的年成好壞。但是，總起來說，還必須觀察太歲的所在來確定，太歲在金位（西方申酉戌），豐收；在水位（北方亥子丑），莊稼毀壞；在木位（東方寅卯辰），有飢荒；在火位（南方巳午未），乾旱。這就是占卜一歲美惡的大概情形。

正月的第一個甲日爲上甲日，該日如果風從東方來，則該年適宜於養蠶；如果風從西方來，而且日出時有黃雲，則該年歲惡。冬至白天最短。這個時候如果將土炭放於稱衡之上，綜合觀察土炭上稱衡移動、鹿角解蛻、蘭根發芽、泉水躍出的日子，這些物候是陽氣開始萌動的象徵，由此可以概略地得知冬至的日期。確切的冬至日期，則主要決定於晷影長短的變化。一般地說，與歲星所在星宿相應的國家將五穀豐收，社會昌盛，與此星宿相對衝的國家則有禍殃。

（四）

太史公曰：自初生民以來，世主曷嘗不曆日月星辰？[1]及至五家、三代，[2]紹而明之，[3]內冠帶，外夷狄，分中國爲十有二州，仰則觀象於天，俯則法類於地。天則有日月，地則有陰陽；天有五星，地有五行；天則有列宿，地則有州域。三光者，陰陽之精，氣本在地，而聖人統理之。[4]

幽厲以往，尚矣。所見天變，皆國殊窟穴，家占物怪，以合時應，其文圖籍禨祥不法[5]。是以孔子論六經，紀異而說不書。[6] 至天道命，[7] 不傳；傳其人，不待告；告非其人，雖言不著。[8]

【注釋】

1.“世主”，君主。“曆日月星辰”，推算日月星辰，制定曆法。

2.“五家、三代”，即五帝三王。

3.“紹”，紹繼，繼承。“明之”，發揚之。

4.“聖人統理之”，聖人根據這些天象物候進行綜合研究分析，而制定曆法。

5.“禨祥”，《正義》引顧野王云：“禨祥，吉凶之先見也。”即凶吉出現前所見的先兆。

6.“紀異而說不書”，即只記異象而不書應驗之事。

7.“天道命”，言天道性命，實指有關天文學的學問。

8.“雖言不著”，言天文學的學問不輕易外傳。即使傳授，也不必一一深告，其大指微妙，全在天性自悟。如果傳的並不是能做這種工作的人，即使一一告知，也不能領會。“不著”不明白。

昔之傳天數者：高辛之前，重、黎；[1] 于唐、虞，羲、和；[2] 有夏，昆吾；[3] 殷商，巫咸；[4] 周室，史佚、萇弘；

[5]於宋，子韋；鄭則裨竈；[6]在齊，甘公；[7]楚，唐昧；趙，尹皋；魏，石申夫。[8]

【注釋】

1. “重、黎”，《左傳》載蔡墨曰：“少昊氏之子曰黎，爲火正，號祝融。”黎即火正之官，知天數。《尚書》孔《傳》曰：“重，直龍反，少昊之後。黎，高陽之後。”重爲少昊氏玄囂的後代句芒，黎爲帝顓頊高陽氏孫子祝融。此是第一代重、黎，其子孫各繼其位爲重、黎，至高辛氏時仍有此官，帝摯時衰廢。

2. “羲、和”，羲、和之官可推至黃帝時代，《史記・曆書》《索隱》引《繫本》說：“黃帝使羲和占日，常儀占月。”《尚書・堯典》說：“乃命羲、和，欽若昊天。曆象日月星辰，敬授人時。”後舜禹和夏代均有羲、和之官。

3. “昆吾”，《正義》引虞翻云：“昆吾名樊，爲己姓，封昆吾。”

4. “巫咸”，《正義》曰：“巫咸，殷賢臣也，本吳人，冢在蘇州常熟海隅山上。”《史記志疑》疑爲“巫覡”之誤。

5. “史佚，萇弘”，《正義》曰，“史佚，周武王時太史尹佚也。萇弘，周靈王時大夫也。”

6. “裨竈”，《正義》曰：“裨竈，鄭大夫也。”

7. “甘公”，《集解》引徐廣曰：“或曰甘公名德也，本是魯人。”《正義》引《七錄》云：“楚人，戰國時作《天文星占》八卷。”《隋書》還載甘德著《甘氏四七法》一卷。

8. “石申夫”，《正義》引《七錄》云：“石申，魏人，戰國時作《天文》八卷。”石氏姓名，《漢書・藝文志》和《續漢書・天文志》都寫作“石申夫”。

天運，三十歲一小變，百年中變，五百載大變；三大變一紀，三紀而大備；此其大數也。爲國者必貴三五。[1]上下各千歲，然後天人之際續備。[2]

【注釋】

1. “貴”，注重。“三五”，《索隱》以爲指三十歲小變和五百歲大變。王元啓認爲非是，應是五百歲一大變，三五即三大變，故下有“上下各千歲”之文。由於是“爲國者”，而非傳天數者，應注重三十歲小變和五百歲大變。今從前說。

2. “續備”，繼續溝通。傳天數者是溝通天和人之同聯繫的使者，由於天變，對於天運規律的認識也應隨之進行續補。

太史公推古天變，未有可考於今者。蓋略以春秋二百四十二年之間，[1]日蝕三十六，[2]彗星三見，[3]宋襄公時星隕如雨。[4]天子微，諸侯力政，五伯代興，[5]更爲主命。[6]自是之後，眾暴寡，大併小。秦、楚、吳、越，夷狄也，爲強伯。[7]田氏篡齊，[8]三家分晉，[9]並爲戰國。爭於攻取，兵革更起，城邑數屠，因以飢謹疾疫焦苦，臣主共憂患，其察禨祥候星氣尤急。近世十二諸侯七國相王，[10]言從衡者繼踵，而皋、唐甘、石因時務論其書傳，故其占驗凌雜米鹽。[11]

【注釋】

1. “二百四十二年之間”，孔子據魯史資料，以編年體形式，編成《春秋》一書，起自魯隱公元年（公元前七二二年），終於哀公十四年（公元前四八一年），計二百四十二年。

2. “日食三十六”，《春秋》載三十六次日食如下：隱公三年二月乙巳；桓公三年七月壬辰朔，十七年十月朔；莊公十八年三月朔，二十五年六月辛未朔，二十六年十二月癸亥朔，三十年九月庚午朔；僖公五年九月戊申朔，十二年三月庚午朔，十五年五月朔；文公元年二月癸亥朔，十五年六月辛卯朔；宣公八年七月庚子朔，十年四月丙辰朔，十七年六月癸卯朔；成公十六年六月丙辰朔，十七年七月丁巳朔；襄公十四年二月乙未朔，十五年八月丁巳朔，二十年十月丙辰朔，二十一年九月庚戌朔，十月庚辰朔，二十三年一月癸酉朔，二十四年七月甲子朔，八月癸巳朔，二十七年十二月乙亥朔；昭公四年七月甲辰朔，十五年六月丁巳朔，十七年六月甲戌朔，二十一年七月壬午朔，二十二年十二月癸酉朔，二十四年五月乙未朔，三十年十二月辛亥朔；定公五年三月辛亥朔，十二年十一月丙寅朔。十五年八月庚辰朔。後世稱《春秋》三十七次日食，還包括獲麟以後哀公十四年五月庚申朔的一次日食。

3. “彗星三見”，《春秋》三次彗星紀錄爲，文公十四年七月有星入於北斗，昭公十七年冬有星孛於大辰，哀公十三年有星占於東方。

4. “宋襄公時星隕如雨”，此引星隕如雨的年代有誤，實爲魯莊公七年而非宋襄公時，宋襄公時有隕石記載。

5. “五伯”，齊桓公、晉文公、秦穆公、宋襄公、楚莊王。

6. “更爲主命”，以次行使盟主的命令。

7.“爲強伯”，秦祖初封於西戎，楚祖初封於荊蠻，吳祖、越祖初封於東越，地位低微，皆戎夷之地，故言“夷狄”。後秦穆、楚莊、吳闔閭、越句踐時皆國勢強大，得以封伯。

8.“田氏篡齊”，齊爲姜姓國，周安王二十三年齊康公卒，田和立爲齊侯，篡奪齊國政權。

9.“三家分晉”，周安王二十六年，魏武侯、韓文侯、趙敬侯滅晉，共分其地。

10.“十二諸侯”，指春秋十二諸侯，它們是魯、齊、晉、秦、楚、宋、衛、陳、蔡、曹、鄭、燕。“七國”，指戰國七雄秦、楚、齊、燕、韓、趙、魏。

11.“凌雜”，凌亂龐雜。“米鹽”，指細小瑣事。

二十八舍主十二州，[1] 斗秉兼之，[2] 所從來久矣。秦之疆也，候在太白，占於狼、弧。[3] 吳、楚之疆，候在熒惑，占於鳥衡。燕、齊之疆，候在辰星，占於虛、危。宋、鄭之疆，候在歲星，占於房、心。晉之疆，亦候在辰星，占於參罰。

【注釋】

1.“二十八舍主十二州”，《星經》二十八舍主十二州的分法如下：“角亢，鄭之分野，豫州；氐房心，宋之分野，豫州；尾箕，燕之分野，幽州；南斗牽牛，吳越之分野，揚州；須女虛，齊之分野，青州；危室壁，衛之分野，并州；奎婁，魯之分野，徐州；胃昴，衛之分野，冀州；畢觜參，魏之分野，益州；東井輿鬼，秦之分野，雍州；柳星張，周之分野，三河；翼軫，楚之分野，荊州也。”

2. “斗秉兼之”，言斗柄所主之地域，也大致與二十八宿主十二州相仿。斗柄通過十二辰指向，主不同地域之占候。

3. “秦之疆也，候在太白”，古人以中原爲天下之中央，秦在西，故以金星爲“候”，以西方星宿爲“占”。“狼、弧”是另一套二十八宿系統之宿名。下可推知，不再加注。

及秦併吞三晉、燕、代，自河山以南者中國。[1]中國於四海內則在東南，爲陽；[2]陽則日，歲星、熒惑、填星；[3]占於街南，畢主之。其西北則胡、貉、月氏諸衣旃裘引弓之民，爲陰；陰則月、太白、辰星；占於街北，昴主之。[4]故中國山川東北流，其維，首在隴、蜀，尾沒於勃、碣。是以秦、晉好用兵，復占太白，太白主中國；[5]而胡、貉數侵掠，獨占辰星，辰星出入躁疾，常主夷狄：其大經也。此更爲客主人。[6]熒惑爲孛，[7]外則理兵，內則理政。故曰“雖有明天子，必視熒惑所在”。諸侯更強，時災異記，無可錄者。

【注釋】

1. “河山”，黃河、華山。

2. “四海內”《正義》引《爾雅》云：“九夷、八狄、七戎、六蠻，謂之四海之內。”南爲陽，北爲陰，故東南爲陽，西北爲陰。

3. “陽則日、歲星、熒惑，填星”，太陽爲陽，月亮爲陰，外行星爲陽，內行星爲陰，即木火土爲陽，金水爲陰。《正義》云：“日，陽也。歲星屬東方，熒惑屬南方，填星屬中央，皆在南及東，爲陽也。”

4. “於街南，畢主之”、“於街北，昴主之”，昴畢間有天街二星，爲黃道所經，所以主國界。街南爲華夏之國，街北爲夷狄之國。街南近畢，街北近昴，故曰“於街南，畢主之”、“於街北，昴主之”。

5. “太白主中國”，秦、晉屬西北，爲陰，占辰星太白。然秦、晉好用兵，必與中國發生關係，故太白也主中國。

6. “更爲客主人“，《正義》引《星經》云：“辰星不出，太白爲客；辰星出，太白爲主人。”

7. “孛”，悖亂。熒惑主悖亂，所以下文說，唯有賢明的君主，一定要觀察熒惑之所在。

秦始皇之時，十五年彗星四見，久者八十日，長或竟天。其後秦遂以兵滅六王，[1]併中國，外攘四夷，死人如亂麻，因以張楚並起，三十年之間兵相駘藉，[2]不可勝數。自蚩尤以來，未嘗若斯也。

項羽救鉅鹿，枉矢西流，山東遂合從諸侯，西坑秦人，誅屠咸陽。

漢之興，五星聚於東井。[3]平城之圍，月暈參、畢七重。[4]諸呂作亂，日蝕，晝晦。吳楚七國叛逆，彗星數丈，天狗過梁野；[5]及兵起，遂伏屍流血其下。元光、元狩、蚩尤之旗再見，[6]長則半天。其後京師師四出，[7]誅夷狄者數十年，而伐胡尤甚。越之亡，熒惑守斗；朝鮮之拔，星茀於河戍；[8]兵征大宛，星茀招搖：此其犖犖大者。[9]若至委曲小變，不可勝道。由是觀之，未有不先形見而應隨之者也。

【注釋】

1. "六王"，韓王安、趙王遷、魏王假、楚王負芻、燕王喜、齊王建。

2. "駘"，音"台"。"駘藉"，踐踏。

3. "東井"秦之分野。漢王入秦，五星從歲星聚於東井，是高祖受命的符應。

4. "參、畢"，晉之分野。高祖出擊匈奴，至平城被冒頓圍困七日，故有"月暈參、畢七重"之應。

5. "天狗"，大的火流星。"天狗過梁野"，言天狗流過梁地的田野而墜於地。

6. "蚩尤之旗"，彗尾彎曲的彗星。

7. "京師師四出"指元光元年衛青伐匈奴，元狩二年霍去病擊胡，元鼎五年路博德破南越等。

8. "茀"，音"配"，即孛星。"河戍"，即河南、河北。

7. "犖"，音"洛"。"犖犖"，分明的樣子。

夫自漢之爲天數者，星則唐都，氣則王朔，占歲則魏鮮。故甘、石歷五星法，唯獨熒惑有反逆行；逆行所守，及他星逆行，日月薄蝕，[1]皆以爲占。

余觀史記，考行事，百年之中，五星無出而不反逆行，反逆行，嘗盛大而變色；日月薄蝕，行南北有時：此其大度也。故紫宮、房心、權衡、咸池、虛危[2]列宿部星，[3]此天之五官坐位也，爲經，不移徙，大小有差，闊狹有常。水、火、金、木、塡星，此五星者，天之五佐，爲緯，見伏有時，所過行贏縮有度。

日變修德，月變省刑，[4]星變結和。凡天變，過度乃占。國君，強大有德者昌；弱小飾詐者亡。太上修德，其次修政，其次修救，其次修禳，正下無之。夫常星之變希見，而三光之占亟用。日月暈適，[5]雲風，此天之客氣，其發見亦有大運。然其與政事俯仰，最近天人之符。此五者，天之感動。爲天數者，必通三五。[6]終始古今，深觀時變，察其精粗，則天官備矣！

【注釋】

1. "薄蝕"，《集解》，引韋昭曰："氣往迫之爲薄，虧毀爲食。"

2. "房心、權衡、咸池、虛危"，二十八宿四象中的主體星宿。

3. "列宿部星"，列宿各部之星。

4.“智刑”，減少刑罰。

5.“適”，至也。“日月暈適”，義爲日月暈的發生。

6.“三五”，《索隱》認爲是指日月星三辰和五大行星；王元啓以爲是指上文所言五百歲三大變。

蒼帝行德，天門爲之開。[1]赤帝行德，天牢爲之空。[2]黃帝行德，天夭爲之起。[3]風從西北來，必以庚、辛。一秋中，[4]五至，大赦；三至，小赦。白帝行德，以正月二十日、二十一日，月暈圍，常大赦，載謂有太陽也。[5]一曰：白帝行德，畢、昴爲之圍；圍三暮，德乃成；不三暮，及圍不合，德不成。二曰：以辰圍，不出其旬。黑帝行德，天關爲之動。[6]天行德，天子更立年；[7]不德，風雨破石。三能、三衡者，天廷也。[8]客星出天廷，有奇令。[9]

【注釋】

1.王元啓認爲自“蒼帝行德”至篇末當移入上段“最近天人之府”之後。“天門”，指角宿。春天，萬物萌發，蒼帝行德，故天門開。

2.“天牢”，在斗魁下。夏陽主舒，萬物競長，赤帝行德，赦宥罪犯，故天牢空。

3.“天夭爲之起”，少長曰“夭”。“天夭爲之起”即少長之物開始形成。

4.“一秋中”，以下五句言在秋季西北風若五至，則主大赦，若三至，則主小赦。

5.“載謂有大陽也”，意義不明。王元啓以爲是前候歲之注文衍人。

6.“天關“，此星在五車南。天關動，言黑帝行德，天關行動也。

7.“天子更立年”，舊注釋作天子更改年號。根據文義，在四季終了之後，便進入下一年，似爲改年之義。

8.“三能、三衡”，《正義》曰：“言三台三衡（三衡者，北斗爲衡，太微爲衡，參四星爲衡）者，皆天帝之庭，號令舒散平理也，故言三台三衡。言若有客星出三台三衡之廷，必有奇異教令也”。王元啓說：“《正義》以杓、三星爲天廷，其說無稽。又《索隱》、《正義》皆蒙上三台爲解，故辭費而義晦。”故認爲“三能三”以下有缺文。

9. 以上爲太史公的直接評論和小結。

譯文

（四）、總論

太史公評論說，自從開始有人類以來，君主哪有不推算日月星辰的運行以定曆法呢?待到三皇五帝時，他們承繼前人的知識，並且進一步發揚光大。他們盡力發展中原的文化，對外治理夷狄，分中國爲十二州。抬頭則觀察天象的運行法則，低頭則取法於地上萬物的變化規律，天有日、月之分，地有陰消陽化之別；天有五星的運行，地有五行的交替變化；天有列宿的分布，地有州域的臨接。日月星三光，是地上陰陽的精氣上升後形成的，這精氣的根源則在地上，所以聖人能夠認識和掌握它。

幽王、厲王以前的事，那已經是很久遠了。所見到的天變，都是各國特殊的現象，並沒有代表性，各家以不同的物異變怪來占卜，用以牽合當時的應驗，因此，古代流傳下來的圖籍中所記載的吉凶徵兆，並不全都可以作爲法則。所以孔子在論六經時，只記載奇異天象，並不論及應驗的狀況。以至於天道性命的理論並不輕易外傳；即使傳授，也不必詳細解說，只能自己去領略其中的奧妙；如果傳授的並非是合適的人，即使給他詳細解說了，也不能理解。

以往傳授天數的人，在高辛氏以前有重、黎，在唐、堯、虞、舜時有羲氏、和氏；夏、代有昆吾；殷商有巫咸；周王室有史佚、萇弘；在宋國有子韋；鄭國有裨竈；齊國有甘公；楚國有唐昧；趙國有尹皋；魏國有石申夫。天運是三十年一小變，一百年一中變，五百年一大變，三大變爲一紀，三紀而齊全，完成了一個循環。所以當政的人必須要密切關注三十年一小變，五百年一大變的規律，並細察前後各千年的情況，然後天人之間的關係才能保持完備。

太史公研究古代的天變，卻沒有一件是現在可能詳考的。大概在春秋二百四十二年之間，日食記錄三十六次，彗星三見，宋襄公時星的隕落像下雨似的頻繁。那時天子微弱，諸侯以武力決定政事，五伯一個接一個地興起，相繼做盟主。從此以後，強眾的欺凌弱寡，大國並吞小國。秦、楚、吳、越等國，本來均是夷狄之邦，後來相繼成爲強伯。田氏篡奪了齊國，韓、趙、魏三家分晉，開始了戰國時代。各國爭相攻城略地、戰爭一個接著一個，城市和都邑數次遭到屠殺和破壞，人民飢饉、疾疫，焦慮痛苦萬分，各國君臣都感到憂慮患難，因此伺察吉凶的預兆，占侯星象雲氣的工作，就顯得更爲重要了。近代十二諸侯征戰，七國相繼稱王，獻合縱連橫之計的前行後繼，尹皋、唐昧、甘公、石申夫等依據當時的時勢，在著述中各自寫下了他們依災異占時勢的思想，因此他們的占驗凌亂龐雜，如米鹽般地瑣碎。

以二十八宿的分野主占十二州的吉凶，同時以北斗斗柄所指十二方位配合進行占卜這種方法由來已久。秦國的疆域在西方，所以候在太白，占於狼星、弧星。吳、楚的疆域在南方，所以候在熒惑，占於鳥星、衡星。齊、燕的疆域在北方，所以候在辰星，占於虛宿、危宿。宋、鄭的疆域在東方，所以候在歲星，占於房宿、心宿。晉國的疆域在北方，所以也候在辰星，占於參罰。

秦國並吞三晉、燕、代以後，自黃河、華山以南爲中國。中國對於海內來說，在東南部，所以爲陽；陽則主於太陽、歲星、熒惑、塡星；陽占於街南，以畢宿爲主。西北則是胡、貉、月氏等穿皮衣拉弓的民族，爲陰；陰則主月、太白、辰星；陰占於街北，以昴星爲主。中國的山川爲東北走向，其維繫之處首在隴、蜀，尾沒於勃、碣。所以秦晉好用兵，還得占太白，則太白也主中國；而胡、貉屢次侵略，獨佔於辰星，辰星出入總是匆忙急躁，所以主夷狄。以上是大概的古法。這是太白更換著做客、主人的狀況。熒惑爲悖亂，對外則主兵，對內則主政。所以說“雖有聖明的天子，還必須要考慮熒惑的所在”。至於諸侯更迭強霸，不同時期對災異應驗的說法不同，所以也就難以記錄了。

秦始皇的時候，在十五年中彗星四見，停留時間長久的達八十天，長度有的甚至橫直整個天空。其後秦國終於以兵力滅了六國，統一中國，向外攘除四夷，以至於死人如麻。後來張楚群雄並起，在前後三十年間兵革一次又一次，不可勝數，這是自蚩尤以來，還沒有像這樣的。

項羽救鉅鹿時，顯現出枉矢（大流星）向西奔流的異常天象。他與太行山以東的諸侯聯合起來，西進坑埋秦國士兵，屠毀咸陽。

漢朝興起時，有五星聚於東井的瑞象。高祖與匈奴作戰，被圍平城。月亮五行於參、畢二宿之間，有月暈七重的異常天象。參主趙地，畢主邊兵，七重正應著被圍七日。諸呂作亂，有日食之應驗，白天突然昏暗了下來。吳楚七國反叛時，有彗星出現，長數丈；天狗星隕落梁地；等到戰亂發生時，果然伏屍流血於梁地。元光、元狩年間，有蚩尤旗（彗星）再次出現，長達半個天空。後來京師軍隊四出，與夷狄戰爭數十年，討伐胡人尤其激烈。越國滅亡的時候，正好顯出熒惑守南斗的天象；朝鮮被攻取的時候，孛星正出現在河戍（南河、北河）；兵征大宛的時候，孛星正守在招搖，這些都是明顯能應驗。至於那些曲折細小的天變，也就無法一一詳說了。由此可以看出，沒有不先見天變而隨之應驗的。

自漢朝以來推算天數的人中，觀測星象的有唐都，候氣的有王朔，占歲的有魏鮮。從前甘公、石申夫的五星步法中，只有熒惑有反向的逆行。所以熒惑逆行所守，及其它行星的逆行，日、月食和薄食，都用來占卜。

我閱讀舊史的記載，考察五星運行的事，在百年之中，五星中沒有出而不反向逆行的。行星在逆行時，曾經變得更大，顏色也有變化。日月相薄、相食，是由於月亮行南、行北有差別的原因，這是大致的法則。所以，紫宮、房心、權衡、咸池、虛危等各別宿分部的星，是天的五官坐位，是經，相互之間的位置並不移動，其間的距離雖然大小有差別，但其闊狹是一定的。水火金木土這五顆星，是天的五個輔佐，爲緯，它們的見伏，都有一定的時間，運行所到達的星宿和贏縮所引起的變化，都有一定的度數。

當政的人看到日變時應該修德，看到月變時應該減少刑罰，看到星變時應團結和睦。凡是天變，都是超過通常的狀況才去占候。國君強大有德時則昌盛；弱小虛飾僞詐時則消亡。最好的方法是修德，其次是修政，其次是修教，再次是修禳，最次的方法是沒有的。恆星的變化很少見到，而日月五星的占卜則經常用到。日暈、月暈、交食、雲和風，這些是天上的客氣，是不常見到的。當它出現的時候，伴隨著也有其它大的變動，但還是這些與政事的關係最密切，最接近天人之間的交通關係。日暈、月暈、交食、雲和風此五種現象，是天用以感動人心的，所以研究天數的人，必須精通三光五星的變化，推本古今天象與人事之間的相應關係，那麼天官這門學問也就算齊備了。

當蒼帝行德的時候（春），天門爲此而打開。赤帝行德的時候（夏），天車因此而空虛。黃帝當政的時候（季夏），天夭由此而出現。金風從西北來，必定在庚辛這兩個月。在整個秋季中，如果西北風來五次，主大赦；來三次，主小赦。白帝行德的時候（秋），如果正月二十日、二十一日月暈成圍，則有大赦。有一種說法是，白帝行德時，在畢昴間月爲暈所圍，如圍三個晚上，則德便成，如圍不到三個晚上，或圍得合不攏，則德不成。另一種說法是，以辰星所圍是否超過十日爲占。黑帝行德時（冬），天關星爲此而動。五帝各行德完畢，則天子要改歲了。如果不順著五帝行德，將有奇風、怪雨、破石驚天的災殃。三能、三衡是天廷。如果有客星出現在天廷，這是天帝發出異常號令的徵兆。

六

《史記・曆書》注譯

昔自在古[1]，歷建正作於孟春。[2]於時冰泮發蟄[3]，百草奮興，秭鳺先滜[4]。物乃歲具，[5]生於東，次順四時，卒於冬分[6]。時雞三號，卒明。[7]撫十二月節，卒於丑。[8]日月成，故明也。[9]明者孟也，幽者幼也，幽明者雌雄也。雌雄代興，而順至正之統也。[10]日歸於西，起明於東；月歸於東，起明於西。[11]正不率天[12]，又不由人，則凡事易壞而難成矣。

王者易姓受命，必慎始初，改正朔，[13]易服色，推本天元，[14]順承厥意。[15]

【注釋】

1. "昔自在古"，自此至"難成矣"這段文字與《大戴禮記・誥志》類似，字句略有不同。"古"，《大戴禮記》作"虞夏"。

2. "歷建正作於孟春"，古曆一年分爲四季，一季分爲孟、仲、季三個月。孟春指春季的第一個月。上古時以黃昏時北斗斗柄的指向來定季節。指北爲子月，指北偏東爲丑月，東偏北爲寅月，正東爲卯月，依次類推。稱爲一年十二月建。以傍晚時斗柄指子之月爲正月的曆法，又簡稱爲子正，順次有丑正、寅正等。“建正作於孟春”，即是指以寅月爲正月。

3.“泮”，融解。“發”，奮起。

4.“秭鳺”，音“子歸”，子規鳥，即杜鵑。“滜”，有二解，一音“豪”，義與“嘷”同。文意爲子規先鳴，一音“則”，義同“澤”，《索隱》釋作“子規鳥春氣發動，則先出野澤而鳴”，即以此爲解。

5.“具”，具備。言一歲萬物循環一次。

6.“卒”，盡。“冬分”，即冬至。

7.“卒”，同前釋作“盡”，不必引申作其它解釋。言古曆以雞三號畢，天明時，爲一日之始。

8·“撫”，循。“撫十二月節，卒於丑”，言一年十二月終於丑月。《正義》釋作一天中的丑時，不確。

9·“日月成，故明也”，此六字義不明，或是“日月成行，故有明幽”之義。《諸志》作“日月成歲，曆再閏以顧天道，此謂歲”。

10.“雌雄代興，而順至正之統”，晝曰“雄”，夜曰“雌”春夏曰“雄”，秋冬曰“雌”。“雌雄”即陰陽。言陰陽循環，形成正常的秩序。

11.“口歸於西，起明於東；月歸於東，起明於西”，言每日太陽從東方昇起，落於西方；每月月初時月亮初見於西方，月末時消失於東方。

12.“正不率天，又不由人”，《諸志》作“政不率天，下不由人”。古時“政”、“正”二字通用。此下三句言如果上不順天道，下不順民情，則一切政治措施都易壞難成。

13.“正朔”，即正月朔日。“改正朔”包括改定歲首和初一。

14.“推本天元”，即推算天運的初始狀態，也就是推算上元。後世關於不設上元不能成爲官方曆法而只能稱作民間小曆的思想，皆出於此。

15.“厥”，其。王者受天命，則“厥意”即指天意。

太史公曰：神農以前尚矣。蓋黃帝考定星歷，[1]建立五行，[2]起消息，[3]正閏餘，[4]於是有天地神祇物類之官，是謂五官。各司其序，不相亂也。民是以能有信，神是以能有明德。民神異業，敬而不瀆，故神降之嘉生，民以物享，[5]災禍不生，所求不匱。

【注釋】

1.“考定星歷”即考星定曆。月序和節氣以星出沒的方位來確定。

2.“五行”。也稱五氣或五節，春木、夏火、季夏土、秋金、冬水。每行七十二日，也以星的出沒方位考定。

3.“消息”，《正義》引皇侃云：“乾者陽，生爲息；坤者陰，死方消。“消息”即陰陽，春夏爲陽爲息，秋冬爲陰爲消。“正閏餘”《集解》引《漢書音義》曰：“以歲之餘爲閏，故曰閏餘。”農曆和陽曆都有閏餘，農曆以一年十二月之餘日爲閏餘，陽曆以日餘爲閏餘。“正閏餘”，爲以閏餘調整季節。“嘉”，指嘉穀。“物”指犧牲。“神降之嘉生，民以物享”，言神降嘉穀以利民生，人獻犧牲以給神享。

少皞氏之衰也，九黎亂德[1]，民神雜擾，不可放物，[2]禍災薦至，莫盡其氣。[3]顓頊受之，乃命南正重司天以屬神，[4]命火正黎司地以屬民，[5]使復舊常，無相侵瀆。

【注釋】

1“九黎亂德”，即諸侯作亂。九黎爲遠古時位於中國南方的少數民族。此句謂九黎不服從少皞氏的統治。

2“放物”，即方物。《易》云：“方以類聚，物以群分。”今民神雜擾，群類混淆，故說“不可方物”。

3“氣”，可理解爲時節。“莫盡其氣”，謂人們無法享盡天年。

4“南正”，觀測昴星以定春夏的曆官。

5“火正”，觀測大火星以定秋冬的曆官。天爲陽，地爲陰；春夏爲陽，秋冬爲陰；神爲陽，民爲陰。故有“命南正重司天以屬神，命火正黎司地以屬民”之說。

其後三苗服九黎之德，[1] 故二官咸廢所職，而閏餘乖次，[2] 孟陬殄滅，[3] 攝提無紀，歷數失序。[4] 堯復遂重黎之後，不忘舊者，使復典之，而立羲和之官。明時正度，則陰陽調，風雨節，茂氣至，民無夭疫。年耆禪舜，申戒文祖，[5] 云“天之歷數在爾躬”。[6] 舜亦以命禹。由是觀之，王者所重也。

【注釋】

1.“服”，從。言三苗也學九黎的樣子作亂。前曰“九黎亂德”，九黎之德，“德”作政策、規則解。“服九黎之德”，爲實行九黎的政策，此指頒行九黎的曆法。

2.“乖”，違背、錯亂。“次”，十二次。言斗建與月序錯亂。

3.“孟娵”，正月。“娵”，音“周”。“殄”，音“舔”。“殄滅”，即消滅。言由於閏餘錯亂，使正月消失，也就不得其正了。

4.“攝提無紀，歷數失序”，古時以斗柄所指定十二月建，攝提星在斗柄延長線上，所以也可以攝提星定月序。由於閏餘乖次，孟陬殄滅，也就無法用攝提星來紀月了，所以曆數失序，即月的次序混亂。“申戒文祖”，言於文祖廟申戒舜。

6“天之歷數在爾躬”，言觀象授時的職責由你承擔。

夏正以正月，殷正以十二月，周正以十一月。蓋三王之正若循環[1]，窮則反本。天下有道，則不失紀序；無道，則正朔不行於諸侯。

幽厲之後，周室微，陪臣執政，史不記時，君不告朔[2]，故疇人子弟分散，[3]或在諸夏，或在夷狄，以其禨祥廢而不統，[4]周襄王二十六年閏三月，而《春秋》非之。[5]先王之正時也，履端於始，[6]舉正於中，[7]歸邪於終。[8]履端於始，[9]序則不愆；舉正於中，民則不惑；歸邪於終，事則不悖。

【注釋】

1.“三王之正若循環”，此爲三正循環的理論，子丑寅三正作循環交替。夏用寅正，殷用丑正，周用子正，秦漢又用寅正。

2.“告朔”，周朝君主和諸侯都有每月於廟告朔的祭禮。

3.“疇人”，一說謂家業世世相傳之人，一說謂知星人，係指懂天文知曆算的人。

4.“禨祥”，《集解》引如淳曰：“今之巫祝禱祠淫把之比也。”

5.“《春秋》非之”，指周襄王二十六年（魯文公元年），魯曆於三月置閏，由於當時習慣於歲終置閏，故《左傳》文公元年批評說閏三月“非禮也”。語出《春秋左氏傳》而非《春秋經》。

6.“履端於始”，指制曆時將各種天文數據的起始點排齊，選擇一共同的起點，如十一月、朔旦、冬至、夜半，也即首先確定一個曆元。

7.“舉正於中”，將每年中間各個月都放正。

8.“邪”，音“於”，同“餘”。言將餘分放在歲末，即歲終置閏。

9.“履端於始”，此下諸句言履端於始，曆法推算起來就會井井有條；舉正於中，就會便利人民的應用，不會弄錯；歸邪於終，月序和季節就不會錯亂。

其後戰國並爭，在於強國禽敵，[1] 救急解紛而已，豈遑念斯哉！是時獨有鄒衍，明於五德之傳，[2] 而散消息之分，[3] 以顯諸侯。而亦因秦滅六國，兵戎極煩，又升至尊之日淺，未暇遑也。而亦頗推五勝，[4] 而自以爲獲水德之瑞，[5] 更名河曰“德水”，而正以十月，[6] 色尚黑。然曆度閏餘，未能睹其真也。

【注釋】

1“禽”，通“擒”。

2“明於五德之傳”，鄒衍《主運》說：“終始五德，從所不勝，木德繼之，金德次之，火德次之，水德次之。”即木勝土，金勝木，火勝金，水勝火，土勝水．鄒衍認爲，政權的更迭是按五行相勝的順序進行的。

3“消息”，即陰陽。所以司馬遷說鄒衍“深陰陽消息，而作怪迂之變”。

4“頗推五勝”，《鄒子》說：“五德從所不勝，虞土，夏木，殷金，周火。”

5“自以爲獲水德之瑞”，秦也相信五勝之說，周火德衰，水勝火，故秦得水德。

6“正以十月”，指以十月爲年始。秦用顓頊曆，行夏正，以十月爲年始，閏在後九月，沿用閏在年終的習慣。

漢興，高祖曰“北畤待我而起”，[1]亦自以爲獲水德之瑞。雖明習歷及張蒼等，咸以爲然。是時天下初定，方綱紀大基，高后女主，皆未遑，故襲秦正朔服色。

至孝文時，魯人公孫臣以終始五德上書，言：“漢得土德，[2]宜更元，改正朔，易服色。當有瑞，瑞黃龍見。”[3]事下丞相張蒼，張蒼亦學律歷，以爲非是，罷之。其後黃龍見成紀，張蒼自黜，所欲論著不成。而新垣平以望氣見，頗言正歷服色事，貴幸，後作亂，故孝文帝廢不復問。

【注釋】

1.“北畤”，劉邦也以爲漢獲水德，水位在北方，故漢代祭祀天地的地方叫北畤。“畤”，音“志”。

2.“漢得土德”，依鄒衍五行相勝說，周火，秦水，漢土。

3.“瑞黃龍見”，五行與五色相應，木青，火赤，土黃，金白，水黑。漢土德爲黃色，故說有黃龍之瑞。

至今上即位，招致方士唐都，分其天部；[1]而巴落下閎運算轉歷，然後日辰之度與夏正同。乃改元，更官號，封泰山。因詔御史曰：“乃者，[2]有司言星度之未定也，廣延宣問，以理星度，未能詹也。[3]蓋聞昔者黃帝合而不死，[4]名察度驗，[5]定清濁，[6]起五部，[7]建氣物分數。[8]然蓋尙矣。書缺樂弛，[9]朕甚閔焉，朕唯未能循明也。[10]紬績日分，[11]率應水德之勝。[12]今日順夏至，[13]黃鐘爲宮，林鐘爲徵，太簇爲商，南宮爲羽，姑洗爲角。自是以後，氣復正，羽聲復淸，名復正。以至子日當冬至，[14]則陰陽離合之道行焉。十一月甲子朔旦冬至已詹，其更以七年爲太初元年。[15]年名“焉逢攝提格”，[16]月名“畢聚”，[17]日得甲子，夜半朔旦冬至。[18]

【注釋】

1.“分其天部”，即將赤道分判爲二十八個不同等的部份。太初曆二十八宿的分度與顓頊曆不同，是唐都重新分判的。唐都所分二十八値據太初曆爲角12、亢9、氐15、房5、心5、尾18、箕11、斗26、牛8、女12、虛10、危17、營室16、壁9、奎16、婁12、胃14、昴11、畢16、觜2、參9、鬼4、柳15、星7、張18、翼18、軫17。據潘鼐《中國恆星觀測史》考證古度爲：角12、亢10、氐17、房7、心11、尾9、箕10、南斗22、牽牛9、織女10、虛14、危9、營室20、東壁15、奎12、婁15、胃11。

2.“乃者”；以往。

3.“詹”，同“瞻”，引申爲省視。言以往有司言二十八宿星度未定，廣泛徵求意見，也未能弄清。

4.“合而不死”，指建立符合天象的曆法，循環無窮。

5.“名察度驗”，即察名驗度，意謂能明察天象的名稱，測定其行度。

6.“定清濁”，定律呂的清濁。

7.“起五部”，即立五行。

8.“建氣物分數”，建立起節氣物候相距的日數。

9.“閔”，同“憫”，憂傷。

10.“循明”，執行明政。《史記正訛》認爲“循”爲“修”字之誤。

11.“紬績”，紡織。意謂現今將時間像紡織一樣按年月日組織起來。

12.“應水德之勝”，意謂應勝水德的土德。五行土勝水。

13.“夏至”，《索隱》云：“謂夏至、冬至。”

14.“子日當冬至”，謂正逢子日爲冬至。

15.“以七年爲大初元年”，以元封七年爲太初元年。

16.“焉逢”爲甲，“攝提格”爲寅。則此曆太初元年爲甲寅年。這是司馬遷新曆改定的年名。太初二年端蒙單閼爲乙卯，以下順此類推。它與干支紀年和漢初的太歲紀年都不銜接。

17.“畢聚”，正月的異名。“聚”，同“陬”。新曆以冬至所在月爲正月。

18.“夜半朔旦冬至”，此曆以太初元年冬至朔旦夜半爲曆元。

譯文

在遠古的時候，曆法的正月設在孟春。這個時候，冰融解了，蟄居的動物也開始活動，各種植物都競相生長，子規鳥也先叫了起來。萬物的生長一歲循環一次，從春天開始，順著四季生長，盡於冬季。以雞叫三遍天明時，作爲一天的開始；一年從孟春正月起，經過十二個月的節氣，終於丑月。日月交替的運動，形成明暗的變化。明相當於孟，就是長的意思；幽相當於幼，就是小的意思。幽明就相當於雌雄，代表月與日。雌雄的交替變化，便成年月的更迭。每天太陽隱沒在西方，第二天又出現於東方；每個月底時，月亮隱沒於東方，第二個月開始時，又出現於西方。如果上不合天時，下不順民情，那麼任何政治措施都容易敗壞而難以成功。

隨著時代的改變，王天下的人改換了姓名，接受天命而治理百姓，初始時必須要慎重，接位後要改正朔，易服色，推定正確的天運的初始時刻，以順承上天的意志。

太史公評論說：神農以前已經太久遠了，從黃帝開始，考察星象，制定曆法，建立起五行的運行，陰陽消長的變化，設立閏餘以調整季節，於是有天地神和物類的官，稱爲五官。五官各自職掌自己的秩序，所以不相混亂。以致於人民能夠誠實地事奉神明，神明也有恩賜於人民。人和神所從事的事業不同，相互敬重而不侵瀆。那麼神就會賜給人嘉穀，人也以犧牲獻給神享用。這樣災禍就不會產生，所求的東西也不至於匱乏。

到了少皞氏衰微的時候，九黎作亂，破壞了原有的法則，擾亂了人與神之間的關係，以至於二者無法區分，各種災禍也就接踵而來，人也就無法享盡天年。顓頊受命治理天下的時候，就命令南正重主管有關天的事務，負責祀神；命令火正黎主管有關地的事務，負責理民。使恢復已往正常的秩序，不致互相侵擾。

後來三苗又學著九黎的樣子起來作亂，以至於天地二官也荒廢了他們的職事。使閏餘安排發生錯亂。到帝堯的時候，又找到重黎後代中不忘舊業的人，讓他們繼續執掌此事，重新設立羲和的官職。這樣，時節明白了，曆度也正了，於是陰陽調和，風雨也按時到來，興旺景象降臨到人間，社會上也無妖疫發生。帝堯年老時讓位給舜，在神廟告戒他說："觀象授時的責任落在你的身上了啊！"舜年老時也以此告誡禹。從這點看起來，曆法一向是王者所重視的工作。

夏朝以寅正爲正月，殷朝以寅正的十二月爲正月，周朝以寅正的十一月爲正月。三代的正月就是這樣依次循環的，一周循環完畢，再從頭開始。國王的政策賢明，天下太平，則紀年和月序都有條不紊，如果無道，則諸侯各自爲政，以皇權象徵的國王所制訂的正朔，就無法在諸侯間通行。

自從幽王、厲王以後，周王室衰微，原本輔佐的卿大夫執掌國政，史官不能精確地記載四時，國君也廢棄了每月初一告朔於廟的禮節。於是原本爲王家服務的懂得天文曆算的人及其後代就四處流散，有的在若干夏朝後裔的國家中任職，有的則到遠處邊陲的夷狄去爲他們服務。這樣一來，他們察知吉凶之兆的方法就被廢棄而得不到行用。周襄王二十六年，也即魯文公元年，魯曆將閏月置於三月，而《左傳》以爲不符合禮制。因爲古代帝王定曆，首先要選定冬至朔旦夜半齊同作爲曆元，便各種天文數據都排齊於曆元這個起始點，然後將年中的月份放在正常的位置，把閏餘積累起來，滿一個月時就設置一個閏月，放在歲終。把選定各種天文數據齊同的這個時刻作爲曆元，則年月日等的次序就不會失誤；將年中月序按正常法則排列，則人民使用起來就不會感到迷惑，將閏餘置於年終，節氣和月序就不會發生錯亂。

後來到了戰國，各國互相爭戰，君臣上下所關注的只在於使國家富強起來，戰敗敵國，或者挽救危急，排解爭紛而已，哪有餘力去考慮到這些事情呢！那個時候，只有鄒衍，懂得五行循環和陰陽消長的道理，以此顯揚於諸侯。也因爲秦滅六國，戰爭頻繁，加以秦始皇當上皇帝的時間還不久，所以沒有顧及。

雖然如此，他也相信五行相勝的道理自以爲獲得水德的瑞祥，所以將黃河的名字改名爲德水，以十月爲歲首，崇尚黑色。至於日月五星的行度和曆法中的閏餘是否準確，也就未加仔細考慮。

當漢朝興起的時候，高祖曾說：“五帝中的四帝都興盛過了，只有黑帝等待我來建立。”這是他自以爲得到水德的瑞應，即使懂得曆法的官員及張蒼等人，也都以爲如此。這個時候天下初步平定，各種規章制度才剛剛建立，不久高祖就去世了，其後高后女主也未來得及考慮，所以仍然襲用秦朝的正朔服色。

到了孝文帝的時候，魯人公孫臣以五德終始的學說向皇帝上書，稱：“漢朝得到土德，應該變更曆元，修改正朔，變換服色。漢得土德將會有瑞祥出現的，這個瑞祥就是黃龍。”這件事交給丞相張蒼處理，張蒼也學過律曆，他認爲這種說法不正確，就不予理睬。後來黃龍真的在成紀這個地方出現，於是張蒼就自請罷黜，想要論述漢得水德的論著也就沒有完成。這時候，另有一個善於觀天望代以預言政治的名叫新垣平的人渴見天子，也很談論了一些改革曆法和服色的事，很得文帝的寵幸。後來他鬧事作亂，所以文帝也就不再過問這件事了。

到當今天子接位，招來方士唐都，重新將周天的行度分爲二十八個部分，而巴郡落下閎則依照天體運動的規律，推算曆日，爲此得到的日月運行和交會的行度與夏正一樣。於是就改定曆元，更換官號，封泰山。並詔告御史說：“過去主管星曆的官員曾說二十八宿的距度未經確定，便廣泛地徵求意見，以確定二十八宿的距度。但還是未能弄清。曾經聽說黃帝作曆，由於符合天象的運行，所以能持續地使用下去，這種曆法能夠分淸各種天體的名稱，測定它們的行度，審定律呂的清濁，建立起五氣的運行，節氣間相距的日數，和天上各星體相互間的距離。然而，那已經是很久以前的事了，現在有關天文曆數的典籍闕佚，樂理也廢弛了，這是我未能執行明政的過失，我覺得很難過。如今將時間按年月日像織綢一樣地計算清楚了，全都應在勝過水德的土德。現在太陽循著經過夏至、冬至的黃道運行。以黃鐘爲宮聲，林鐘爲徵聲，太簇爲商聲，南呂爲羽聲，姑洗爲角聲。從此以後，節氣又是正確了，作爲定調的最高羽聲又清了。各種名稱也都得到了匡正。以子日逢多至開始起算，則陰陽離合的規律就通行了。現在，十一月甲子朔旦冬至已經相遇，於是便改元封七年爲太初元年。定年名爲焉逢攝提格（甲寅），月名畢聚（正月），以甲子夜半朔旦冬至爲曆元。”

曆術甲子篇[1]

【注釋】

1. “曆術甲子篇”，此爲司馬遷新曆以甲子日爲曆元的曆名。《漢書·律曆志上》曰：至武帝元封七年，“遂詔卿、遂、遷，與侍郎遵、大典星射姓等，議造漢曆。……乃以前曆上元泰初四千六百一十七歲，至於元封七年，復得閼逢攝提格之歲，……已得太初本星度新正。姓等奏不能爲算，願募曆者，更造密度，各自增減，以造漢太初曆。乃選治曆鄧平……凡二十餘人，方士唐都、巴郡落下閎與焉。……乃詔遷用鄧平所造八十一分律曆，罷廢尤疏遠者十七家。”由此可以看出，太初元年即元封七年，當時改曆是經過一次反覆的，原先司馬遷主持改曆，將原封七年定爲曆元，稱爲閼逢攝提格，即甲寅之歲。它就是本篇所說的曆術甲子篇。但射姓等人提出不能爲算，另募鄧平等更造密度，用鄧平所造八十一分律曆，罷疏遠者十七家，此曆術甲子篇當屬罷廢十七家之一。也可將理解爲按曆術推算各年月朔日干支的篇章，甲子即干支之義。

太初元年，歲名“焉逢攝提格”，月名“畢聚”，日得甲子，夜半朔旦冬至。[1]

正北；[2]

十二；[3]

無大餘，無小餘；[4]

無大餘，無小餘；[5]

焉逢攝提格太初元年。[6]

十二

大餘五十四，小餘三百四十八；[7]

大餘五，小餘八；[8]

端蒙單閼二年。[9]

閏十三；[10]

大餘四十八，小餘六百九十六；

大餘十，小餘十六；

游兆執徐三年。[11]

十二

大餘十二，小餘六百三；

大餘十五，小餘二十四；

強梧大荒落四年。[12]

十二

大餘七，小餘十一；

大餘二十一，無小餘；

徒維敦牂天漢元年。[13]

閏十三

大餘一，小餘三百五十九；

大餘二十六，小餘八；

祝犁協洽二年。[14]

十二

大餘二十五，小餘二百六十六；

大餘三十一，小餘十六；

商橫涒灘三年。[15]

十二

大餘十九，小餘六百一十四；

大餘三十六，小餘二十四；

昭陽作鄂四年。[16]

閏十三

大餘十四，小餘二十二；

大餘四十二，無小餘；

橫艾淹茂太始元年。[17]

十二

大餘三十七，小餘八百六十九；

大餘四十七，小餘八；

尙章大淵獻二年。[18]

閏十三

大餘三十二，小餘二百七十七；

大餘五十二，小餘一十六；

焉逢困敦三年。[19]

十二

大餘五十六，小餘一百八十四；

大餘五十七，小餘二十四；

端蒙赤奮若四年。[20]

十二

大餘五十，小餘五百三十二；

大餘三，無小餘；

游兆攝提格征和元年。

閏十三

大餘四十四，小餘八百八十；

大餘八，小餘八；

強梧單閼二年。

十二

大餘八，小餘七百八十七；

大餘十三，小餘十六；

徒維執徐三年。

十二

大餘三，小餘一百九十五；

大餘十八，小餘二十四；

祝犁大荒落四年。

閏十三

大餘五十七，小餘五百四十三；

大餘二十四，無小餘；

商橫敦牂後元元年。

十二

大餘二十一，小餘四百五十；

大餘二十九，小餘八；

昭陽汁洽二年。

閏十三；

大餘十五，小餘七百九十八；

大餘三十四，小餘十六；

橫艾涒灘始元元年。[21]

正西[22]

十二

大餘三十九，小餘七百五；

大餘三十九，小餘二十四；

尚章作噩二年。

十二

大餘三十四，小餘一百一十三；

大餘四十五，無小餘；

焉逢淹茂三年。

閏十三；

大餘二十八，小餘四百六十一；

大餘五十，小餘八；

端蒙大淵獻四年。

十二

大餘五十二，小餘三百六十八；

大餘五十五，小餘十六；

游兆困敦五年。

十二

大餘四十六，小餘七百一十六；

無大餘，小餘二十四；

強梧赤奮若六年。

閏十三

大餘四十一，小餘一百二十四；

大餘六，無小餘；

徒維攝提格元鳳元年。

十二

　　大餘五，小餘三十一；

　　大餘十一，小餘八；

祝犁單閼二年。

十二

　　大餘五十九，小餘三百七十九；

　　大餘十六，小餘十六；

商橫執徐三年。

閏十三

　　大餘五十三，小餘七百二十七；

　　大餘二十一，小餘二十四；

昭陽大荒落四年。

十二

　　大餘十七，小餘六百三十四；

　　大餘二十七，無小餘；

橫艾敦牂五年。

閏十三

　　大餘十二，小餘四十二；

大餘三十二，小餘八；

尚章汁洽六年。

十二

大餘三十五，小餘八百八十九；

大餘三十七，小餘十六；

焉逢涒灘元平元年。

十二

大餘三十，小餘二百九十七；

大餘四十二，小餘二十四；

端蒙作噩本始元年。

閏十三

大餘二十四，小餘六百四十五；

大餘四十八，無小餘；

游兆閹茂二年。

十二

大餘四十八，小餘五百五十二；

大餘五十三，小餘八；

強梧大淵獻三年。

十二

　　大餘四十二，小餘九百；

　　大餘五十八，小餘十六；

徒維困敦四年。

閏十三

　　大餘三十七，小餘三百八；

　　大餘三，小餘二十四；

祝犁赤奮若地節元年。

十二

　　大餘一，小餘二百一十五

　　大餘九，無小餘；

商横攝提格二年。

閏十三

　　大餘五十五，小餘五百六十三；

　　大餘十四，小餘八；

昭陽單閼三年。[23]

正南[24]

十二

大餘十九，小餘四百七十；

大餘十九，小餘十六；

橫艾執徐四年。

十二

大餘十三，小餘八百一十八；

大餘二十四，小餘二十四；

尙章大荒落元康元年。

閏十三

大餘八，小餘二百二十六；

大餘三十，無小餘；

焉逢敦牂二年。

十二

大餘三十二，小餘一百三十三；

大餘三十五，小餘八；

端蒙協洽三年。

十二

　　大餘二十六，小餘四百八十一；

　　大餘四十，小餘十六；

游兆涒灘四年。

閏十三

　　大餘二十，小餘八百二十九；

　　大餘四十五，小餘二十四；

強梧作噩神雀元年。

十二

　　大餘四十四，小餘七百三十六；

　　大餘五十一，無小餘；

徒維淹茂二年。

十二

　　大餘三十九，小餘一百四十四；

　　大餘五十六，小餘八；

祝犁大淵獻三年。

閏十三

大餘三十三，小餘四百九十二；

大餘一，小餘十六；

商橫困敦四年。

十二

大餘五十七，小餘三百九十九；

大餘六，小餘二十四；

昭陽赤奮若五鳳元年。

閏十三

大餘五十一，小餘七百四十七；

大餘十二，無小餘；

橫艾攝提格二年。

十二

大餘十五，小餘六百五十四；

大餘十七，小餘八；

尚章單閼三年。

十二

大餘十，小餘六十二；

大餘二十二，小餘十六；

焉逢執徐四年。

閏十三

大餘四，小餘四百一十；

大餘二十七，小餘二十四；

端蒙大荒落甘露元年。

十二

大餘二十八，小餘三百一十七；

大餘三十三，無小餘；

游兆敦牂二年。

十二

大餘二十二，小餘六百六十五；

大餘三十八，小餘八；

強梧協洽三年。

閏十三

大餘十七，小餘七十三；

大餘四十三，小餘十六；

徒維涒灘四年。

十二

大餘四十，小餘九百二十；

大餘四十八，小餘二十四；

祝犁作噩黃龍元年。

閏十三

大餘三十五，小餘三百二十八；

大餘五十四，無小餘；

商橫淹茂初元元年。[25]

正東；[26]

十二；

大餘五十九，小餘二百三十五；

大餘五十九，小餘八；

昭陽大淵獻二年。

十二

大餘五十三，小餘五百八十三；

大餘四，小餘十六；

橫艾困敦三年。

閏十三

　　大餘四十七，小餘九百三十一；

　　大餘九，小餘二十四；

尙章赤奮若四年。

十二

　　大餘十一，小餘八百三十八；

　　大餘十五，無小餘；

焉逢攝提格五年。

十二

　　大餘六，小餘二百四十六；

　　大餘二十，小餘八；

端蒙單閼永光元年。

閏十三

　　無大餘，小餘五百九十四；

　　大餘二十五，小餘十六；

游兆執徐二年。

十二

大餘二十四，小餘五百一；

大餘三十，小餘二十四；

強梧大荒落三年。

十二

大餘十八，小餘八百四十九；

大餘三十六，無小餘；

徒維敦牂四年。

閏十三

大餘十三，小餘二百五十七；

大餘四十一，小餘八；

祝犁協洽五年。

十二

大餘三十七，小餘一百六十四；

大餘四十六，小餘十六；

商橫涒灘建昭元年。

閏十三

大餘三十一，小餘五百一十二；

大餘五十一，小餘二十四；

昭陽作噩二年。

十二

大餘五十五，小餘四百一十九；

大餘五十七，無小餘；

橫艾閹茂三年。

十二

大餘四十九，小餘七百六十七；

大餘二，小餘八；

尙章大淵獻四年。

閏十三

大餘四十四，小餘一百七十五；

大餘七，小餘十六；

焉逢困敦五年。

十二

大餘八，小餘八十二；

大餘十二，小餘二十四；

端蒙赤奮若竟寧元年。

十二

大餘二，小餘四百三十；

大餘十八，無小餘；

游兆攝提格建始元年。

閏十三

大餘五十六，小餘七百七十八；

大餘二十三，小餘八；

強梧單閼二年。

十二

大餘二十，小餘六百八十五；

大餘二十八，小餘十六；

徒維執徐三年。

閏十三

大餘十五，小餘九十三；

大餘三十三，小餘二十四；

祝犁大荒落四年。[27]

【注釋】

1.“夜半朔旦冬至”，以上講曆元所在。曆術甲子篇定太初元年爲焉逢攝提格即甲寅歲，而太初曆則爲丁丑歲，兩者干支紀年非但不合，也不相接，並不只相差一兩年，兩種曆法之差距是明顯的。

2.“正北”，指太初元年冬至時太陽在正北方向。四分曆以一回歸年爲三百六十五又四分之一日，一晝夜太陽自東向西運行十二個方位，一個方位爲一個時辰。第一年冬至在夜半，故日在正北。第二年冬至有日餘四分之一日，即在卯時正東，第三年在午時正南，第四年在酉時正西，第五年到正北，下文始元元年“正西”，地節三年“正南”，初元元年“正東”，分別爲以後的第十九、三十八、五十七年，冬至分別有閏餘四分之三、四分之三和四分之一日，故日在正西、正南、正東。

3.“十二”爲太初元年月數，以下有閏之年爲“十三”。

4.“無大餘，無小餘”，此指太初元年正月的合朔時刻，大餘指干支序數，以甲子爲零起數，小餘爲日餘，以九百四十爲朔日法（小餘的分母）。曆元時合朔在甲子夜半，故大餘甲子日干支序數爲零，小餘也爲零。

5.“無大餘，無小餘”，此指太初元年冬至日的干支和時刻，由於曆元冬至日爲甲子夜半，故大餘干支序數爲零，小餘也爲零。

6.“太初元年”，自“正北”起至“太初元年”止，載此年冬至時的太陽方位，一年的日數，歲首的合朔時刻和冬至時刻，最後載年名。以下同此。

7.“大餘五十四，小餘三百四十八”，自曆元時起，一年十二個月後，每個朔望月爲二十九又九百四十分之四百九十九日，積日數爲三百五十四又九百四十分之三百四十八，日數以六十餘棄之，得餘數五十四，這就是大餘五十四、小餘三百四十八的來歷。

8.“大餘五，小餘八”，一回歸年爲三百六十五又四分之一日，日數以六十除棄之，得五又四分之一日。取氣日法（節氣日餘的分母）爲三十二，四分之一日餘爲八分，故有大餘五，小餘八。以下仿此。

9.“端蒙單閼二年”，乙卯歲。“端蒙”爲乙，《爾雅》作“旃蒙”。二年爲太初二年。

10.“閏十三”，一平年十二個月積三百五十四又九百四十分之三百四十八日，一回歸年經十二月後，尙餘十日又九百四十分之八百二十七日，經三個平年之後，歲餘達三十二日有餘，積滿一月，故於此年置閏。四分曆以十九年爲一章，在十九年中共積滿七個閏月。

11.“游兆執徐三年”，丙辰歲。“游兆”爲丙，《爾雅》作“柔兆”。三年，爲太初三年。

12.“強梧大荒落四年”，丁巳歲。“強梧”爲丁，《爾雅》作“強圉”。四年，爲太初年。

13.“徒維敦牂天漢元年”戊午歲。“徒維”爲戊，《爾雅》作。“著雍”。

14.“祝犂協洽二年”，己未歲。“祝犂”爲己，《爾雅》作“屠維”。二年，爲天漢二年。以下同此。

15.“商橫涒灘三年”，庚申歲。“商橫”爲庚，《爾雅》作“上章”。

16.“昭陽作鄂四年”，辛酉歲。“昭陽”爲辛，《爾雅》作“重光”。

17.“橫艾淹茂太始元年”，壬戌歲。“橫艾”爲壬，《爾雅》作“玄黓”。據《索隱》所說，自太始、徵和以下至篇末，其年次皆褚先生所續。

18.“尙章大淵獻二年”，癸亥歲。“尙章”爲癸，《爾雅》作“昭陽”。

19.“焉逢困敦三年”，甲子歲。

20.“端蒙赤奮若四年”，乙丑歲。

21. 四分曆十九年爲一章。此爲第一章結束之年。

22. 正西，加酉時。

23. 此爲第一二章結束之年。

24. 正南，加午時。

25. 此爲第二章結束之年。

26. 正東，加卯時。

27. "祝犁大荒落四年"，爲第四章結束之年。四分曆以十九年爲一章，四章爲一蔀。這個曆表共七十六年，恰爲一蔀之數。經一蔀，季節合朔時刻都回到原處，即回到冬至朔旦夜半。

右歷書：大餘者，日也。小餘者，月也。[1]端蒙者，年名也。支：丑名赤奮若，寅名攝提格。干，丙名游兆。正北，冬至加子時；正西，加酉時；正南，加午時；正東，加卯時。

【注釋】

1. "大餘者，日也，小餘者，月也"其間當缺文，應改爲："大餘者氣之日也，小餘者日之小分也。大餘者月之日也，小餘者日之小分也。"

譯文

曆術甲子篇

曆元爲太初元年，歲名焉逢攝提格，月名畢聚，得甲子夜半冬至。

第一章，第一年正月冬至時，太陽位於正北向，即夜半子時；

平年十二月；

合朔時干支無大餘（即朔日的干支序數爲零，爲甲子日），無小餘（即合朔時刻爲九百四十分之零日，爲子時夜半）；

冬至時無大餘（即冬至干支日序爲零，爲甲子日），無小餘（即冬至時刻爲三十二分之零日，爲子時夜半）；

焉逢攝提格太初元年（甲寅）。

平年十二月；

大餘五十四，小餘三百四十八；

大餘五，小餘八；

端蒙單閼太初二年（乙卯）。

閏年十三月；

大餘四十八，小餘六百九十六；

大餘十，小餘十六；

游兆執徐太初三年（丙辰）。

平年十二月；

大餘十二，小餘六百零三；

大餘十五，小餘二十四；

強梧大荒落四年（丁巳）。

平年十二月；

大餘七，小餘十一；

大餘二十一，無小餘；

徒維敦祥天漢元年（戊午）。

閏年十三月；

大餘一，小餘三百五十九；

大餘二十六；小餘八；

祝犁協洽天漢二年（己未）。

平年十二月；

大餘二十五，小餘二百六十六；

大餘三十一，小餘十六；

商橫涒灘天漢三年（庚申）。

平年十二月；

大餘十九，小餘六百一十四；

大餘三十六，小餘二十四；

昭陽作鄂天漢四年（辛酉）。

閏年十三月；

大餘十四，小餘二十二；

大餘四十二，無小餘；

橫艾淹茂太始元年（壬戌）。

平年十二月；

大餘三十七，小餘八百六十九；

　　大餘四十七，小餘八；

尚章大淵獻太始二年（癸亥）。

閏年十三月；

　　大餘三十二，小餘二百七十；

　　大餘五十二，小餘一十六；

焉蓬困敦太始三年（甲子）。

平年十二月；

　　大餘五十六，小餘一百八十四；

　　大餘五十七，小餘二十四；

端蒙赤奮若太始四年（乙丑）。

平年十二月；

　　大餘五十，小餘五百三十二；

　　大餘二，無小餘；

游兆攝提格徵和元年（丙寅）。

閏年十三月；

　　大餘四十四，小餘八百八十；

　　大餘八，小餘八；

強梧單閼徵和二年（丁卯）。

平年十二月；

　　大餘八，小餘七百八十七；

　　大餘十三，小餘十六；

徒維執徐徵和三年（戊辰）。

平年十二月；

大餘三，小餘一百九十五；

大餘十八，小餘二十四；

祝犁大荒落徵和四年（己巳）。

閏年十三月；

大餘五十七，小餘五百四十三；

大餘二十四，無小餘；

商橫敦牂後元元年（庚午）。

平年十二月；

大餘二十一，小餘四百五十；

大餘二十九，小餘八；

昭陽協治後元二年（辛未）。

閏年十三月；

大餘十五，小餘七百九十八；

大餘三十四，小餘十六；

橫艾涒灘始元元年（壬申）。

第二章第一年正月冬至時，太陽位於正西方，即日落酉時；

平年十二月；

大餘三十九，小餘七百五；

大餘三十九，小餘二十四；

尙章作噩始元二年（癸酉）。

平年十二月；

大餘三十四，小餘一百一十三；

大餘四十五，無小餘；

焉蓬淹茂始元三年（甲戌）。

閏年十三月；

大餘二十八，小餘四百六十一；

大餘五十，小餘八；

端蒙大淵獻始元四年（乙亥）。

平年十二月；

大餘五十二，小餘三百六十八；

大餘五十五，小餘十六；

游兆困敦始元五年（丙子）。

平年十二月；

大餘四十六，小餘七百一十六；

無大餘，小餘二十四；

強梧赤奮若始元六年（丁丑）。

閏年十三月；

大餘四十一，小餘一百二十四；

大餘六，無小餘；

徒維攝提格元鳳元年（戊寅）。

平年十三月；

　　大餘五，小餘三十一；

　　大餘十一，小餘八；

祝犁單閼元鳳二年（己卯）。

平年十二月；

　　大餘五十九，小餘三百七十九；

　　大餘十六，小餘十六；

商橫執徐元鳳三年（庚辰）。

閏年十三月；

　　大餘五十三，小餘七百二十七；

　　大餘二十一，小餘二十四；

昭陽大荒落元鳳四年（辛巳）。

平年十二月；

　　大餘十七，小餘六百三十四；

　　大餘二十七，無小餘；

橫艾敦牂元風五年（壬午）。

閏年十三月；

　　大餘十二，小餘四十二；

　　大餘三十二，小餘八；

尚章汁洽元風六年（癸未）。

平年十二月；

大餘三十五，小餘八百八十九；

大餘三十七，小餘十六；

焉蓬涒灘元平元年（甲申）。

平年十二月；

大餘三十，小餘二百九十七；

大餘四十二，小餘二十四；

端蒙作噩本始元年（乙酉）。

閏年十三月；

大餘二十四，小餘六百四十五；

大餘四十八，無小餘；

游兆閹茂本始二年（丙戌）。

平年十二月；

大餘四十八，小餘五百五十二；

大餘五十三，小餘八；

強梧大淵獻本始三年（丁亥）。

平年十二月；

大餘四十二，小餘九百；

大餘五十八，小餘十六；

徒維困敦本始四年（戊子）。

閏年十三月；

大餘三十七，小餘三百八；

大餘三，小餘二十四；

祝犁赤奮若地節元年（己丑）。

平年十二月；

大餘一，小餘二百一十五；

大餘九，無小餘；

商橫攝提格地節二年（庚寅）。

閏年十三月；

大餘五十五，小餘五百六十三；

大餘十四，小餘八；

昭陽單閼地節三年（辛卯）。

第三章第一年正月冬至時，太陽位於正南方，即日中午時；

平年十二月；

大餘十九，小餘四百七十；

大餘十九，小餘十六；

橫艾執徐地節四年（壬辰）。

平年十二月；

大餘十三，小餘八百一十八；

大餘二十四，小餘二十四；

尚章大荒落元康元年（癸巳）。

閏年十三月；

大餘八，小餘二百二十六；

大餘三十，無小餘；

焉逢敦牂元康二年（甲午）。

平年十二月；

大餘三十二，小餘一百三十三；

大餘三十五，小餘八；

端蒙協洽元康三年（乙未）。

平年十二月；

大餘二十六，小餘四百八十一；

大餘四十，小餘十六；

游兆涒灘元康四年（丙申）。

閏年十三月；

大餘三十，小餘八百二十九；

大餘四十五，小餘二十四；

強梧作噩神雀元年（丁酉）。

平年十二月；

大餘四十四，小餘七百三十六；

大餘五十一，無小餘；

徒維淹茂神雀二年（戊戌）。

平年十二月；

大餘三十九，小餘一百四十四；

大餘五十六，小餘八；

祝犁大淵獻神雀三年（己亥）。

閏年十三月；

大餘三十三，小餘四百九十二；

大餘一，小餘十六；

商橫困敦神雀四年（庚子）。

平年十二月；

大餘五十七，小餘三百九十九；

大餘六，小餘二十四；

昭陽赤奮若五鳳元年（辛丑）。

閏年十三月；

大餘五十一，小餘七百四十七；

大餘十二，無小餘；

橫艾攝提格五鳳二年（壬寅）。

平年十二月；

大餘十五，小餘六百五十四；

大餘十七，小餘八；

尚章單閼五鳳三年（癸卯）。

平年十二月；

大餘十，小餘六十二；

大餘二十二，小餘十六；

焉逢執徐五鳳四年（甲辰）。

閏年十三月；

　　大餘四，小餘四百一十；

　　大餘二十七，小餘二十四；

端蒙大荒落甘露元年（乙巳）。

早年十二月；

　　大餘二十八，小餘三百一十七；

　　大餘三十三，無小餘。

游兆敦一甘露二年（丙午）。

平年十二月；

　　大餘二十二，小餘六百六十五；

　　大餘三十八，小餘八；

強捂協治甘露三年（丁未）。

閏年十三月；

　　大餘十七，小餘七十三；

　　大餘四十三，小餘十六；

徒維涒灘甘露四年（戊申）。

平年十二月；

　　大餘四十，小餘九百二十；

　　大餘四十八，小餘二十四；

祝犁作噩黃龍元年（己酉）。

閏年十三月；

大餘三十五，小餘三百二十八；

大餘五十四，無小餘；

商橫淹茂初元元年（庚戌）。

第四章第一年正月冬至時，太陽位於正東方，即日出卯時；

平年十二月；

大餘五十九，小餘二百三十；

大餘五十九，小餘八；

昭陽大淵獻初元二年（辛亥）；

平年十二月；

大餘五十三，小餘五百八十三；

大餘四，小餘十六；

橫艾困敦初元三年（壬子）。

閏年十三月；

大餘四十七，小餘九百三十一；

大餘九，小餘二十四；

尚章赤奮若初元四年（癸丑）。

平年十二月；

大餘十一，小餘八百三十八；

大餘十五，無小餘；

焉蓬攝提格初元五年（甲寅）。

平年十二月；

大餘六，小餘二百四十六；

大餘二十，小餘八；

端蒙單閼永光元年（乙卯）。

閏年十三月；

無大餘，小餘五百九十四；

大餘二十五，小餘十六；

游兆執徐永光二年（丙辰）。

平年十二月；

大餘二十四，小餘五百一；

大餘三十，小餘二十四；

強梧大荒落永光三年（丁巳）。

平年十二月；

大餘十八，小餘八百四十九；

大餘三十六，無小餘；

徒維敦牂永光四年（戊午）。

閏年十三月；

大餘十三，小餘二百五十七；

大餘四十一，小餘八；

祝犁協洽永光五年（己未）。

平年十二月；

大餘三十七，小餘一百六十四；

大餘四十六，小餘十六；

商橫涒灘建昭元年（庚申）。

閏年十三月；

大餘三十一，小餘五百一十二；

大餘五十一，小餘二十四；

昭陽作噩建昭二年（辛酉）。

平年十二月；

大餘五十五，小餘四百一十九；

大餘五十七，無小餘；

橫艾閹茂建昭三年（壬戌）。

平年十二月；

大餘四十九，小餘七百六十七；

大餘二，小餘八；

尚章大淵獻建昭四年（癸亥）。

閏年十三月；

大餘四十四，小餘一百七十五；

大餘七，小餘十六；

焉逢困敦建昭五年（甲子）。

平年十二月；

大餘八，小餘八十二；

大餘十二，小餘二十四；

端蒙赤奮若竟寧元年（乙丑）。

平年十二月；

大餘二，小餘四百三十；

大餘十八，無小餘；

游兆攝提格建始元年（丙寅）。

閏年十三月；

大餘五十六，小餘七百七十八；

大餘二十三，小餘八；

強梧單閼建始二年（丁卯）。

平年十二月；

大餘二十，小餘六百八十五；

大餘二十八，小餘十六；

徒維執徐建始三年（戊辰）。

閏年十三月；

大餘十五，小餘九十三；

大餘三十三，小餘二十四；

祝犁大荒落四年（己巳）。

以上曆書所說，大餘是正月朔日和冬至的干支；小餘是合朔日的餘分和冬至日的餘分；端蒙是年的名字，其中地支丑名赤奮若，寅名攝提格，天干丙名游兆；正北表示冬至加子時，正西表示冬至加酉時，正南表示冬至加午時，正東表示冬至加卯時。

第二部分

相關研究論文

一

論《夏小正》是十月太陽曆

一、《夏小正》與《月令》季節差異的逐月分析

《夏小正》的原文早已散失，後人只能從《大戴禮記．夏小正傳》中知其概貌[1]。然而，《夏小正》中的正文和釋文是混在一起的，更爲嚴重的是，《傳》的作者將《夏小正》1 年 10 個月的曆法，當作 1 年爲 12 個月來解釋，以至於爲後人研究和了解《夏小正》的內容造成了困難。

《夏小正》的曆法究竟是 1 年爲 10 個月，還是 1 年爲 12 個月，只須將各月星象的出沒情況作一全面的分析，就可以一目了然。

（一）正月“鞠則見，初昏參中，斗柄懸在下”。參宿是很顯著的星象，當初昏參宿中天時，正當現代農曆的二月初。關於斗柄指向的問題，歷來有不同的解釋。《史記．天官書》說：“大角者，天王帝廷。其兩旁各有三星，鼎足句之，曰攝提。攝提者，直斗杓所指，以建時節，故曰攝提格。”由此看來，似乎大角和攝提的方向，才是斗柄所指的方向。但是，《史記．天官書》在談到北斗星時則又說：“杓顛端有兩星，一內爲矛，招搖；一外爲盾，天鋒。有句圜十五星，屬杓。”《索隱》說：“句音鉤。圜音員，其形如連環，即貫索星也。”貫索屬杓，則斗柄應是指向貫索的方向。《晉書．天文志》又說：“北三

* 1981 年作者曾與劉堯漢、盧央兩教授到涼山作彝族太陽曆的專題調查，此次調查和研究的結果另文發表。本文所探討的是彝族太陽曆的歷史淵源，在民族史方面曾得劉漢教授指導，文章修改中曾得嚴敦杰教授指導，薄樹人教授對星象討論部分曾代爲校核指正，物候方面曾得汪子春教授的幫助，謹此致謝。

1. 見《大戴禮記》卷 2。

星曰梗河，天矛也。一曰天鋒。”“其北一星曰招搖，一曰矛楯。”這就說淸了上古所說的北斗九星中最後兩顆星的具體方位。第八顆星爲招搖，即牧方座 γ 星，第九顆星爲梗河，又名天鋒，即牧夫座 ε 星。這樣，北一、五、七連線的延長線差不多通過招搖和天鋒這兩顆星，貫索也很靠近這條連線的附近，所以《史記・天官書》說它：“屬杓”。簡言之，所謂十二月建的斗柄指向是由斗柄六、七兩星的連線，指向大角以及左右攝提的方向，而《夏小正》的斗柄指向是斗柄五、七、八、九的連線上，指向心宿附近。當這條連線下指時，正符合《夏小正》參宿中天的記載。這就是《夏小正》斗柄正月指北，《月令》斗柄正月指寅的不同依據。

《傳》曰：“鞠也者何也？星名也。鞠則見者，歲再見爾。”把旦時初見鞠星出現當作改歲的標誌，意義是較爲重要的。可惜人們對鞠星的說法分歧很大，有星宿、虛星、匏瓜等不同解釋，但根據都嫌不足。黃叔琳《增訂夏小正》說：“按，鞠星，蓋黃星也，舜時黃星見，或夏後時亦有之，後書不見”。因此，黃星究竟是否真是作爲判斷季節的標準星，也無定論，或許是傳說中的吉祥之星。《禮記・月令》說：孟春之月，“日在營室，昏參中，旦尾中”。[1]昏中星同是參星，這是《月令》和《夏小正》都是夏正的證據。也就是說，這類曆法的正月所在季節是一致的。《夏小正》的正月初，也就相當於漢農曆的正月初。

（二）三月“參則伏”。“參則伏”是現時農曆四月中旬的天象。《月令》季春三月“日在胃，昏七星中，旦牽牛中”。胃在西，參在東，中間相隔三宿。但胃宿偏北，參宿在南，當太陽在昴宿時，參星也就隱沒在日光之中，成伏的天象了。《夏小正》的三月與《月令》的三月在星象上是基本一致的，但已可看出《夏小正》的天象大約落後於《月令》一個星宿，相當於10餘日的差異。

（三）四月“昴則見，初昏南門正”。旦時“昴則見”爲現時農曆五月下旬的天象。據《史記・天官書》說：“亢爲疏廟，其南北兩大星曰南門。”《蔡氏月令》說：“南門二星屬星角宿，庫樓上。”人們常用以上兩處說法，將南門釋作角宿或亢宿，“南門正”釋爲南門正中天。依照這種解釋，它確是現時

---

1. 見《禮記・月令》卷5。《呂氏春秋・十二月紀》也基本一致。

農曆五月下旬的天象，與"昴則見"的天象相一致。《月令》說："孟夏之月"，"日在畢，昏翼中，旦婺女中"，爲現時農曆五月初的天象，《月令》與《夏小正》天象已差至半個月以上，但二者相差還不到 1 個月。

但是，將南門釋作角宿或亢宿有兩點欠妥，一是與十月"初昏南門見相衝突，在十月前後，初昏時角亢在地面以下，無論如何不能見到；其次是將"南門正釋作正中天，與《夏小正》的習慣用詞不合。《晉書・天文志》說："東井八星，天之南門"。它另將角宿稱之爲天門。可見南門並不一定是指角宿或亢宿。從井宿屬南方七宿來看，只有將它稱作南門才是較爲合適的[1]。若將南門釋作井宿，則《夏小正》十月"初昏南門見"正當其時，而此處"初昏南門正"有漏字，應爲"初昏南門正西鄉"。正與此月"昴則見"的天象相合。

（四）五月"參則見，初昏大火中"。參則見是現時農曆七月初的天象。初昏大火中也是七月初的天象，二者是一致的。《月令》說：仲夏之月，"日在東井，昏亢中，旦危中"。爲現時農曆六月初的天象。《月令》的天象就明顯地與《夏小正》差了近一個月。

（五）六月"初昏斗柄正在上"。以正月條相同的斗柄指向來判斷，斗柄上指的天象應爲現時農曆的八月初。《月令》說：季夏之月，"日在柳，昏大火中，旦奎中"。應是七月初的天象，二者相差正好一月左右。

從一、二、三、四、五這五個月的出沒天象對比中可以看出，正月初是一致的，三月初還基本一致，但已顯示出差距，四月初已差至半月以上，至五月初和六月初就相差一個月了，這種差距是逐月增加的。

（六）七月"漢案戶，初昏織女正東鄉，斗柄懸在下則旦"。日出前斗柄下指的天象應是現時農曆九月中旬。《夏小正輯注》說："織女黃姑也。三星在漢傍，漢案戶則織女正東。"朱駿聲說："織女三星在天河北，一巨二細若鼎足。""東鄉者，二細如口向東也。"據《夏小正》說，漢案戶即天漢正南北方向時。此時，正合於織女正東的說法。《月令》說：孟秋之月，"日在翼，昏

1. 《晉書・天文志》中有兩個南門星。除二十八宿的井宿以外，尚有庫樓以南的南門。但緯度已太偏南了，顯然沒有用於定季節的價值。

建星中，旦畢中”。是現時農曆八月初的天象，《月令》與《夏小正》大致相差一個月有餘。

（七）八月“辰則伏，參中則旦”。《史記·天官書》索隱案：“《爾雅》云；‘大辰，房心尾也’。李巡曰：‘大辰，蒼龍宿也，體最明也。’將辰釋爲蒼龍，即房心尾是合適的。“辰則伏”的季節當爲現時農曆十月中。孔廣森《補注》引《說文解字》釋爲房星，大約片面一些，但所得季節是一致的，因爲在房心尾三宿中，盡管房宿赤經最小，尾宿赤經最大，但房宿赤緯最低，尾宿最高，三宿差不多同時入伏。《月令》曰，仲秋之月：“日在角，昏牽牛中，旦觜觿中。”爲現時夏曆九月初的天象，由此證實《月令》與《夏小正》在八月的天象也差至一個半月以上。這是下半年中二者已相差一個半月以上的最爲明顯的證據。

《夏小正》八月“參中則旦”的星象與八月“辰則伏”的星象是矛盾的。出現了反常現象，給星象的系統分析造成了困難。因此，我們有必要對《夏小正》中凡出現有參宿的記載作一綜合性的討論。《夏小正》中所出現的參宿星象共有四處：正月初昏參中，三月參則伏，五月參則見，八月參中則旦。一般地說，大約要在太陽東西約 25 ˚以外的恒星才能被看到，這在個界線之內稱之爲伏。初昏時太陽在地平線下約 7 ˚的位置。正月初昏參中是明顯的天象，可以作爲一個標誌。初昏參中時太陽大約在參宿以西 98 ˚的地方，太陽以一天行 1 度計，一個朔望月太陽移動了 30 ˚，則二月參宿偏西 30 ˚，三月初偏西 60 ˚，離開太陽尙有 38 ˚，還能看得見，這就不能稱爲三月參則伏，而如果以十月曆計，至三月初已偏西 73 ˚ 以上，它至太陽已不到 25 ˚，正符合三月參則伏的記載。對於五月參則見的天象，若按農曆計算，五月初太陽在參宿東 22 ˚ 左右，尙不能看見。若以十月曆計，則太陽在參宿東面約 40 餘度，符合參則見的天象。因此，從參宿本身出沒動態的記載也能證實《夏小正》是十月曆。

僅從五月參則見的記載，也可以肯定五月初時參宿正在東方地平線以上約 18 ˚（實際已出現地平線 30 ˚以上），經兩個月，至七月初正好旦時中天。五月“則見”七月“中天”，是與正月中天三月則伏相一致的。至少從初見到中天的日數，不能大於從中天到伏的口數，這是　般的常識。因此，昏初見以後，絕不需要經過三個月以後才到昏中。由此可證參中則旦不是《夏小正》八月的天象，而應是七月之誤。

（八）九月“內火，辰繫於日”。火即大火星，也即心宿，辰爲蒼龍，也即房心尾之宿，應爲現時農曆十一月中旬的天象。《月令》說，“季秋之月，日在房，昏虛中，旦柳中”。據昏旦中星，應是現時農曆十月初的天象。《月令》“日在房”的說法是不準確的，日應在亢宿[1]。因爲太陽的位置是觀測不到的，所以有誤差，應以昏旦中星爲準。這是下半年中，《月令》與《夏小正》已差至一個月以上的又一條明顯的證據。

（九）十月“初昏南門見。織女正東鄉則旦”。《月令》說：孟冬之月，“日在尾，昏危中，旦七星中。”是現時夏曆十一月初的天象。織女星在尾宿之東，《月令》的十月早晨是根本看不到的。因此，與《夏小正》相比，已差至一個半月以上。

對於十月“初昏南門見”的星象，《夏小正輯注》說：“四月初昏南門見，正其時也。十月初昏南門應在地，何得再見：《傳》蓋不察耳，此當是四月經文之錯簡，或有誤字。或曰立冬以前北落師門一星正中，南門當是師門之北。”朱駿聲則斷言說：“昏當作旦，傳寫之誤”。但改作“旦”也與天象不合，已近中天了，不能稱爲“見”。這二種解釋都是很荒謬的。事實上，《夏小正》經文並無錯誤，只是南門並非角宿罷了。如四月條中所述，若將十月條中的南門解釋成井宿，那就正好符合《夏小正》中十月初昏見的天象。那時井宿正好從東方地平線上升起，所以稱之爲南門見。井宿初見爲現時農曆十二月末的天象，與十月條“織女正東鄉”的天象完全一致，它也同時證實《月令》的天象與《夏小正》已差至一個半月以上。這是下半年星象中第三個明顯可靠的證據。

由以上對比也可能發現，在六月初時《月令》與《夏小正》的季節已經逐漸差至一個月，從六月開始，其季節的差距仍然繼續擴大，至十月初時，便差至一個半月以上。至下年正月的星象兩者又完全一致。這完全是一種有規律的

---

1. 《續漢書・律曆誌》載寒露“日在亢”和旦“鬼三度太強。”而鬼宿僅占四度，這說明《月令》與後漢四分曆旦中星幾乎一致，所以《月令》日所在應在亢宿附近。

變化。

二、《夏小正》是一年爲十個月的太陽曆

由於前人在研究《夏小正》星象時，都以每年 12 個月的先入之見來進行討論，因此便陷入無法克服的矛盾之中，得此失彼，往往不得要領。

孔廣森《大戴禮記補注》說：“小正躔度，與《月令》恒差一氣”[1]。這是一種粗略的說法，是平均而言的。其中四、五、六月與他的說法較爲相近，而四月前則相差不到一月，六月後相差又大於一月，因此，孔廣森已經看到了《夏小正》與《月令》的差異，但未能觸及它的本質。

橋本增吉[2]和能田忠亮都曾對《夏小正》作過研究，也曾與《月令》作過對比，都認爲只有“參中”的星象兩書一致，《夏小正》的其餘星象，都要比《月令》更古老。能田忠亮甚至更具體地指出：《夏小正》所載天象的年代，不能晚於公元前 2 千年。但“參中”的記事，以公元前 600 年前後較爲適宜[3]。

能田忠亮將《夏小正》的星象出沒動態解釋成兩個完全不同時代的混合，只是爲了克服將《夏小正》星象納入 1 年爲 12 個月的曆法系統後所引起的明顯矛盾的一種嘗試。除了一個最明顯的“參中”星象以後，二月沒有星象、九月內火和十月織女正北鄉則旦等星象，便可以含糊其詞，根據需要進行解釋了。這樣便自然又得到《夏小正》與《月令》大致相差一月的結論。

實際上，將《夏小正》星象區分成兩個不同時代的意見，是完全不能接受的，不可能爲這種分法找到任何正當的依據。退一步說，即使排除掉參中星象，也並不能克服其中的明顯矛盾。《夏小正》三月的“參則伏”與《月令》季夏三月“日在胃”也是近於相合的，而四月的星象《夏小正》和《月令》相差也不

1. 見《大戴禮記補注》卷 2《夏小正》四月條，第 12 頁。
2. 見《支那古代曆法史研究》，東洋文庫論叢，第 29。
3. 見《東洋天文學史論叢・夏小正星象論》。《中日文化》第 2 卷第 9、10 期刊有補盧的譯文。

到 1 個月，《夏小正》的八月“辰則伏，九月內火，辰繫於日”也是很明顯的天象，都差至一個半月以上；《夏小正》十月“初昏南門見”和“織女正東鄉則旦”的星象，相差可達一個半月以上。即使將三月參宿的星象也排除掉，其他各月也明顯地顯示出《夏小正》和《月令》的星象差異是逐月增加的。如果二者都是 1 年爲 12 個月的曆法，這種現象是不可能出現的。

下面我們再從《夏小正》本身的星象出沒動態，來分析一下能田忠亮的《夏小正》星象爲兩個不同時代記錄之說是否能夠成立。首先必須肯定，《夏小正》五、六、七月出沒的星象與《月令》相比，大致有一個月的差異，這是眾所周知的客觀事實，僅從這三個月的差距來進行分析，又把《夏小正》看作十二月曆，則《夏小正》要比《月令》早 2 千年左右的結論大致是能夠成立的。《夏小正》正月有“鞠則見，初昏參中，斗柄懸在下”3 個星象記錄。由於鞠爲何星並無定論，斗柄確切的指向也無人作過嚴格的討論，所以就只剩下“初昏參中”一條了。由於此條與《月令》正月“初昏參中”一致，而和《夏小正》五、六、七月與《月令》相差一月的天象不合，所以能田忠亮才有把《夏小正》星象判爲兩個不同時代的觀測結果的設想。如果《夏小正》正月其它星象很顯著，並且又與參宿的位置相統一，則能田忠亮的結論就顯然不能成立。此說所以能夠提出，正是由於其它兩顆星象不能確定的緣故。然而，參宿在《夏小正》中共出現四次，二個時代說雖然在正月可以這樣通過，卻必須在其他三處都能通過才能成立。事有湊巧，《夏小正》三月只有“參則伏”一條，無其它星象，缺少判別的標誌；八月“參中則旦”又排錯了簡（參見第一節的論證），因而能田忠亮二個時代說的是非似乎就不易判別了。幸好《夏小正》五月有“參則見，初昏大火中”的記載，可以作爲檢驗此說是非的依據。從旦時“參則見”的星象，可以判別太陽的位置在鬼宿、柳宿之間；又依據“初昏大火中”的星象，也可以判別太陽只能在鬼宿、柳宿之間，二者所得結果完全一致，並無一月左右的差異。由此可證《夏小正》本身的星象爲兩個時代的觀測結果的意見是不確實的，與《夏小正》本身的星象記載不合，因而是完全不能成立的。

從《夏小正》與《月令》正月的天象完全一致，以後各月便明顯地有規律地逐漸增大差距，至六月初多出 1 個月，至十月初多出 1 個半月，而到下一年的正月初又完全一致，這就明顯地顯示出，《夏小正》行用的不是陰陽曆，也不是

1 年爲 12 個月的太陽曆，它一月所含的日數應比朔望月大。《夏小正》的五個月，相當於《月令》的六個月。由此可見，《夏小正》行用的是 1 年爲 10 個月的太陽曆。

在《夏小正》中，除掉黃道附近的星象出沒只有用 1 年爲 10 個的曆法來進行解釋較爲合理以外，斗柄指向的記載，則又是另一條明顯的重要證據。人們都知道，中國上古時代是習慣於用斗柄的指向來定季節的。關於斗柄的指向，需要有一個固定的時間，既可以定在初昏，也可以定在日出前。我國古代通常使用陰陽曆，由於地球不停地繞日公轉，因此每天傍晚時或日出前斗柄的指向都是不同的。若將地面分成 12 個方位，則斗柄便一月指向一個方位，這就是中國古代的十二月建。斗柄的上指和下指也是相同的道理，它把 1 年分成相等的兩半部分，若以 12 月爲 1 年，就應該各占 6 個月。例如，按照中國古代十二月建的說法，斗柄正月指寅，便爲寅月，七月爲斗柄指申，便爲申月。寅爲東北，申爲西南，一月爲春季的開始，七月爲秋季的開始，相隔正好半年。

然而，《夏小正》卻不是這樣安排的，它說：正月“初昏斗柄懸在下”，六月“初昏斗柄正在上”。已繞行了半周，但相隔只有 5 個月。若以 1 年爲 12 個月來計算，從斗柄下指到只需 5 個月，而從上指到下指則需 7 個月，這是完全不合理的，有不符合實際天象。事實上，《夏小正》1 年並非 12 個月，而只有 10 個月，所以，下指上指之間正好相隔 5 個太陽月，恰爲半年整。前人沒有意識到這種情況，感到迷惑不解，或是胡亂進行解釋。都沒有找到問題的本質。

《夏小正》爲十月曆的第三條最爲明顯的證據是五月“時有養口”和十月“時有養夜”。《傳》曰：“養，長也”。因此，這兩句話的意思是說五月有長日，十月有長夜。《夏小正》的五月相當於《月令》的五月下旬和整個六月；《夏小正》的十月相當於《月令》的十一月下旬和整個十二月。遠古時代，尚未能用測時儀器去精密地測定日最長和夜最長的季節，而只能是全憑大概的估計。俗話說，夏天日長，冬天夜長，正是這一經驗的總結。《夏小正》將日最長的月份定在五月和將夜最長的月份定在十月，正是符合這一經驗的。也與實際天象大致相合。按《月令》說法，時有養日在五月，時有養夜在十一月。雖然五月日長是相合的，但十一月夜長卻明顯地不合，從養日至養夜只需五個月，而從養夜至養日需要七個月，這是明顯不合理的，只有用《夏小正》是十月曆才能說得通。

從《大戴禮記》所載《夏小正》經傳混同不分的情況看來，十月以後尙有十一月和十二月的文字，但在十一月和十二月中已無星象出沒的記載。我們認爲，從《夏小正》全年的星象出沒來看，至十月就應該全年結束了，根本就不可能再有十一月十二月的問題。《大戴禮記．夏小正》中記載的人們在十一月十二月的活動內容，有可能是《傳》文的作者將《夏小正》誤當成十二月曆，按照自己的主觀意圖，從十月內分出來的。

我們所以這樣說的理由，從八月“辰在伏”，可知日在氐宿；從九月的“內火”可知日在心宿附近；則十月太陽必然在斗宿附近；再經 1 個月 36 天加五天過年日以後，太陽便從斗宿進入危宿，這正是正月“初昏參中”的月份。這就是說，從天象來看，十月以後不該還有十一月和十二月，而應該就回到正月了。十一月和十二月的情況，不符合《夏小正》的本來面目。作爲這一觀點的旁證是，早先的《夏小正傳》中，只在各段文字前添加了月名，但在較晚的《夏小正傳》中，在月名之前又更冠以季節的名稱。後人既然能添加季節，那麼《傳》文的作者添加月份也就不足爲奇了。

三、《夏小正》的物候是十月曆

《夏小正》中除記載各月的星象出沒以外，還載有許多物候知識和農事活動，從星象來看，它是一年爲十個月的曆法，在物候上的情況也是如此。現僅舉出若干較爲明顯的物候進行討論，作爲《夏小正》爲十月曆的物候依據。

（一）《夏小正》有正月“囿有見韭”、“桃則華”。《夏小正》說的是河南省中部的物候，農曆正月是見不到韭菜發芽和桃花開放的。東漢《四民月令》說：“三月桃花盛”，這是符合實情的。由此可見，說二月桃始花是可能的。《淮南子．時則訓》說：“二月桃李使華”，《月令》所載相同。驚蟄在農曆的二月初，但對《夏小正》來說，尙在正月底，所以《夏小正》說正月桃始華也是對的。

（二）《夏小正》二月有“祭鮪”。《毛詩疏》曰：“鮪魚出海，三月從河上。”鮪是一種到內河產卵的海魚。祭鮪之舉，表示捕鮪的季節到了。《月令》說，三月“荐鮪於寢廟”。說明捕鮪的季節在農曆三月。農曆的三月上半月正好是《夏小正》十月曆的二月下半月，所以有此差異。

（三）《夏小正》有三月“縠則鳴”。《爾雅》釋爲“天螻”，郭璞《注》爲“螻蛄”，這是對的。《月令》有四月“螻蛄鳴”。農曆的四月上旬，正合《夏小正》的三月下半月，所以《夏小正》記爲三月。

（四）《夏小正》四月有“鳴札”和“囿有見杏”。揚雄《方言》說：“蟬，其小者謂之麥蟄”。因此，麥蟄是在麥熟時始鳴的蟬。麥熟在農曆的五月初。《月令》曰：五月“蟬蜩鳴”。《周書》曰：“夏至又五日蜩始鳴。”《夏小正》五月有“良蜩鳴”和“唐始鳴”，蜩是蟬的一種。夏至後五日在農曆的五月底，故相當於《夏小正》的四月底和五月上半月。

杏的成熟期當在農曆的五月，適爲《夏小正》的四月[1]。

（五）《夏小正》七月有“寒蟬鳴”。農曆七月尚未到寒蟬鳴的季節。《月令》說：“白露降，寒蟬鳴”。白露爲八月節，正好爲《夏小正》十月曆的七月上半月。《太平御覽·時序》更有引《月令》“季秋之月寒蟬鳴”的，農曆九月初相當於《夏小正》十月曆的七月底，也相合。

（六）《夏小正》二月有“玄鳥來降”；七月有“爽死”。玄鳥指燕子。按夏緯瑛的解釋，“爽死”即“爽司”，爲“玄鳥司分者”[2]。據《左傳注疏》杜注：“玄鳥，燕也。從春分來，秋分去”。春分在《月令》和《夏小正》中都是二月，但秋分在農曆爲八月，在《夏小正》爲七月，故有七月“爽死”之說。

（七）《夏小正》有八月“剝棗”和“栗零”。黃淮流域棗子初熟大約是八月底至九月初，此時收取爲脆棗。要得乾棗當讓其過熟，過熟期還需 20 餘天，

1. 本文所用物候曾參考中國農業科學院的《果樹栽培學》有關內容。

2. 見夏緯瑛《夏小正經文校釋》，農業出版社。

將是農曆九月下旬的時節。《中國農諺》載河北“立冬打軟棗”，正是指此，立冬在十月初。據夏緯瑛的意見，《夏小正》所說的“剝棗”，剝非擊之意，而是“剝削其皮以爲棗脯”，則當爲過熟期棗，由此證實《夏小正》的八月剝棗當爲農曆的九月下旬。《種樹書》說栗子“九月霜降乃熟”，霜降在九月下旬。這都說明《夏小正》的八月相當於農曆的九月下旬和十月上旬。

（八）《夏小正》有九月“王始裘”。裘爲皮衣。農曆九月尚是秋天，在黃淮地區不至於要穿皮衣。當爲農曆十月下旬以後的寒冬季節。《夏小正》十月曆的九月爲農曆爲十月下旬和十一月，這正是始穿裘的季節。《蔡氏月令》十月有“天子始裘”的記載，正與此相合。

（九）《夏小正》十月有“豺祭獸”和“黑鳥浴”。豺祭獸表示冬獵季節的到來。冬獵季節爲秋收後的農閒時期，農曆十月農事尚未完畢，因而獵季尚未到來。此與農曆十二月的臘祭有關。十二月臘季，在《周禮》中有記載。農曆的十二月適合《夏小正》十月曆的十月，故有此說。

《傳》曰：“黑鳥者何？鳥也。浴也者，非乍高乍下也。”黑鳥即現在通稱的烏鴉。寒冬季節，烏鴉吃食稀少，都聚集成群，尋找食物。只有此時才成群飛翔。而農曆十月烏鴉尚未乏食，也不成群。由此也證實《夏小正》之十月當爲農曆十二月之時。

以上 9 條物候證據，是相當充份有力的，因而從物候來看，《夏小正》也符合於十月太陽曆。

四、十月曆的旁證之一《管子・幼官篇》

由於人們從未聽說過中國上古時代曾經用過 1 年爲 10 個月的太陽曆，本文所提出的這種意見大約一時很難爲人們接受，但歷史事實是勝於雄辯的。我們相信，隨著時間的消逝和人們研究工作的不斷積累，它的真實面貌將會越來越清楚地顯現出來。爲了進一步證實先秦時代確實行用過 1 年 10 個月的太陽曆，這裡特地將《管子·幼官篇》中的一年30個節氣的奇特劃分法，作一介紹和分析。

郭沫若等《管子集校·幼官篇》引陳澧云：“《管子》‘幼官’篇、‘四時’篇、‘輕重己’篇皆有與《月令》相似者，故《通典》云《月令》出於《管子》。”說明《幼管篇》的內容與《月令》相當。關於“幼官”的意義，據《管子集校》一多案，“幼”與“玄”同義，“官”疑爲“宮”字之誤。“幼官”即“玄宮”。沫若案：“幼官乃玄宮之誤，是也。”所以，此說是可靠的。《莊子·大宗師》：“顓頊得之，以處玄宮。”《墨子·非攻》：“高陽乃命禹於玄宮”。因此，玄宮當是顓頊和夏禹的代稱，二帝同出於西羌。由此推之，《幼官》意即帝顓頊和夏禹時代的《月令》。

由於《幼官篇》中所闡述的30個節氣的分法十分重要，我們這裡特地將這段文字少抄錄如下：

東方本圖：春，行東政肅，行秋政雷，行夏政則闍。十二地氣發，戒春事，十二小卯，出耕，十二天氣下，賜與；十二義氣至，修門閭；十二清明，發禁；十二始卯，合男女；十二中卯；十二下卯。三卯同事，八舉時節，飲於青後之井，以羽獸之火分爨。

南方本圖：夏，行春政風，行冬政落，重則雨雹，行秋政水。十二小郢，至德；十二絕氣下，下爵嘗；十二中郢，賜與；十二中絕，收聚；十二大暑至，盡善；十二中暑；十二小暑終。三暑同事，七舉時節。飲於赤後之井，以毛獸之火爨。

西方本圖：秋，行夏政葉，行春政華，行冬政秏。十二期風至，戒秋事；十二小卯，薄百爵；十二白露下，收聚；十二復理，賜與；十二始節，第賦事；十二始卯，合男女；十二中卯；十二下卯。三卯同事，九和時節。飲於白後之井，以介蟲之火爨。

北方本圖：冬，行秋政霧，行夏政雷，行春政烝泄。十二始寒，盡刑；十二小榆，則予；十二中寒，收聚；十二中榆，大收；十二寒至，靜；十二大寒，之陰；十二大寒終。三寒同事，六行時節，飲於黑後之井，以鱗獸之火爨。

在《管子．幼官圖》中，也有與此完全相同的記載，不再重複。

這 30 個節氣的名稱爲：地氣發、小卯、天氣下、義氣至、清明、始卯、中卯、下卯、小郢、絕氣下、中郢、中絕、大暑至、中暑、小暑終、期風至、小卯、白露下、復理、始節、始卯、中卯、下卯、始寒、小榆、中寒、中榆、寒至、大寒、大寒終。

這 30 個節氣中有些名稱詞意難以理解，據《管子集校》的意見，"義氣"當釋作"和氣"或是"陽氣"，即"義氣至"爲"陽氣至"。"卯"可釋作"冒"，也可釋作"卵"，爲動物交配繁殖的季節。"郢榆"即"逞儒"，也即"盈縮"。爲日漸長日漸短的意思，"小郢"也與"小滿"相當。"期風"則是"朗風"之誤，朗風即涼風之意。

文中是注明每 1 節氣固定爲 12 天的，30 個節爲 360 日，最後的 5 至 6 天爲過年日，不計在內。將它與 24 節氣相比較便可看出，地氣發與立春相當，期風至與立秋相當。小暑終和大寒終剛好把 1 年分爲兩半。清明和白露下比 24 個節氣的清明、白露都略早一些，大暑至和寒至與 24 個節氣的夏至和冬至較爲接近。其名稱和氣候是一致的。

前人也曾注意到《管子．幼官篇》中的 1 年爲 30 個節氣的分法，但由於這種分法與 12 個月根本不能對應和配合，使用起來很不方便，便以爲這種分法是不合實用的。卻根本沒有想到這 30 個節氣的分法完全是另一種系統，是附屬於十月太陽曆的。事實上，若將一年爲 30 個節氣的分法與十月曆聯繫起來，便可以看出其簡明整齊的特點。由於十月曆的 1 月爲 36 天，便正好是 3 個節氣，月份和節氣是完全固定的，沒有絲毫的錯亂。給各個節氣以符合氣候變化特徵和該季節人們生產活動內容的名稱，這對於指導人們的生產實踐是很有利的，甚至比 24 個節氣的分法更爲方便和實用。

因此，1 年爲 30 個節氣的劃分方法，並不是屬於陰陽曆的，而是中國上古十月太陽曆的節氣分法。從這個資料也可以看出我國先秦時代確實存在過十月太陽曆。由於30個節氣的起止分法與夏正同，也就證明與《夏小正》相合。即它的第一個節氣地氣發，也就是《夏小正》中第一個月的第一個節氣。因而，《夏小正》和《管子・幼官篇》所記的都是同一種曆法。一個是記星象物候，一個是記節氣，正好互爲補充。

將1年劃分爲四季，可能是商周民族的習慣。如果將30個節氣分配於四季，便是每季爲七個半節氣。《幼官篇》將春季和秋季分爲八個節氣，夏季和冬季爲七個半節氣。由於實用上節氣只與月相配，在使用上也無不便之處的。

特別令人注意的是，十月太陽曆的黃道星象也有類似於四陸的劃分方法，但完全是自己獨特的一套系統，與漢族古代習慣的分法不一樣。《史記・天官書》、《漢書・天文志》等天文著作都稱東宮蒼龍、南宮朱鳥、西宮咸池（或白虎）、北宮玄武（即靈龜或龜蛇）。中國古代的天文學家把二十八宿中的房、心、尾等星宿稱爲龍，把柳、星、張、翼等宿稱爲鳥，把觜、參、伐等宿稱爲虎，又把斗、虛等宿稱之爲龜。由於中國周秦以後的曆法大都習慣於以冬至爲曆元，以冬至作爲推算天體運動的起點，因此，幾乎所有的天象都是以冬至爲標準的。中國古代的天文學家也把冬至日出前的黃道周天恒星分成東方、南方、西方、北方四組，由於這個時刻角、亢等七宿正處在東方，井、鬼等七宿處於南方，奎、婁等七宿處於西方，斗、牛等七宿處於北方，與五行相配，便稱爲東方蒼龍，南方朱鳥，西方白虎，北方玄武。

但是，屬於十月太陽曆系統的《管子・幼官篇》的說法卻與以上分法大不相同，而是稱之爲五方星，這就是：中方黃後倮獸，東方青後羽獸，南方赤後毛獸，西方白後介蟲，北方黑後鱗獸[1]。五行五色之說雖然相同，但實際星象卻都差了一個方位。這並不是偶然現象，也不是古人的撰寫錯誤，而是反映出兩種不同曆法體系的差異。即前者的四方星分法是以冬至日出前的時刻確定的。，而後者則是以地氣發（即立春）之日的傍晚時刻來劃定的。在這一天的傍晚，正好是鳥星在東方，虎星在南方，龜星在西方，龍星在北方。冬至是中國古代陰陽曆常用曆元，而地氣發則正好是十月曆的曆元。各有各的系統，是互不相

1. 具體星宿的分析研究是《彝族天文學史》第3章第5節，雲南人民出版社，1984年。

關的。由此也可證實另一種十月曆的存在。

值得注意的是，在《幼官篇》中有十方圖的記載。今本十方圖的排列順序爲：中方本圖、中方副圖、東方本圖、東方副圖、南方本圖、南方副圖、西方本圖、西方副圖、北方本圖、北方副圖。宋本 10 個圖的排列順序較爲混亂，並無規律，以今本爲是。本圖和副圖是相對的，成爲一組，實際是 1 個圖代表 1 個月，1 個方向包括本、副兩個月，即代表東方一月、東方二月、南方一月、南方二月等等。五方十圖爲 10 個月，太陽即完成了一周的運動，季節往返 1 次，即代表 1 年整。

現代彝族的塔波（太歲）星占和彝族八卦中都有十方的概念[1]。這就是東、東南、南、西南、西、西北、北、東北、天上、地下。塔波一天在一個方位，十天一個循環。這十方的概念是《幼官圖》中五方十圖的發展，它們是完全一致的。《幼官圖》所載五方概念的產生是很古老的，後來才將四方改爲八方，將中方改爲天上、地下。彝族的十方概念與彝族十月太陽曆是一個系統，由此也可看出二者之間的密切關係。也可以更清楚地理解這五方十圖的意義。

五、十月曆的旁證之二——《詩・豳風・七月篇》

（一）《七月》說："七月流火"。"流火"即大火星流過的意思。由於地球自轉，好像天球一刻不停地均勻地旋轉，眾星也自東向西不停地移動，此處專說"流火"，是說此刻大火將很快地從西方地平線上下沉。《月令》說：孟秋之月"日在翼，昏建星中，旦畢中"日在翼，與大火星相差 75 度以上，也即初昏時大火星僅偏西不到 30 度。則此刻到大火星下山將需 3 個小時以上，就不能稱之爲流火了。它實際是指《月令》八月時大火星距中天約大於 60 度時的天象。《夏小正》有五月"初昏大火中"，八月"辰則伏"，這裡的"大火"和"辰"與《七月》中的"火"是同一顆星，由此也可確證《七月》中的"七月流火"，肯定與《夏小正》七月星象一致，而與陰陽曆的《月令》不合。

1. 詳見《彝族天文學史》第 11、12 章。

（二）《七月》中所舉許多物候，如“春日載陽，有鳴倉庚”。“春日遲遲，采蘩祁祁”、“四月秀葽”、“五月鳴蜩”、“八月剝棗”、“九月授衣”等等，與《夏小正》所反映的季節是一致的，二者所舉的物候也大致相同。這正說明二者的風俗習慣是一致的，所用的曆法也是一致的。《七月》應是記載豳地的物候詩。

（三）在《七月》的八首詩中，共有三十處提到月名，合計有四月、五月、六月、七月、八月、九月、十月。另外還有提到季節的地方。曾幾次提到了卒歲和改歲，但都沒有一處出現十一月、十二月的名稱，這就象徵著一年只有 10 個月。

第五首詩說：“十月蟋蟀入我床下，穹窒薰鼠，塞向墐戶。嗟我婦子，曰爲改歲。”由此可見，十月過完就是改歲的時節，並無過完十一月十二月才過年。第一首詩說：“七月流火，九月授衣。一之日觱發，二之日栗烈，無衣無褐，何意卒歲！”十月之後，到一之日、二之日等就卒歲了。實際上，這“一之日”和“二之日”也是屬於卒歲的日子。

以往人們大多稱“一之日”釋爲“十一月”、“二之日”爲“十二月”，也即周正的一月和二月，這是周正正月序的叫法。由於有了兩種月序，所以在《七月》詩中，也就出現兩種歲首。第五首中是周正，第一首中是夏正。但是，在同一首詩中出現兩個不同新年的說法，這是不能接受的。另外，日序怎麼能釋作月序呢？這種解釋是完全沒有道理的。事實上，十月之後就是卒歲了。

（四）在《七月》中有“一之日”、“二之日”、“三之日”、“四之日”的記載。關於“×之日”的意義，《毛傳》說：“一之日，十之餘也。”這句話可能是最原始的釋文。毛萇引以爲注，但不曉其義，又重以三正之說作注，貽誤後人。實際上，“十之餘也”的意義是一年過完十個太陽月之後所剩下讀餘日，相當於彝族的過年日，也即 1 歲爲 365 日，以爲月 36 天計，10 個月爲 360 日，其餘的五至六日便爲餘日。五至六日放在十月後的歲終，稱爲過年日。這十月以後的年終五至六日便是《七月》篇中所說的“×之日”。改以十月曆的“十之餘也”的解釋以後，前人注釋中所存在的一組詩中有兩個不同新年、“日”強釋作“月”、“豳地晚寒”等主觀的解釋和矛盾的說法，也就完全客服了。

《七月》中記載的“ｘ之月”都爲年節的幾天，詩中所載的這幾天所幹的事，可能只是一種宗教祭祀的儀式，具體活動並非真在這幾天內幹。年節的幾天中可能每天都有祭，這就是第一天爲授獵祭；第二天爲武備祭；第三天爲農具祭；第四天爲農事祭，“獻羔祭韭”，代表畜牧和農業。

三之日農具祭就是《夏小正》中正月的“初歲祭耒始用暢”。它可以稱之爲“耒祭”或“暢祭”。《傳》曰：“暢也者，終歲之用祭也”。《夏小正》說“初歲祭”，《傳》說“終歲之用祭”，看起來似乎矛盾，但這五天過年日可以作爲年終，也可以看作新年，所以兩種說法都是可以成立的。按陰陽曆來說就無法協調。

前人依“ｘ之日”即周“ｘ之月”的解釋，將《七月》中“二之日鑿冰沖沖，三之日納於凌陰，”釋爲“臘月裡鑿起冰塊，正月裡入窖”。這種解釋顯然是很荒唐的。涇渭流域冬季並不太冷，臘月鑿起冰塊要留待 1 個月之後在入窖，這將使冰塊完全溶化了。還有人將豳風釋作魯詩的，魯地可能比豳地更爲暖和，矛盾就更大了。再說《夏小正》所載物候與《七月》物候基本一致，也得臘月鑿冰正月入窖。正月是“囿有見韭”、“桃始華”的季節，不要等到入窖，冰早就化光了。實際上，鑿冰和入窖都是在新年之前同時完成的。

由此看來，《七月》與《夏小正》的農事節令幾乎完全相同，都是使用 1 年爲 10 個月的太陽曆。它們之間是否也具有共同的起源呢？歷史事實正是如此，《七月》爲豳風，豳爲周民族的發祥地。據《史記・周本紀》和《五帝本紀》，周的祖先后稷棄爲舜帝和禹帝的農官，受封於他的出生地邰。其後世代重農，修后稷之業。夏的農官應重視農時節令和曆法，當與《夏小正》有很密切的關係。棄母名姜嫄，姜民族又是西羌的一支。可見周民族的先民和夏民族與羌族的關係是很密切的，其文化也十分接近[1]。太康時廢稷之官，棄的後代奔於戎狄之間，建國於豳。因此，豳地的人民行用 1 年爲 10 個月的太陽曆，也就是很容易理解的事了。作爲古羌戎遺裔的彝族，保留羌族舊地的十月太陽曆也十分自

1. 周民族和彝族同出于西羌之說，三見尚鉞《中國歷史綱要》及《彝族天文學史》第 1 章。

然。

六、《夏小正》是彝族太陽曆的前身

彝族太陽曆一直在彝族地區使用著，但直到四十年前，才被人們發現，並且相繼在調查報告中作了簡略的報導[1]。但事後又有人寫文章予以否定[2]。82 年春天，我們到四川大、小涼山地區進行天文調查，得到了當時行用這種曆法的許多群眾的證實。又請教了雲南、貴州地區的一些彝族學者，並對有關歷史文獻作了研究，得到的結論是，不但彝族地區行用過這種太陽曆，而且創制年代是很古老的。所謂星回節和火把節，就是彝族先民所用太陽曆的新年。而有關星回節、火把節的記載和傳說故事，可以上推到唐代，甚至可以追溯到諸葛亮南征和西漢元封年間漢將郭昌在雲南彝族地區的活動[3]。因此，彝族太陽曆的創制和行用年代是十分古老的。根據彝族太陽曆和《夏小正》曆法的特徵以及它們歷史淵源的分析，證實這兩種曆法是相同的，並且是同一起源。

（一）彝族太陽的基本特徵：彝族太陽曆一年爲十個月，每月三十六天整。十個月過完之後，另有五至六天爲過年日。因此，彝族太陽曆平年三百六十五天，閏年三百六十六天。

彝族太陽曆習慣於使用十二屬相記日，每月正好爲三個屬相周，一年爲三十個屬相周。這樣，在同一年內任何一個月的任意一個序數日的屬相都是相同的。例如，該年正月初一爲鼠日，則其它月初一也都爲鼠日。下一年初一的屬

1. 見長隆慶等《雷馬峨屏調查記》，中國西部科學特刊，第一號，1935 年 4 月北平大石作大學出版社；李亦人《西康綜覽》，1941 年；江應梁《涼山彝族奴隸制度》，廣州清華印書館，1948 年。

2. 見 1961 年羅家修等在涼山報上發表的有關文章，以及陳宗祥等《四川粱山彝族天文曆法調查報告》，載《天文學史文集》第 2 集，科學出版社，1981 年。

3. 更詳細的討論和分析請見《世界天文史上獨具特色的彝族太陽曆》，雲南民族學院學報，1982 年第 1 期；《世界曆法史上的奇葩彝族太陽曆》，中央民族學院院刊 1982 年第 3 期。又見《彝族天文學史》有關章節。

相，也只需在前一年初一屬相的基礎上，再後推五至六個屬相即可。

因此，這種曆法具有很大的優越性，它的結構簡明整齊，推算和使用起來極爲方便，婦孺都能掌握。

彝族太陽曆的新年有兩個，一個在農曆的十二月，一個在農曆的六月。它們之間爲五個太陽月加五個過年日。相距恒定爲 185 天（閏年爲 186 天）。彝族太陽曆的新年習慣上稱之爲星回節，因爲夏天的星回節有點火把的習慣，所以也稱爲火把節。由於受到夏曆的長期衝擊，與漢族接觸較多的彝族地區，便逐漸放棄太陽曆而改用農曆。但仍保持過星回節和火把節的習慣，就好比現在改用公曆而仍過春節一樣。只是人們只能將這兩個節日依附於農曆上面，星回節恒定在農曆的十二月十六日，火把節在六月二十四日或二十五日。也有的地區定在十二月二十五日和六月十五日[1]。稱之爲假火把節和假星回節，但仍保持星回節與火把節相距 185 天或 186 天的習慣。

在歷史上，一些地區以星回節爲大年，另一些地區則又以火把節爲大年。與它相對應的那個節日則被稱之爲小年。大年是在歲末的五天，小年則是太陽曆的六月一日。依據文獻的記載來判斷，星回節的日期大致在大寒附近，火把節在大暑附近。

關於如何從天文上來確定十月曆兩個新年的問題，云南瀘西縣的彝族學者羅希吾戈先生爲我們提供了重要的線索，他說：

> 為了弄清星回節的意義，大約在 1962 年的時候，我曾向哀牢山新平縣彝族聚居的魯魁山地區的一個畢摩請教。他說："星回節和火把節與星星有關。當那個星座的尾巴指向最高和最低時，星回節就到了。星回一就是星開始回轉了。這時，正是穀子成熟的時候。俗話說：星回之日過火把節。月老過火把節。年老就分年"。

1. 參見雲南、四川、貴州各地方志以及《彝族天文學史》有關章節。張旭《白族古老的曆法》，大理文化，1980 年 4 月。與白族族源相近的土家族的新年也在農曆十二月二十四、五日。

我國古代習慣於以北斗斗柄的指向來定季節，斗柄也俗稱尾巴，吾戈所說的星星是北斗星，那是沒有疑問的。莊學本的《雷波小涼山之裸民》中也有這樣的記載。由此可知，在彝族曆史上，是習慣於以斗柄的下指和上指來確定季節的，與《夏小正》的斗柄指向定正月和六月完全一致。從彝族太陽曆的這些基本特徵可以看出，它與《夏小正》和《管子》所載的太陽曆是相合的。

（二）《夏小正》源於夏代而作於春秋：關於《夏小正》的來歷，《史記·夏本紀》曰："孔子正夏時，學者多傳《夏小正》云"。《禮記·禮運篇》載孔子說："我欲觀夏道，是故之杞，而不足征也，吾得夏時焉"。鄭玄《注》曰："得夏四時之書，其存者有《小正》。"

前人關於《夏小正》來歷的闡述大概就是如此。孔子爲了了解夏民族的文化和風俗習慣，到杞國進行考察，從而得到了很少爲當時人們所了解的夏四時之書，這就是流傳下來的《夏小正》。

這些說法是有道理的。夏爲殷商所滅，但遺裔尙在。周武王伐紂，滅殷之後，曾將夏宗室的後裔封爲杞國的國君。杞國就在現在河南省中部的杞縣。當地該有較多的夏民族的後裔。他們在周代時尙保留有夏代的傳統文化，《夏小正》應該就是從夏代流傳下來的曆書。

我們說《夏小正》是夏代流傳下來的曆書，並不是說《夏小正》是夏代人所寫。夏代有無文字，尙未得到證實。從它的正月星象與《月令》完全一致可以證實，這兩份曆書大約產生於同一時代。

《夏小正》中 1 年爲 10 個月的曆法，是很簡單的，它並不需要用文字書寫下來進行傳播，只需有幾條簡單的規定就行。夏代的後裔可能就是根據觀測星象定季節的方法，將它保留下來的。《論衡·書解》說："《詩》采民以爲篇"。《詩經》既可採自民間，《夏小正》也可採自夏裔杞國的民間。作爲旁證，直到現代彝族使用太陽曆的地區仍未發現彝文或漢文的曆書保存下來，也只能採自彝民間。

經過了幾個朝代的更迭，夏代的文化影響以及夏人的勢力都已經很微弱了，而商人和周人的文化影響卻日益擴大。戰國時夏人杞政權已被消滅，夏人的十月太陽曆也隨之而在中原地區被廢棄，終於淹沒無聞了。

（三）夏民族、齊宗室和彝族同源於西羌族：許多事實可以證明，古代的氐羌民族是現今彝語支民族的先民。上古時代，他們就人口眾多，較爲強盛，並且文化也較爲發達。從很早的時候起，他們就與中原文化有著密切的聯繫和交流。上古時代，在甘肅、秦嶺南北、漢水流域、伊洛河間以及四川、雲南、貴州的廣大地區，都他們的主要聚居區。也有大量的氐羌先民逐漸被融合在漢族之中，氐羌的古老文化，也就隨之而成爲漢族文化的一部分。《夏小正》中的曆法以及它的天文學體系，就是其中的一例。

《夏小正》與現代彝族太陽曆完全一致，並不是偶然現象，它們是具有共同的歷史淵源的。據《史記·夏本紀》記載："禹之父曰鯀，鯀之父曰帝顓頊。"彝族先民都承認顓頊爲他們的祖先，這不是沒有道理的。《正義》引《帝王紀》云："禹名文命，本西夷人也。"西夷主要就是指氐羌族。揚雄《蜀王本紀》云："禹本汶山郡廣柔縣人也，生於石紐。"汶山即四川岷山。汶山郡古治所在汶江，即今四川茂汶羌族自治縣北。《史記·六國年表》說："故禹興於西羌，湯起於亳，周之王也以豐槁伐殷，秦之帝用雍州興，漢之興自蜀漢。"《史記》說明"禹興於西羌"，一定有所依據。《集解》引皇甫謐曰："孟子稱禹生石紐，西夷人也。傳曰：'禹生自西羌'，是也。"《正義》也說："禹生於茂州汶川縣，本冉龍國，皆西羌。"由此看來，禹爲羌裔大致無疑。

禹的勢力擴張到中原的廣大地區，並開創了一代政權，他必將羌族的傳統文化帶到了中原地區。而彝族爲古羌族的後裔，也是可以肯定的[1]。這就是彝族與古氐羌族以及夏族之間的一條清楚而又直接的文化聯繫。後來夏代雖然滅亡，但其後裔及其固有的文化傳統卻較長期地保存著，以至終於留下《夏小正》這樣的書。但由於《夏小正》曆法與東夷民族的固有文化大相徑庭，終於被長期埋沒，不爲後人所理解。而作爲夏文化的直接繼承者的古氐羌族，以及後來的賨人、彝族、白族等，卻長期保存著它的固有文化，夏代的十月曆，經過四千年來的歷史變遷，仍在彝族地區使用著。

1. 詳見《彝族天文學史》第 1 章。

由於夏民族爲古西羌族的一支，所以它們都使用十月曆，這易於理解。那麼，《管子》中又出現十月太陽曆的痕跡，是否也存在共同的起源呢？回答是肯定的。姜尙因輔助武王滅紂有功而被封於齊，齊宗室爲姜尙的後代，這幾乎爲史學家界公認的歷史事實。《國語》說："齊、呂、申、許由大姜"說的就是這件事。《後漢書．西羌傳》開頭即說："西羌之本，出自三苗，姜姓之別也"。章柄麟的《檢論》和范文瀾的《中國通史》也都肯定姜是羌族的一支。管仲曾輔助齊桓公稱霸中原，他的政治生涯主要是在齊國度過的，他對齊宗室的文化習俗和文物制度應是較爲了解的。因此，在《管子》中出現與十月太陽曆有關的記載，正是反映了當時齊宗室與西羌族的密切關係。上節所介紹的"幼官"即"玄宮"爲顓頊和夏禹的代號，也正好說明這一問題。

七、十月太陽曆創始年代的討論

由於從《夏小正》和《管子．幼官圖》找到了與彝族太陽曆有關的確鑿證據，這就意味著不但南詔王驃信星回節詩是確定無疑的，而且在彝族白族等地區廣爲流傳的有關火把節起源的三個傳說故事，也大致確有其事了。漢將郭昌在雲南的軍事活動，是在西漢元封年間[1]，這是公元前2世紀的事。而《夏小正》和《管子》的寫作年代還要早得多。

以往，人們曾試圖從《夏小正》的出沒星象來討論《夏小正》成書年代，由於誤將《夏小正》當作十二月曆來討論，其所得結論自然是錯誤的。從以上所介紹的《夏小正》一書的來歷來看，大致可以確定它是公元前5、6世紀的東西。

能田忠亮曾經根據《禮記．月令》的出沒星象進行歲差推算，判斷它爲公元前620年前後的天象。《禮記》所反映的是周代的文物制度，把它判爲東周的天象，這是大致沒有錯的。《月令》是夏正，《夏小正》也是夏正。夏正即寅正，

1. 關於郭昌的事跡，見《漢書．武帝紀》和《郭昌傳》。在彝族的傳說故事中郭世忠，忠與昌讀音相近。

其正月的氣候和出沒星象應是一致的。從《夏小正》和《月令》所載的正月星象來看，都爲正月初昏“參中”，確是一致的，由此也可看出，《夏小正》和《月令》的觀測年代大致相同。能田忠亮也承認《夏小正》中的正月“參中”當爲公元前六百年前後的天象。這些天象的討論，與也關這兩部曆書的寫作年代，也是相一致的。本文第一部分曾指出正月“參中”的天象，大致相當於現在夏曆的二月初的天象，其差異是由於歲差造成的。若以赤道歲差每 77 年差 1 度計算，移動 30 度大約 2400 年左右，正是春秋戰國時的天象，不可能比公元前七世紀更早。那種認爲《夏小正》星象比《月令》還要早一個月的意見，也即認爲《夏小正》還要在《月令》成書年代以前二千年的意見，大約是與我國古代文字的形成歷史和文獻的歷史不相容的。

齊國宗室和杞國宗室雖然都來源於西羌，但他們進入中原的時代卻相差很遠，它們之間在政治上和文化上並無密切的聯繫，是各自獨立發展的。而在兩國都同時行用十月曆太陽曆的歷史事實，說明這種太陽曆不可能起源於殷周之際，而應是在夏代以前。因爲夏宗室和姜姓是在不同的時代互不相干地進入中原地區的。而他們都行用十月曆，說明齊國和杞國建立之前就存在十月曆了。由此至少可上推至夏代。

十月太陽曆起源於何時？目前尚未更具體的證據。據《開元占經・龍魚蟲蛇占》引《禮緯・稽命征》說“禹建寅，宗伏羲”。由於伏羲和夏禹都是西羌族，沿用共同得曆法是可能的。由此看來，夏代的曆法與伏羲時代的曆法是一致的；又根據伏羲作八卦的傳說，八卦與十月曆是有密切關係的[1]，如果伏羲時代確已有八卦的原始形態，則也就有了十月曆，因此，十月太陽曆的創使年代是可能上推到伏羲時代的。

禹因治水有功，被人們推戴爲帝。禹的兒子啓奪取帝位，由此開始了我國歷史上帝位的世襲制度，標誌著我國奴隸社會的開始。禹是我國遠古生產力大躍進的時代的代表人物，啓可以廢除禪讓制度，說明私有財產制度在禹時已基本上成熟了。社會制度和生產關係的變化，生產力的躍進，有促進了科學文化

1. 見《彝族天文學史》第 12 章。

的發展。夏代的農業相當發達，已在人們的生產活動中占有主要地位。農業生產的發展，就向人們提出了準確地預報季節的要求，也就促進了曆法的發展。從創造十月太陽曆的社會條件來看，夏代要更成熟一些，因而可能性也更大一些。

總之，十月太陽曆大約是從伏羲時代至夏這段時間內形成的。這種曆法一旦創立，便在夏羌民族中間牢固地扎下了根，並且一直沿用到今天。它是世界曆法史上最早創制的曆法之一，行用時間也最長久，是值得我們注意的。

（原載《自然科學史研究》第1卷1982年第4期）

二

天干十日考

一、天干釋義

中國古代數千年來一直使用干支紀日、紀年，可謂由來已久，盡人皆知。十干與十二支兩兩相配，至六十而完成一周，稱爲六十甲子。按通常的理解，無論干支或六十甲子，都是用作一種序數，或者是用作一種計數周期，別無其他含義[1]。

本文主要討論十干原來的意義，即它原來是作什麼用的。呂子方說："十干，自古相傳是用來紀日的，這是沒有分歧的[2]。"鄭文光也有類似的觀點[3]。這是當前較爲普遍的說法。

這種說法對不對呢？顯然不對。十干十二支又稱天干地支，這是取十干爲陽性、十二支爲陰性之義。爲什麼十干爲陽，十二支爲陰？有人可能認爲，提這個問題是多餘的，因爲這是古人的一種思想方法，不一定有科學依據。其實不然。關於這一點，前人一直沒有弄清楚，或者說是沒有找到正確的答案[4]。

爲了解決這個問題，首先必須弄清楚十干、十二支的原始意義，即它們最初在曆法上起什麼作用。《漢書・律曆志》關於十二支與季節關係的記載：

1. 郭沫若以爲"甲乙本爲十位次數之名"，次數即序數。見《甲骨文字研究》"釋支干"篇。
2. 呂子方：《中國科學技術史論文集》，下冊，第 33 頁，四川科技出版社，1984 年。
3. 《中國天文學源流》，第 23 頁，科學出版社，1979 年。
4. 最近何新也已經指出，十干最早並不是用於紀日，而是一種紀月方法。見《諸神的起源》，三聯書店，1986 年，第 171 頁。

孳萌於子，紐牙於丑，引達於寅，冒茆於卯，振美於辰，已盛於巳，咢布於午，昧薆於未，申堅於申，留孰於酉，畢入於戌，該閡於亥。

與此同時，還記載著有關十干與季節的關係：

出甲於甲，奮軋於乙，明炳於丙，大盛於丁，豐楙於戊，理紀於己，斂更於庚，悉新於辛，懷任於壬，陳揆於癸。

不難看出，無論是十二支還是十干，它們都對應於一個萌生、壯大、成熟、衰亡的周期。由於十二支、十支是用於曆法的，故這種周期明顯地對應於一個回歸年。十二地支的意義與十二斗建相對應，這是眾所周知的事實。由於十干的變化周期與十二支的變化周期並列，意義也相當，故十干爲一回歸年中的十個部份也就較爲分明。

十干原爲一回歸年中的十個時節，在《史記．律書》中記載得更爲明確：

十月（亥），十一月（子），“其於十母為壬癸。壬之為言任也，言陽氣任養萬物於下也。癸之為言揆也，言萬物可揆度，故曰癸。”

十二月（丑），正月（寅），二月（卯），“其於十母為甲乙。甲者，言萬物剖符甲而出也。乙者，言萬物生軋軋也。”

三月（辰），四月（巳），五月（午），“其於十母為丙丁。丙者，言陽道著明，故曰丙。丁者，言萬物之丁壯也，故曰丁。”

六月（未），其於十母為戊己。豐楙於戊。理紀於己。（《律書》缺漏，暫以《漢志》補）

七月（申），八月（酉），九月（戌），“其於十母為庚辛。庚辛。言陰氣庚萬物，故曰庚。辛者，言萬物之辛生，故曰辛。”

現對《律書》所說十干的辭義稍作解釋如下：

“甲”，相當於植物開始剖符甲而出的時節。剖判符甲，就是種子胚芽突破種皮的包裹，意謂初春種子開始發芽了。《說文》也說：“甲，東方之孟，陽氣萌動。”東方爲春季，孟爲第一，即農曆正月。

“乙”，相當於植物初生始發時的軋軋之貌。軋軋，相當於乙乙。《說文》：“乙，象春草木冤曲而出。陰氣尚強，其出乙乙也”。《禮記・月令》“其日甲乙”，疏：“其當孟春、仲春、季春之時，日之生養之功，謂爲甲乙……乙、軋生相近，故云乙之言軋也。”

“丙”，正是陽氣方盛，天氣明亮的時節。《說文》：“丙，位南方，萬物成炳然。陰氣初起，陽氣將虧。”炳然，是指天氣明亮、顯著之狀。

“丁”，相當於植物生長至壯實的時節。《說》：“丁，夏時萬物皆丁實。”《月令》注曰：“時萬物皆強大。”均指丁爲仲夏時節。

“戊”，相當於植物生長豐茂的時節。豐，義爲草木茂盛；楙與茂字通。“豐楙於戊”，即戊時草木茂盛。《漢書・律曆志》：“楙之於未”，即楙戊之時相當於未月。《月令》注也說：“戊之言茂也，萬物皆枝業茂盛。”戊本音茂，梁太祖爲避其曾祖茂琳諱，才於梁開平元年將戊音改爲“武”[1]。《說文》：“戊，中宮也。”戊與己屬中宮，也即屬五行中的土，爲盛暑時節。

“己”，爲有形可定，有識可紀之時。由於戊、己之時屬中央土，就如自己在中央，他人在四方，所以已象徵著可以紀識之時。《說文》：“己，中宮也，象萬物辟藏詘形也。”表示豐茂期已過，漸呈衰老之象。

“庚”，爲由於陰氣的作用，使得植物更代，果實成熟，植株枯黃之時。庚通更，爲更替之義，象徵著植物的換代。《月令》注：“庚之言更也，萬物皆肅然更改，秀實新成。”《說文》：“庚，位西方。象秋時萬物庚有實也。”均是此義。

“辛”，是植物新生時節。辛，義即爲新，言植物新生之時爲辛時。辛有悲痛、勞苦、辛辣之義，即經過陣痛之後，孕育著新生命的誕生，從這個意義

1. 見《舊五代史・梁太祖紀》。

來說，具也辯證法的思想。

“壬”，爲植物任養之時。壬爲任，也即妊，爲懷妊之義，言植物正在孕育之時。《月令》鄭注：“壬之言任也，時萬物懷任於下。”《釋名》：“壬，妊也，陰陽交，物懷妊，至子而萌也。”均爲此義。

“癸”，義爲萬物可以揆度之時。揆度什麼？意義不甚明確。似可理解爲冬時揆度作物收成之狀況。又據《說文》：“癸，冬時水土平，可揆度也。”也較爲含糊。《史記·天官書》：“冬至短極，具土炭。炭動，鹿解角，蘭根出，泉水躍，略以知日至。”《淮南子·天文訓》在談關於冬夏至土炭輕重的道理時說：“水勝，故夏至濕；火勝，故冬至燥。燥，故炭輕；濕，故炭重。”即古人有以稱土、炭之重以定冬至日期的思想[1]。癸時適逢冬至，故癸也許是指揆度冬至的日期之時。

二、天干是十月太陽曆的十個時節

據以上所引《漢書》、《史記》、《爾雅》和《說文解字》等對於十干字義的解釋來看，“甲”、“乙”、“丙”、“丁”、“戊”、“己”、“庚”、“辛”、“壬”、“癸”十字，原本並不是代表十個數字，而是每個字都有其本身含義的。十干的字義可概括如下：

“甲”，植物破甲之月；
“乙”，屈曲生長之月；
“丙”，天氣明亮之月；
“己”，紀識之月；
“庚”，成熟之月；
“辛”，更新之月；

1.《史記·天官書·集解》：“孟康曰：先冬至三月，縣土、炭於衡兩端，輕重適均。冬至日陽氣至則炭重，夏至日陰氣至則土重。”所言正與《天文訓》相反。冬至陽氣至，夏至陰氣至，陽企燥，陰氣濕，這是古人的傳統思想。而炭能吸收空氣中的水分，故冬至炭輕，夏至炭重，所以《天文訓》所言爲是，孟康之說有誤。冬燥夏濕，也正符合黃河流域的氣候條件。

"丁"，丁壯之月；　　"壬"，懷妊之月；

"戊"，豐茂之月；　　"癸"，揆度之月。

至近代，哈尼族的十二月名不用序數，仍以物候紀月："送舊月迎新"、"草死月"、"地濕月"、"種穀月"、"踩耙月"、"霉雨月"、"拔草月"、"熬酒月"、"嘗新月"、"入庫月"、"櫻花月"[1]。近代傈傈族仍行用十月曆，其月名也以物候命名："蓋房月"、"花開月"、"鳥叫月"、"燒山月"、"飢餓月"、"採集月"、"收穫月"、"酒醉月"、"狩獵月"等[2]。將十干月名的紀法與哈尼族、傈傈族相對照，可知其月名均以物候命名，這是原始民族紀月的普遍規律。因此，十干紀月，乃是中國上古物候月名的實證。

漢初以十月爲歲首，故《史記·律書》十干與農曆的對應關係從十月開始。

按照司馬遷的記載，"甲"、"乙"大致相當於丑月、寅月、卯月；"丙"、"丁"大致相當於辰月、巳月、午月；"戊"、"己"大致相當於未月；"庚"、"辛"大致相當於申月、酉月、戌月；"壬"、"癸"大致相當於亥月、子月。在甲至癸這十的時節中，每個時節都有相應的作物生長的狀態和表示氣候狀況的陰陽二氣的升降變話。《史記·律書》和《漢書·律曆志》這兩段有關十干的記載，可以證實十干原本是表示時節的。從《史記·律書》和《漢書·律曆志》的記載可以看出，這種曆法的新年大致起自大寒，與《夏小正》相當。

十干的每兩個時節，有的對應於三個陰曆月，有的二個月，而對於"戊"、"己"，只對應於未月，這並不意味著十干有的時節長，有的時節短，而只是由於互相跨越的原因。所以對於"戊"、"己"二季，雖然只以未月表示，它應起自午月，終於申月。從《管子·五行》等的記載可知，它每一行爲七十二日，便知"戊"、"己"二個時節，大致起自五月中，終於七月中。

在《淮南子·天文訓》中，載有一幅五行、天干、地支和二十八宿對應關

1. 盧央、邵望平："云南四個少數民族天文曆法情況調查報告"，《中國天文學史文集》第 2 集，科學出版社，1981 年。

2. 邵望平、盧央："天文學起源初探"，《中國天文學史文集》，科學出版社，1981 年。

係示意圖。有方圖和圓圖兩種，以圓圖（圖 2）更為簡明易懂。

這是古人依據《天文訓》文義繪製的。這種天干與四季、十二月的對應關係，在《天文訓》、《呂氏春秋·十二紀》、《史記·律書》、《曆書》、《天官書》

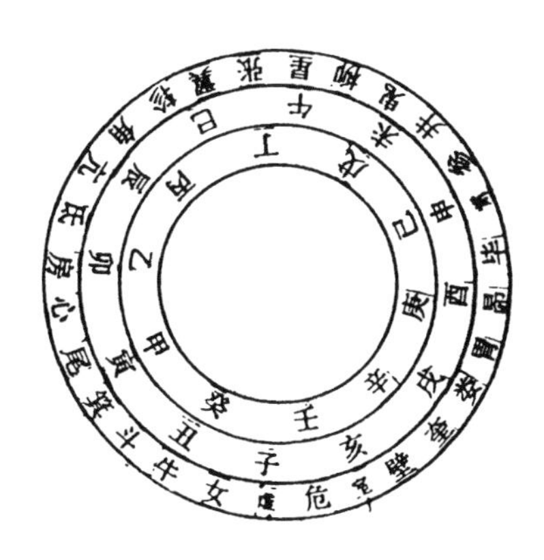

圖 2 《淮南子·天文訓》十干十二辰二十八宿對應圖（略去五行生壯老部份）

及《月令》等文獻中均有記載。此處的地支為十二辰，也即表示十二月，這是毫無疑義的。此圖形象地說明了五行、天干與十二月的對應關係，以及它們同時所對應的二十八宿季節星象。既然此圖中的十二支屬於斗建所指的月名，則天干也必為與之相應的時節。由此可見，所謂“十干自古相傳是用於紀日”之說與史實不符。

弄清了十干和十二支原本的含義之後，我們就能解答為什麼十干、十二支又稱天干、地支了。顯然，十干、十二支都是用以表示一個回歸年中的時段，故二者的性質類似。但由於十二支以月亮的圓缺為依據，而十干僅與太陽的運行方位有關。依據中國古代的傳統觀念，日為陽，月為陰；陽為天，陰為地，故十干又稱天干，十二支又稱地支。

《史記·曆書》載十一月“月名畢聚”。《集解》曰：“案：虞喜曰：‘天元之始，於十一月甲子夜半朔旦冬至，……月雄在畢，月雌在觜。’”《索隱》云：“謂月值畢及陬觜也。畢，月雄也；聚，月雌也。”此處的月雄、月雌，就是以天干紀月和以地支紀月的兩種不同的紀月方法，也就是太陽月和太陰月。顯然，月雄就是指天干，月雌就是指地支。

此處的畢和聚，分別爲月雄和月雌的異名。關於這一點，在《爾雅．釋天》中有詳細的記載，將月雄稱爲“月陽”，將月陰稱爲“月名”：

> 月，在甲曰畢，在乙曰桔，在丙曰修，在丁曰圉，在戊曰厲，在己曰則，在庚曰窒，在辛曰塞，在壬曰終，在癸曰極：月陽。

> 正月為陬，二月為如，三月為寎，四月為余，五月為皋，六月為且，七月為相，八月為壯，九月為玄，十月為陽，十一月為辜，十二月為涂：月名。

從《爾雅．釋天》關於“月陽”、“月名”的記載可以清楚地看出，《史記．曆書》所載畢、聚之月，就是指冬至在月陽爲畢，在月名爲陬。以上所有這些名稱，都是月雄、月雌的異名，在西漢以前較爲常見。後世民間術士模仿干支紀年、紀日的方法，也用干支順次紀月。天干也與地支一樣，與節氣有著固定的關係，但太陽月與太陽日的長度不等，前者爲 36 天，後者爲 29 天半，故用六十干支紀月，實屬畫蛇添足，根本違犯了天干的原義。

以前筆者曾經論述過河圖、洛書中的十個數就是一回歸年中的十個時節，它們與《易．繫辭》中所載“天一地二天三地四天五地六天七地八天九地十”中的十個數屬於同一概念[1]。《易．繫辭》中這十個數的性質，古人早有定論。宋代陳摶《河洛理數．大易數妙義》中說：“凡一二三四五六七八九十之數，乃天地四時節氣也”。北宋易學大家陳摶，是發掘和傳授先天八卦的開山祖，他論定《易．繫辭》和河圖中的 10 個數即是 10 個節氣，應是更爲可信的。既然河圖和《繫辭》中的 10 個數爲 10 個節氣，從而對天干爲 10 個節氣提供了更直接的證據。

1. “陰陽五行阿卦新說”，《自然科學史研究》，1986 年第 2 期。

三、《山海經》等書十日釋義

東漢以前無干支之名。在西漢《淮南子・天文訓》和《史記・律書》等書中，稱之爲母子。至東漢《白虎通》才稱爲幹枝，取樹幹相當於母，樹枝相當於子。至王充《論衡》，才見到干支的名稱，它可能是幹枝一詞的省寫，由此便一直沿用到近代。

然而，十干十二支並不是漢代才有，早在殷商時就已普遍地用以循環紀日，這從近代發掘的大量殷墟甲骨卜辭中可以得到證實。在先秦時，十二支稱爲十二辰或十二月，由於它用於表示一年中各朔望月的名稱，故這一點容易理解。問題是先秦十干叫什麼名稱？從許多文獻的有關記載可以看出，先秦將十干稱爲十日，爲了把它介紹給讀者，並闡述其意義，現將這些有關文獻擇要分類引述如下：

（一）十日即十干

《左傳・昭公五年》："日之數十。"

《左傳・昭公七年》："天有十日。"

《周禮・春官》："馮相氏掌十有二歲，十有二月，十有二辰，十日，二十有八星之位。"

《淮南子・天文訓》："日之數十。""凡日，甲剛，乙柔，丙剛，丁柔，以至於癸。"

《左傳・昭公五年》即有十日的記載。《昭公七年》又進一步對十日的意義作出解釋，即說明十日是與天有關的。由此可以看出，此十日原與紀日周期無關。古人常說天有十日，地有十二月，此處的天地應理解爲陰陽，也就是指太陽和月亮。實際前者是指一年中有十個季節，後者是指一年中有十二個太陰月。當然，對"天有十日"，也可以像《山海經》那樣，將它理解爲天上有十個太陽，不過，它卻掩蓋了其中的科學意義，僅留下神話的色彩。《天文訓》不但明確指出十日就是十干，而且指出十干是分剛柔的，這就顯示了它與五行分陰陽的對應關係。即十日分剛柔，就是彝族十月曆的木公、木母、火公、火母、土公、土母、銅公、銅母、水公、水母。

（二）羿射十日

《淮南子·本經訓》："堯之時十日並出，焦禾稼，殺草木，而民無所食。……堯乃使羿……上射十日。"

《楚辭·天問》："羿焉彈日？烏焉解羽？"

《莊子·齊物論》："昔者十日並出，萬物皆照。"

《論衡·感虛》："儒者傳書言，堯之時，十日並出，……堯上射十日，九日去，一日常出。"

此外，《論衡·說日》、《作對》還有與《感虛》相類似的記載，不再羅列。

顯然，十日並出只能是神話。然而，雖然是神話傳統，卻可能有一定的歷史背景作爲依據，這個背景就是十日，它與以上《左傳》、《周禮》等記載是互相呼應的。依據這個傳說，這十日制度可能創於堯之時。只不過《本經訓》說堯使羿上射十日，而《論衡》只說堯上射十日，從《論衡》說這故事出自《淮南子》和"儒者傳書"來看，很可能就是指《淮南子·本經訓》。因此《論衡》只是依據《本經訓》概略地述說而已。不過十日是誰射的並不重要，重要的是這些著作都用神話形式記載了堯之時已有十日，它爲研究十月太陽曆的起源提供了某些線索。從《左傳》、《楚辭》、《莊子》等文獻來看，這十日的觀點在戰國以前肯定已經有了。

（三）《山海經》中的十日

《海外東經》："湯谷上有扶桑，十日所浴，在黑齒北。居水中，有大木，九日居下枝，一日居上枝。"

《大荒東經》："湯谷上有扶木，一日方至，一日方出，皆載於烏。"

《大荒東經》："東海之外，甘水之間，有羲和之國。有女子曰羲和，方浴日於甘淵。羲和者，帝俊之妻，生十日。"

《海外西經》："女丑之尸，生而十日炙殺之。……十日居上，女尸居山之上。"

《山海經》關於十日的記載同樣也是神話，不過它更接近於遠古人們對大自然的實際認識和想像。依據上述《山海經》中有關十日的記載，可知十日就是十個太陽。這十個太陽，並不是如《莊子・齊物論》、《淮南子・本經訓》等書所說的十日並出，致使焦禾稼，殺草木，而是輪流著"值日"的。它們平時都休息在東海之外名叫湯谷的地方。據上古傳說，太陽中間有踆烏，也就是通常所說的三足烏，牠是太陽精魂的化身。故太陽們在湯谷休息時，便停留在一棵名叫扶桑的神木下枝上。輪到值日的太陽，便從扶桑的上枝飛出，自東向西在天空巡行。

太陽由三足烏載著在天上巡行，這是上古時的傳統觀點。在東漢張衡《靈憲》中仍然保留著這種說法。說到太陽載於三足烏的傳說，便使人們聯想到《淮南子・天文訓》的另一種說法："日出於暘谷……登於扶桑……至於悲泉，爰至羲和，爰息六螭，是謂縣車。"太陽在一天中行經九州七舍共十六個行程[1]，又回到湯谷原處。《天文訓》以爲，太陽在天空巡行，是由太陽媽媽羲和，用六龍駕馭的車子自湯谷一直送到悲泉才返回的。這一說法又隱含著中國上古以蒼龍的六個方位定時節的習俗[2]。

《山海經》有關十日記載中一個值得注意的問題是十日由羲和生的。中國遠古時有相當多的帝王都沒有名叫羲和的天文官，由此十日爲羲和所生，也就含有深刻意義。《山海經》說羲和是帝俊的妻子，此說僅此一見。《山海經》爲什麼說羲和是帝俊的妻子呢？原來帝俊是東方民族的上帝，他們把世間一切發明創造都歸之於帝俊[3]。由於十日爲羲和所生，所以也就只有帝俊，才有資格作

1. 一天中太陽行徑十六個行程，這表明西漢以前實行十六時制。三見拙作"中國古代時制研究及其換算"，《自然科學史研究》1983 年第 2 期；又見袁珂《古神話選釋》，第 261 頁，人民文學出版社，1982 年。

2. 見拙作"周易、乾卦六龍與季節的關係"，《自然科學史研究》1987 年第 3 期。

3. 見袁珂《古神話選釋》第 200 頁。

十日的父親，由此羲和也就成爲帝俊的妻子了。帝俊不僅是十日的父親，同時也是十二月的父親，所以十二月之母常羲，也成爲帝俊的妻子。由此可見人們在創造神話時的邏輯思維了。殷人屬東方民族，他們曾將十干、十二支結合起來，組成六十干支用於紀日，於是其創造者和管理者便自然成爲其上帝的妻子了。

羲和生十日的意義，實際是指堯之時，或者更早的時候，天文官羲和便發明了將一年分爲十個時節以記載時日的方法，自此以後，歷代羲和便一直管理著十日紀時的制度。因此，羲和也就成爲十日的媽媽了。

筆者以爲，所謂十日並出，原本是指發明了以十紀時的曆法。只是後人對此發生了誤解，把它想像成同時出現了十個太陽，以至於焦禾稼，殺草木，而需要羿這個人物來射日。

可是何新卻把羿射十日當作一個真實的歷史事件，以爲射十日的羿，就是夏代太康時后羿，后羿進入商丘以後，學習了夏民族的陰陽曆而廢止了商民族自己固有的十月歷，故稱爲上射十日[1]。但這僅僅是推測，袁珂早已指出[2]，堯使之射十日的羿，與夏太康時的后羿完全是兩個人，不應混爲一談。

四、《山海經》中定十日時節的日出之山和日入之山

已故呂子方先生早已注意到，《山海經》中的日出之山和日入之山是遠古人們用於定季節的標誌。他說[3]：

> 我認為，這是遠古的農人，每天觀察太陽出入何處，用來定季節以便耕作的資料，這是曆法的前身。……

1. 何新：《諸神的起源》，三聯書店，1986年，第165-174頁。
2. 袁珂：《古神話選釋》，人民文學出版社，1982年，第267頁。
3. 呂子方：《中骨科學技術史論文集》下冊，四川科技出版社，1984年，第28頁。

一年四季氣候不同，按天動學說，是由於太陽由極南到極北，又從極北到極南，一年之間往返一周而來。太陽走到極南時叫冬至，到極北時叫夏至，到正東正西叫春分或秋分。當然這種認識是人類文化發達以後的事了。遠古時代的人，只知道日出而作，日入而息，把太陽的出入當作生活作息的標準。多山地帶的人，自然就以山為日出入的標尺。

今先介紹日出之山。這日月所出之山，集中地記載在《大荒東經》中：

大荒東南隅：

"大荒之中，有山名曰大言，日月所出。"

"大荒之中，有山名曰合虛，日月所出。"

東海之渚中：

"大荒之中，有山名曰孽搖頵羝。……一日方至，一日方出。"

"大荒之中，有山名曰壑明俊疾，日月所出。"

大荒東北隅：

"大荒之中，有山名曰明星，日月所出。"

"大荒之中，有山名曰鞠陵於天，東極，離瞀，日月所出。"

其中"大荒東北隅"下兩條，原在大荒東南隅中。但《大荒西經》中的西北、西、西南各有兩座日入之山，而《大荒東經》東南日出之山有四座， 東方日出之山有兩座，又東南隅後兩山旁還有司幽之國，幽常與北方相連，故知東南方的後兩座日出之山應在大荒東北隅，當錯置於東隅下，故調整。

再介紹日入之山。這日月所入之山，集中地記載在《大荒西經》之中：

西北海外：

"大荒之中，有山名曰豐沮玉門，日月所入。"

"大荒之中，有龍山，日月所入。"

西海渚中：

"大荒之中，有山名曰日月山，天樞也。吳姖大門，日月所入。"

"大荒之中，有山名曰鏖鏊鉅，日月所入者。"

西海之南：

"大荒之中，有山名曰常陽之山，日月所入。"

"大荒之中，有山名曰大荒之山，日月所入。"

這六座日月所入之山，自西北、西、至西南，兩兩排列，簡明整齊（圖 2）。

筆者完全贊成呂子方的意見，這《大荒東經》中所載的六座日出之山，確是反映遠古時人們用以判別時節的六個標誌。對於遠古恒星知識尚少的人們來說，這是確定季節最有效的方法。對於某固定地點的觀測者來說，在不同季節各選定一個遠方山峰作爲這個季節來到的標誌點，用以確定季節，是相當準確的。我們在 1982 年涼山彝族天文調查中曾經採訪到這種季節的方法，說明彝族還一直保留著原始古老的文化傳統。筆者在彝族地區所採訪到的用山峰作爲確定季節標誌的資料，也進一步證實《山海經》中用山峰來確定季節，確有實用價值。當然，《大荒東經》中所載的六座日出之山，並不一定是天文觀測者的實錄，而可能是人們想像中的神山。但這種認識，卻反映了當時人們的社會實踐。

然而，並不是所有的人都認識到《山海經》中六座日出之山和日入之山的真正含義，人們往往只把它當作單純的神話傳說，忽略其所包含的科學意義。但實際上，《山海經》有關日出、日入之山的科學意義有明確的記載。《大荒東經》說：

"有人名曰鵷，……是處東北隅，以上日月，使無相間出沒，司其長短。"

"有人名曰石夷，……處西北隅，以司日月之長短。"

鵷在東方司日月之長短，石夷在西方司日月之長短，這與《堯典》羲叔宅南郊、和叔宅西土等觀測昏旦中星以定四時是一個意思，只是《山海經》所記是用日出、日入的方位以確定季節而已。因此，六座日出之山和六座日入之山，無疑定季節的標誌。

有趣的是，這日出、日入之山都爲六座。它們剛好對應著自冬至到夏至，和自夏至到冬至各五個季節，由此更可進一步證實《山海經》中的十日，即是 1 年中的 10 個時節。

呂子方自己也清楚地知道，《山海經》中日出之山，日入之山均只有六座，他在《紀實材料》中說[1]：

"從其中講天文的二十條材料看來，記日出之山六，日入之山六。"

"《大荒東經》記太陽所出之山六座，《大荒西經》記日入之山也是六座。這是觀察太陽出入的地位以便安排耕種日程，有是確定季節最原始的方法。如果不這樣去理解，那又怎麼解釋呢？"

呂子方在發現《山海經》中日出之山與時節對應關係方面的功績是不可磨滅的，但是只知十二月陰陽曆而不知中國上古曾經行用過十月太陽曆，這就出現了難於解釋的地方。如一年按十二月計，則冬至到夏至和夏至到冬至各爲六個月，需要七個標誌點。也許正是出於這種考慮，呂子方在"曆法前身"[2]中將日出、日入之山都曾加到七座。他在日出之山中，把不屬於日出之山的日月誕生休息之地也用來充數："大荒之中，有山名猗天蘇門，日月所生。"只要細加考察，此條與以上六條行文並不一致，而且"所生"與"所出"顯然不是一個概念，後者爲日月東升之處，而前者爲日月誕生之處。

1. 呂子方：《中國科學技術史文集》下冊，第 171-172 頁。
2. 呂子方：《中國科學技術史文集》下冊，第 27 頁。

出於相同的考慮，呂子方爲了與陰陽曆相呼應，又將置於西北、西、西南三方以前的另一句話，拉來與六座日入之山並列爲七山：“大荒之中，有方山者，上有青樹，名曰柜格之松，日月所出入也。”由於它不與西北、西、西南三方日入之山排列在一起，而是置於此三方之前，故知此山並不是用於定季節的日入之山。這段文字也明顯地與以上六座日入之山的文字不同，實際上是說此山有名叫柜格的松樹，是日月出入之所。可見這句話的本意是記載這棵日月出入其上的神樹。而“日月出入”與“日月所入”意義也不一致，故知此山與六山不同，不是用以定季節的日入之山。

由《山海經》六座日出之山和六座日入之山可以看出，我國遠古時確實行用過一年爲十個季節的曆法，這日出日入個六座山的記錄，便是這種曆法行用過的可靠證據。它與《山海經》中十日的記載互相呼應，成爲我國遠古時行用過十月太陽曆的確證。十日是一歲十個時節的物候名稱，六座日出之山和日入之山，則是確定這十個季節的標誌和方法。

（原載《自然科學史研究》第 7 卷，1988 年第 2 期）

三

陰陽五行八卦起源新說

陰陽五行對我國古代哲學和科學思想產生過巨大影響，在我國天文學、農學、醫學等方面應用十分廣泛。隋蕭吉《五行大義》說："夫五行者，蓋造化之根源，人倫之資始。"這說明我國古代認爲物質和精神都源於陰陽五行。《周易》和八卦也是我國學術上的一大理論問題，數千年來人們一直在對它進行研討，幾乎從未間斷。英國科學史家李約瑟在所著《中國科學技術史》中，把陰陽五行和易理稱爲中國科學最基本的觀念或理論，實在不爲無見。因此，在新發現的材料的基礎上對它們重新進行研究，探索其根源，理清其來龍去脈，在我國科學史和文化史上將具有十分重大的意義。

對於這三者的起源問題，前人已經作過許多研究。但前人的研究多侷限於抽象的哲學概念方面，可以說尚未觸及問題的實質。近年發現，西南少數民族地區過去曾長期行用過 1 年爲 10 個月的曆法，人們正在對這種曆法進行歷史的研究。作者認爲十月曆是中國最古老的曆法，陰陽五行和八卦的起源實與十月曆有關；因而要解決它們的起源問題，必須從研究古老的十月曆開始。

一、大小涼山彝族十月曆給我們的啓發

早在解放以前，關於彝族十月曆已有報導[1]，在一些與外界隔絕的最閉塞的地區，它還在行用。最近我們兩次到四川大涼山和雲南小涼山地區作實地調查，

1. 常隆慶等《雷馬峨屏調查記》；李亦人《西康綜覽》；江應梁《涼山彝族奴隸制度》。

不但發現許多地方曾使用過這種曆法，而且基本弄清了這種曆法的結構[1]。

（一）彝族分爲若干互不相屬的支系，由於分隔時代久遠，所用十月曆略有差異，但大致相同，它們的共同點是：

1. 1 年都分爲上下兩個半年，每隔半年過 1 次新年。

2. 1 年都分爲土、銅、水、木、火五季，每季都分爲公母兩個“特補特摩”（意爲時節），每個特補特摩包括 36 天，相當於 1 個月。

3. 1 年 10 個月，共 360 天，其餘 5 至 6 天都作爲過年日，不計在月內。

4. 都用十二生肖紀日，每月 3 週，1 年恰爲 30 個十二生肖週。

（二）它們的不同之處，則有以下各點：

1. 大小涼山等地的彝族，大多以夏至和冬至作爲大小兩個新年，彝族語稱爲“補故”和“補久”。太陽運動到最北點爲夏至，到最南點爲冬至。夏至爲大年，冬至爲小年。雲南等地的彝族，包括白族等彝語支民族，他們的兩個新年在大暑、大寒前後，稱爲火把節和星回節，以北斗斗柄南指和北指來確定。彝族改用農曆後，仍保留這兩個傳統的節日，並大多確定爲農曆六月二十四日和十二月十六日，其間正好相隔半年。

2. 大涼山彝族 5 至 6 天過年日也用十二生肖紀日，十二生肖紀日是連續的。因此，每年的元日和各月第一天的屬相都要向後推移五至六個。小涼山彝族過年日則不用十二生肖紀日，因此，十二生肖紀日是不連續的，每年元日和各月第一天都爲鼠日。然而，大涼山地區也有過年日不用十二生肖紀日的說法，因此，這個地區改用十二生肖連續紀日，可能是近百年的事。

3. 小涼山彝族將五至六天過年日分爲兩部分：大年三天；小年平年兩天，閏年三天。大涼山彝族將五至六天過年日主要集中在冬天的新年使用，火

1. 劉堯漢等“世界天文史上具有特色的彝族太陽曆”，《民族學報》，1982 年 2 月；阿蘇大岭等“雲南小涼山發現彝族太陽曆”，《自然科學史研究》第 3 卷第 2 期，1984 年。

把節僅爲一天。

從以上大同小異的情況來看，這種古老曆法與月相周期毫無關係，是一種與農曆大不相同的十月太陽曆。

熟悉陰陽五行和《周易》八卦的學者們，了解了彝族十月曆的特徵以後，會發現陰陽五行八卦與十月曆有許多一致之處，因而想到它們之間可能存在著某種密切的關係。本文就是根據這種想法，對它們之間的關係作一些嘗試性的討論，以求解開陰陽五行八卦起源這一千古不解之謎。

解放前個別從事民族社會調查工作的學者，對彝族悠久的文化歷史缺乏認識，過低地估計了彝族的文化水平，因而輕率地把十月曆當作晚近時期彝族吸收漢族文化的產物[1]。這種錯誤的結論是沒有任何根據的。彝族民間史詩“門咪間扎節”[2]說一年過兩個新年的曆法是彝族人民創造的最早最原始的曆法，《梅葛・造物》把一年稱爲十個月[3]。在漢族文獻中，有關彝族星回節的記載可上溯到南詔初年[4]，有關火把節的傳說則更可上溯到三國和西漢時代[5]。從這些記載來看，它肯定是一種很古老的用法。

關於星回節和火把節的歷史記載，僅是說明中國古代存在十月曆的一個不完整的證據。在古代文獻中，是否還能找到更完整更具體的證據呢？現已查明《夏小正》中的許多記載可以充分證明《夏小正》是十月曆。例如，《夏小正》夏至在五月，冬至在十月，其間相隔只有五個月；春分在二月，秋分在七月，其間相隔也只有五個月；從正月斗柄下指到六月斗柄上指，其間也是相隔五個月。半年爲五個月的月，不可能是太陰月，而只能是十月曆的月；《夏小正》中所有的天象（兩條錯簡除外）和絕大多數物候，也都只能用十月曆加以解釋[6]。

1. 常隆慶等《雷馬峨屏調查記》。
2.《彝族文獻譯叢》第一輯，雲南省社會科學院彝族文化研究室編，1982 年。
3.《梅葛》，雲南人民出版社，1978 年。
4. 五代《玉溪編事》載南詔驃信星回節詩等。
5. 明楊鼐《南詔通記》和清胡蔚《南詔野史》等。
6. 參見“論夏小正是十月太陽曆”，《自然科學研究史》第 1 卷第 2 期，1982 年；“夏小正新解”，《農史研究》第一期，1983 年。

據文獻記載，《夏小正》是孔子從夏宗室的後裔杞國得到的，它應該是屬於夏代的傳統文化。《史記·夏本紀》引《帝王紀》云："禹名文命，本西夷人也。"《六國年表》云："禹興於西羌。"夏宗室出自西羌，夏文化自然也應具有西羌文化的特徵。現今人們都承認彝族是古西羌族的一個主要分支，古西羌的傳統文化在彝族中保留得最爲完整。由此看來，《夏小正》與彝族古曆同屬十月曆，絕不是偶然現象，而是由於它們之間存在著共同的文化起源。

以上事實說明，彝族十月曆的起源確實很古老，把它與陰陽五行和八卦的起源聯繫起來加以考慮是有根據的。下面我們將詳細地討論它們之間的關係。

二、五行即五時

什麼叫五行？《辭海》"五行"條說："指木、火、土、金、水五種物質。中國古代思想家企圖用日常生活中習見的上述五種物質來說明世界萬物的起源和多樣性的統一。"其實這是後世通行的說法，早期的五行概念並非如此。孫星衍在《尚書·洪範》疏中引鄭康成說："行者順天行氣。"又引《白虎通·五行篇》云："言行者，欲言爲天行氣之義也。"《春秋繁露·五行相生》也說："天地之氣，合而爲一，分爲陰陽，判爲四時，列爲五行。行者，行也。其行不同，故謂之五行。"因此，五行中"行"字的涵義是行動，而不是物質，五行就是五種不同氣的運動，而氣即指節氣。由此可見，五行原來的意義是天地陰陽之氣的運行，亦即五個季節的變化。《呂氏春秋》把五行直稱爲"五氣"，意義更爲明顯，五行即一年中的五個節氣，或五個時節。後世將五氣運用到其它方面，則是人們對五行觀念的附會和發展。《管子·五行篇》云："作立五行以正天時，五官以正人位。"可見當時五行只與天時有關，亦即五行爲五個時節。"作立五行"的唯一目的是爲了"正天時"，而"正天時"即是定季節。

古代文獻中常有關於五時、五節的記載。《尚書·皋陶謨》"撫於五辰，庶績其凝"，孫星衍疏引《詩傳》云："辰者，時也。"《禮運》云："播五行於四時，故五時謂之五辰。"《皋陶謨》的意思是說，人們必須遵循五時的變化，才能正確地處理日常事務。《禮運》把五辰釋爲五時是合理的，但並不完全準確。中國上古的“辰”字都與定季節的標準星象有關，例如火爲大辰，北斗爲大辰，日月之會謂之辰。此處的五辰應釋爲五個定季節的標準點。有五辰就有五季，亦即五時。夏代只有五時而不講四時，這也是夏代用十月曆的一個證據。

春秋時代雖然已行用四時制度，但自古流傳下來的一年分爲五時的說法仍然存在，《左傳》昭公元年：“分爲四時，序爲五節。”古時時節並稱，意義相同，五節即五時，只是爲了區別起見才並稱四時、五節。

班固《白虎通德論》“五行”條說：“行有五，時有四，何？四時爲時，五行爲節。”這說明時至東漢，人們仍然知道五行即是五節。在東漢時，五時之說不僅見於傳聞，而且見於實用。《後漢書．東平王蒼傳》中有“五時衣各一襲”的記載，可見五時的觀念在當時是影響很深的。《春秋緯說題辭》說：“《易》者，氣之節，含五精，宣律曆。上經象天，下經計曆。”這說明《周易》這本書繼承一年分爲五時的文化傳統，同時與曆法有密切關係。關於這一點，下文還將進行討論。

從以上論述可以看出，早期的五行絕不是單純地指五種物質材料，也不是指一種抽象的哲學概念，而是指一年中的五時或五季。四時之說是後起的，在此之前只有五行而無四時。這說明在上古時代曾經存在一種一年分爲五時或五季的曆法系統，即十月太陽曆。後來的陰陽、五行、八卦，實際上都是在十月曆的基礎上發展起來的。這種曆法雖然後來被十二月陰陽曆所取代，卻留下了許多不可磨滅的痕跡，使用夏時的《夏小正》自不待說，即在陰陽、五行、八卦等上面，十月曆的痕跡也都灼然可見。

《左傳》襄公二十七年有“天生五材，民并用之，廢一不可”的話，這五材指的是人們與之打交道最多的五種物質，即水、火、木、金、土。用人們最熟悉的事物名稱作爲時節的名稱，就原始民族而言是可以理解的，因而在日常用語中五材與五行就難免發生混同的情況。後人因《左傳》提到五材，於是便推論到《洪範》五行即是五材，從此五行便逐漸失去原來的意義，而成爲五種物質的總名。然而，即使從這種意義來看，它也只能表明當時人們將物質區分爲五類，至於後世哲學家或術數家由此出發把它發展成爲解釋整個物質世界及其發展規律的陰陽五行學說，恐怕不是殷周之際首先創用五行二字的人們始料所及的。我國史學家研究五行說一般都上溯到《洪範》五行，但很少有人注意到其中存在的含義轉移的情況，更無人提到五行何以會成爲《洪範》九疇中的第一項。關於後一問題，在以下的討論中將作出解答。此外，這裡還要提一句，正是由於《洪範》五行的記載，我們才知道了上古曆法中五時的排列順序，這一點對於我們的研究是重要的。

三、五行生成說與十月曆月名

五行生成說又稱生數說，主要出現在我國最早的史書《尚書》中。其它如《逸周書》、《關尹子》等書的記載，也同屬這個系統。《尚書．洪範》說：

> 箕子乃言曰，我聞在昔，鯀鄄洪水，汨陳其五行，帝乃震怒，不畀洪範九疇，彝倫攸斁。鯀則殛死，禹乃嗣興。天乃錫禹洪範九疇，立倫攸敘。……五行：一曰水，二曰火，三曰木，四曰金，五曰土。水曰潤下，火曰炎上，木曰曲直，金曰從革，土爰稼穡。潤下作咸，炎上作苦，曲直作酸，從革作辛，稼穡作甘。

《洪範》記載的是，周武王取得政權以後，向殷商賢臣請教治國方針；箕子教武王治國的九條大法，其中第一條就是五行。這九條大法，據傳說早在夏禹時就已經有了。傳統的看法認爲，《洪範》乃是周初的作品。但本世紀初有些學者認爲它出自戰國，因此懷疑周初是否已出現五行的觀點。有人甚至武斷地說，《洪範》中的五行思想應晚於鄒衍，五行說是甘公、石申觀測五星以後發展起來的一種學說[1]。還有人斷言“其發生的時代最多不會早過鄒衍一個世紀”[2]。這些疑古派的說法是不能接受的，如果相信這種觀點，自古流傳下來的神話和

1.《東洋天文學史研究》第 10 篇，中譯本第 629 頁。

2.《中國的科學與文明》台譯本第 2 冊第 383 頁。

傳說就會全被否定，殷周及其以前的歷史就將變成漆黑一團。近年來，許多學者都對這種疑古派的觀點持批判態度：金景芳曾列舉許多事實，證明《洪範》爲西周作品，並指出“五行作爲一個集合名詞來應用，並不始於《洪範》，早在原始社會就出現了”[3]。黎子耀根據《卜辭》的記載，證明殷周時已有五行[4]。作者完全贊同他們的觀點，本文的結論也完全證實五行說的起源是很古老的。梁啓超曾經指出，《洪範》五行不過將物質區分爲五類，言其功用及性質，絲毫沒有哲學或術數的意味[5]。從後世五行說的觀點來看，《洪範》五行確實看不出有什麼哲學方面的意義，但說它沒有術數的意味，則稍嫌武斷。由於《洪範》五行的排列順序與晚出的五行相生說不合，所以後世研究陰陽五行的學者們常常忽視其重要性，實際上，它在中國科學文化史上都產生了巨大影響，《河圖》、《洛書》和《周易》都屬於《洪範》五行的系統。

既然五行起源很早，可能產生於夏以前的原始社會，如果按照傳統的觀點，把它看作一種抽象的哲學概念，那麼這種哲學概念在原始社會便已產生，後來並成爲奴隸制國家的一條基本大法，這是令人難以理解的。在原始社會時代，人們所接觸和所思考的，都是與生活和生產密切相關的具體事物，後人所理解的五行，卻是高度抽象的哲學概念，這是與原始社會的文化水平不相容的。因此，所謂《洪範》五行，並不是什麼哲學概念，而是上文已經闡述過的五時，也就是將一年分爲五個季節的曆法。我國古代由於重視農業生產，把頒布正朔即曆法當作皇權的象徵，歷代統治階級都把曆法當作鞏固其政權的根本大法。這是中國的歷史傳統，早在周代就有明確的記載。例如《春秋》記魯桓公“四不視朔”，《論語》說“子貢欲去告朔之餼羊”，都當作大事來記載，說明周代各諸侯國都把曆法視爲國家的大政。由此可見，夏商兩代的統治者也是把曆法當作大政來對待的。所以，五行作爲《洪範》九條大政中的第一條，必屬曆法無疑，鯀不重視曆法，“汨陳其五行”，所以失敗了；禹把治曆當作大政，取得“洪範九疇”，所以成功了。

3.“西周在哲學上的兩大貢獻”，《哲學研究》，第6期，1979年。
4.“陰陽五行思想與周易”，《杭州大學學報》，第1期，1979年。
5.“陰陽五行說之來歷”，《東方學報》，第20卷第10號，1923年。

上文已經介紹過，小涼山彝族十月曆以夏至和冬至爲夏冬兩個新年；兩個新年之間各佔五個太陽月；相鄰的兩月又分別以公母稱之，用來表示它們之間的變化關係。我們從這裡可以得到啓發，中國上古最古老的十月曆的月名，當是依《洪範》五行所排列的順序來命名的；從夏至新年開始，經水火木金土 5 個月，到冬至新年；再經水火木金土 5 個月，又回到夏至新年。1 年 10 個月份分別配以公母，便成一水公，二火母，三木公，四金母，五土公，六水母，七火公，八木母，九金公，十土母。如以冬至爲一年之始，情況也相類似。

我們這樣說，並不是依照現今的涼山彝族十月曆來臆造古史，而是有文獻作爲根據的。《易・繫辭上》將 1 年分爲“天數五，地數五”，又說“五位相得而各有合”，“天一，地二，天三，地四，天五，地六，天七，地八，天九，地十”。孔穎達疏：“天一與地六相得合爲水，地二與天七相得合爲火，天三與地八相得合爲木，地四與天九相得合爲金，天五與地十相得合爲土也。”《易・繫辭》這些話並不是討論什麼抽象的哲學概念，而是在說明十月太陽曆的基本結構。天爲陽，地爲陰。彝族十月曆稱公母，公爲陽，母爲陰。公母、天地和陰陽是同一概念。以公母表示陰陽，似更爲樸素和古老。

所謂相得相合就是生數和成數的配合。這種曆法依冬夏二至將 1 年分爲兩個半年：從冬至開始，陽氣開始萌動而上升，到夏至時達到極點；然後陰氣生，到冬至達到極點，這樣完成一年的循環。因此，前半年可稱爲陽年，後半年可稱爲陰年。《易・繫辭》說“一陰一陽之謂道”，這句話具體應用在曆法問題上，1 年中季節陰陽變化的循環規律即是道。前半年氣溫逐漸上升，萬物處於生長的季節，後半年作物成熟枯黃，所以前半年稱爲生年，後半年稱爲成年，這就是生成說的真實意義。古人將 1 年分爲兩個半年並不是沒有道理的。民以食爲天，古人將收穫的季節看作最快樂的季節，收穫之後，便要進行慶祝活動。作物的收穫分夏、秋兩季，每收穫一次，便稱爲一年。西南許多少數民族自古有一年過兩個新年的傳統習俗[1]。這種古老習俗可從《卜辭》中得到印證，《卜辭》中 1

1. 劉堯漢、陳久金、盧央：“世界天文史上具有特色的彝族太陽曆”，《民族學報》第 2 期，1982 年。

年只分爲春、秋兩季，這是殷商時代將一年分爲春秋兩個半年的證明[1]。陳夢家《殷虛卜辭綜述》亦曾指出，殷人只有春秋兩季，稱 1 個收穫季節爲 1 歲，1 年中有兩歲。

《繫辭》十個生成之數代表 10 個不同的季節，在古代文獻中也有清楚的記載。宋陳摶《河洛理數．大易數妙義》就說過："凡一、二、三、四、五、六、七、八、九、十之數，乃天地四時節氣也。"10 個節氣和 10 個陽曆月是一回事。

通過對《洪範》五行的研究，使我們認識到，中國上古時的十月曆，將 1 年分爲生和成兩個半年，冬夏二至是這兩個半年的開始，即十月曆的兩個新年。所謂水、火、木、金、土《洪範》五行，實即半年中五個太陽月的名稱。這種曆法的相鄰兩個月又以公母相稱，所以便有天一、地二、天三、地四、天五、地六、天七、地八、天九、地十的月名。這就是所謂五行生成之數。

四、五行相生說與十月曆月名

十月太陽曆十分古老，在長期的使用過程中，它也必將隨著科學文化的發展而不斷改進。作者認爲，五行相生的排列順序，就是古老的十月曆在行用過程中作出變革的反映。從目前所掌握的文獻資料來看，五行相生說大約可追溯到春秋時代。

關於五行相生的道理，五行在一年中時節的分配和天空二十八宿方位的分配，西漢董仲舒在《春秋繁露》"五行之義"中說得比較清楚和系統。現摘引如下：

> 天有五行：一曰木，二曰火，三曰土，四曰金，五曰水。木，五行之始也；水，五行之終也；土，五行之中也。此其天次之序也。木生火，火生土，土生金，金生水，水生木。此其父子也。木居左，金居右，火居前，

1. 商承祚："殷商無四時說"，《清華周刊》第 37 卷第九期，1932 年。

水居後，土居中央。此其父子之序，相受而布。

是故木居東方而主春氣，火居南方而主夏氣，金居西方而主秋氣，水居北方而主冬氣。是故木主生而金主殺，火主暑而水主寒。

從以上關於五行相生的敘述可以看出，這種理論對十月曆中五行生成月名的排列順序作了徹底的調整和修改。它已不再如《洪範》五行那樣將五行作爲十月曆半年的月名，而是對全年作出統一的分配，根據五行中五種物質的不同屬性，來安排它們的順序。最明顯的事實是火暖和水涼，這就很自然地火被分在夏季，水被分在冬季，木代表草木，春季是它們的萌發和生長季節，而金是用於切割和殺伐的工具，秋季是作物成熟收割和草木枯萎的季節，因此木分配在春季，金分配在秋季，剩下的土就被分配於夏秋之間。這種排列方式同時也可用相生的理論來解釋，即木依靠水才能生長，木燃燒之後出土，金從土而生，金屬融化後成爲液體又類似水，故金又生水。這種循環相生的理論，與《洪範》五行五種物質各不相關的說法相比較，較接近於自然界的真實情況，因而，在社會上流行較廣。

五行配五方大致是這樣的，人們早就有了四方的概念，爲了與之相對應，人們也把天上的二十八宿分爲四組，順序爲蒼龍、朱雀、白虎、玄武。當冬至新年時，太陽位於玄武。在黎明前觀看二十八宿，蒼龍位於東方，朱雀位於南方，白虎位於西方，玄武位於北方，所以有東蒼龍、南朱雀、西白虎、北玄武之說。春季太陽運行到蒼龍，夏季到朱雀，秋季到白虎，冬季到玄武，故有東方木主春、南方火主夏、西方金主秋、北方水主冬的說法。夏秋之季，太陽運行到朱雀和白虎宿，太陽位於太微垣中的五帝座和軒轅座之間。由於傳統上只用四方，所以這裡也就只能稱爲中方了。古代天文學家把這個天區稱爲太微垣，把這兩個主要星座稱爲五帝座和軒轅座，都是有實際意義的：太微即表示中央，它並不表示"眾星拱之"的中央，而是指五方之中央；五帝座設在此處，表示太乙駕御五帝，巡行五方。太陽運行到五帝座時，正位於五行之一的土；此處的軒轅座，以皇帝得名，軒轅即黃帝的號，黃帝爲黃色，代表土，故有此名。

將木、火、土、金、水作爲一年五季的名稱，並不是只用於理論，而是要

付諸實際應用的。最早和最具體的記載見於《管子・五行》:

作立五行，以正天時，以正人位，人與天調，然後天地之美生。

日至，睹甲子，木行御。天子出令，命左右士師內御。總別列爵，論賢不肖士吏。賦秘，賜賞於四境之內。發故粟以田數。出國衡順山林，禁民斬木，所以發草木也。然則冰解而凍釋，草木區萌。贖蟄虫卵菱。春辟勿時，苗足本。不癘雛鷇，不夭麑麇，毋傅速，亡傷襁褓。時則不凋。七十二日而畢。

睹丙子，火行御。天子出令，命行人內御，令掘溝澮，津歸涂。發臧，任君賞賜。君子修游馳，以發地氣，出皮幣。命行人修春秋之禮於天下，諸侯通，天下遇者兼和。然則天無疾風，草木發奮，鬱氣息。民不疾而榮華蕃。七十二日而畢。

睹戊子，土行御。天子出令，命左右司徒內御。不誅不貞，農事為敬。大揚惠言，寬刑死緩罪人。出國司徒令，命順民之功力，以養五穀，君子之靜居，而農夫修其功力極。然則天為粵宛，草木養長，五穀蕃實秀大，六畜犧牲具。民足財，國富。上下親，諸侯和。七十二日而畢。

睹庚子，金行御。天子出令，命祝宗選禽獸之禁，五穀之先熟者，而荐之祖廟，與五祀，鬼神饗其氣焉，君子食其味焉。然則涼風至，白露下，天子出令，命左右司馬內御。組甲厲兵，合什為伍，以修於四境之內。諛然告民有事，所以待天地之殺斂也。然則晝炙陽，夕下露，地竟環。五穀鄰熟，草木茂實，歲農豐，年大茂。七十二日而畢。

睹壬子，水行御。天子出令。命左右使人內御。其氣足，則發而止；其氣不足，則發撊瀆盜賊。數劋竹箭，伐檀柘。令民出獵禽獸，不釋巨少而殺之。所以貴天地之閉藏也。然則羽卵者不段，毛胎者不贕，𦠆婦不銷棄。草木根本美。七十二日而畢。

這段文字，按其內容主要有以下農事記載：

——木季時，冰解而凍釋，草木萌動。天子散發種子給農民，要即時播種，給禾苗壅土。正是萌生季節，管理山林的官員巡行山林，要禁止砍伐，愛護草木。要挖去蟄蟲及卵，以防止害蟲孳生。春氣以和，不殺幼鳥，不傷幼獸。幼畜不可縛之過緊。

——火季時，發地氣，天無疾風，草木發奮，鬱氣息。修掘溝渠，以利灌溉。男女相會，繁衍子孫。君子出遊，聘問諸侯。

——土季時，天散其鬱結之氣，草木養長，穀物蕃實修大，六畜興旺，人民富足。農事緊急，應致力於農事。

——金季時，涼風至，白露下，五穀熟。草木茂實，歲農豐。組甲厲兵，合什爲伍。

——水季時，削竹箭，伐檀柘，出獵禽獸，不擇巨少而殺之。然而羽卵者不殺，毛胎者不膻。

以上所述實在是一本完整的農事曆書[1]，與《夏小正》、《月令》所載內容和性質完全相同。三者都記載天子在不同時節應進行的政治活動以及農事、物候等。不同之處在於《管子·五行篇》以五季區分，《夏小正》以十月區分，《月令》則以十二月區分。"至日，睹甲子，木行御"，亦即"冬至以後，遇甲子日，木行統治"。

從以上文字可以清楚地看出，五行即爲五節。這種曆法以冬至以後的甲子日爲新年，冬至之後的甲子日，這就是五行中的第一行——木——的第一天。所以有"睹甲子，木行御"，"七十二日而畢"，即木行從甲子開始，共七十二天。冬至甲子後第七十三日爲丙子，是第二行——火——的第一天，所以有"睹丙子，火行御"，"七十二日而畢"。冬至甲子後一百四十五天爲戊子，是第三行——土——的第一天，故有"睹戊子，土行御"，"七十二日而畢"。冬至甲子後二百一十六日爲庚子，是第四行——金——的第一天，故有"睹庚子，金行御"，"七十二日而畢"。冬至甲子後二百八十八日爲壬子，是第五

1. 參閱郭沫若《管子集教》。

行——水——的第一天，故有“睹壬子，水行御”，“七十二日而畢”。經過五行 5 個 72 天，合計 360 日，加上 5 至 6 天過年日，恰爲 1 個周年。依照這個系統，當時以干支紀日，大約與現今小涼山遺族太陽曆的紀日方法一樣。

古代注《管子》的諸家，例如唐代的房玄齡（一說賀知章）等，把“日至”釋爲“春日既至“，把“睹甲子，木行御”釋爲“睹甲子用木行御時也”，把“七十二日而畢”釋爲“春當九十日，而今七十二日而畢者，則季月十八日屬土位故也”。可見他們對這段文字的科學意義根本不了解。歷代注家作出諸如此類的錯誤解釋以後，這本農事曆書的本來面目便被掩蓋了，千百年來成爲十分神秘難解的東西。

在《洪範》五行和《易·繫辭》中，都存在五行中陰陽兩個方面，例如：水，一陽六陰；火，二陰七陽；木，三陽八陰；金，四陰九陽；土，五陽十陰。改造成五行相生的順序以後，便很自然地會將每一行中的陰陽兩個方面集中在一起，成爲五季中的一季。例如：木行分爲陰陽兩個月，從冬至甲子開始的 36 天爲木陰，庚子後 36 天爲木陽。從丙子開始的 36 天爲火陰，壬子後 36 天爲火陽。以此類推。因此，《管子·五行篇》雖未提及五行中每一行又分爲公母或陰陽兩個部分，但它存在陰陽兩個部分的事實，這是不難理解的。同時，《管子·幼官圖》中有“五和時節”之說，這五和時節也就是五行。《幼官圖》中有東南西北中五方，以及由正副五方組成的十圖和 1 年 30 節氣。這東南西北中自然與五行相當。這裡的正副五方，也就是正副五行。由正副五方組成的十圖，實即由陰陽與五行相配組成的十個月。《幼官圖》有 1 年 30 節氣的分法。1 年分爲 30 個節氣，就不能與傳統的十二月相配；而十月曆 1 個月爲 36 天，正好是 3 個節氣，1 年正好是 30 個節氣。這無疑是十月曆的分法。正和副，公和母，陽和陰，其意義是完全相當的，只是表示方法不同而已。《管子·五行篇》和《幼官圖》的記載加在一起，正好反映出中國上古十月曆完整的內容。

幼官即玄宮，這是注釋家較爲一致的看法。聞一多說：“本篇（指《幼官》大似《月令》），提曰玄宮，蓋猶《月令》或曰《明堂月令》乎？”張佩綸說：“明堂則正建孟春”，“黝宮則重日至”。郭沫若說：《幼官》“以五行方位紀時令”。諸家早有此認識，五行相生爲十月曆五季的名稱，《管子·五行》和《幼官》屬十月曆系統的《月令》，當無疑義。

除《管子》以外，有關五行相生及其在季節中分配的記載還有很多，尤以西漢的著作最爲豐富。例如，《淮南子·天文訓》、《春秋繁露·治水五行篇》等，在科學內容上與《管子》所載幾乎完全一致，這裡就不必多作介紹了。

但在某些著作中，也出現一些不同的說法，例如《史記·天官書》、《淮南子·時則訓》等，把木、火、金、水與四季相配（每行三個月），與土相配的卻只有季夏之月一個月。天干與五行相配，則爲甲乙木，丙丁火，戊己土，庚辛金，壬癸水。這裡的甲乙、丙丁等天干日名，實際就是與五行相對應的十月曆月名。關於這個問題，我們將留待以後作專門討論。

東漢的著作《漢書·律曆志》和《白虎通·五行篇》，在將木、火、金、水分配於四季之後，又在四季中各抽出十八日與土相配，以符土王四季之說，這是完全脫離曆法實際而只空談理論了。在研究五行的起源時，這些後起的枝節問題當然不足深論。

五、河圖、洛書與十月曆的月序

關於河圖洛書的名稱，在《尚書·顧命》中就有“天球、河圖在東序”的記載；《呂氏春秋·應同篇》說周文王時“赤鳥銜丹書集於周社”；《易·繫辭》說“河出圖，洛出書，聖人則之”；《漢書·五行志》則說：“劉歆以爲虙羲氏繼天而王，受河圖，則而畫之，八卦是也；禹治洪水，賜洛書，法而陳之，《洪範》是也。”人們認爲，伏羲氏興時，有龍馬從黃河出現，背負河圖，伏羲氏依據它畫成八卦；禹治洪水，上帝賜予洪範九籌，有神龜從洛水出現，這就是洛書。《廣博物志》十四又引《尸子》曰：河精“投禹河圖”。由於只有河圖洛書之名而不知其內容，人們便把它理解爲聖王受命時天降的祥瑞。聖王受命，天降祥瑞，這顯然是附會之辭；然而在荒唐的神話後面，卻往往隱藏著一些歷史事實。依照中國古代的習慣，新的帝王即位要頒行新的曆法，這一點我們是知道的。所謂伏羲受河圖、禹受河圖或洛書，是說天授予他們治理國家的大法，其中自然包括象徵王權的曆法。因此，被後世儒家說得神秘萬分的河圖洛書，原來就是指當時頒布的曆法。

今日所見河圖洛書的圖形，是宋代華山道士陳摶傳下來的。陳摶的學說後來分成三派，即邵雍的先天圖，劉牧的河圖洛書，周敦頤的太極圖。他們說，八卦是依據河圖洛書畫出來的，河圖是先天八卦，洛書是後天八卦。從河圖與洛書的結構來分析，這種說法是有一定道理的。河圖用的是四方，洛書是八方；河圖還保留著十月曆月序的大致形態，而洛書則爲了滿足數學和邏輯方面的需要，作了很大的調整，已經成了抽象的哲理性的東西了。

按陳摶《龍圖·序》(《宋文鑒》卷八五引)和元張理《易象圖說》的意見，龍馬負圖出，原爲天地未合之數，僅爲天數一、三、五、七、九和地數二、四、六、八、十，合計天數二十五，地數三十，天地之數五十五。聖人觀象而明其用，合而用之，成天地已合之位。然後才發展成河圖洛書。按照通常的畫法，河圖中間爲天五地十，中圈爲一至四，外圈爲六至九。天數爲白圈，地數爲黑點。北方一六水，南方二七火，東方三八木，西方四九金，中方五十土。稱之爲天地生成之數，所以有“天一生水，地六成之，地二生火，天七成之，天三生木，地八成之，地四生金，天九成之，天五生土，地十成之。”(見圖3)。

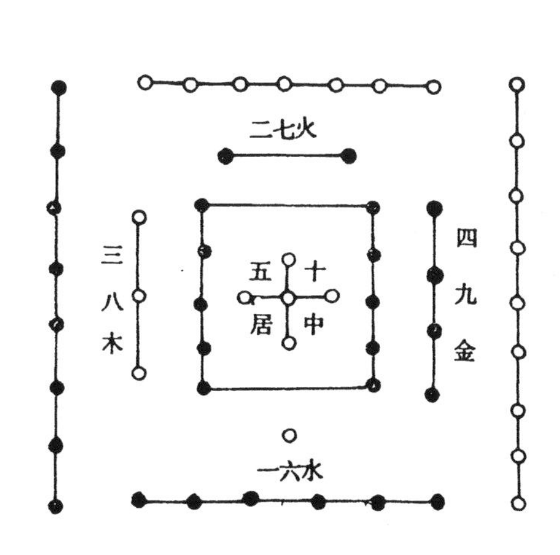

圖 3 河圖（據陳摶《河洛理數》摹繪）

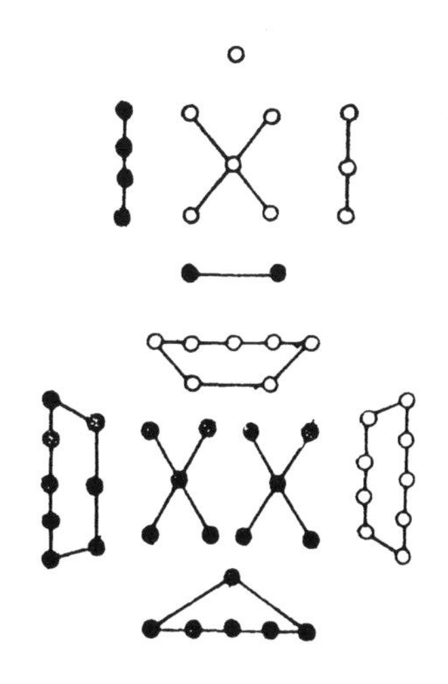
圖 4 天地已合之位（據《易象圖說》摹繪）

此圖的來歷，人們大都承認受到《禮記·月令·疏》引《易》“大衍之數”鄭玄注的啓發：“天一生水於北，地二生火於南，天三生木於東，地四生金於西，天五生土於中。陽無耦，陰無配，未得相成。地六成水於北與天一并，天七成火於南與地二并，地八成木於東與天三并，天九成金於西與地四并，地十成土於中與天五并也。”

在元張理《易象圖說》中，載有天地已合之位圖（見圖 4）。它分爲上下兩圖，上爲生數圖，下爲成數圖。將上下兩圖按五方對齊，便成爲河圖。從這天地已合之位的生數圖和成數圖，可以清楚地看出它即是十月曆上下兩個半年的月序數。生成說中的五行原本沒有方向概念，但後來的相生說將木火土金水配爲東南中西北，所以在此圖中才有火南、水北、木東、金西的分配。因此，河圖包含了生成說和相生說兩個系統。對生成說，從圈點數可知月序；對相生說，從五行按方向的排列並配以陰陽可知其月序。這是兩者兼顧的巧妙安排。

人們通常所用的洛書圖（見圖 5），可用下列口訣來說明，就是：“戴九履一，左三右七，二四爲肩，六八爲足，五十居中。”從組成來看，實際與漢代出現的九宮是一致的，它的功用主要用於卜筮。它與八卦已經完全對應起來。洛書的九個數的排列十分有趣，無論從縱橫斜向計算，在一直線上的三數之和都是十五。正因爲這種排列方式的神秘性，它受到人們的重視。

在張理的《易象圖說》中，載有一幅洛書天地交午之數圖（見圖 6），與洛書相比較，北方水與東方木都相同，僅西方金與南方火與洛書不同。它的方向排列與河圖一致，即依照相生說排列。與河圖的不同之處在於河圖一、二、三、四、六、七、八、九中的八個數都兩兩排在四正，而洛書天地交午之數則將一、二、三、四排在四隅，六、七、八、九排在四正。其性質和特徵幾乎沒有什麼變化。

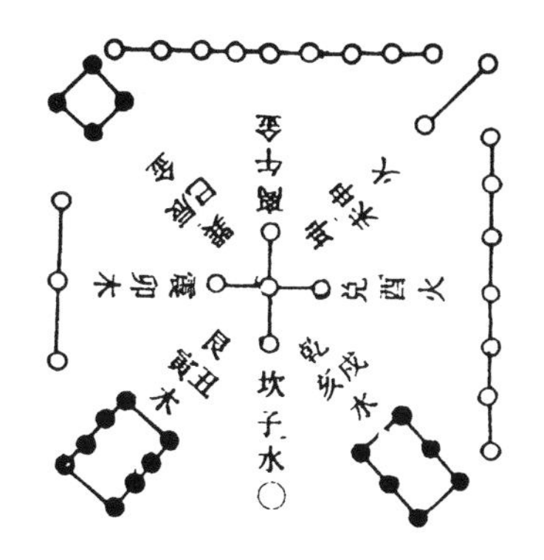

巽
離　兌
艮　坤
震　乾　坎

圖 5 洛書（據《河洛理數》摹繪）　　圖 6 洛書天地交午之數（據《易象圖說》摹繪）

從洛書天地交午之數圖與洛書圖的比較使我們得到啓發，所謂河圖洛書，可能原本都是符合相生說的方向排列，其不同之點僅在於河圖的生數和成數都排在四正方向，而洛書的成數排在四正，生數則排在四隅。這一點正好說明漢代的易學家爲什麼常將河圖洛書混淆起來。後來人們終於發現，如果將洛書中南方火與西方金調換方位，改成南方金西方火，再規定陽數在四正，陰數在四隅，便有以上所說的三數相加均爲十五的奇特排列方式。正因爲有此奇特的性質，後來便發展成洛書的固定形式。從五行的方向排列來看，便由原來的木、火、土、金、水相生序變爲木、金、土、火、水。倒過來讀，便是金、木、水、火、土，這就是人們常稱的近世序。由於十月曆有冬夏兩個新年，爲了從物質特性上符合五行相勝說，便將夏土改爲冬土，因而隨之也有土王四時的理論。這樣便奠定了五行相勝說的基礎。相勝序和近世序同出於洛書，是同一來源，沒有本質區別，僅是中方土安插的方位不同而已。

關於洛書九個數之間相互關係的研究，是中國古代數學史上的一項成就。

正因爲要在洛書中顯示這一成就，便使得洛書原有的性質有所變化。爲了符合三數相加等於十五，中方便去掉十，只保留五，因而只剩下九個數，稱之爲九宮。鄭玄注《易乾鑿度》說："太一下行八卦之宮，每四乃過中央。"推算時反正以五爲單位，逢"五寄中宮"，因此中宮去掉十以後，並不改變它的性質。洛書和九宮與五行生數說和相生說相比，可能是比較晚出的，但史書明載戰國時鄒衍將五行相勝的觀點應用於改朝換代，因此它的產生不會晚於戰國時代。

《大戴禮記 · 明堂》說："明堂者，古有之也。凡九室。一室而有四戶八牖。三十六戶，七十二牖。……明堂月令，赤綴戶也，白綴牖也。二九四七五三六一八。"《注》："記用九室，謂法龜文故用此數，以明其制也。"明堂與曆法有密切關係，古人已熟知之。明堂象徵著月令和季節，漢蔡邕就著有《明堂月令論》一書。這裡的九個數從右至左三三排列，即成洛書圖。

周人造明堂的目的主要是爲了祭祀用的，用於懷念祖先的業績，表示繼承祖先的傳統文化。因此，這 9（10）室、36 戶、72 牖，絕不是毫無意義的：一室必然象徵著一個陽曆月，1 戶象徵著 1 個陽曆月的日數，一牖象徵著 1 個季節（一行）的日數。與《明堂》月令相對應，還有《禮記 · 月令》，它屬於十二月曆的曆法系統。《禮記 · 月令》記載著 1 年 12 個月天子每月在明堂中的居室，12 居室按每月斗柄所指的方向排列。這就意味著明堂中的室，是與曆法中的月相對應的。由此更可推知，《大戴禮記 · 明堂》中的室，也必與月相對應。前已述及，九宮中九這個數是從十演化來的，因此，《大戴禮記 · 明堂》必屬十月曆系統，除此以外別無其它解釋。

六、陰陽變異與十月曆的季節變化

陰陽二字的原義是指日光的背向，即向日爲陽，背日爲陰。後來人們把它引申爲哲學上的兩個對立面，應用極爲廣泛。有人研究中國上古文獻，認爲陰陽的概念出現較晚，始於《老子》，最早也不會早於西周[1]。這是一種極端的說法，

1. 參見梁啓超："陰陽五行說之來歷"，《東方雜誌》1933 年 20 卷 10 號。

在解放前的知識界中頗有影響。但許多哲學家早已指出，這種意見是不正確的，陰陽的概念在原始社會時代就已形成了[1]。作者認爲，作爲哲學名詞，陰陽兩字可能出現較晚，但作爲表示一組對立事物的概念則應早已出現；至於用來表達這種概念的詞卻不一定是陰陽二字，可能是更爲樸素的公母或雄雌等等。

陰陽兩字作爲一個哲學概念，其應用自然是十分廣泛的，但在與此有關的最早的古代文獻中，這兩個字仍然主要與季節有關。《周易》建立的基礎就是陰陽，利用陽爻和陰爻組成八卦。《繫辭》說："一陰一陽之謂道"，"陰陽之義配日月"。此處的"日月"即指季節的循環。哲學家把道釋爲規律或變化，作爲一個抽象的哲學概念，這樣解釋是正確的。然而作者認爲，道的原義就是道路或軌道，其抽象的哲學意義則是後來哲學家的引申。陰陽循環變化是一種規律。《春秋繁露．陰陽終始》說："天之道，終而復始。"《黃帝內經素問．五運行大論》說："天地者，萬物之上下左右者，陰陽之道路。"因此，古人說的陰陽變易，主要是指季節循環的規律而言。

《管子．乘馬篇》說："春秋冬夏，陰陽之推移也。"《禮運》說："禮必本於太一，分而爲天地，轉而爲陰陽。"這就是說，一年分爲天地兩部分，天地即爲陰陽，陽爲天，陰爲地。

《春秋繁露．陰陽位》說："陽以南方爲位，以北方爲休；陰以北方爲位，以南方爲休。陽至其位而大暑熱，陰至其位而大寒凍，……故陰陽終歲，各一出。"就一年來說，陰和陽是各佔一半，各有其位的。《天辨在人》說："少陽因木而起，助春之生也；太陽因火而起，助夏之養也；少陰因金而起，助秋之成也；太陰因水而起，助冬之藏也。"因此，古人不但將一年按陰陽分爲上下兩個半年，而且還進一步將陰和陽各分爲兩半，這就是八卦中的四象。少陽爲木行，爲陽氣初生，相當於春季；太陽爲火行，陽氣正盛，相當於夏季；少陰爲金行，陰氣初生，相當於秋季；太陰爲水行，陰氣正盛，相當於冬季。

前已述及，生成序的十月曆將一年分爲陰陽兩半，前後各五個月，均以水、火、木、金、土命名。因此，水、火、木、金、土各有陰陽兩個月。前五個月

1. 參見范文瀾"與頡剛論五行說的起源"，《燕京大學史學年報》1931 年第 3 期。

爲生數月，後五個月爲成數月。前後各月按順序陰陽相配，因此，便成爲單數陽雙數陰。前半年的五個月與後半年的五個月，按五行月名順序相同，按陰陽卻又一一相配。

相生序對五行月名作了調整，但月序和陰陽相配的結構沒有改變。

七、周易與十月曆

《周易》賴以建立的基礎是陰陽五行。關於《周易》中有關陰陽五行的論述，我們在前面已有多次引述。既然《易・繫辭》中天一至地十這十個數與河圖洛書有關，而河圖洛書中的十個數就是十月曆的月序，那麼八卦也就必然與十月曆有關了。

《繫辭》說："易有太極，是生兩儀，兩儀生四象，四象生八卦。"孔《疏》說："兩儀生四象者，謂金木水火稟天地而有，故云兩儀生四象。土則分王四季，又地中之別，故云四象也。"太極是什麼？孔《疏》曰："太極謂天地未分之前，元氣混而爲一，即是太初太一也。"這是抽象的哲理性說法。《呂氏春秋・仲夏紀・大樂》說："太一出兩儀，兩儀出陰陽。"可見太極即是太一。太一是最貴的天神，又是天樞北辰，通稱中宮太一，與九宮中的太一相同。那麼，太極原出於五行中的土行，在河圖中代表五和十。八卦中的太極，實即一年的通稱。它與土王四季有一定的關係。有的著作中把中宮直說成是招搖，也是有道理的，其意即北斗循行四方，以定季節。兩儀指天地，實即指陰陽，爲一年中的上下兩個半年。四象爲金、木、水、火，亦即一年中陰陽兩季的再劃分，稱之爲少陽、太陽、少陰、太陰。關於四象與八卦的配置，易家說法較爲混亂。據《春秋繁露・天辨在人》、《五行大義・辨体性》和《云籍七籤・陰陽五行論》，應是東方木少陽，南方火太陽，西方金少陰，北方水太陰。這是符合陰陽五行的原義的。

太極一年分爲陰陽兩個半年，可用一陽一陰兩個卦畫即⚊和⚋來表示。陽儀再分裂爲陰陽兩部分，則在陽畫⚊上加陰陽兩個卦畫，便成⚎和⚌；在陰畫

--上加陰陽兩個卦畫，便成⚏和⚎。四象再分裂，分別在上面再加陰陽兩個卦畫，便成爲八卦（見圖 7）。

在由三條陰陽卦畫組成的先天八卦中，下面一條屬於兩儀，中間一條屬於四象，上面一條屬於八卦。因此，從八卦的卦畫中即可看出季節的變化。少陽爲春，太陽爲夏，少陰爲秋，太陰爲冬。震（☳）爲少陽中的陰卦，它必然是陽卦中最爲寒冷的月份；離（☲）爲少陽中的陽卦，應比震暖和一些；兌（☱）爲太陽中的陰卦，應比離更暖一些；乾（☰）爲太陽中的陽卦，陽氣最盛，也是陽卦中最熱的月份；巽（☴）爲少陰中的陽卦，應是陰卦中最熱的月份；坎（☵）爲少陰中的陰卦，應比巽涼一些；艮（☶）爲太陰中的陽卦，比坎更涼一些；坤（☷）爲太陰中的陰卦，應是陰卦中最爲寒冷的月份。

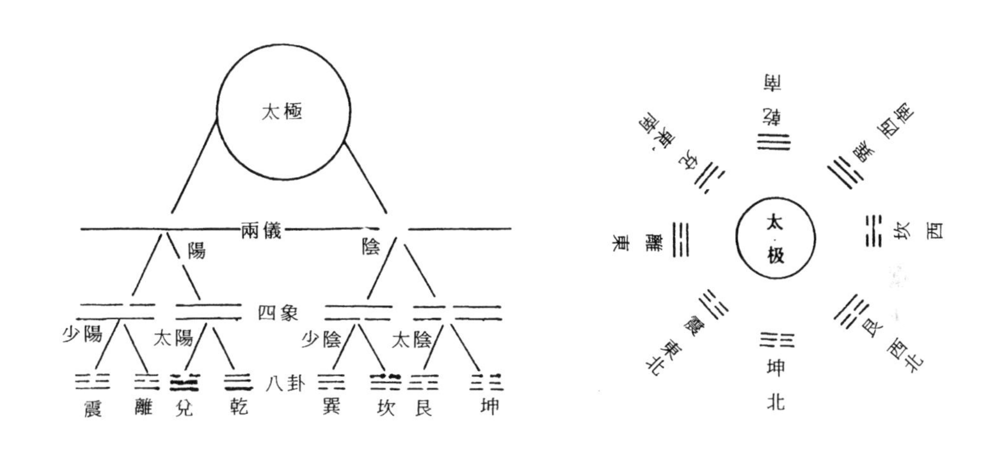

圖七先天八卦小橫圖　　　　圖八先天八卦小圓圖

從先天小圓圖伏羲八卦的排列順序（見圖 6）可以看出，東北方的震屬少陽中的陰卦，東方的離屬少陽中的陽卦；東南方的兌屬太陽中的陰卦，南方的乾屬太陽中的陽卦；西南方的巽屬少陰中的陽卦，西方的坎屬少陰中的陰卦；西北方的艮屬太陰中的陽卦，北方的坤屬太陰中的陰卦。

很明顯，在先天小圓圖中，無論從方向排列或陰陽理論本身進行分析，都可以看出震、離爲木行，兌、乾爲火行，巽、坎爲金行，艮、坤爲水行。因此，先天八卦是屬於五行相生序的。從月序上說，震爲木陰、離爲木陽、兌爲火陰、乾爲火陽、巽爲金陽、坎爲金陰、艮爲水陽、坤爲水陰。從性質上說，八卦是用於卜筮的，但其卦畫圖，卻整齊地顯示出相生系統的十月曆月序的排列。由此看來，八卦的理論當出自十月曆系統。

河圖既要採用五行中的生數系統，又要包括相生系統。它的方向爲相生系，數爲生數系，因而八卦與河圖是有差異的。先天八卦，用刻畫符號來表示相生系的十月曆月序，是最爲清楚的。

八卦有卦畫、卦名、卦象，據說卦象是自然現象在八卦中的反映。後天八卦與先天八卦的排列完全不同，它依據卦象附會其說，對八卦的順序重新作了排列。因此，從後天八卦的卦畫排列順序看不出什麼規律，使人感到莫名其妙。

後天八卦按方向的排列順序，是震東、巽東南、離南、坤西南、兌西、乾西北、坎北。這是因爲，按卦象震爲雷、離爲火、兌爲澤、乾爲天、巽爲風、坎爲水、艮爲山、坤爲地。春天始雷，故震在東方；初夏多風，故巽在東南；夏天炎熱如火，故離在南方；初秋萬物致養，爲陰爲母，故坤在西南；秋天爲收穫的季節，人們歡欣喜悅，兌源於悅，故兌在西方；初冬陽衰陰盛，陰陽相薄而戰，故乾在西北；水涼性，冬天寒冷，故坎在北方；山體靜止，象徵一年的終止，故艮在東北。

後天八卦就是根據以上卦象的理論而給各卦定位的。馮友蘭說："在這個世界圖示中，離爲火居南方，於時爲夏；坎爲水，居北方，於時爲冬；這跟陰陽五行家的世界圖示相合的。其餘六卦的方位和季節，照《說卦》的解釋，都很不明了，可能都是些'廢話與胡說'"[1]說後天八卦的卦位分配純粹是附會，那是不成問題的，即卦象中的離火和坎水，與五行相生中的火位和水位，也完全不是一回事。因此，後天八卦的卦位已經與十月曆的月序脫離關係。

1.《中國哲學史新編》第一冊第 490 頁，人民出版社，1962 年。

八、關於陰陽五行八卦起源時代的討論

由於以上種種，可知以往那種陰陽五行起於戰國的說法，是不值一顧的。我們知道，陰陽五行和八卦是密不可分的，五行不能離開陰陽而獨立存在，而八卦的基礎就是陰陽，而且其中也隱含著五行的概念。現在哲學界大都承認《周易》確是周初的作品，那麼在西周以前已存在陰陽五行和八卦的觀念，應當是無可置疑的。

《洪範》記載周初箕子的談話，說鯀"陻洪水，汨陳其五行，……天乃錫禹洪範九疇"。由於時隔兩代，又無其它史料可為佐證，人們對這段話大都採取懷疑態度。但作者認為，說夏代已有五行，從各種傳說來看是有跡象可尋的。鯀不知治水之法，因而用土陻水；不明季節的循環變化，因而治水失道。禹治天下，得"洪範九疇"，五行就相當於後世象徵皇權的正朔。頒正朔是治國的大政，故此處提到五行。禹的兒子征伐有扈氏，作《甘誓》，責其"威侮五行，怠棄三正"。是講他暴虐而又不奉行夏的正朔，怠惰棄廢了天地人三政。有些注家把五行釋作五行之德，把三正釋作曆法中的子三寅三正，都不正確。夏用寅正，怎能同時奉三正呢？前已述及《皋陶謨》"撫於五辰，庶績其凝"，是說只要依據五季的知識去安排各種農時，就會獲得好的收成。孔子從夏宗室後裔手中得到《夏小正》，據說是夏代的曆書。由於年代久遠，人們一直對《夏小正》是否確是夏代曆書有懷疑。我們對《夏小正》用以定季節的星象和物候作過研究，已證實它與記載陰陽曆星象物候的《月令》大異其趣，而與十月曆互相吻合。那麼，具有十月曆特徵的夏代農事曆書，在夏宗室後裔手中保留下來，這是完全可能的。從《甘誓》、《皋陶謨》、《洪範》、《夏小正》這四種有關夏代的文獻來看，夏代確有使用十月曆和五行的跡象。因此，我們說夏代使用十月曆，並且已有陰陽五行，絕不是無稽之談。

現在看來，《夏小正》也不是夏代創立的。《禮緯．稽命征》有"禹建寅，宗伏羲"的話，《夏小正》可能與所謂伏羲時代的曆法有關。伏羲似乎不是一個人，而是一個以虎為圖騰的部落。據《山海經》說，巴人是伏羲的後裔，而巴人又是古羌人的一個支系，也崇拜虎。據《史記．六國年表》記載，"禹興於

西羌”，是西羌人。因此，禹和伏羲同屬羌族，具有共同的文化傳統[1]。《易・繫辭》說：“古者包羲氏之王天下也，仰則觀象於天，俯則觀法於地，觀鳥獸之文，與地之宜，近取諸身，遠取諸物，於是始作八卦，以通神明之德，以類萬物之情。”《繫辭》說“《易》之爲書不可遠”，這是確實的；但八卦與《易》不同，原始的八卦只是八個卜筮的符號，或者連符號也不是，只是若干根筮草。但是，古今中外的占卜，毫無例外地都要借助於曆法。傳說八卦出自伏羲，而八卦是出自十月曆的，那麼八卦和十月曆同出於伏羲時代，是大有可能的。實際上，它們就是河圖和先天八卦。

《繫辭》作於孔子以後，其中所載屬於後天八卦，與九宮和後世流行的洛書圖中的數是一致的，但若以爲《說卦》中所載的八卦就是夏禹或周文王據龜書所作的八卦，則並無根據。如果夏禹或周文王果真改畫過八卦，可能也只是如本文前面所引述的“洛書天地交午之數”，它與河圖的區別只是將四方改爲八方，奇數在四方，偶數在四隅，看起來較爲方便而已。將後天八卦說成是來源於洛書，恐怕是春秋戰國時人的附會。

（原載《自然科學史研究》第 5 卷 1986 年第 2 期）

1. 參見“彝夏太陽曆五千年”，《雲南社會科學》1983 年第 1 期。

四

含山出土五千年前原始洛書

安徽含山縣長崗鄉凌家灘是一處相當於大汶口文化中期的墓地，安徽省文物考古研究所在這裡發掘出一批陶器、玉器和石器。其中四號墓出土的 1 件玉龜和 1 塊玉片特別引人注意，本文擬就這兩件文物作專門研究。

玉龜和玉片均放置在死者的胸部，出土時玉龜的腹甲在上，背甲在下，玉片則夾在兩者之間（圖 9）

圖 9 玉龜、玉片出土時疊壓情況

玉龜的背甲和腹甲製作相當精緻，邊有鑽孔，可以穿繩連綴在一起。

玉片爲長方形，牙黃色，長 11、寬 8.2 厘米。兩面都經過精細琢磨加工，正面琢磨三條寬約 0.4 身 0.2 厘米的凹邊。

在玉片的正面，圍繞著中心，刻有兩個大小相套的圓圈。在內圓裡，刻方心八角形圖案。內外圓之間有八條直線將其分割爲八等份。在每一份中各刻有一個箭頭。在外圓和玉片的四角之間，也各刻有一個箭頭。在玉片兩短邊的邊沿，各鑽有 5 個圓孔；在無凹邊的長邊鑽 4 個圓孔，有凹邊的長邊鑽九個圓孔（圖 10）

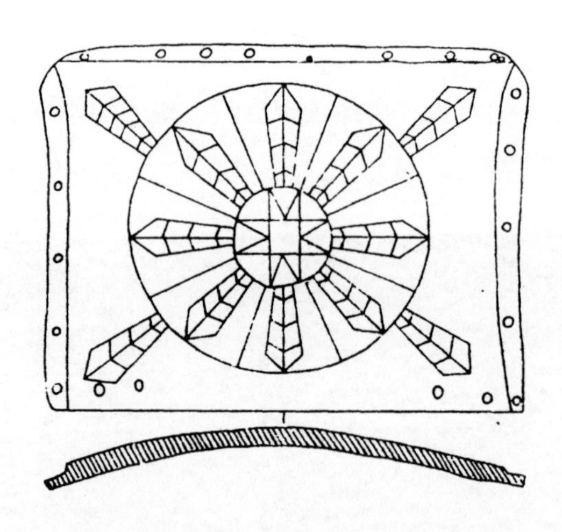

圖 10 玉片示意圖（M4：30）（1/2）

我們認爲，上述兩件文物在科學文化史上有著特殊的意義。

玉片中心與內圓相接的方心八角形，在以前出土的新石器時代遺物中曾多次見到[1]，按照傳統的解釋，它是太陽的象徵。八角是太陽輻射出的光芒。弄清了這一點，對於探究玉片圖形的實際意義很有幫助。這說明此玉片圖形的意義

1. 參見《大汶口》，文物出版社 1974 年版：《鄒縣野店》，文物出版社 1985 年版。

與太陽有直接和間接的關係。

玉片大圓與小圓之間的 8 個箭頭和四角的 4 個箭頭，是圖形的主體部分。然而，這究竟意味著什麼呢？在天文學上，大圓往往代表宇宙、天球和季節的變化。如果將大圓與周天旋轉、季節循環相聯繫，那麼箭頭的數量四和八就有了實際意義。《史記·天官書》說："北斗七星，所謂旋、璣、玉衡以齊七政。……斗爲帝軍，運於中央，臨制四鄉，分陰陽，建四時，均五行，移節度，定諸紀，皆繫於斗。"中國古代習慣於以北斗七星的位置變化確定季節，故常畫北斗七星以示意。但是，北斗星的指向僅是確定季節方法的一種，也有用其他季節星象或太陽在天空中的位置變化來確定季節的。例如，日出在東北方爲夏，正東方爲春秋，東南方爲冬等等[2]。含山玉片當中恰刻 1 太陽。因此，我們就有理由把玉片大圓所分刻出的八個方位看成與季節有關的圖形。

《周易·繫辭上》："易有太極，是生兩儀，兩儀生四象，四象生八卦。"玉片圖形中的四方和八方，正與以上四象和八卦的概念相合。太極又稱天一，在天文曆法的概念上，指的是天球上的北極，古人給它以至高無上的地位。四象和八卦，在季節上的概念，就相當於農曆的四時八節。四象又稱少陽、太陽、少陰、太陰，相當於農曆上的春夏秋冬，只是八卦屬於五時制，與農曆的四季不完全相同而已。從季節概念上說，它是四象的再分裂。

《周易·繫辭上》所說的兩儀，按照傳統的解釋，是指天地。但這裡所說的天地，從曆法概念來說，並非指宇宙和地球，而是指陰陽。陽爲天，陰爲地。八卦與陰陽的關係，在《周易·說卦》中有直接的記載："昔者，聖人之作《易》也，幽贊於神明而生蓍，……觀變於陰陽而立卦。"這就是說，八卦的創立，是觀察陰陽變化的結果。《禮運》載："禮必本於太一，分而爲天地，轉而爲陰陽。"說的就是這個意思。

《管子·乘馬篇》說："春秋冬夏，陰陽之推移也。"《春秋繁露·陰陽位》說："陽以南方爲位，以北方爲休；陰以北方爲位，以南方爲休。陽至其

2. 《山海經》中以六座日出之山和六座日入之山來表示一歲的季節變化，正是表示傳說時代人們以太陽方位確定季節的方法。參見呂子方《中國科學技術史論文集》下冊第 171-172 頁。

位而大暑熱，陰至其位而大寒凍。……故陰陽歲終，各一出。”因此，在一歲中，陰和陽各佔一半，各有其位。《春秋繁露·天辨在人》說：“少陽因木而起，助春之生也；太陽因火而起，助夏之養也；少陰因金而起，助秋之成也；太陰因水而起，助冬之藏也。”因此，古人不但將一歲按陰陽分爲上下兩個半年，而且還進一步將陰和陽各分爲兩半。這就是八卦中的四象。我們認爲，玉片四角的四個箭頭，表示的就是這個意思。

八卦按照通常的理解，就是《周易》中用於占卜的八種符號。這種解釋並不完全確當。就《周易》來說，主要是用於占卜的，但八卦並不完全等於《周易》；就《周易》而言，也不能簡單地說成是一本占卜書，它是中國歷史上最早的一部曆法著作。介紹的是一種早已爲人們所遺忘了的遠古曆法，不過書中包含了大量占卜的內容。

《周易》是曆法書，漢人早有論述，《春秋緯說題辭》：“《易》者，氣之節，含五精，宣律曆。上經象天，下經計曆。”意思就是說，《易》是一部講節氣，講曆法的書，它利用天象的科學知識來計算曆日。清代學者徐發在《天元曆理·曆元考證》中解釋《周易》書名時說：“古人以易草木爲歲，故謂之《易》，後人謂之曆。轉音耳，其義實同。”

《周易》中的八卦有卦畫、卦名和卦象。先天八卦的卦名自東北沿順時針方向排列爲震、離、兌、乾、巽、坎、艮、坤。卦名與自然現象對應。震爲雷，離爲火，兌爲澤，乾爲天，巽爲風，坎爲水，艮爲山，坤爲地。

太極一分爲二，即將一歲分爲陽陰兩個半年，可用一陽一陰兩個卦畫⚊和⚋來表示。陰陽兩儀再分裂爲四，即在陽畫上分別加上陰陽兩個卦畫，便成⚎和⚌；在陰畫上分別加上陰陽兩個卦畫，便成⚍和⚏。四象再分裂，分別在上面再加上陰陽兩個卦畫，便成爲八卦。

因此，在由三條陰陽卦畫組成的先天八卦中，下面一條屬於兩儀，中間一條屬於四象，上面一條屬於八卦。因此，從八卦的卦畫中即可看出季節的變化。少陽爲春，太陽爲夏，少陰爲秋，太陰爲冬。震（☳）爲少陽中的陰卦，它必然是陽卦中最爲寒冷的月份；離（☲）爲少陽中的陽卦，應比震暖和一些；兌

（☲）爲太陽中的陰卦，應比離更暖一些；乾（☰）爲太陽中的陽卦，陽氣最盛，也是陽卦中最熱的月份；巽（☴）爲少陰中的陽卦，應是陰卦中最熱的月份；坎（☵）爲少陰中的陰卦，應比巽涼一些；艮（☶）爲太陰中的陽卦，比坎更涼一些；坤（☷）爲太陰中的陰卦，應是陰卦中最爲寒冷的月份。

因此，八卦與季節和方位都是一一對應的。震在東北，爲初春；離在正東，爲仲春；兑在東南，爲初夏；乾在正南，爲盛夏；巽在西南，爲初秋；坎在正西，爲仲秋；艮在西北，爲初冬；坤在正北，爲寒冬。用卦名卦畫的表示方法。大約在西周時才開始出現，就八卦本身而言，並不一定非有卦名和卦畫不可，如西南少數民族中所流行的八卦，就只有八方而無卦名卦畫。因此，玉片上所刻圖形，應該就是先夏時代原始八卦的圖形。

據上古傳說，《周易》和《洪範》來源於河圖、洛書。傳說伏羲時，有龍馬從黄河出現，背負河圖；夏禹時，有神龜從洛水出現，背負洛書。他們就依據這種圖、書畫成八卦。但如何依據河圖、洛書畫出八卦，眾說紛紜，甚至連河圖、洛書的性質也不清楚。不過，都認爲與五行和陰陽十個數有聯繫，只是這些數的排列方向不同而已。《周易·繫辭》有“天一地二天三地四”等十個數，韓康伯注曰：“天地之數各五，五數相配，以合成金木水火土。”韓康伯正確地指出了《周易》中天地十個數即是五行。八卦將五行中的土置於中方，由此河圖、洛書中的十個數便成八方之位。

河圖、洛書在兩漢的著作中經常出現，被描繪得很神秘。但是在兩漢的著作中，卻從未出現過有關河圖、洛書的圖形。直至宋代陳摶、朱熹、劉牧等易學家的著作中，才出現河圖、洛書、太極圖等圖形，而且眾說不一。現僅以陳摶《河洛理數》爲代表作一簡單介紹。

《河洛理數》之河圖，大致從《禮記·月令》疏引鄭注得到啓發：“天一生水於北，地二生火於南，天三生木於東，地四生金於西，天五生土於中。陽無耦，陰無配，未得相成。地六成水於北與天一并，天七成火於南與地二并，地八成木於東與天三并，天九成金於西與地四并，地十成土於中與天五并也。”於是畫成以五十居中的四方圖形。洛書則依據《大戴禮記·明堂》中“二九四七五三六一八”九個數，具體是從右至左三三排列成三行，它實即漢時流行的九宮。北周盧辯注曰："記用九室，謂法龜文，故取此數，以明其制也。"於是可畫成以五居中的八方圖形。

從陳摶的河圖、洛書可以看出，河圖以十個數爲圖，洛書則以九個數爲圖。但是，這九個數的功用與十個數是一致的。鄭玄注《易乾鑿度》說："太一下行八卦之宮，每四乃還中央。"即河圖行至九之後，轉至十；而洛書行至四、九之後則均還中央五。可見洛書以五爲小周，以十爲大周。

九宮之數，初看似無規律，但圖中縱橫斜每三個數相加，各等於十五。由此可以看出，九宮之數的發現，是中國古代數學史上的一個成就，它與天文曆法無關。它大約發現於秦漢，而決非原始人類所能掌握的。因此，它的排列方式，與周以前所謂法龜文的洛書沒有共同之處。

那麼，洛書的原貌如何呢？《尚書・洪範》說："天乃錫禹洪範九疇。"孔安國《傳》說："天與禹洛出書。神龜負文而出，列於背，有數至於九。禹遂因而第之，以成九類常道。"漢儒均以爲洛書即《洪範》九疇。九疇即九條治國的大法，五行爲第一大法。因此，《洪範》中五行的排列順序，才是洛書九個數的順序。

《洪範》說："五行：一曰水，二曰火，三曰木，四曰金，五曰土。"一至五爲天五行，即生數五行，實即一歲中的前半歲。順此類推，"六曰水，七曰火，八曰木，九曰金，十（五）曰土。"這便是地數五行，或稱成數五行，實即一歲中的下半歲。

明白了洛書中四、九與五的關係，再觀察玉片圖形中四個邊沿的鑽孔之數，便可發現它與洛書有關。它象徵《洪範》五行中之生數四還原成中宮五，同時又象徵成數九還原成中宮五。此數正符合鄭玄在《易乾鑿度》注中的說法："太一下行八卦之宮，每四乃還中央。"五代表中宮之數，太一自一循行至四以後回至中央五。六七八九與一二三四之數相匹配，故太一循行至九乃還至中央五。這就是玉片孔數以四、五、九、五相配的道理。

玉片的八方圖形與中心象徵太陽的圖形相配，符合我國古代的原始八卦理論，玉片四周的四、五、九、五之數，與洛書"太一八卦之宮每四乃還中央"

相合，根據古籍中八卦源於河圖、洛書的記載，玉片圖形表現的內容應爲原始八卦。出土時，玉片與玉龜疊壓在一起，說明了此玉片圖形與玉龜的密切關係。故推測含山縣所出的玉龜和玉片，有可能是遠古洛書和八卦。

根據以上推斷和此墓的時代，可以證實早在5000年以前，我們的祖先就有了河圖、洛書和八卦的觀念。

據我們研究，在中國上古時代曾經行用過一年分爲10個陽曆月，每個月爲36天的太陽曆[1]。天干十日便是這10個月的物候月名[2]，陰陽配五行則是十月曆月名的另一種形式[3]。這種曆法，在現今雲南小涼山彝族中間仍可找到痕跡[4]。中國最早的曆書《夏小正》便是這種曆法的代表[5]。《周易》一書就是以這種曆法爲基礎的，而《周易・乾卦》中的六龍，記載的就是這種曆法的季節星象[6]。河圖、洛書均用五行，並無本質的區別。遠古沒有文字，人們才使用鑽孔、畫圈的辦法計數，以代替五行交替記載時節。因此，河圖、洛書就是曆法。含山出土的玉龜和帶圖形的玉片，證實了5000年前就有這種曆法存在，也反映了我國夏代或先夏的曆日制度。

---

1. 陳久金《論夏小正是十月太陽曆》，《自然科學史研究》1982年第4期。
2. 《漢書・律曆志上》："出甲于甲，奮軋于乙，明炳于丙，大盛于丁，豐楙于戊，理紀于己，斂更于庚，悉新于辛，懷任於任，陳揆于癸，"說的就是此義。《史記・律書》也有類似說法。
3. 陳久金《陰陽五行八卦起源新說》，《自然科學史研究》1986年第2期。
4. 阿蘇大岭等《關於雲南小涼山彝族十月太陽曆的調查及其分析》，《自然科學史研究》1984年第3期。
5. 陳久金《論夏小正是十月太陽曆》，《自然科學史研究》1982年第4期。何新在《諸神的起源》一書中也獨立地得到同樣的結論，北京三聯書店1986年出版。
6. 陳久金《〈周易・乾卦〉六龍與季節的關係》，《自然科學史研究》1987年第3期。

圖 11 安徽含山凌家灘新石器時代遺址出土玉龜照片

1 玉龜腹甲（M4：29） 2 玉龜背甲（M4：35）

3 長方形玉片照片（M4：30）

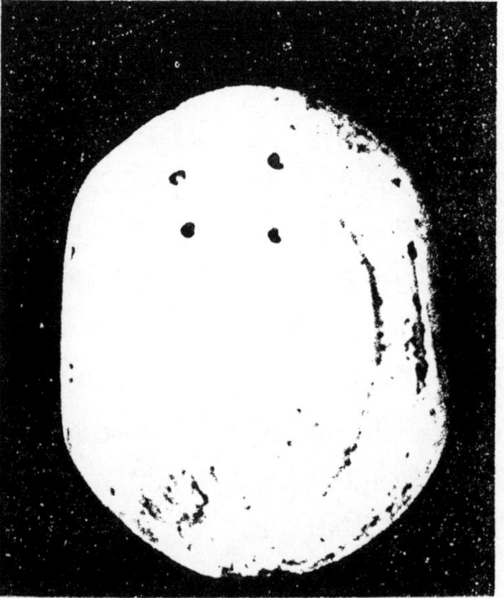

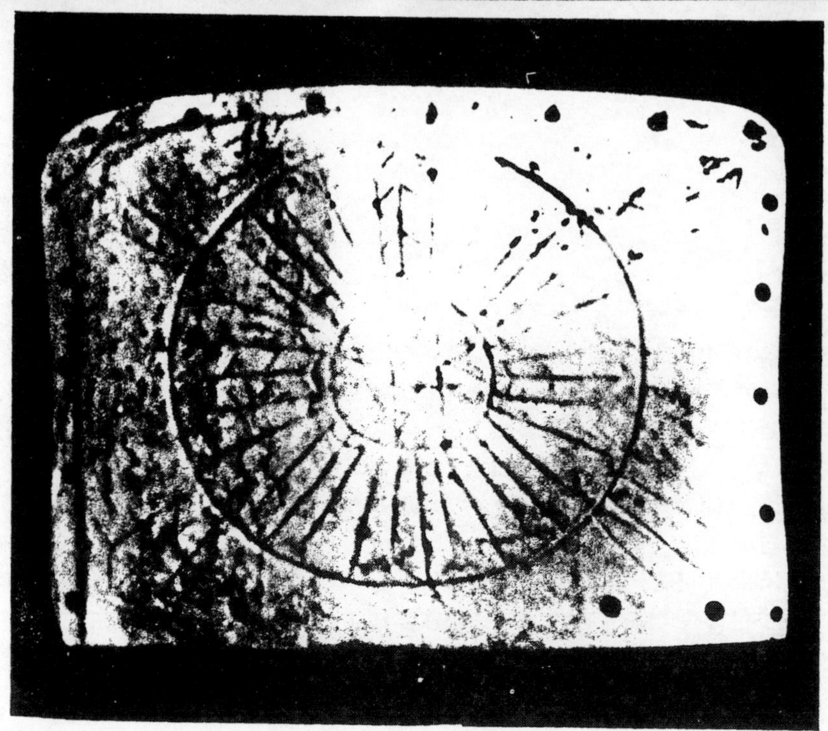

五

《周易・乾卦》六龍與季節的關係

一、《乾卦》爻辭與蒼龍星座

通過《象傳》和《文言傳》用君子的德行，對《周易・乾卦》加以解釋以後，《乾卦》中各爻龍位的變化，便被理解爲指君子立德的發展過程。然而，實際上《乾卦》只是將其爻象中的龍位用來比喻人們的命運，供占卜之用而已。關於《乾卦》各爻中的龍位究竟指的是什麼，長期以來一直未能得到正確的解釋。

現將《乾卦》抄錄如下：

初九潛龍勿用；

九二見龍在田，利見大人；

九三君子終日乾乾，夕惕若厲，無咎；

九四或躍在淵，無咎；

九五飛龍在天，利見大人；

上九亢龍有悔；

用九見群龍無首，吉。

以上七條占語中，有五條直接提到“龍”字。“九四”一條雖未出現“龍”

字，但能表現出“或躍在淵”行爲的，當然只能是龍。“九三”一條，則以“君子”代替“龍”字。正因爲如此，所以《象傳》和《文言傳》便將龍的方位釋作君子的行爲了。然而，《乾卦》中的龍位，確實是一種有規律的天文現象。對於這一點，即使《象傳》和《文言傳》也或多或少是予以承認的。《象傳》曰：“潛龍勿用，陽在下。”《文言傳》曰：“潛龍勿用，陽氣潛藏。”陽即指陽氣，二者的意義是一致的。《彖辭》說得更明白：“大哉乾元，……，大明終始，六位時成，時乘六龍以御天。”大明通指日月，這裡講的是時節的變化，所以主要是指日而言。大明終始，是指歲時的變遷。這就是說，六位的變化與大明的終始有關。此六位是指六龍御天的六個方位。但是，六龍怎樣隨著季節的變化而御天，這是古之易傳家所沒有解決的問題。他們把六龍御天解釋成君子的騰達和事業，如何施德於民，如何升至高位，又如何衰敗。這就是說，他們都認識到，龍的潛伏與升天，與陽氣的升降有關。古之易傳家一般都認識到陽氣的生降與節氣的變遷有關，也懂得節氣的變遷與季節星象的出沒有關，但始終沒有把龍與天上的蒼龍星座連系在一起。

唐代孔穎達在《周易正義》中首先以陰陽二氣的升降來說明《乾卦》六爻與月份的對應關係。他解釋說：

> 潛者隱伏之名，龍者變化之物。言天之自然之氣起於建子之月，陰氣始盛，陽氣潛在地下，故言初九潛龍也。此自然之象，聖人作法言於此。……諸儒以九二當太簇之月，陽氣發見。則九三為建辰之月，九四為建午之月，九五為建申之月，為陰氣始殺，不宜稱非龍在天。上九為建戌之月，群陰既盛，上九不得言與時皆極。

按照他的解釋，一爻爲兩個月，依次爲：初九子月（十一月）、九二太簇（正月）、九三辰月（三月）、九四午月（五月）、九五申月（七月）、上九戌月（九月）。孔穎達自己也知道這種分配法是不合理的，尤其是九五和上九的矛盾更爲突出。孔穎達的解釋雖不正確，並且也未指出龍究竟是什麼，但他把《乾卦》與節氣聯繫起來考慮的思想方法則是可取的，他的工作爲後人開闢了新的思路。

聞一多首先指出《乾卦》中的龍就是天上的蒼龍星座。他依據《說文解字》：

“春分而登天，秋分而潛淵”，指初九潛龍爲秋天之象，九二見龍在田和九三飛龍在天爲春天之象[1]。這是近幾十年來新易學家以具體實物或史實解釋《易》的典型觀點，也是近代易學家的一項重要進展。將《乾卦》中的六龍釋爲蒼龍，在當前易學界中幾乎已作爲定論加以引用[2]。

可惜聞一多不熟悉天文，他在這個問題上的貢獻僅在於指出《乾卦》中六龍與蒼龍的關係，其具體的解釋有些含糊不清，有些則是不正確的。近年來，美國夏含夷作《周易乾卦六龍新解》，對六龍的方位與蒼龍在各月的方位作了專門的分析研究，從而將這個問題引向深入。

夏含夷正確指出：“《周易・乾卦》正是以黃昏時龍體在夜空中的位置來標識冬、春、夏、秋季候的。”因此，“初九潛龍指冬天，蒼龍全體處於地平線之下（中國天文神話謂地平線之下爲淵）。九二見龍在田指春分，龍角始見於地平線之上。”“九五之飛龍在天作爲夏天之象，蒼龍全體陳列在天上。”[3]他所說的六龍與農曆月份的對應關係雖然粗略，有些並不嚴格相合，但大致上還是正確的。這就是說，夏含夷確定六龍爲初昏蒼龍之象，群龍無首爲秋分之象，並且糾正了聞一多初九潛龍爲秋天之象、三九飛龍在天爲春天之象的錯誤，徹底否定了孔穎達六爻與十二月的錯誤分配方法，這是他的主要成就。

然而，夏含夷的工作還存在將《乾卦》六龍的方位定得不準確、對六龍時節的意義沒有講清楚的缺點。因此，本文擬在以下面試加以闡述。順便指出，筆者對《乾卦》辭義的理解與李鏡池《周易通義》[4]所述，幾乎全不相同。

二、“九二見龍在田”與二月春分

1. 聞一多：“周易義證類纂”，載于《聞一多全集》第 2 冊。

2. 見李鏡池《周易探源》，中華書局，1978 年，第 198 頁；《周易通義》，中華書局，1981 年，第 1-4 頁。

3. 李鏡池：《周易通義》，中華書局，1981 年，第 1-4 頁。

4. 夏含夷：“周易乾卦六龍新解”，載于《文史》第 24 輯，中華書局，1985 年 4 月。

這一條是緊接著上一條"初九潛龍"而說的，所謂"見龍在田"，即初次見到龍星出現在田野上。在田，即指在地平線上。這條龍非常巨大，包括龍角（二八宿中的角宿）、龍頸（亢宿）、龍胸（氐宿）、龍腹（房宿）、龍心（心宿）、龍尾（尾宿、箕宿）[1]，共七十五度[2]。太陽每天行一度，則自春分黃昏時初見龍角星後，需經七十餘日，這條龍才能完全升到地平線上。

"見龍在田"，即初昏時見到龍角星出現在東方地平線上，它爲由秦漢時流傳至今的二月春分龍抬頭的民諺所證實。所謂龍抬頭，就是至春分時，龍才從潛伏中甦醒過來，終於在東方地平線上露出了頭，這個頭便是角宿。龍抬頭在民間的影響所以如此之大，主要是因爲這個時節恰爲春播季節，適時播種，對於作物收成的好壞關係極大，因此人們十分重視觀察龍抬頭的星象，一旦發現了龍抬頭，便預示著春季節的到來。

關於龍抬頭，中國還有一個專門的慶祝節日，稱爲龍頭節。這一天，人們常吃龍鱗餅和龍鬚麵，婦女停止縫紉，象徵不傷龍目，人們還常常做引龍回的活動，即以草木灰或穀糠從水邊或井邊一直撒至室內的水缸邊。這一意識，反映出古人對龍神的崇拜，祈求龍神賜福，保佑風調雨順，五穀豐登。

古人習慣於將龍頭節定在農曆二月初二日。這並不是說恰逢二月初二，就會見到龍抬頭星象。實際上，它要到春分前後才出現，而春分則變動在農曆二月初至二月底之間。由此可見，定在這一天並沒有科學上的意義，可能出於選擇月日數字相重之日作爲節日的習慣，如三月初三爲上巳節、五月初五爲端午節、七月初七爲乞巧節、九月初九爲重陽節，等等。

現今龍抬頭的星象已不是在農曆二月而是推遲到三月才出現，這是由於歲差現象造成的。在周朝和秦漢之際，確實在二月出現龍抬頭，這龍抬頭，這有間接的文獻記載可以爲證。《禮記・月令》說："仲春之月，日在奎。"奎宿與角宿相距十四宿，恰爲半周。所以每當太陽隨著奎宿在西方地平線落下時，在

1. 關於東方七宿與蒼龍各個部位的考證，請見拙作"《史記》'天官書'和'曆書'新注釋例，載於《自然科學史研究》第6卷第1期（1987年）。
2.《續漢書・律曆志下》。

東方地平線上生起的星座肯定是角宿。由此可知，農曆二月春分龍抬頭，是先秦時的實際星象。它與《乾卦》“九二見龍在田”的意義相同。

三、“九五飛龍在天”與五月夏至

由於地球不停地自轉，便形成晝夜的變化。夜間所見天上的星星，也隨著時刻的推移，從東部天空圍繞著北極向西方移動。剛剛出現在東方地平線上的星星，不到一個時辰，便躍昇到東南方的天空；位於天空的星星，則飛也似地向西方轉移；位於西南方的星座，則很快地落下，以至於湮沒於地平線以下。因地球繞日公轉而產生的星象變化，有與此類似，只是從逐日黃昏時星象位置的變化反映出來而已。根據以上所述星象的運轉變遷，可以知道所謂“飛龍在天”，義爲這條蒼龍在天上飛行。既然是天上飛行，當然不可能是指位於剛從東方地平線升起或即將在西方下落之處，也不是指東南方位或西南方位，而是指在天頂或正南方，有就是說，它位於地面以上的最高處。初昏時蒼龍位於南方，這便是“九五飛龍在天”的含義。

“飛龍在天”既然是黃昏時蒼龍位於正南方，那麼，從“九二”到“九五”之間相距的時間是可以推算出來的。從春分蒼龍位於東方地平線附近到正南方，恰爲四分一之周，太陽運行四分之一周所需的時間，正好是從春分到夏至這段時間，因此，“九五飛龍在天”的季節應是夏至。

以上是根據從春分龍抬頭至“飛龍在天”所需時間進行推算，得到“飛龍在天”應爲夏至時節的結論。與此同時，夏至黃昏時蒼龍位於正南方，也有直接的文獻記載可爲佐證。《尚書・堯典》說：“日永星火，以正仲夏。”日永即日長至，有就是夏至；星火即大心星。義爲以初昏時大火星中天的時節來確定夏至。大火星即心宿，爲蒼龍星座之中星。心宿中天，則蒼龍便位於正南方。《夏小正》也有五月“初昏大火中”的記載，均屬西周以前的星象。可見，“九五飛龍在天”爲夏至前後的星象，應該確定無疑的。

四、“用九見群龍無首”與秋分

角星在春分初見於東方，而在秋分初昏時必隱沒於西方，且大致與日相合，這是基本的天文常識。《禮記・月令》說：“仲秋之月，日在角。”說的正是這種情況。角宿與太陽相合，隱沒不見，而蒼龍其它各個部分在初昏時仍呈現在西方地平線以上，這正是蒼龍無首的星象。所謂“群龍無首”，實際上就是龍體無首。《乾卦》中並未涉及數條龍，故此處的群龍實指龍體的各個部位。

從“九二”、“九五”、“用九”這三條爻辭可以看出，“九二”正逢春分，蒼龍開始從地平線上露頭，此時陽氣上升，陰氣下降，正好相當；春分過後，蒼龍便從地平線以下逐漸升高，相應地，陽氣日盛，陰氣日衰；至“九五”夏至時，蒼龍升至最高處，成爲飛龍，陽氣也相應地達到極盛；夏至以後，蒼龍便從最高處逐漸下降西沉，陽氣有相應地開始下降，陰氣逐漸上升；至秋分時，龍頭便降入西方地平線以下，龍體仍在地平線以上，相應地，陰陽二氣也正好達到平衡。可見，《乾卦》的爻辭是隨著陽氣的升降而變化的，這就說明了爲什麼將《乾卦》稱爲陽卦的原因了。

《乾卦》共有七條爻辭。第一條“初九潛龍勿用”，勿用即無用，不算數，也就是不用以占卜。剩下的只有六條，大概這六條爻辭就是所謂“大明終始，六位時成，時乘六龍以御天”之義吧！因此，所謂六位、六龍，不包括“初九”，而應包括“用九”。

在分析爻位之前，首先需將《乾卦》中的“九”這個字弄清楚。“九”的含義是什麼？“九”無他義，因“九”是最大的陽數，故以“九”代表陽爻，它是《乾卦》的象徵。明白了“九”的含義之後，則知《乾卦》各條爻名的意義，主要反映在“初”、“二”、“三”、“四”、“五”、“上”、“用”這七個字上。“初”、“二”、“三”、“四”、“五”是序數字，容易理解；“上”有六的意思，容易判斷，至於其它含義，在後面再加以說明；唯“用九”意義不明，前人解釋也含糊不清，不能令人信服。筆者以爲，陽爻僅從春分到秋分之間的六條具有實際意義，“用九”即“用陽”，乃表示陽爻中最後一條占辭，過此便“勿用”了。從上下文來看，“用九”也有數字七的含義。

細心的讀者注意到，按筆者的解釋，“九二”相當於二月春分，“九五”相當於五月夏至，而“用九”又相當七之數，是不是說相當於七月秋分呢？筆者以爲正是這樣。大家都知道，農曆二月春分、五月夏至、八月秋分，現在爲什麼說是七月秋分呢？筆者做過論證，認爲中國上古時曾經使用過一年爲十個月、每月爲三十六天的太陽曆[1]，中國最古的曆書《夏小正》即其代表。雖然《夏小正》的歲首與農曆相當，但它不是陰曆而是一年只有十個月的太陽曆。簡明的證據是，其五月時有養日（夏至）至十月時有養夜的半年中，只有五個月；正月“斗柄懸在下”至六月“斗柄正在上”的半年中，有只有五個月；夏緯瑛以七月“爽死”（玄鳥司分）等物候，早已論證出秋分在《夏小正》的七月[2]，其它如“斗柄懸在下則旦”和“湟潦生苹”、“時有霖雨”等物候，也都證明是秋分前後的時節。自二月春分“玄鳥來降”至七月秋分“爽死”的半年中，也只有五個月。因此，《夏小正》的一個月比陰曆的要長，爲三十六天。《夏小正》的五月，相當於農曆的五月下旬和六月；《夏小正》的七月，相當於農曆八月和九月上旬[3]。故秋分在《夏小正》中爲七月。

因此筆者認爲，《乾卦》各爻令人費解的爻名，實質上相當於十月太陽曆的月序。即“初九”、“九二”、“九三”、“九四”、“九五”、“上九”、“用九”，相當於十月曆的一、二、三、四、五、六、七月。

五、“上九亢龍有悔”釋義

“亢”，義爲高，也作盛極；“悔”，義爲改悔。“亢龍”，即高龍，也表示陽氣盛極；“亢龍有悔”，表示蒼龍升至高位之後，開始下行之位。“上九”是接著上一條“九五”的，“九五”時蒼龍在天上飛行，即處於最高位；“上九”則表示處於最高位後悔改，其意在“有悔”二字。《乾卦》：“子曰：

1. 見陳久金等《彝族天文學史》，雲南人民出版社，1984 年，第 199-238 頁；又見拙著“陰陽五行八卦新說”，載自《自然科學史研究》第 5 卷第 2 期（1986 年）。
2. 夏緯瑛：《夏小正經文校釋》，農業出版社，1981 年，第 51 頁
3. 見拙作：“論夏小正是十月太陽曆”，載於《自然科學史研究》第 1 卷第 4 期（1982 年）。

貴而無位，高而無民。”其義也爲雖處高位，但由於失去了基礎，便很快地下落了。所以，它們的意義是一致的。

夏含夷認爲，亢即龍之頸脖，“上九亢龍有悔”爲龍頭已入地平，龍脖在地平以上的星象。這種解釋顯然是不正確的。“九五”時龍正位於天上的最高處，緊接著“上九”便將龍角潛入地下，從時節的變化來看，是沒有那麼快的。故仍以舊解爲是。同時，“用九”也是一條獨立的爻辭，“群龍無首”，這是清楚無誤的爻象，應在秋分前後的時節，故“上九”必介於其間，爲位於西南方、逐漸西沉的蒼龍之象。

問題在於爻名爲什麼不叫“九六”，而叫“上九”？前已述及，這裡的“九”字僅表示陽氣，並無其它意義，關鍵在於這個“上”字。如解釋成陽氣向上，則顯然與“有悔”之義不符，此時陽氣已不是上升，而是在下降了。這是《周易》曆法的特殊結構。

《易·繫辭》說：“天數五，地數五。”“五位相得而各有合。”“天一、地二、天三、地四、天五、地六、天七、地八、天九、地十。”這十個數，在河圖中有形象表述。一、二、三、四、五爲內圖，六、七、八、九、十爲外圖，二者是分開的。在元張理的《易象圖說》中，更是分爲兩幅圖來表示的。據宋陳轉《河圖數理·大畢數妙義》說：“凡一、二、三、四、五、六、七、八、九、十之數，乃天地四時節氣也。”一年分爲十個節氣，這也是一年分爲十個陽曆月。而《乾卦》中六龍之數，顯然與《繫辭》中的十個數是同一性質，因此，筆者把它說成是陽曆月序不是沒有根據的。據雲南小涼山彝族使用的十月曆，一歲中有冬、夏兩個新年，其間各有五個曆月[1]，則《乾卦》第六條不稱“九六”而叫“上九”，便成爲有意義的事了。它是從夏至以後另行起算的，故稱“上九”。

1. 阿蘇大岭等：“關于雲南小涼山彝族十月太陽曆的調查及其初步分析”，載於《自然科學史研究》第3卷第3期（1984年）。

六、“九四或躍在淵”釋義

“或”，舊注釋作“惑”，作疑惑不定之義解。“或躍在淵”，釋作在淵中要想躍上天飛行，而又疑惑不定。筆者認爲，“或”不如直釋作“域”。“或躍在淵”，即“在淵域躍”，爲從地平線躍上天之義。星象從地平線處上昇或從西方地平線下落時，其位置的變化是很快的，從《詩經·豳風·七月》“七月流火”的“流”字即能看出其義，與遲遲不進之義不合，故筆者以爲“或”釋作“域”似更爲合理。

“九四”緊接著上一條“九二”的。蒼龍自春分抬頭以後，又經過“九三”這階段，整個龍身便全部顯現於東方地平線以上，正等待“九四”這個階段躍上天空。如果說在“九三”時蒼龍方位的變化可以用“升”字來表述的話，那麼，“九四”時用“躍”字來概括，是最恰當不過的了。故此處爻辭使用“躍”字並非偶然。

七、“九三君子終日乾乾夕惕若厲”釋義

“乾乾”，舊注釋作自強不息；“惕”，釋作憂慮或警惕。意思是這個階段君子正處於奮發自強、朝作夕憂的狀態。

《乾卦·正義》引《易緯》說：“卦者，掛也。言懸掛物象，以示於人，故謂之卦。”所以，按理說，每一條爻辭，都應該首先有物象，才能產生相應的人事。在《乾卦》七條爻辭中，六條都有物象，這些物象便是龍的不同方位。“九三”不言龍象而直述君子，這是較爲特殊的。不過，《乾卦》中的君子，就相當於龍，這是沒有什麼矛盾的。《詩經·小雅·蓼蕭》說：“既見君子，爲龍爲光。”就可以看出二者之間的關係。龍位即相當於君子之位，“九三”時蒼龍正處於地平線處上升的階段，正與君子爲事業的成就而兢兢業業地奮鬥相當。

八、“初九潛龍勿用”釋義

我們所講的爻象之位，實即指某一固定時節中蒼龍之方位。每一個爻象，所占有的時節是相等的。各相當於十月太陽曆的一個月。“初九”也爲一個時節，它相當於《夏小正》的正月。所謂“潛龍”，即爲潛於淵中之龍。它在黃昏時隱沒於地平線的下面，所以人們看不到天空中出現蒼龍之象。《夏小正》的正月黃昏時，蒼龍確實在東方地平線以下，故“初九潛龍”之象，是與蒼龍之方位相符合的。

由於秋分以後至冬至以前，蒼龍已潛入地下，所以《夏小正》的九月和十月也爲潛龍之期，但“初九”不應把它包括在內。這是因爲《乾卦》從“初九”開始，由於此時正逢正月，又正逢所謂陽氣始發。而從“初九”的辭義來看，即明顯地表示陽氣始發，爲冬至以後之象，故“初九”這個爻位，明顯地不包括整個潛龍的階段。由於“潛龍勿用”，即不用以爲占，所以對於《乾卦》來說，真正有價值的是從春分起到秋分止的六個爻位。“初九”之爻位，僅作爲潛龍之位的代表而列出。由此可以推知，對於陰卦，從時間上來說，真正有價值的應是從秋分至春分間的六個爻位。

由以上分析，我們可以得出如下結論：《乾卦》就是陽卦，亦即陽氣上升活動時期之卦，在季節上正好位於自春分至秋分的半年之中。秋分至春分之間，陰氣盛，陽氣衰弱潛藏，故《乾卦》勿用，勿用即勿用以占卜。孔穎達將《乾卦》之六爻分配於一年十二個月，每爻兩個農曆月，這種分配法是毫無根據的。近年來被人們視爲定論的聞一多分配法也不正確。夏含夷的工作在解釋《乾卦》的科學意義上前進一大步，但仍未找到每個爻位的真正意義。秦、漢以前，二十八宿中的東方蒼龍七宿，在春分的黃昏時，開始在東方出現；隨著季節的推移，其方位逐步向西方移動；至秋分時，開始隱沒於西方的地平線。因此，蒼龍星象的變化與陽氣升降的變化是合拍的，所以古人以蒼龍位置的升降變化來代替陽氣升降變化。《乾卦》中的龍就是指蒼龍，龍位即這個時節黃昏時蒼龍在天空的方位。一個爻位對應於一個時節。《乾卦》爻名中的“九”，即代表陽氣，是《乾卦》的象徵，其“初”、“二”、“三”、“四”、“五”、“上”、

“用”七個數，表示七個時節，實際上同《夏小正》的正、二、三、四、五、六、七各個月是相對應的。以星象、物候來檢驗，也都是一一相符。

（原載《自然科學史研究》1987 年第 6 卷第 3 期）

六

臘日節溯源

一、臘日節及其日期

臘日是中國最古老、最熱鬧的節日之一。漢荀爽《禮傳》說：“夏曰嘉平，殷曰清祀，周曰大臘。”可見至遲在夏商時就有此節，周朝時稱爲蠟，至秦漢時才改爲臘。《史記・秦本紀》云秦惠王“十二年初臘”。這並不是說至秦惠王十二年（前326）才有這個節日，而是在此年才得到秦政權的提倡。

從上古文獻看，漢以前的臘日節熱鬧非凡。無論官方和民間對此都十分重視。《禮記・月令》說：“天子乃祈來年天宗，大割，祠於公社及門閭，臘先祖五祀，勞農以休息之。”天子要祀祈年，並宰禽獸祀社神和門閭，祈先祖灶神等。《說文解字》稱爲“臘祭百神”，故蔡邕稱爲歲終大祭。

臘日是春秋戰國時國家祭祀宗廟社稷的主要節日。《左傳》魯僖公五年（前655），載晉獻公向虞國借道，虞國大夫宮芝奇用“虞不臘也”的話來警告虞君，說明虞國每年祭祀祖先和社稷都在臘日舉行。可見臘日是當時的主要祭日。

春秋時代，民間臘日節熱鬧的情景，可以從孔子與其弟子子貢的對話中看得出來。《禮記・雜記》說：“子貢觀於蠟。孔子曰：‘賜也樂乎？’對曰：‘一國之人皆若狂，賜未知其樂也。’”孔子問子貢觀看了臘日民間的活動是否快樂？子貢回答說，人們就像發了瘋一樣，而且全國到處都是如此，真不明白人們爲什麼那麼高興？對此，孔子說了一張一弛治國安民的道理。人民辛勤地勞動了一年，應該讓人民在節日裡盡情地歡樂一下。這則故事雖然未說出臘日人們具體進行了哪些活動，但無疑是指集體的遊樂場面。

《後漢書・陰興傳》說："宣帝時，陰子方者，至孝有仁恩。臘日晨炊而灶神形見。子方再拜受。慶家有黃羊，因以祀之。自是已後，暴至巨富……故後常以臘日祀灶，而薦黃羊焉。"

以上記載說明，上古時不但統治者以臘日作爲一年中主要的祭日，在民間也同樣如此，而且均以黃羊作爲祭品。陰子方臘日見灶神的故事自然是編造出來的，然而這卻說明了當時確實存在臘祭灶神的習俗。

《東觀漢記》曰："建武中，每臘詔書賜博士一羊。羊有大小肥瘦，時博士祭酒議欲殺羊分肉，又欲投鈞。宇復恥之，宇因先自取其最瘦者。由是不復有爭訟。後召會問瘦羊博士所在，京師因以號之。"由甄宇得到瘦羊博士稱號這段記載可以看出，臘日在當時確是一個重要節日，而且人們過節時總要以羊祭祖，吃羊肉。

上古時過臘日節有敲鼓慶祝的習俗，稱爲臘鼓。漢朝有民諺曰："臘鼓鳴，春草生。"說明過臘日節要敲鼓，這是臘日節的特點。臘日節敲鼓的習俗，從其起源來說，可能有宗教方面的意義，但以後的臘鼓，主要起節日娛樂方面的作用。

臘日節敲鼓的活動，主要在節日前一天進行。此日在先秦叫作大儺，要舉行一種逐疫的宗教儀式。這項活動，在《詩・竹竿》、《論語・鄉黨》、《呂氏春秋・季冬》等先秦文獻中均有記載。東漢高誘在《呂氏春秋・季冬》注中說："大儺，逐盡陰氣，爲陽導也。今人臘歲前一日，擊細腰鼓驅疫，謂之逐除是也。"高誘指出，臘日即臘歲。大儺即歲前一日，它與臘日的關係，就如農曆除夕與元旦的關係。

《荊楚歲時記》曰：臘日節"村人並擊細腰鼓，戴胡頭，及作金剛力士以逐疫"。《荊楚歲時記》所載的這種作儺活動，與我們現今在雲南南間虎街彝族年節期間所見的祭祀活動極爲相似。南間的彝族，在每隔 3 年的首月節虎月的第一個虎日都要舉行一次大祭（彝族崇虎以虎月虎日爲歲首）。首先殺羊致祭，並在火上烤羊頭以占卜。以年長女巫爲首，率領 12 個男女巫跳 12 獸神的舞蹈。1 人代表 1 個獸神，氣氛莊嚴肅穆。跳舞時，男女巫排爲 1 行，爲首女巫頭戴虎面具，其後 1 人則腰插虎尾，各持一個羊皮鼓。當女巫擊鼓起舞時，周圍笙樂齊鳴，群巫按節拍舞蹈，效仿 12 獸的聲音和動作，以象徵 12 獸神的降臨。[1]

從彝族 12 獸神的宗教舞蹈，不難使人作上古儺日活動的聯想。西南少數民族所用的鼓均是細腰鼓。殺羊致祭、擊細腰鼓、頭戴面具、12 神舞（漢朝宮廷有跳 12 種舞的習俗，金剛力士即 12 神），古今活動如此驚人地一致。

依據上古文獻的記載，臘日作儺擊鼓的活動，是爲了驅鬼逐疫。東晉干寶《搜神記》曰：

> 昔顓頊氏有三子，死而為疫鬼，一居江水，為虐鬼；一居若水，為魍魎鬼；一居人宮室，善驚人小兒，為小鬼。於是正歲命方相氏，師肆儺，以驅疫鬼。

這疫鬼原來是古帝顓頊的 3 個兒子，爲了驅除這 3 個鬼作祟，所以才有於歲末作儺的活動。帶領作這個活動的人叫做方相氏。官方舉行這種儀式時的活動是很盛大的，據《玄中記》記載，東漢時有一次作儺活動竟動用了 5 個營 1 千餘名軍人，從洛陽皇宮端門將火炬送到洛水，象徵著將厲鬼驅逐到洛水中去。

事實上，臘日驅鬼逐疫，與上古元旦的驅鬼逐疫是一個意思，兩者所介紹的鬼怪形狀及使人得病的病情也相一致，只是傳說的出處不同而略有出入。驅厲鬼實際可能起源於驅山魈。兩個節日此項活動相同，是因爲這兩個節日原本都是年節。臘日爲年節，從《呂氏春秋》高誘注及《搜神記》均稱臘日爲“正歲”便是明證。關於這點，本文在後面還將作出說明。臘日前一天作儺，也就是元旦節除夕夜的放鞭炮逐厲鬼，在時間上是相同的，其意義也都相同，目的是新年前將厲鬼驅走，可以過一個吉利的新年，只是驅趕的方式略有不同而已。

《說文解字》說：“冬日後三戌，臘祭百神”。也就是說，當時以冬至後第三個戌日作爲臘日節。以戌日爲臘，便成後人的通常說法。不過，爲什麼要以戌日爲臘呢？關於這個問題，東漢《風俗通義》說：“臘者，接也。新故交

---

1. 見陳久金等《彝族天文學史》第 5 章第 2 節，雲南人民出版社，1984 年。

接，大祭以報功也。漢家火行，火衰於戌，故曰臘也。”這就是說，臘本來是新年與舊年交接期間的日期，但漢朝爲火德，火衰於水，水位於北方，故逢戌成臘。按照這種說法，臘並不固定在戌日，而是依各朝的德行來確定。所以《歲華紀麗》說：“祖日爲盛，臘日爲衰，魏以土而用辰，晉以金而取丑。”注曰：“漢以火德，火衰於戌，故於戌日爲臘，魏以土德，土衰於辰，故以辰日爲臘。”“金衰於丑”，故晉“以丑日爲臘”。由此看來，在漢魏兩晉時代，都有選擇對本朝吉利的日期過臘日節的習俗。近代涼山彝族各個村寨也都選擇於己吉利的日子過年，此種習俗，很可能是上古臘日選擇吉日的遺風。[1]

《圖書集成·歲功典》引《風俗通義·祀典》說：“太史丞鄧平說：臘者，所以迎刑送德，大寒至，常恐陰勝，故以戌日臘。”臘日在大寒期間。《周禮·天官·冰人》鄭玄注曰：“正歲，季冬火星中大寒、冰方盛之時。”正歲即臘日，也說大寒冰方盛之時，故臘日應在大寒時節。

從漢魏晉三朝各選擇冬至後三戌或三辰、三丑過臘日的風俗來看，先秦的臘日可能是固定在冬至後第三個生肖周，也即冬至後 36 日爲臘日，正位於大寒其間。

以五行交替變化的理論來定臘日有數種說法，常會引起混亂。從科學上來說，也無實際意義。故晉朝以後，人們便不再依據五德始終變化之說來確定臘，而是使其固定於某一日，實際是將其一變爲二，這就是後世的十二月八日的臘八節和十二月二十四日的灶王節。

二、灶王節的由來和灶神的起源

灶王又名灶君、灶神，是民間灶頭供奉之神。相傳灶神是玉皇大帝派到各家各戶視察善惡的使者，他每年於臘月二十四日上天，向玉皇彙報人間善惡，又於除夕夜回到人間。近代幾乎家家灶頭都掛有一張灶神像，兩旁貼有一副對

1. 見陳久金等《彝族天文學史》第 10 章第 2 節。

聯曰："上天言好事，下界保平安。"《燕京歲時記》載祭灶的風俗時說：

民間祭灶惟用南糖、關東糖、糖餅及清水、草豆而已。糖者所以祀神也；清水草豆者，所以祀神馬也。祭畢之後，將神像揭下，與千張元寶等一並焚之。至除夕時，再行供奉。是日鞭炮極多，俗謂小年下。

此處所介紹的祭灶貢品較爲簡單，按《帝京歲時紀勝》，還又以羹湯灶飯，糖瓜糖餅、黍糕、江米竹節糕、棗、栗、核桃等爲祭品，另外還有祭素灶和祭葷灶的區別。以上介紹的是祭素灶，祭葷灶則用雞、鴨、肉、美酒等。

一般地說，人們祭灶都用關東糖。關東糖，古人叫作膠牙糖，義爲黏性大，能黏牙。供關東糖的秘密，也就要聯繫到前面所引的那副對聯。人們於臘月二十四日祭灶送灶神上天，目的是希望他在玉帝面前多說好話，少說壞話。然而一家人整天生活在一起，生活瑣事中是非長短的事總免不了，灶神在家裡看得一清二楚，如讓其在玉帝面前信口亂說，總不是一件好事情，所以想使灶神吃了關東糖粘住牙，免開尊口。還有一種做法是在灶門抹上酒糟，稱爲醉司令，讓灶神醉酒，上天不說人短處，用意也與前同。

前已述及，灶神的觀念至遲在漢朝就已有了，但當時都將灶神與臘日相聯繫。近世流行的臘月二十四日祭灶神的習俗，盛行於宋朝，但從唐朝的一些文獻來看，已有二十四日祭灶的跡象，故臘月二十四日祭灶的習俗，可能形成於唐朝以前。但宋以前灶王節的活動，與明清時又有差別。

元周密《乾淳歲時記》說：

二十日謂之交年，祀灶用花錫米餌（即糖餅）及燒替代，及作糖粥，謂之口數。市井迎儺，以鑼鼓遍至人家乞求利市。

可見宋時的灶王節，在日期上說已移至臘月二十四日，但節日的活動內容卻與漢時的臘日節相近。過節時同樣要作儺、敲鼓，也有交年之說。僅增添糖餅、糖豆粥而已，這大約就是後世以關東糖祭灶的起源。交年之說，也來源於漢時臘日的正歲。

灶王節既然原是臘日，爲什麼在唐宋以後又要改爲臘月二十四日呢？這是因爲，中國上古時曾經使用過 1 歲分爲 10 個陽曆月，每月爲 36 天的太陽曆[1]，臘月是十月太陽曆的新年節日，由於 10 個陽曆月爲 360 日。餘下的 5 至 6 日就作爲過年日，不計在月內。唐朝成伯嶼《禮記外傳》說："周木德，漢火德，各以其五行之日爲祖，其休廢日爲臘也。""休廢日"即臘日，是說臘既爲休息日，又是廢棄日。所謂休息日，蔡邕在《獨斷》中說："迎送凡田獵五日。臘日，歲終大祭，縱民宴飲。"即休息日就是迎新送舊之日，共 5 日，這 5 日不事勞作，僅進行田獵和飲宴活動，自然就是休息日了。所謂廢棄日，即是指 1 歲中 10 個陽曆月以外餘下的 5 至 6 日。因不計在月內，故曰廢棄日。這就是說，臘日不是 1 天，而應該是 5 至 6 天。由於蔡邕在《獨斷》中已明說田獵 5 日爲縱民宴飲的臘日，則臘日爲 5 至 6 天，應是沒有疑義的。

明白了臘日爲 5 至 6 日的道理，則後世將臘日節改定爲十二月二十四日就容易理解了。如果將十月太陽曆的最後一日定爲十二月二十四日，即上古時所說的儺日，相當於農曆的除夕，則二十五日到二十九日或三十日，便爲 5 至 6 日，正好相當於臘日的日數，則十月太陽曆的元月一日，也即上古時所說的"臘明日"，正相當於農曆的元月一日。十月太陽曆在當時廣大漢族地區早已廢棄，但由於歷史的原因，作爲其新年的臘日，卻仍在民間流行，就如現今中國、日本等國改用公曆以後，仍過農曆新年一樣。在十月曆廢棄以後，爲了便於人們過臘日節，人們便不得不將此日依附於農曆，所謂"冬至後三戌爲臘，便是一種規定方式；唐宋以後規定儺日爲十二月二十四日，這是出於將十月曆元旦和農曆新年定爲同一天的設想。這就是爲什麼將臘日節定爲農曆十二月二十四日的道理。《乾淳歲時記》把十二月二十四日稱之爲"交年"，正是出於這種考慮。

接受萬家香火，受到家家供奉的這個灶神究竟是誰？是歷史人物還是人們想像中的神靈呢？關於這一點，人們眾說不一。許慎《五經異義》認爲，灶神名叫蘇吉利，其妻名叫王摶頰，他們也就是後世所說的儺公儺婆，也叫灶王爺和灶王奶奶。唐段成式《酉陽雜俎》則說灶神姓隗或姓張。這些說法都沒有任何歷史依據，因此也沒有探究的價值。

1. 參見陳久金《論夏小正十月太陽曆》《自然科學史研究》1982 年第 4 期。

《禮記・禮器》說："顓頊氏子曰黎，爲祝融，祀以爲灶神。"又《淮南子・時則訓》高誘注曰："祝融吳回，爲高辛氏火正，死爲火神，托祀於灶。"只有此說才是真正透露出灶神起源的秘密。依據此說，古帝顓頊的兒子（一說孫子）祝融，曾經做過火正的官，他死以後便成爲火神。古人與火打交道之處主要在灶上，故祀爲灶神，以寄托人們對發明火的祖先的敬意。然而，這卻是一個極大的誤會，遠古時的火正，並不是發明火或管火的人，而是負責觀測大火星以定季節的天文官。儘管如此，我們卻可以從中找到上古神話故事發生和演變的線索。

據流傳下來的遠古傳說，顓頊和唐堯時，設立有專門觀測大火星以定冬夏至的官職，名叫火正。據《尚書・堯典》說："日永星火，以正仲夏。"可見那個時代，以大火星初昏南中定夏至的日期。故《淮南子・時則訓》曰："孟夏之月，其祀灶。"

又《左傳・昭公三年》說："火中寒暑乃退。"注曰："心以季夏昏中而暑退，季冬旦中而寒退。"大火星即心宿，大火於季夏昏中，以季冬旦中，這是先秦時的天象，故有"火中而寒暑退"也。因此，當時將以觀測大火星旦中定季冬，也即當時大火星旦中時爲臘日。這就是以觀測大火星定臘日的由來。

由於臘與大火星有這麼一個密切的關係，所以人們每當臘日到來之時，總要想到大火星、觀測大火星。由於大火星有推定臘日的功用，古人因對它的崇拜而奉作神靈，故每逢臘日都要祭祀它。觀測大火星定季節的任務是由火正掌管的，故火正祝融也就成爲火神了，這才是人們於臘日祭祝融的真正原因，也是人們把它當作灶神來祭祀的根由。

《史記・曆書》說："顓頊受之，乃命南正重司天以屬神，命火正黎司地以屬民。"對這句話的理解，自東漢起就有分歧。筆者以爲，此處的司天和司地，並不是說重觀測天象，黎觀看地候，而是重黎二官均是觀測天象以定季節的火正，只是分工不同。南正重負責春夏黃昏觀測大火星的方位定季節，而火正黎則負責秋冬黎明時觀測大火星的方位以定季節。由於春夏陽氣盛，故春夏觀測曰司天；由於秋冬陰氣盛，故秋冬觀測稱司地。[1]這就解決了《禮記·月令》載季夏祀灶神祝融，[2]而漢人又說季冬祀灶神祝融黎的矛盾。十月曆有冬夏兩個新年，都爲上古祭祀火正的祭日，只是臘日祭祀的是火正黎，貙膢日祭祀的是南正重。

三、臘八節和臘八粥

按照通常的說法，臘八節是佛教的節日，傳說佛族釋迦牟尼於此日成道，便成爲紀念日。臘八節盛於宋朝以後，至今仍很盛行。

宋吳自牧《夢粱錄》卷 6 說：“此月八日，寺院謂之臘八。大剎等寺俱設五味粥，名曰臘八粥。”《澤州志》說：“十二月初五日，稻黍果豆和煮爲粥，曰五豆粥。”此處記載了五豆粥的原料，並以五日煮粥，以象其名數。此處的五味粥大約就是五豆粥。

元朝周密《武林舊事》卷 3 說：“八日，則寺院及人家用胡桃、松子、乳蕈、柿、栗之類作粥，謂之臘八粥。”《武林舊事》所載的臘八粥，比《夢粱錄》的五味粥已大有改進，前者爲豆粥，後者已改用果品，其品種也有增加。明朝《天中記》把臘八粥稱爲七寶粥，又稱爲鹹粥。其原料乳蕈、胡桃、百合等，與《武林舊事》所載相當。大致以 7 種原料製成，是以臘月七日晚煮成，故以 7 之數名之。

明清時，不但皇宮中要煮臘八粥，而且要用以分賜百官，並成爲慣例。由於統治者的提倡，臘八粥的製作水平也大有改進。《燕京歲時記》說：“臘八粥者，用黃米、白米、江米、小米、菱角米、栗子、紅江豆、去皮棗泥等，合水煮熟、外用染紅桃仁、杏仁、瓜子、花生、榛瓤、松子及白糖、紅糖、瑣瑣葡萄，以作點染。”臘八粥中配以各種果米，雜成之，以品多者爲勝，並配以紅

1 三見陳久金《史記天官書和曆書新注釋例》《自然科學史研究》1987 年第 1 期。

2.《禮記·月令》說：季夏之月，“火昏中”，“其神祝融“，“其祀灶”。

白糖，這是清朝臘八粥的特點。同時，人們還總結出一條經驗，在放百果煮臘八粥時，不能用蓮子、扁豆、薏米、桂圓。如將其混入煮粥，將會產生異味。北京市雍和宮，在清朝時每年都要精心配製臘八粥供佛。官府還專門派出大臣監視。除供眾多的喇嘛食用外，還分給王公大臣品嚐。據《燕京歲時記》記載，當時煮粥的大鍋，一次可容下數石米的粥。那時所用的大鍋，至今還完好地保存著，只是現今再也發揮不了它原有的功用，僅供人們觀賞而已。各地其他各大寺院，也都具有相應的活動。

在民間，臘八節這一天也家家戶戶吃臘八粥。一般總是於清晨 3 更時將粥煮成，先用以祭祀家堂門灶和壟廟，然後饋送親友，全家聚食。

臘八粥雖然於宋朝才開始流行，但據傳說，它卻與 2 千多年前的佛祖釋迦牟尼成道有關。據佛祖故事，古代印度北部迦毗羅衛國的淨飯王，有個王子叫做喬答摩·悉達多。他對當時盛行於國內的婆羅門的神權統治極爲不滿，便於 29 歲那年放棄豪華的宮廷生活，出家修行。經過 6 年的苦行修煉，歷盡艱難萬苦，在饑餓和勞累的困境中終於昏倒在地。這時他得到 1 個名叫釋迦越的牧女的幫助，她煮出乳糜粥餵他，使他逐漸恢復健康。後來悉達多達到了大徹大悟的境界，終於成佛。釋迦牟尼是後人對他的尊稱，意即釋迦部落的聖人。

據傳說，悉達多得救這一天是十二月八日。由於牧女用乳糜粥救了悉達多的生命才使他成佛，後人便於這一天煮粥獻佛，成爲釋迦牟尼成道的紀念日。

臘八節吃臘八粥的習俗，雖然很多人把它說成起源於佛教的傳說故事，但它的真實起源，卻明顯地與中國上古時的臘日有關。據《荊楚歲時紀》："十二月八日爲臘日。諺云臘鼓鳴，春草生，村人並擊細腰鼓、戴胡頭，及作金剛力士以逐疫。"可見當時雖已有十二月八日爲臘日之說，但其活動只是傳說的逐疫過臘歲節等，而與佛教無關。又據宋《事物紀原》載，西域有以十二月八日爲灌佛節。可能由於此二節巧合於同一天，又經過佛教徒的附會和宣傳，便逐漸形成後來的臘八節。

范成大《村田樂府序》說："二十五日，煮赤豆作糜，暮夜闔家同餐，云能辟瘟氣。雖遠出未歸者，亦留貯口分，至襁褓小兒及僮僕皆預，故名口數粥。"

此口分粥的煮法與臘八粥極為相似，僅日期為十二月二十五日，即在灶王節期間。前已述及，灶王節就是臘日節，而臘月八日也臘日節，故此二節日食粥，應有共同的起源。又據口分粥的意義，是為了避瘟氣，與臘日節的活動內容相合。故由此可以推斷，中國上古時原有臘日吃豆粥以避瘟氣的習俗，只是到後來與佛教中佛主食粥成道的故事相結合，才演變成後世的臘八節。而臘日食粥的原有意義，則早已淹沒無聞了。

又《東陽縣志》說："二十五日以赤豆、棗栗之類和米煮之，謂之蠶花粥，食之利養蠶。"中國養蠶有 4000 年以上的歷史，《東陽縣志》雖然成書較晚，但關於蠶花粥的記載，卻可能反映出中國古老的習俗。所用原料與臘八粥相似，而其日期又與口分粥相合，也為臘日之習俗。因此，所謂臘八粥，原是中國古代臘日的習俗之一，只是後來被佛教借用來宣傳其教義，作為一種擴大佛教影響的手段而已。

臘八節既然與臘日有關，為什麼又固定為八日呢？筆者以為，它除掉佛教徒附會佛祖成道之日以外，可能還與對《禮記．郊特性》"天子大臘八"一語的誤解有關。既然冬至後三戌不合古制，因《禮記》有"臘八"之說故八日為臘。但事實上，此處義為天子臘祭八神，據《正義》曰：八神先嗇一、司嗇二、農三、郵表畷四、貓虎五、坊六、水庸七、昆蟲八。即天子祭祀神農、后稷、農夫、田畯（督促農夫勞作之官）、貓虎（食鼠和野豬以利農作）、河堤、水溝、昆蟲（不為災）。從祭八神的內容來看，天子祭八神，實際是豐收之祭，是感謝此八神使獲得豐收之義。

四、臘日節即遠古新年

臘日為新年，儘管有直接的文獻記載，我們在前面也作過一些間接的論證，但由於有文字記載以後，在漢族地區即已行用陰陽曆，有關臘日的意義又為後世的注家歪曲得很厲害，故此處仍有專門進行論述的必要。

上古文獻中有關臘為新年的記述，大約有如下幾條：

（一）《史記．天官書》說：“凡候歲美惡，謹候歲始。歲始或冬至日，產生始萌；臘明日，人眾卒歲，一會飲食，發陽氣，故曰初歲；正月旦，王者歲首；立春日，四時之始也。四始者，候之日。”“漢魏鮮集臘明、正月旦決八風。”

《漢書．天文志》也有相同的說法。《史記．天官書》以臘明日、正月旦、冬至和立春作爲一年中的四始，其中尤以臘明日和正月旦爲主要。關於此點，從第二條魏鮮僅以臘明、正月旦決八風可看得出來。什麼叫歲始？歲始就是一年中的第一天，就是一年中的初始時刻。

正月旦即是元旦。也就是農曆正月一日，該日作爲歲始，這一點人們是容易理解的。但臘明日爲什麼是歲始呢？臘明日又是什意義呢？前已述及，臘日是十月曆的過年日，共有5至6天，不計在月內，稱爲休廢日。5至6天的臘日過完之後，便是十月曆的一月一日，這才是新年中第 1 天的開始，十月曆的一月一日稱爲臘明日，故《天官書》說，“臘明日，人眾卒歲”；“正月旦，王者歲首”。又說：“集臘明、正旦月決八風。”均以臘明日與正月旦相當。

（二）《周禮．天官》說：“凌人掌冰，正歲，十有二月，令斬冰。”漢鄭玄注曰：“正歲，秋冬火星中大寒，冰方盛之時。《春秋傳》曰：‘火星中而寒暑退，凌冰室也’。”

前節提及祝融因做天文官火正，觀測大火星定季節，死後成爲火神，因大火星在臘日黎明南中，故成爲臘日之灶神。此處《周禮．天官．冰人》所說的正歲斬冰之時，正當黎明大火中天，故正歲正是臘日，而非《禮記．月令》所載：“東風解凍，蟄蟲始振”的正月旦。從常識來看，農曆元旦立春之時，春暖解凍，已非藏兵之時。二者不可能在同一時節。

（三）《呂氏春秋．季冬紀》高誘注曰：“大儺，逐盡陰氣，爲陽導也。今人臘歲前一日，擊鼓驅疫，謂之逐除是也。”

高誘注中所說的臘歲，顯然即是臘日。臘歲者，位於臘月中的新年也，有別於農曆的正月旦。它與《周禮．天官．冰人》中的“正歲”是一個意思。臘日前一天爲儺日，其意義已十分淸楚，不必再說。同時，高注將昔日的大儺比之爲今人的逐除，其義也更爲清楚。逐除即農曆除夕逐疫的習俗。高誘所說昔之大儺的活動，與漢人農曆除夕的活動相當，也證實了這一點。

（四）《乾淳歲時記》說：“禁中以臘月二十四日爲小節夜，三十日爲大節夜。”“二十四日謂之交年。”

前已述及，宋時臘月二十四日，即漢以前的儺日。大節夜和小節夜，即是大年的除夕和小年的除夕。現行曆法之新年稱爲大年節，民眾記憶中舊曆的新年則稱之爲小年節。這種稱法在現今少數民族中仍然流行。以二十四日爲交年，也即以此日爲除夕之義。所謂交年，即是新年舊年交接之時也。此處的交年，不能理解爲農曆新舊年交接。

（五）東漢崔寔《四民月令》說：“臘明日，謂小歲。進酒尊長，修刺賀君師。”

崔寔認爲，臘日的明天，即是小年節的新年。過小年節時，應按古時的習慣，向長者敬酒，也應向君子和師友賀節。

以上所引文獻，已能充分說明，所謂臘日節，即是上古十月曆的新年。同時也可清楚地區別出儺日、臘日和臘明日三者之間的關係。上古時的儺日，即演變爲唐宋以後臘月二十四日的灶王節，也稱爲小節夜或交年，它相當於農曆的除夕。臘明日即是這種曆法的元日，它也可稱之爲正歲、臘歲。它與農曆的正月初一日相當。在儺日與臘明日之間的日子稱爲臘日，也稱爲修廢日，有 5 至 6 天。這是由於 1 歲有 365 天多，故平年爲 5 日，閏年爲 6 日。這就是蔡邕《獨斷》所說“迎送五日”的“歲終大祭”。所謂 5 日，僅是舉其大數。

上古臘日節與月相無關，這是人所共知的事實。從漢朝以冬至後三戌爲臘的規定即可看出，臘日只與節氣有關，與月相無關，它在大寒節（大寒在冬至後 31 天）期間。由冬至後三戌爲臘的規定也可推知，它實際表明冬至後 1 個陽曆月（即 36 天）爲臘日，此時正是天氣最寒冷的季節，故有於臘日正歲斬冰的習俗。由於農曆有閏月，故臘日大致可在十二月初至十二月末期間變化。

由於十月曆在漢族地區早已廢除，但爲了讓人繼續過這個傳統的節日，便只能將這個節日依據於農曆；冬至後三戌爲臘的規定，是漢朝人依據五行相勝的理論建立的，唐宋以後以十二月二十四日爲儺，則是出於將臘明日與農曆正月初一排在一同一天的考慮。

對於漢朝以冬至後三戌爲臘的規定，古人早就持批評的態度。宋陳道祥《禮書》說："古者，臘有常月而無常日，祖在始行而無常時之。漢以來溺於五行之說，以王曰祖，以衰曰臘，其失先之禮遠矣。"無常日，即秦漢以前的臘日與農曆的日期沒有固定的關係，漢時固定以冬至後三戌爲臘不符合古制。

後世都將農曆十二月稱爲臘月，這是因爲秦漢以後臘日在該月。臘月之名從臘日而來，這是很明顯的事實。然而，周朝時臘日節並不在農曆十二月，而是在十月。《禮記·用令》說：孟冬之月，"臘先祖五祀，勞農以休息之"。《左傳》："虞不臘矣。"都是臘日在夏正十月的證據。《史記·秦本紀》載惠王十二年初臘，即是說秦國初次用周制，將臘日定在亥月。《始皇本紀》說："三十一年十二月，更名臘曰嘉平。"因嘉平爲夏制，可見當時才將周制改爲夏制，是秦漢時將臘日改定爲農曆十二月的開始。

《隋書·禮儀志二》載文帝詔書曰："古稱臘者，接也。取新故交接前之歲首之仲冬建冬之月，稱臘可也。後，周用夏后之時，行姬氏之蠟，考諸先代，於義有違，其十月行蠟者停，可以十二月爲臘，於是始革前制。"隋文帝詔書講的是周時以臘日在亥月有違古禮，所以後來又改爲丑月了，這說明古人早就注意到周朝臘日是定在亥月的。

從民族學的資料來看，古羌戎民族又可分爲兩個大的支系，其一是現今的彝族納西族和羌族，以黑爲貴，崇拜黑虎；另一個支系是白族、土族家等，以白爲貴，崇拜白虎。這兩個支系新年所在時節是不同的。彝、納西族新年在農曆十月至冬至之間；白族、土家族則在農曆十二月。這其實是遠古時十月太陽曆周正和夏正，後世改用陰陽曆後，才以農曆十一月和正月爲歲首。

實際上，十月臘和十二月臘的不同，是由於歲差造成的。十月臘所反映的是公元前3000年前後傳說中的黃帝顓頊時代，那時大火星旦昏中天，正逢冬夏至之時，故以十月爲臘，也即以冬至、夏至爲冬夏兩個新年。由於歲差的關係，這一規定行用到周朝時，已明顯地與天象不符，才改以大寒、大暑爲冬夏兩個新年（此時適逢大火星爲旦昏中星）。這就是十月臘和十二月臘形成的歷史背景和科學依據。

《朱子全書》說："夏周紀日不紀月，無朔望"。從朱熹的這句話可以看出，古人早已認識到夏朝和西周使用的不是陰陽曆而是太陽曆。既然夏周"不紀月，無朔望"，那麼與月之間用什麼單位紀時呢？周朝時有陰陽五行的記載已無疑義，夏朝也有五行之說。《尙書・夏書》曰："有扈氏威侮五行，怠棄三正。"此五行和三正講的都是曆法。遠古時制曆定時是爲農業服務，這是帝王最大的政事，有扈氏荒廢這些政事，所以上帝要拋棄他。先秦有五時制，《左傳》昭公五年說："分爲四時，序爲五節。"《白虎通德論》說："行有五，時有四何？四時爲時，五行爲節。"四時五節季節的不同分法。可見五行即五個時節。因此，說夏周用陽曆也是有文字依據的。

有人可能會以夏朝曆書《夏小正》是十二月曆而對以上說法表示懷疑，但我們認爲《夏小正》實際是十月太陽曆而非陰陽曆，無論從天象物候都得到這個結論。其中從夏至冬至，從春分到秋分，從斗柄下指到上指都僅爲五個月，這些都是 1 年爲 10 個月的明白無誤的依據。後世所載將《夏小正》分判爲 12 個月，應是秦漢傳注家的誤判。

五、臘日釋義

漢人知道臘是遠古新年年節，但遠古新年爲什麼作臘，卻沒有一致的認識，人們只能按當時的理解，作出各種不同的解釋。由於沒有將這個新年直接與十月曆相聯繫，故所作的解釋只能是各執一是，含糊不清。現將古人關於臘字的解釋綜述如下：

（一）以臘日爲歲終祭日和休息日，以臘明日爲正歲、臘歲或初歲。此等記事，見《史記・天官書》、《周禮・天官》、《呂氏春秋・季冬》、《四民月令》、《禮記外傳》等。其內容在前面已經述及。有人以此日爲祭日，也有人以此日爲休息日，其實並不矛盾，年節既是祭日，也是休息日。這是從年節的活動內容進行解釋的。

（二）以臘日爲新年、舊年交接的日期。《風俗通義》說："臘者，接也。新故交接，故大祭以報功也。"《後漢書·禮儀志中》說："季冬之月，星回歲終，陰陽以交，勞農享大臘。"《風俗通義》和《後漢書》都主此說。其實新舊年交接的日期與正歲、歲首的意義都是相當的。只不過，此處所說臘日爲新舊年交接的日期，比祭日和休息日的說法就更明確，這是因爲十月曆的新舊年之間有 5 至 6 日的交接日期，它既不屬於舊年，也不屬於新年，故給以特定的名稱。天上的恆星一年重出現一次，作爲季節判斷的大火星，也於臘日的黎明回到正南方，故稱星回歲終。這是從節日的意義來說的。

（三）將臘釋爲獵。《風俗通義》說："臘者，獵也。言田獵取獸，以祭祀其先祖也。"古時有於臘日出獵禽獸，並用以祀祖的習俗，《禮記·月令》鄭注："臘，謂以田獵所得禽獸祭也。"說的也就是這個意思，但將臘字釋爲獵，僅《風俗通義》一說，恐爲望文生義。

（四）臘爲太一。《路史·前記·秦壹氏》說："神農、黃帝、老子都受要於太一君"。注引《道書》說，太一君"諱臘"。宋《路史》所引《道書》雖不知作於何時，但將臘釋爲太一，可能是道家一貫的觀點。太一是最高的天神。又是運於中央、臨制四方的北極星。古時黃道帶的五方星或四方星，便是用以判斷季節的標誌。此五方星或四方星受北極星太一的統制，則太一是管理時節的天神。臘日祭臘神太一，也就是祭歲神。不過，臘日之名是否來源於祭臘神太一，尚無更多的證據。

以上解釋雖然各有所據，然而此休廢日爲什麼稱爲臘日？則仍沒有得到令人滿意的解答。

據臘日在周朝寫爲"蠟日"來看，此"臘"字只是記音，它可能是在周漢時已經消亡的語辭，也可能是遠古引進的其他兄弟民族的語詞。

筆者在研究彝族天文曆算時曾注意到，凡彝族、白族、土家族、納西族、哈尼族、羌族等，或者說是古羌族，都崇拜虎，直至近代仍然如此。他們認虎爲自己的祖先，死後仍還原爲虎。他們習慣於將附近的山脈、河流、村寨等，以虎命名。彝族稱虎爲“臘”或“羅”，在漢文中也有寫作“拉”、“喇”、“倮”等，均爲彝語虎字的彝音漢譯。彝族稱男性爲“頗”，女性爲“摩”，或寫作“目”、“麼”等。即使白族、納西族的語言與彝族已有很大差異，但對此三字的發音仍然相同。

彝族自稱“羅羅”，男人稱“羅頗”，女人稱“羅摩”。早在《山海經》中，就是這一稱呼。《海外北經》說：“有青獸焉，狀如虎，名曰羅羅。”彝族喜歡以虎給自己命名，幾乎每到一地，總能找到名叫羅摩的人。在彝族歷史上，用“虎”作爲人名的人到處可見，例如南詔前五代國君分別爲細奴邏、邏盛、盛羅皮、皮邏閣、閣邏鳳，均用“虎”命名。納西人又稱摩梭，在元明時稱土司爲喇他。《鹽源縣志》說：“姓喇。喇，虎也。”喇即虎，“他”爲頭領。其最後一任土司喇寶成至 1978 年才去世。

彝族以虎作爲山名、水名、地名的很多，如彝族稱峨嵋山爲羅目山，義爲母虎山。山下有條河也叫羅目河。《方輿紀要》也沿用此名說：“羅目江在縣西，出峨嵋山麓。”古時黔西北有羅甸王國，甸在彝語中爲平壩之義，羅甸即虎人居住的平壩。金沙江與雅礱江的分水嶺名叫納喇山，義爲黑虎山。在西部地區，以納拉命名之地多處可見。

彝族世代崇虎，不但表現在以虎對人、對山、對水、對地區命名上，在它的宇宙觀上，把虎看作至高無上的神靈，它能統率宇宙，推動天球的旋轉。值得令人注意的是，我們曾在四川耳蘇人中發現一部母虎曆書，在其書畫有四幅虎踏地球旋轉的示意圖，以象徵四季的變化。這是天球由虎神推動的形象寫照[1]。彝族與耳蘇人同屬古氐羌族，因此，中國古代羌戎民族崇拜虎，以虎爲統率宇宙的最高神靈，由此便能得到啓發。

從彝崇虎，以虎爲自己的祖先，又以虎爲宇宙間最高的神靈，則彝族祭祖、祭天都可叫作祭臘。祭祀之日便稱爲臘日。如果我們這種解釋是正確的，那麼這才真正弄清了臘日的含義。

1. 見《彝族天文學史》第 10 章第二節。

臘祭為祭虎神，這是彝族祭祀祖先和天神的一種祭祀形式，這僅僅是一層意義。彝族祭祖，一般都只在星回節（或彝族新年）和火把節進行，而星回節和火把節是彝族古代一年中的大小兩個新年，故彝族祭祖日，也就是年節的臘祭。另外，部分彝族地區還保留著一個古老的傳統，這就是以虎月虎日過年。以虎日作為年節，這就是臘日的又一層意義。

說到這裡，有人便會產生這樣一個疑問，彝族崇虎，祭祀稱為祭臘，這與漢族的臘日節又有什麼關係？事實上，所謂漢族，是周漢之間以東夷、西羌為主體同時融合其他民族形成的，所以其文化也就包含有若干民族的共同特徵。前引《路史》曾說到神農、黃帝和老子，人們曾把神農和黃帝看作華夏族的共祖，作為道家開山祖的老子，對華夏文化的影響也很深刻。《史記．五帝本紀．正義》說：“神農氏，姜姓也。……長於姜水（渭河）。”《史記．五帝本紀．索隱》皇甫謐云：“黃帝生於壽丘，長於姬水，因以為姓。”姬姓、姜姓，皆是古羌戎的一個支系。又《史記．六國年表》說：“禹興於西羌。”《正義》說：“禹生於茂州汶川縣，本冉駹國，皆西羌。”因此，據上古文獻，神農、黃帝、禹皆為西羌族人。關於老子，又名李耳，據近人研究，所謂老子、李耳，義均為虎。彝語“老”即為虎；至於李耳，明末方以智《通雅》等，即已指出李耳或曰狸兒、李尼，在土家族中為母虎之義。如老子為土家族先民，也屬古羌戎。故將“臘”釋為“虎”，將祭臘“釋”為“祭百神”，其義皆通。

六、藏冰與《詩．七月》“一之日”釋義

古時政府有於寒冬季節藏冰於冰窖，於來年伏日再頒賜給百官的習俗。清朝時還規定按官員等級發給冰票，到指定地點取冰。中國有藏冰於窖的悠久歷史，據文獻記載，至遲在周朝時，王家就專門派人負責冬季藏冰、夏季頒冰，後世一直沿襲不變。

據文獻分析，古時將冰入窖的日期正是在臘日。《帝京景物略》說：“十二月八日，先期鑿冰方尺，至日納冰窖中。鑿深二丈，冰以入，則固之，風如阜。”

此書所載納冰的日期固定爲十二月八日，也即規定於臘八節之日納冰。在八日將冰入窖之前，需預將冰鑿成一尺見方的大小，以便搬運。冰鑒一般是指夏天盛冰的器物，將食物放在其上可以保持新鮮不腐。此書所說之鑒，實際是指冰窖。由於臘月八日是南北朝以後才出現的節日，它是由臘日演變而來的，故由此可以判斷，漢以前將冰入窖的日期應在臘日。據《周禮．天官》記載，周朝時專門設有凌人掌冰：“正歲，十有二月，令斬冰。”據前文所述，此正歲正是臘日，此處的十二月，是指臘日位於農曆十二月。

《詩．七月》是很著名的農事詩，它記載了一年中大多數月份的物候和農事活動，其重要性早已爲多方人士所關注。但遺憾的是有許多記事不能得到令人滿意的解釋，其中以“一之日”至“四之日”的意義尤感困惑不解。按照傳統的說法，《七月》中凡是以序數記日之處，均爲夏曆月序，而一之日、二之日、三之日、四之日，則分別爲周正之一月、二月、三月、四月。至於爲什麼要這樣稱乎法，誰也說不出一個可以令人相信的理由。《毛傳》說：“一之日，十之餘也。”這句話應如何解釋？前人的解釋是一之日，二之日，是十月以後的餘月，也即十一月、十二月。假如日可以當作月來解釋，則一之日、二之日釋作十一月和十二月還勉強能說得通，但三之日、四之日就無論如何不能稱爲十月之後的餘月了，因爲它們是從一月重新開始數起的。

將一之日、二之日等釋爲周正一月、二月等最根本的失敗，是“二之日鑿冰沖沖，三之日納於凌陰。”農曆十二月天寒，鑿冰沖沖有聲，這點可以說得通，但鑿好冰之後，需留待農曆正月才能去藏冰，這種解釋卻違反了藏冰的常識。《燕京歲時記》說：“冬至三九則冰堅，於夜內鑿之，聲如鏨石，曰打冰。三九以後，冰雖堅不能用矣。”農曆一月已在立春以後（春打六九頭），此時藏冰之期肯定已過，故將“三之日納於凌陰”釋爲“農曆正月將冰入窖”必錯無疑。前引《帝京景物略》載藏冰之期爲臘月八日，也是當時藏冰切實可行的日期。

如果將一之日、二之日等釋爲臘日，則以往所遇到的疑難問題便可迎刃而解。一之日爲臘日的第一天，二之日爲第二天，三之日爲第三天，四之日爲第四天。如這樣解釋，則緊接下句“四之日其蚤獻羔祭酒”的蚤字，就不必像前人那樣牽強附會地硬釋爲取冰，而按其詞義作“早晨”解即可。由此。《毛詩》“十之餘也”之句，也可得到科學的解釋：“一之日”等，是十個陽曆月以後所餘下的五至六日。

以臘日和十月曆，不僅能很圓滿地解釋“一之日”等的意義；用以解釋《七月》中的其他天象物候，如“七月流火”、“八月剝棗”等，也比以農曆解釋更爲相符。

（原載《史文》第 32 輯，中華書局，1990 年）

七

長沙子彈庫帛書反映出的先秦南方民族的天文曆法

20世紀40年代至今不斷被人們深入研究的長沙子彈庫出土帛書，是人們了解楚民族天文曆法的重要文物。在歷史上楚民族曾經十分強大，對南方各少數民族的遷徙和形成產生過重大影響。研究楚民族的天文曆法，對了解南方各民族的天文曆法有重要意義。本文從民族史角度出發，對長沙子彈庫帛書開展天文曆法的專題研究。按帛書記載，楚民族的曆法經過了伏羲、共工領導下，祝融四子的絕地天通、“未有日月，四神相隔”的青、赤、黃、白、黑五木和“十日”的曆法，經過千有百年以後，帝俊創造的“日月以轉相作息”、“乃爲日月之行”的青、赤、白、墨四木曆法的變革。這就是從陰陽五行曆、十日曆（俗稱十月太陽曆）向十二個朔望月爲一歲的陰陽合曆（俗稱農曆）的轉變。

本文據帛書邊文所載各月大政的文字，與《禮記．月令》相應的大政作出對比，得出楚國前期行用周正。帛書邊文各章的第一個字，即爲楚民族所特有的月名。本文論証了帛書與十二月名相應神像的關係，這十二月名和圖象，就是楚國各民族和氏族的原始圖騰。其中十二月名，即爲與這十二個圖騰相對應的楚國十二大姓。十二生肖的概念，可能就是在此基礎上，經過歸納和提煉形成的。

（一）、帛書的研究概況和科學價值

20世紀30年代，有四個人在長沙東郊策畫了一次盜掘古墓文物的活動。由於秘密進行，雖經多人回憶複述，但總是互有出入，一些具體細節至今仍然真假難分[1]，其流傳情況大致如下：盜墓時間大約發生在1934—1937年間，地點在長沙東郊杜家坡紙源沖子彈庫，故人們將這件文物簡稱爲：長沙子彈庫帛書。盜墓人龍某、陳某等持帛書請文物學家蔡季襄鑒定，蔡說不值錢，只請龍某等吃了頓茶點，此物就歸蔡氏所有[2]。

蔡氏曾對帛書做過整理描摹，於1944年石印刊出《晚周繒書考證》一書。這是報導和研究帛書的第一部論著。見到此書後，人們才正式得知長沙子彈庫出土了這麼件東西。蔡季襄得到帛書以後不久，隨即就以1000美元的代價，爲在長沙湘雅中學任教的美國人考克斯（M. John Hadly Cox）所得。1939年5月，考克斯曾在美國耶魯大學舉辦過長沙出土中國古代文物展覽，以後他再未到過中國，可見考克斯得到這件文物應該在1939年以前。以後帛書幾易其主，現存美國紐約大都會博物館。

爲人盜掘的子彈庫古墓，是一座形制不大、棺椁完整的木椁墓。黑漆棺置於椁內一旁。頭箱和邊箱放置隨葬品。帛書略成方形，長47cm、寬38cm，放在頭箱中的竹匣之內。帛書打開時，除部分字跡殘缺外，其餘基本完好。

就帛書書寫的格式而言，其中間是十三行和八行互相顛倒的兩大段文字，四周是作旋轉狀排列的十二段邊文。其中每三段居一方。在四方交角處，用青、赤、白、黑四木相隔。每段文字旁各附有一幅神怪圖形。李零將中間的十三行文字稱爲甲篇，八行稱爲乙篇，邊文稱爲丙篇。中間兩大段又各分爲三章，邊文十二段分爲十二章。由於整個帛書的三部份文字是按旋轉方式排列的，故進行閱讀前須先定起訖。要判別起訖，就必須涉及到具體內容，現在大多數學者

1. 關於出土時間，蔡季襄只說“近年”發現，見《晚周繒書考證》，石印本，1944年。錢存訓說是1936—1937年間，見《中國古代書史》，香港中文大學報，1975年3月。商承祚說是1942年9月，商說當時他曾托人設法購買帛書未成，解放後又向一當事人作過調查，見《戰國帛書述略》，載《文物》1964年第9期。巴納德說是1934年，載《楚帛書—翻譯和箋注》第一章，1973年。

2. 李零：《長沙子彈庫戰國帛書研究》中華書局，1985年。

承認應從“取於下”開始。因爲現已弄清，邊文十二章中每章的第一個字，就是十二月名，“取”爲正月，故應從取於下這章開始讀起，沿著一至十二月的順序排列，整個帛書行文的脈絡也就清楚了。其排列情況大致可用下圖表示：

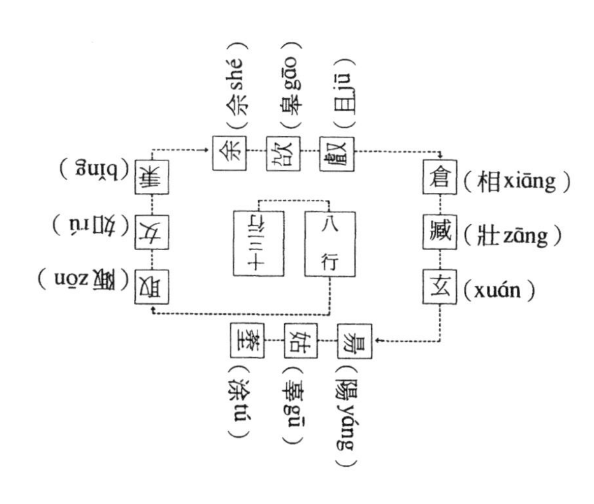

圖 12 帛書結構示意圖

子彈庫帛書一經公諸於世，人們便立即認識到它在學術上的重要價值，它不僅是至今出土最早的古代帛書，十分珍貴，而且全書共包括有 953 字，內容豐富，在研究戰國楚文字以及當時的思想文化等許多方面有著重要的參考價值。由於此帛書文字與人們所認識的戰國文字仍存在較大差別，再加上書寫時代久遠，有好些文字字跡模糊，筆劃剝落殘缺，故識別起來十分困難。但經過半個多世紀以來數十位學者的努力鑽研考證，大部分文字和內容均已基本弄清，至今已發表論著 30 餘篇。在這些論文中，有釋字解義的，有考證的，有綜合介紹的。從初步釋讀，經後人逐步訂正釋字解義中的錯誤，到現在已基本完善，它匯集了數十人的智慧和奉獻。

人們在釋讀帛書的過程中，又經歷了三個階段，第一個階段即是蔡季襄的臨寫本，並配有帛書的釋文和簡短考證。以後有香港饒宗頤[1]，台灣董作賓[2]等人在此基礎上所作的考證研究，指出此帛書所記爲四時及月令出行宜忌，是楚巫占驗時月之用的。

第二階段爲在 1952 年美國提供出帛書的全色照片以後，李學勤[3]和日本林巳奈夫[4]等人由此進一步所做的考証工作。鄭德坤在《中國考古》中曾直截了當地說此是寫在帛上的曆書[5]。李學勤則將帛書邊文與《爾雅・釋天》十二月名作了對比研究，首先認定帛書邊文十二月即《爾雅》十二月名。並斷言由月次方位，可知其是用建寅的夏正。林巳奈夫則據帛書各月宜忌與《禮記・月令》相比較，指出按之夏正皆不合，按之周正則大致相合，而且帛書所載司春、夏、秋、冬的部位，若按夏正則在各季最末一月，不如周正在各季最初一月合適。

第三階段是 1966 年 1 月紐約大都會博物館提供利用紅外膠片拍攝的帛書照片以後，人們做出的更深入的釋讀和注釋工作，訂正了以往不少誤釋[6]，其中台灣嚴一萍第一次將乙篇八行中兩個傳說人物釋讀爲伏羲和女媧，這是一個重要發現[7]。

前人在研究子彈庫帛書時，對其在古文字方面的意義和中國文化史方面的意義已經闡述得比較多了，而且其工作確實也解決得令人滿意，是一項巨大成就。在天文曆法方面，前人的研究雖然也多有涉及，但始終不夠深入；有些問題表面上看似乎已經解釋得較爲圓滿，但實際並未解決。本文試就從天文史、民族史這個角度出發，專門對帛書中的天文曆法問題作一討論。

---

1. 香港饒宗頤：《長沙楚墓時占神物圖卷考釋》，載《東方文化》第 1 卷 1 期，香港中文大學出版社，1954 年 1 月。
2. 台灣董作賓：《論長沙出土之繒書》，載《大陸雜誌》第 10 卷第 6 期，1955 年 3 月。
3. 李學勤：《補論戰國題銘的一些問題》，載《文物》第 1960 年 7 期。
4. 日本林巳奈夫：《長沙出土戰國帛書考》，載《東方學報》第 36 卷，1964 年。
5. 香港鄭德坤：《中國考古》第 3 卷，《劍橋》1963 年。
6. 林巳奈夫《長沙出土戰國帛書考補正》，載《東方學報》第 37 卷，1966 年 3 月。
7. 台灣嚴一萍：《楚繒書新考》（上、中、下），《中國文字》第 26 冊（1967 年 12 月），第 27 冊（1968 年 3 月），第 28 冊（1968 年 6 月）。

（二）、楚民族天文曆法的傳承關係

一、對帛書八行內容的釋讀

被李零稱之爲乙篇的部分，也即中間八行，其內容是從楚人的認識角度，來闡述天文曆法發展史的。現先將前人已釋讀出的文字引錄如下，然後再譯成現代漢語，並加以解釋[1]。李零綜合的釋文如下：

曰古□熊雹虘出自□虘，居於鈹□。氒田□□□女，夢夢墨墨，亡章弼弼，□□水□□風雨。是於乃娶䖒□□子之子，曰女媧，是生子四□，是襄天墿，是格參化。廢逃，為禹為禼以司堵，襄晷天步。□乃上下朕斷，山陵不浧。乃命山川四海，□寮氣䆳氣，以為其浧。以涉山陵瀧汩淵澫。未有日月，四神相隔，乃步以為歲。是唯四時：長曰青干，二曰朱四單，三曰□黃難，四曰□墨干。

千有百歲，日月夋生，九州不坪，山陵備鈇，四神乃作至於覆。天方動，扞蔽之青木、赤木、黃木、白木、墨木之精。炎帝乃命祝融以四神降，奠三天，□思敦，奠四亟。曰：非九天則大鈇，則毋敢叡天靈。

帝夋乃為日月之行。共工□步十日四時，□□神則閏四□。毋思百神，風雨晨禕，亂作。乃□日月以轉相□息，有宵，有朝，有晝，有夕。

現試將其譯爲現代漢語如下：

傳說古代雹戲氏這個人，出生在虘這個地方，以後又移居於鈹。以耕作捕魚爲生。在那個時候，人們的思想矇矇昧昧，社會也沒有一定的法度可依。這時雹戲娶了䖒人的女子爲妻，名叫女媧。他們生下四個兒子，長大以後均從事節氣天象的推步和探索天地造化過程的秘密。他們的後代繼承了先輩的事業，直到夏禹和殷契的時代，均分別爲帝王在四方從事觀測天象推步天路。（九黎亂德以後，使得）上下分隔明確的曆法發生混亂，以致於山陵阻塞。（顓頊）繼位

1. 這段引文出自李零整理的《帛書乙篇》，《下引丙篇》，也出自李零著作。

以後，便命令人們整治山川四海，進行疏氣通氣，使積水能夠順暢地排泄。這樣的工程涉及到許多山陵河流和湖泊沼澤。在人們尚未創立以日月記載時日的方法以前，人們用上下分斷、四神相隔的辦法，用以推步紀歲，這就是四時的概念：第一時叫做青干，第二時叫做朱四單，第三時叫做黃難，第四時叫做墨干。

又經過千有百年的時間，日月的觀念產生了。這時，在九州這塊土地上，地面不平，山陵崩塌，於是四神便在四極支起四根柱子，用以撐住傾覆的天。天剛剛運動，便遮蔽了青木、赤木、黃木、白木、墨木之精靈。於是炎帝就命令祝融以四位神靈降臨於人間，安定了日月星三辰的運行，奠定好四極承天的基礎。所以說：要不是發生九天的大崩塌，則不敢上通於天上的神靈。

帝夋創立了以日月運行爲基礎的一年分爲十二月的曆法。共工曾命令推步天干十日曆法以便於調節風雨，順澤下民。沒想到曆官們推算節氣不準確，以至於百神沒能正確掌握風雨的時辰，造成混亂發生，故帝夋決定讓太陽、月亮轉相作息以記載時日，並將一天分爲宵、朝、晝、夕四時。這便是流傳至今的、通行的曆法。

二、祝融重黎所用的曆法

根據子彈庫帛書的記載，中國遠古曆法明顯地可以區分爲兩個階段和兩個系統，這就是所謂四子和共工的"絕地天通"五木曆即天干十日曆，和帝夋的"讓日月轉相作息"以記載時節的十二月曆。讓日月轉相作息，即同時考慮太陽、月亮運動周期的曆法。

原始人處於矇昧狀態，可能直至伏羲時，才有了記載時日的曆法，故伏羲是具有區別原始人和現代人的劃時代意義的古帝。

伏羲是古羌民所推崇的遠祖，故許多出自古羌系的西南少數民族至今仍承認伏羲是自己的遠祖。南方民族往往把顓頊作爲自己的遠祖。據《世本・帝系篇》記載，顓頊生老童，老童生重、黎及吳回，吳回生陸終，陸終生六子，其第六子曰季連芈姓，這便是楚王室的遠祖。故何光岳在其《楚源流史》前言中明確地說："吳回原係顓頊之後，是羌戎族的一支[1]。"楚民族帶有古羌人的血統，南遷以後逐漸與南方的三苗和九黎民族相融合，形成了本民族獨自的文化特色。

帛書曾記載有"上下朕斷"之事，前人均釋爲與《尚書・呂刑》載帝"乃命重黎絕地天通"之義相當。由此看來，帛書雖未載這"襄理天步"四子的名字，但從推理說應該就是指重黎。據《史記・楚世家》說："楚之先祖出自帝顓頊高陽。……高陽生稱，稱生卷章，卷章生重黎。重黎爲帝嚳高辛居火正，甚有功，能光融天下，帝嚳命曰祝融。共工氏作亂，帝嚳使重黎誅之而不盡。帝乃以庚寅日誅重黎，而以其弟吳回爲重黎後，復居火正，爲祝融。"又《山海經・大荒西經》說："老童生重及黎，帝令重獻於天，令黎邛下地。"《國語・楚語》說："顓頊受之，乃命南正重司天以屬神，命火正黎司地以屬民。使復舊常，無相侵瀆，是謂絕地天通。……以至於夏商，故重黎氏世敘天地，而別其分主者也。"帛書的記載與以上所引《國語》、《史記》等基本一致，帛書所載女媧生四子，反映出其更符合巴人的傳承關係。巴人更強調自己是伏羲、女媧的後裔。

祝融與四子或四神是什麼關係？帛書載"炎帝乃命祝融，以四神降"，講得並不明確，而據上引《史記・楚世家》說高辛氏火正重黎能光融天下，帝嚳命曰祝融，重黎被誅後，其弟吳回復居火正，爲祝融，可見祝融只是南方民族遠古曆官的封號，火正是其職務。無論是重黎或是祝融，都是南方民族曆官的稱號。《風俗通義》說："顓頊有子曰黎，爲苗民。"這就是說，苗民有黎人的血統。九黎和三苗在遠古時是兩個相當強大的民族。大抵上古時，江漢之區皆爲黎境，只是在逐鹿中原的鬥爭中相繼失敗，才退出中原，其中一部份留在中原成爲奴隸，被稱爲黎民，一部份融合爲其他少數民族，只有少部份退回南方，與各地土著民族融合，形成現在的苗族、壯族和黎族等。有人以爲，被稱作曆官重黎者，原本是顓頊派到九黎地區擔任管理的官員，後來與其融爲一體，故

1. 何光岳：《楚源流史》，湖南人民出版社，1988 年，第 1 頁。

被稱爲黎[1]。

應用這種觀點，更容易解釋楚苗民族曆法變遷的歷史史實。按照帛書的說法，四子時代使用的曆法是："未有日月，四神相隔，""上下朕斷"，"乃步以爲歲"。其區分季節的標誌是"青木、赤木、黃木、白木、墨木之精"。南方民族的首領共工所使用的曆法仍然是"步十日四時"。在大多數古史的記載中，炎帝和共工都被當作逐鹿中原的失敗者，甚至被稱爲凶頑之徒。但在子彈庫帛書中，炎帝和共工仍是他們偉大的古帝，均在曆法發展史上占有一定的地位。値得注意的是，古史中載有所謂共工與顓頊爭帝，怒觸不周山，致使天傾西北的故事。帛書中也有類似的記載，由"四神乃作至於覆"。但這個天傾的原因並非是共工怒觸不周山所爲。這些都體現出南方民族自己的認識。

三、對重黎世敘天地絕地天通含義的科學解釋

有關重黎所用曆法，古史記載很不明確，可以作爲補充的即是《山海經》"帝令重獻於天，令黎邛下地"，《尙書・呂刑》帝"乃命重黎絕地天通"，《國語》"重黎氏世敘天地"，乃命"南正重司天以屬神，命火正黎司地以屬民"。

這些記載初看起來似乎只是永遠也不能得到科學解釋的一堆廢話，從中得不到一點有實際意義的曆法內容。但是，自從在四川大涼山彝族中發現曾使用過一歲分爲十個陽曆月，每個月爲三十六天的太陽曆以後，有關重黎絕地天通的記載就變得有意義起來[2]。尤其是彭祥興等在雲南寧蒗縣調查到彝族使用將一歲分爲陰年和陽年兩截，以夏至、冬至爲大小新年，又以公母配五行作爲一歲十個陽曆月的月名以後[3]，有關重黎絕地天通的神話傳說，就獲得了具體科學的解釋，他就是重黎所創立的曆日制度的特殊形態[4]。

1. 見吳雪儔：《苗族古史芻議》，民族研究，1982 年 6 期，又見楊寬《黃帝之制器故事》，載《古史辨》第七冊中篇。
2. 陳久金等：《彝族天文學史》，雲南人民出版社，1984 年。
3. 彭祥興等：《關於雲南小涼山彝族十月太陽曆的調查及其初步分析》，《自然科學史研究》1984 年 3 期。《彝族天文學史》附錄有轉載。
4. 參見陳久金：《〈史記〉天官書和曆書新注釋例》，載《自然科學史研究》，1987 年 1 期。

根據中國傳統的陰陽觀念，任何對應的事物都可以用陰陽來區分，例如光明、向陽爲陽，黑暗、背陽爲陰；白天爲陽，夜晚爲陰；天爲陽，地爲陰；日爲陽，月爲陰；男人爲陽，女人爲陰；對於季節而言，春夏爲陽，秋冬爲陰。正是出於這種觀念，而設立了重黎天地之官。所謂重黎世敘天地，由於重黎是曆官，則天就是指陽，爲管理春夏陽年之官，利用白天觀察太陽的出入方位以定季節；地就是指陰，爲管理秋冬陰年之官，利用夜晚觀察季節星象的出沒以定季節。其中尤以重觀察太陽出入方位、黎觀測季節星象爲代表，所謂重屬神，黎屬民，只是由陰陽觀念衍生出的一種套話，民神也是一種矛盾的兩個方面，民在地故屬陰，神在天故屬陽。

在雲南發現的將一歲分爲陰陽兩個半年以公母配五行的太陽曆，其實並非新鮮事物，只是前人並未加以注意而已。早在先秦著作《管子．五行》中就有與此完全相同的記載，以往人們只是把它看作沒有社會實踐的五行配季節的空洞理論，自從寧蒗縣發現人們具體地用於紀日以後，便可判斷它是在歷史上曾確實行用過的一種曆法。至於記載出自山東齊國而行用卻在雲南寧蒗彝民中間的道理也很容易解釋：齊國宗室出自古羌民中的姜姓，是從中國西部遷居山東的，故源於西羌文化；而彝族是古羌民的直接後裔，是秦漢之際逐漸南遷的，故二者雖相距數萬里，卻出於同一文化淵源。中國古代人們認識到南方炎熱，北方寒冷，在季節上南方對應於春夏溫暑、北方對應於秋冬涼寒，故人們又將其稱爲南正重和北正黎。

總之，重黎時代所使用的是將一歲分隔爲陰陽兩個半年的曆法，爲了分清陰年和陽年，就必須絕地天通，即必須將象徵天的陽年與象徵地的陰年在季節上分清。帛書所載青、赤、黃、白、墨五木，正是與陰年和陽年相配合的十月太陽曆不可分割的組成部分[1]。

九黎和三苗是純粹的南方民族，使用傳統的農曆，當九黎和三苗奪取中原部分地區的統治權，推行南方民族的天文曆法和文化傳統時，就被以北方民族爲正統觀念的人視爲“亂德”，陰陽不分，“民神相雜”，這就是帛書所說的

1. 陳久金：《陰陽五行八卦起源新說》，載《自然科學史研究》，1987 年 1 期。

上下朕斷、山陵崩塌、天地傾覆，需要顓頊氏等這樣的正統天子來恢復正常秩序。帛書所載“共工步十日”，十日即十個季節，也即以十干作爲陽曆月名的十月太陽曆的另一種形式。

四、帝夋創立十二月爲一年的曆法

以日月運行爲標誌而制訂的十二月曆法，是怎樣產生的呢？按照帛書的觀點，在四子襄晷天步、上下朕斷、四神相隔、步以爲歲的曆法（也即共工用以推步的十日）以後，經過“千百歲”，由於百神沒有正確掌握風雨的時辰，致使混亂發生，造成山陵不疏，天傾西北。爲了克服這種混亂狀態，於是“日月夋生”，“帝夋乃爲日月之行”，“乃讓日月以轉相作息，有宵，有朝，有晝，有夕。”這就是說，中國上古將一歲分爲十二個朔望月的農曆，是在十月太陽曆行用千有百年之後，由帝夋同時考慮太陽月亮的運行，創立以太陽月亮的運動周期相配合的曆法用以記載時日的。據前人研究，這個帝夋就是東夷民族遠古部落首領舜。

同時考慮太陽月亮的運動周期用以記載時日的十二月曆法，究竟是由誰創造的？在中國古史中沒有明確的記載，子彈庫帛書推自帝夋，這還是僅此一見。帝夋是東夷民族推崇的最偉大的古帝，與西羌民族推崇黃帝爲最偉大的古帝、一切創造發明歸之於黃帝相類似，東夷民族也將遠古一切創造發明歸之於帝夋，此實即是說農曆是東夷民族的遠古聖人發明的。故帛書論曰：“非九天則大鈇，則毋敢叡天靈。帝夋乃爲日月之行。”於是由確定季節的五木改爲青、朱、白、黑四木的四個季節。許多文獻均證實殷商民族都承認帝夋爲自己民族的遠祖。甲骨文中往往把帝夋寫爲鵕，表明他們共同以鳥爲圖騰，源出於南方少昊族。大量甲骨文的月日紀錄表明，殷朝使用的是一年分爲十二個朔望月的陰陽合曆，故帛書將這種曆法推崇爲帝夋所創立，應是較爲確當的。

（三）、楚民族的月名和建正

一、用五木而不是五行表示五季

子彈庫帛書對於季節有兩種表示方法，前期是青、赤、黃、白、墨五木，後期用青、赤、白、墨四木。很清楚，前期將一歲分爲五季十個陽曆月，後期將一歲分爲四季十二個朔望月。筆者認爲，樹木是植物的代表，五木的含義即代表一歲中不同季節植物和自然界所顯示出的不同形態，春季草木反青，所以呈現青色；夏季赤日炎炎，呈現赤色；長夏作物成熟，呈現黃色；秋季秋風蕭瑟，樹葉枯黃凋落，呈現白色；冬季寒風凜冽，天空陰沉，呈現灰黑色。至於以青干、朱四單、黃難、墨干，即青、朱、白（黃）、墨四木來表示四季，其含義與五木類似，只是將一歲分配的季節數不同而有所增減。

從以上分析的五木概念可以看出，楚人設立五木，目的是爲了表示五季，就這個意義上說，其含義與五行一致。但是，五行的本義只是在陰陽二氣升降循環過程中形成的五種氣的循環變化。這是由於一歲中太陽運行在五種不同的軌道而形成的。故帛書中尙未出現有行氣的觀念。更沒有五行的觀念。這就向我們揭示了，除掉以五行表示曆法中的五季以外，還有帛書中所載的五木，這種表示方法，具有更原始、更質樸的特點。它有可能是五行觀念正式出現之前表示五季的本名。

二、楚越等南方民族特有的十二月名

帛書十二段邊文沿著四方作旋轉狀排列，每三段居一方，四方交角處用青、赤、白、黑四木相隔。每段邊文的開頭，各以三個字作爲章題，但這些章題名稱的含義卻著實令人費解。後經李學勤首先考證，證實其章題第一個字與《爾雅·釋天》所載的十二月名的讀音一致，至此這個問題總算得到令人滿意的解釋。而章題中後二字的含義，有些是淸楚的，如司春、司夏、司秋、司冬；有些則似乎淸楚，如：“此武”、“取女”、“社”等，釋作用武之月、娶女之月、行社之月，但也未必如此；有些則至今不知其含義。現將十二章題與《爾雅·釋天》十二月名對比引錄如下：

子彈庫帛書章題	《爾雅》十二月名
取於下	正月為陬
女此武	二月為如
秉司春	三月為寎
余取女	四月為余
欱出睹	五月為皋
叡司夏	六月為且
倉莫得	七月為相
臧社□	八月為壯
玄司秋	九月為玄
昜□樣	十月為陽
姑分長	十一月為辜
荃司冬	十二月為涂

由對比可以看出，《爾雅》九月、四月的月名，與子彈庫帛書對應的月名寫法完全相同，正月、三月、十月、十一月、十二月雖月名寫法有異，但讀音一致，其餘讀音也只稍有變化。總之，經過對比，可以確定無疑地說，帛書邊文章首的第一個字就相當於《爾雅》所載月名。

對於這些月名的來歷和含義，古人早就加以注意，但並未找到明確的答案。郭璞注曰："皆月之別名，……其事義皆所未詳通者，故闕而不論。"其實，史書中也曾留下一些痕跡。《國語 · 越語下》說："至於玄月，……遂興師伐吳，至於五湖。"其中就載有玄月一名。從這個記載可以看出，當時的越國可能就使用這種月名。又屈原《離騷》有"攝提貞於孟陬兮，惟庚寅吾以降"。證明楚國也使用此月名。由此看來，帛書所載月名，正是當時楚越等南方民族所使用者。

三、子彈庫帛書的建正問題

李零在《長沙子彈庫戰國楚帛書研究》中談帛書結構時說："牽涉到楚曆法用正的問題，但這個問題現在已經解決，新出雲夢睡虎地秦簡日書證實了楚人確實是用夏正。[1]"這個結論下得太性急了。在雲夢秦簡日書篇中，載有秦楚月名對照表一份，明載楚曆月序要比秦曆月序早三個月。這正好說明楚國晚期使用亥正，秦國用夏正，期間相差三個月[2]。李零據曾憲通的觀點，認爲對照表上楚曆前 3 個月冬夕、屈夕、援夕應在歲末，這樣楚曆與秦曆建正應該一致[3]。曾憲通的觀點受到張正明等人的批駁[4]。近年包山楚墓出土的資料以確鑿的證據證實了楚國末年用亥正。用亥正可能與秦國爭當顓頊子孫有關。

楚國早期的建正如何？張正明在其《楚文化史》中說："對照《春秋》、《左傳》和《史記．楚世家》所記楚事的日月，可知春秋時代楚國的曆法用天正建子，同於周室和魯、鄭、衛諸國。""公元前 541 年，楚郟敖死，《史記．楚世家》係於十二月己酉，《春秋》和《左傳》系於十一月己酉，……應是楚曆上年失閏，以致《史記》誤書[5]。"以往筆者依據歲星紀年的資料，也得到楚用周正的結論[6]。楚國早期用周正，應該更接近於史實。

但是，有些研究《楚辭》的學者，依據《懷沙》"滔滔孟夏兮，草木莽莽"和《抽思》"望孟夏之短夜兮"的詩句，認爲在節氣上合於夏正，故認定楚用夏正。張正明由此判斷說：楚的前期用周正，後期改用夏正。有人則主張官方

---

1. 李零：《長沙子彈庫戰國楚帛書研究》，第 30 頁，中華書局 1985 年。
2. 《雲夢睡虎地秦墓》，北京文物出版社，1981 年。
3. 曾憲通：《楚月名新探》，載《中山大學學報》（社科版），1980 年第 1 期。後引載在《楚地出土文獻三種研究》，第 343 頁，中華書局，1993 年版。
4. 張正明：《楚文化史》第 232 頁，上海人民出版社，1991 年第 2 版。
5. 張正明：《楚文化史》第 231 頁，上海人民出版社，1991 年第 2 版。
6. 陳久金：《屈原生年考》，載《社會科學戰線》1980 年第 2 期。

用周正而民間用夏正的二曆並用說。以孟夏“草木莽莽”和“短夏”的標誌來判斷，說屈原那時代用夏正似乎有理，但也只能說明公元前 3 世紀的楚國是如此。

在戰國中期，由於受到鄒衍等三代更替、五行相勝而王的思想影響，各國都競相改用夏正，這是符合天道的。正如《史記・曆書》所說：“夏正以正月，殷正以十二月，周正以十一月。蓋三王之正若循環，窮則反本。”戰國時周德已衰，代周正者必夏正也。故《楚辭》用夏正，可能是在三王交替而王思想影響下的產物。關於子彈庫帛書的墓葬時代，前人從墓葬形制和隨葬器物及帛書字形分析，大多把它訂爲晚周或戰國早期或中期。筆者從帛書所載月名和無五行概念來看，似應合於戰國初期。從時代上說，帛書肯定早於楚辭和睡虎地秦簡，故似應合於周正。

前人對於帛書建正的看法，意見很分歧。饒宗頤、巴納德、林巳奈夫認爲用周正。而李學勤、李零等則主張用夏正。有些人把建正問題與是從“取於下”還是從“姑分長”讀起相聯繫。在筆者看來，這是誤解。正月爲陬，既可以是夏正、殷正，也可以是周正。即此處的“陬於下”，應該考慮是冬至正月，還是立春正月的問題。如果陬月明確爲夏曆正月，那就沒有什麼可以爭論的了。眾所周知，夏曆以寅、卯、辰三月爲春，巳、午、未三月爲夏，但《春秋左傳》一書，是載周曆以子、丑、寅三月爲春，卯、辰、巳三月爲夏，故帛書究竟應以何月爲正，還待作出研究。

眾所周知，《禮記・月令》行用夏正。林巳奈夫在《長沙出土戰國帛書考》中堅持認爲，帛書所記各月宜忌與《禮記・月令》相比較，不合於夏正而大致與周正相符；帛書秉司春，虘司夏，玄司秋，荃司冬，應放在各季第一個月才較爲合理；帛書四木應放在各季的當中才合適。林巳奈夫的意見是對的，帛書若是夏正，爲什麼司春、司夏、司秋、司冬之文均置於季月之中呢？由於他沒有提出足夠的具有說服力的證據，沒有引起大家的重視。爲了便於對比，現將《禮記・月令》與帛書有關的記載並列於下表：

帛書	月令
取於下：乙則至，出師不利	孟春：鴻雁來，毋聚大眾，不可以稱兵。
女此武：可以出師、築邑，不可以嫁女娶臣妾。	仲春：玄鳥至，祠高禖，毋作大事，以妨農事。
秉司春：畜生分	季春：陽氣發泄，周天下，勉諸侯，游牝於牧。
余取女：不可作大事，取女為邦茂。	孟夏：毋起土功，毋發大眾。
㰤出睹：盜帥不得藏匿。	仲夏：日長至，百官靜，事毋刑，游牝別群。
䖒司夏：不可以出師，水師出則不利。	季夏：不可以興土功，不可以合諸侯，不可以起兵動眾，毋舉大事。
臧社□：不可以築室，其邦有大亂，取女凶。	孟秋：使行戮，任有功，征不義，修宮室。
倉莫得：大不順於䰜國，有盜內於上下。	仲秋：玄鳥歸，可以築城郭，建都邑。凡舉大事，毋逆大數。
玄司秋：可以築室。	季秋：合諸侯，制百縣，執弓挾矢以獵。
昜□羕：不毀事，去不義。	孟冬：勞農以休息之。
姑分長：利侵伐，可以攻城，可以聚眾會諸侯，刑首事，戮不義。	仲冬：土事毋作，毋發室屋及起大眾，命曰暢月。
荃司冬：不可以攻。	季冬：雁北鄉，大儺。

帛書邊文所載內容的性質，是與《禮記・月令》類似的。只是《禮記・月令》記載比較全面，而帛書不載農時物候等小政，只載聚眾、築邑、戰爭等國

家大政。至於築室、娶女，即使對於個人來說，也屬大事，對於王室，更是全國性的大事。

《禮記．月令》所載大政，大致帶有季節的特徵，例如，前六個月，正處於關鍵性的春耕夏作的農事季節，不能影響農事，所以《禮記．月令》說一月“毋聚大眾，不可以稱兵”；二月“毋作大事，以妨農事”；四月“毋起土功，毋發大眾”；五月“百官靜，事毋刑”；六月“不可以興土功，不可以合諸侯，不可以起兵動眾，毋舉大事”。總之，不可以搞土建，不可以行軍打仗或開展大的政治活動，以妨農事。《禮記．月令》從七月開始，“始行戮，任有功，征不義，修宮室”；八月“可以築城郭，建都邑”，“舉大事”；九月可以“合諸侯”，“執弓挾矢”打仗。十至十二月從事勞農休息、慶典活動，“土事毋作”，“毋起大眾”。

對於帛書來說，從四月（余）載“不可以作大事”，六月（且）“不可以出師”，八月（壯）“不可以築室”，如果再加上三月（痫）（帛書三月殘缺無有關記載），也正好是六個月，與《禮記．月令》一至六月大致對應，期間月序差了兩個月，但行事基本上均是對應的。帛書從九月（玄）開始，載“可以筑室”；十月（陽）“去不義”；十一月“利侵伐，可以攻城，可以聚眾，會諸侯，刑首事，戮不義”。可以看出帛書九至十一月是從事建築、殺戮、戰爭的主要季節，正與《禮記．月令》七至九月所行大事相合。期間月序也差了兩個月。帛書十二月（涂）載“不可以攻”。正月（取）載“出師不利”，與月令十至十二月“休息，毋作土事，毋起大眾”也相合，月序差了二個月。僅帛書二月（如）載“可出師，築邑”，與《禮記．月令》，十二月大政略有差異，但也不合於《禮記．月令》二月政事。我們認爲，農曆十二月不是楚國新年，也不在農忙季節，定爲“可以出師築邑”，作爲變通也無不可。從以上分析各項事例來看，帛書邊文所載大政，在月序確實比《禮記．月令》早了兩個月。則林巳奈夫所說大致是正確的。

還有一個重要問題，爲前人忽略而幾乎沒有涉及，現作出討論如下。帛書僅四月（余）載“取女爲邦茂”。茂者，茂盛興旺也；娶女者，婚嫁也。義爲余月是楚國娶女的佳期。《禮記．月令》四月正處於麥秋大忙季節，不宜從事婚嫁之事。但《禮記・月令》二月載“玄鳥至，至之日以大牢祠於高禖”。鄭氏注曰：“玄鳥，燕也。燕以施生時來，巢人堂宇而孚乳，嫁娶之象也。媒氏之官，以爲候。高辛氏之出，玄鳥遺卵，娀簡吞之而生契，後王以爲媒官，嘉祥而立其祠焉。變媒言禖，神之也。”上古時以農曆二月爲婚配佳期，不僅《禮記・月令》有此記載，《夏小正》也說：二月“綏多女士”，《左傳》曰：“冠子取婦之時也。”以玄鳥至之日祠高禖，作爲婚嫁之象，此又與南方民族的遠祖高辛氏、帝契有關，則楚民族以農曆二月爲婚配的佳期，當屬沒有疑問。帛書余月傍之神像爲兩交尾之蛇，也正爲婚配之月的象徵。至今仍然盛行的苗族跳花節、姐妹節，瑤族擇偶節和壯族三月三節等，應該就是這個上古節日的遺風。可是帛書不僅載余月“取女爲邦茂”，並載如月“不可以嫁女”。則如月不是婚嫁之佳期，即如月不可能是農曆二月。而余月可以取女，則意味著余月應爲農曆二月。此正是帛書行用周正的重要證據。

帛書不重視物候的記載，如果將其“乙則至”釋爲“燕則至”，則是其唯一的一條物候。於此前人已有論及。但眾所周知，燕爲司分的候鳥，不可能早至農曆正月就來到。當然燕與雁音近，而據《禮記・月令》季秋有“鴻雁來賓”，又疏曰：“雁北鄉有早有晚，早者則十二月北鄉，晚者二月北鄉。”二月春分，昆蟲才從蟄伏中出來活動，燕子以捕昆蟲爲生，故農曆二月才從南洋飛回中國。而雁食草爲生，季節早晚影響小些，南飛時也可晚至農曆十月。故此“乙”釋爲雁較宜。

（四）、帛書十二神像和十二月名是楚各民族的圖騰和姓氏

一、十二月名與神像的對應關係及前人的論述

在帛書邊文十二章題旁，各畫有一神怪圖象，經過各家確認，大致得出如下一致意見：

一月取（陬）：人首獸身形

二月女（如）：四首二身連體鳥形

三月秉（寎）：方頭神形

四月余：雙尾相交之蛇形

五月㰤（皋）：三頭神形

六月䕭（且）：獼猴形

七月倉（相）：鳥身人首形

八月臧（壯）：吐舌長毛獸形

九月玄：兩頭龜形

十月昜（陽）：歧冠鳥形

十一月姑（辜）：牛首人身形

十二月荼（涂）：羽飾口吐長舌人形

帛書這十二個月的神怪圖象似乎沒有規律。若對其細加分析，大致可以分爲三組：一組是人，二組是獸，三組是人獸組合。屬第一組的有三月方頭神像、五月三頭人像和十二月羽飾人像。屬第二組的有六月獼猴、八月長毛獸、十月歧冠鳥，以及二月四首鳥、四月交尾蛇、九月兩頭龜。屬第三組的有七月鳥首人身、十一月牛首人身和一月人首獸身。應該引起注意的是，與人類接觸最多的幾種動物如狗、馬、羊、豬等並未入選，而卻有幾種類型的蛇和鳥。這些神怪圖形所以被作爲月神，很可能與在楚民族中最有影響的神話故事有關。

李零認爲，帛書月名，與所附神像是不能分開考慮的。這十二神像的形象雖與《山海經》相似，但絕對不是什麼個別神物，而是有一個系統，這個系統就是十二月本身，這十二神就是十二月神。它們的名稱應以各章章題來定，而無需遠涉它求。他的意思是說像帛書兩頭龜就應叫作玄神，牛首人身就應叫作辜神等。這些神統爲十二月神像之一，互相不能割裂。這個意見是對的，但這並不能解決具體問題。

以往，人們早已注意到帛書神怪圖象與《山海經》所述類似，故林巳奈夫認爲帛書月名乃源於《山海經》所載若干巫名，蔡季襄則認爲十二神像引自《山海經》所載古代神物。李零則批評此說不成系統，很難令人首肯。筆者以爲，前人關於帛書十二神怪與《山海經》神物有關的說法是有道理的。這種關係，只須對比一下所述形象就能得到這個結論。《山海經》所載神物並非毫無價值的神怪故事，而記載著中國上古各族的圖騰崇拜，同時也勾畫出一幅清晰的民族分布圖象。只須從圖騰的觀念出發，帛書十二神像與《山海經》的關係就可得到科學的解釋，就會成爲一個有機的系統。

在中國先秦古籍中，載有與五季和四季有關的五神和四神的概念。筆者以爲，有關四神或五神的概念，均出自中國古代的圖騰崇拜[1]。古人不僅將圖騰與季節相配，同時也與月份相配。在帛書十二神怪中，其神像與四神或五神是基本對應的，如蛇就是鱗蟲，鳥即是羽蟲，聖人即是神，也就是倮獸，熊就是毛獸，龜就是介蟲。很可能帛書就是這樣考慮的，只是還處於發展的初始階段，在數量和方向上還沒有規範化。

二、對十二神像月名的考証

正月爲取（陬），其神爲人首獸身。李零以爲是蛇首鳥身，說法不妥，因爲此神的紅色腦袋和五官均爲人形。其神有一個細長的脖子、肥大的身軀和一條細長的尾巴。軀體似獸不似鳥。據《山海經．海外南經》說："南方祝融，獸身人面。"似與帛書的這個月神形象相合。而且祝融被視爲王室的遠祖，作爲正月的月神正好合適。但是，既是祝融神，爲什麼又叫作"取"呢？這裡的"取"，明顯地與娵訾有關，"陬"又寫作"娵"。據《史記．五帝本紀》說："帝嚳娶陳鋒氏女，生放勛。娶娵訾氏女，生摯。帝嚳崩，而摯代立。帝摯立，不善，而弟放勛立，是爲帝堯。"可知中國上古時有一個名爲娵訾氏的部落，帝嚳曾娶娵訾氏女生摯。這個摯也是華夏的古帝之一。其母娵訾氏就是後代所傳頌的月神常儀。摯出自娵訾氏部落，其後裔多以鄒爲姓，也爲楚民族的中的

1. 陳久金：《華夏族群的圖騰崇拜與四象概念的形成》，載《自然科學史研究》1922 年 1 期。

一部分，故列爲月神。取神就是娵訾神。此祝融神應與娵訾氏有著較密切的關係。祝融氏後裔姓祝，娵、鄒、祝音近，鄒又讀作（ㄓㄨㄟ），疑遠古時爲同一姓氏。

圖 13 蔡氏臨摹《楚帛書》十二月神

《夏小正》和《禮記・月令》很重視駕鳥這個物候，在十二個月中有多處關於駕鳥活動的記載，例如，《夏小正》三月有“田鼠化爲駕”，八月“駕爲鼠”，正月“田鼠出”。駕就是鵪鶉，古人以爲與田鼠能在不同的季節互變。現帛書二月月名爲“如”，其月神又爲鳥形，在此我們就有理由將這個“如”字判斷爲駕，也即如神就是駕鳥之神。以駕鳥作爲月神，象徵著楚民族中以駕鳥爲圖騰的一個支系。後世多有以“如”爲姓者。

帛書三月秉爲一方頭神。《山海經・海內經》說：“祝融降處於江水，生共工。共工生術器，術器首方顛，是復土穰。”祝融是楚民族的遠祖，世居江水。因共工鬥爭失敗而曾一度被別的民族侵占，至共工子術器時，才領導族人奪回了自己的土地。可能正由於術器的這個功績，帛書才將其選爲月神。所載方首，正合於帛書圖形。楚公族有秉氏（見《路史》），可能與術器有關。

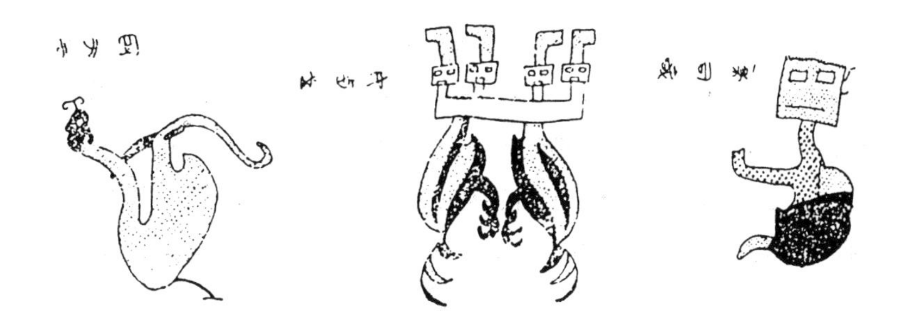

圖 14 帛書春三月之神

四月余，其神爲雙尾相交之蛇。爲娶女之月，前已論証應爲農曆二月。許多研究圖騰的學者均認爲，中國古姓，多爲圖騰之遺留。在母系社會，只有婦女才有姓，子女只能繼承母親的姓。《說文解字》說："姓，人所生也。"是以生其之物爲姓，即以其所在圖騰爲姓。故人們大都承認嬴、燕等姓出自以燕子爲圖騰的民族，苟姓源於犬圖騰，佘、巳之姓源於蛇圖騰，余姓則源於魚圖騰。《康熙字典》釋"佘"曰："古有余無佘，余之轉韻爲禪遮切，音蛇，姓也。楊慎曰：今人姓有此，而妄寫作佘，此不通曉《說文》而自作聰明者。余字從舍，省舍，與蛇近。則禪遮之切爲正音也。五代宋初人自稱曰沙家，即余家之近聲可証。而賒字從余，亦可知也。"可知上古有"余"字而無"佘"字，凡余姓，應讀作佘。看來"四月余"之"余"字，應讀爲佘，而且源於蛇圖騰，應無疑義。

五月爲㰤，即皋月，其神像爲三首神。"皋"又作"臯"，含有高、大之義。《山海經．中山經》說："凡苦山之首……其神狀皆人面而三首。"《山海經．海外南經》說："三首國在其東，其爲人一身三首。"《山海經．大荒西經》說："有人焉三面，是顓頊之子，三面一臂，三面之人不死。"此二面人爲顓頊之子，則此三面人也應爲楚民族中的一支。有人以爲，此三面人就是祝融的化身，故皋月就是皋祖之月。皋爲氏族之姓，如皋陶之後，並有皋山、皋水等。

前人對“六月𠭯”之義，已經作了很成功的解釋，神像圖形爲獮猴，其中有兩只長而柔軟的手臂，身後可見一條長尾。《說文》曰：“猱、狙，獮猴也。”因此，𠭯月即且月，但作爲月名，讀爲狙。且月就是獮猴之月。據何星亮在《中國圖騰文化》中統計，黨項羌就以獮猴爲圖騰，在瑤族、壯族等少數民族中，也有以猴爲圖騰的支系[1]。帛書甲篇十三行中又載女媧爲𠭯人之女，這就象徵著女媧爲古羌民中以獮猴爲圖騰的支系。女媧既是楚民族的遠祖，在楚國又有以猴爲圖騰的氏族，故帛書列爲月神。

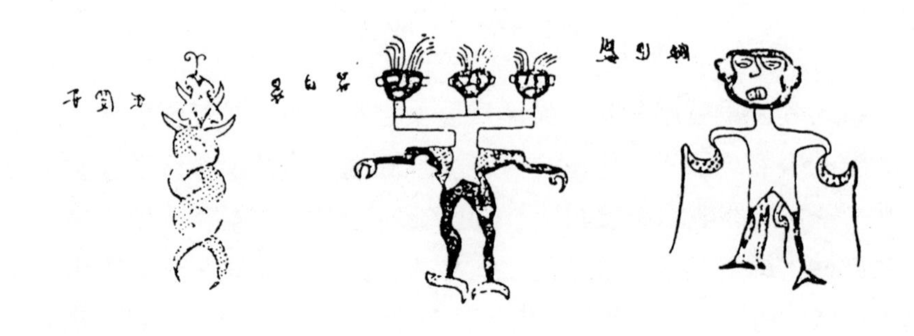

圖 15 帛書夏三月之神

“且”爲古人姓氏，作姓氏時讀“居”音。《華陽國志·巴志》載川東“其屬有濮、賨、苴、共、奴、獽、夷、蜒之蠻”。可知在帛書寫作“𠭯”，《爾雅》寫爲“且”者，在《華陽國志》中則寫爲“苴”。“𠭯”、“且”、“苴”讀音相同。苴人是楚國境內的民族之一。從“𠭯”字的寫法，可知其爲崇拜虎的古羌人中的一支。這個支系在中國境內的分布極爲廣泛。也爲較早進入中原的

1. 何新：《中國圖騰文化》，中國社會科學出版社，1992 年。

民族之一。在甲骨文中已載有武丁伐叡方的卜辭，可見叡人早在商朝時已在中原建有方國。戰國時在漢中建有苴侯國，秦惠王時蜀王伐苴，巴爲苴求救於秦，這便是秦滅巴蜀的導因。南遷的苴人在沿途留有歷史遺跡，如在湖北有房縣的沮水，南流經襄陽入枝江。春秋時在貴州東部建有且蘭國，且蘭即且人之義。且人大多融合於漢人之中，南遷的且人則部分融於布依、水、壯等族。

帛書七月倉，繪鳥身人首神像。鳥應爲少昊族的圖騰。《山海經．中山經》齊山、荆山均載其神爲“人面鳥身”。又《山海經．海外東經》說：“東方句芒，鳥身人面。”故帛書七月倉應是句芒的象徵。《墨子．非攻》載高陽氏時，三苗大亂，舜征三苗，道死蒼梧。禹再受命往征，並得“人面鳥身”之人來相助，才征服了三苗。楊寬《中國上古史導論》、孫詒讓《墨子閑詁》均認爲這人面鳥身之人爲句芒。倉爲古姓，據《史記．五帝本紀》載高陽氏有才子八人，其中第一才子叫作舒，這個倉舒，應是少昊族人，以鳥爲圖騰。楚民族中有眾多的以鳥爲圖騰的氏族，而且這些氏族對平定三苗叛亂有功，帛書故以“倉”爲月名，並以鳥身人首爲月神。《爾雅．釋天》曰：“七月爲相”。“倉”古讀作“ㄑㄧㄤˋ”，與“相”字音近。“相”也爲古姓，倉相可能是遠古同一姓氏分衍出來的。《商書》載“河亶甲居相”，有相山，在今河南內黃縣。相山應以居民姓氏而得名。《後漢書．南蠻》載，武落鍾離山出四姓，一曰相氏。又《華陽國志．巴志》說：“東接建平，南接武陵，西接巴郡，北接房陵，奴、獽、夷、蜒之蠻民。”故董其祥在《巴史新証．巴子五姓考》中說：“相氏族，或稱獽族，與蜒族雜居，或稱獽蜒。四川、湖北境內以獽爲名的地方……，都是由於古代獽族所居之地而得名。獽即巴子五姓的相氏，或作向氏。”可見相也爲楚大姓。後世相氏可能有部分融入土家族、瑤族之中，故土家、瑤族至今有相氏大姓。

帛書“八月臧（壯）”配有吐舌長毛獸圖像。原本此圖獸毛不顯，後經紅外線攝片，才顯示出此獸全身長有長毛。《管子．幼官》載季節與五獸對應關係爲：中方黃色倮獸，東方青色羽獸，南方赤色毛獸，西方白色介蟲，北方黑色鱗蟲。前面對倮獸爲神（聖人），羽獸爲鳥，介蟲爲龜，鱗獸爲龍蛇，已經作了介紹，現再論毛獸。古代有人將倮獸釋爲淺毛之蟲虎豹，當然也有將毛獸釋爲虎豹的，但釋爲虎豹顯然不妥，長毛獸應爲熊。從帛書圖看，也應似熊。古代以熊爲圖騰由來已久，史載黃帝爲有熊氏，熊當爲其氏族圖騰。而楚宗室也以熊爲圖騰，它可能是黃帝氏族分衍出來的一個支系。故帛書八月以熊爲月名。從季節來看，考慮到帛書爲周正，其八月熊，九月爲龜，與以上所述《幼官》南方毛獸、西方介蟲的順序也大致相合。《爾雅・釋天》將臧月寫爲壯月，壯字的古音應讀爲奘，臧、牂、奘同音（ㄗㄤ）。臧、牂、奘皆爲古姓，應是同一個姓氏分衍出來的。如春秋時有魯相臧仲文者；《左傳・定公十四年》載"楚滅頓，以頓子牂歸。"可見楚地原本就有牂子國。楚滅牂子國以後，牂子的後裔成爲楚國大姓之一，故用以爲月名。牂子的部分後裔可能被迫南遷，與古越人結合，形成現今的壯族。

在西周初年以前的漢水中下游，生存著章越族，可能是華夏大姓章氏與古越人的一支混合相處形成的。其根據地在今湖北安陸縣章山章水一帶。楚宗室的先民長期生存於荆楚之地，至周夷王時熊渠強大起來，向外擴張，征服章越，並封其幼子爲越章王，可見章越與楚鄰近，在文化習俗方面應較爲接近。楚征服章越以後，章越也就融合於楚民族之中，以熊爲圖騰，仍然保留章這個姓氏。章（ㄓㄤ）與臧、壯（ㄗㄤ）讀音很相近，南方話本無區別。這三個姓應是原本同一姓氏分衍而成。

章月的神像殘缺較多，幾種摹本都有較大差別。特別是商氏摹本將其形體和尾部畫得似牛，頭上還長有兩只角。腿成直角彎曲狀，似夔形圖案，使人聯想起傳說中夔這種怪獸。《山海經・中山經》載岷山多夔牛。又古史載重黎舉夔於草莽之中，舜以爲樂正。芈姓之裔，曾封於夔，歷史上又常將夔越連稱，這就存在夔是否也是越人的一個支系的問題，無論如何，楚與夔確有密切的關係。這就難怪人們有此聯想。但是，紅外膠片非但顯示出此獸長有長毛，沒有肥大的屁股，頭上也沒有角，腿也不成夔形。故我們把它解釋成楚民族的圖騰熊。其月名出自該民族的一個大姓，臧、壯、章三姓，均爲同一姓氏的異寫。

九月爲玄，前兩種摹本此神模糊不清，有人釋爲無頭怪，有釋爲長脖獸，後經紅外攝像，才顯露出兩頭龜的形象。按照後人所理解"玄"字的本義，爲高空的深青色或黑色，含有玄妙、幽遠之義。按照五行相生的觀念，冬季天空灰暗，象徵著玄色，故《禮記・月令》載冬季其神玄冥，天子衣黑衣，服玄玉，居玄堂。玄又常與水聯繫在一起，如江水神叫玄囂，水正曰玄冥，祭祀用水稱爲玄酒，瀑布稱爲玄泉，中醫稱汗腺爲玄府等。但帛書不將玄月置於冬季而放在九月的道理，卻未見有說明。其實帛書將九月稱爲玄月具有深義。龜爲水生動物，平時深藏水底，具有玄的含義。因此，帛書玄月之龜像，應該就是玄龜之月。帛書將玄龜配在九月，此正是《禮記．月令》所載食龜的季節。這種配置方法也許可以再次證明，帛書出現在相生序五行和四神觀念定型之前。

圖 16 帛書秋三月之神

玄與龜的關係，其實早被何新解決，原來，大禹的父親鯀，還有一個名字叫作鮌，簡寫作玄，而夏民族以龜爲圖騰，故玄月也就是玄龜之月了。鯀治洪水被殺的故事大家都很熟悉，《左傳．昭公十七年》說："昔堯殛鯀於羽山，……三代祀之。"直到戰國時，鯀仍受到人們的尊敬，故屈原《離騷》說："鯀婞直以亡身兮，終然殀乎羽之野。"據王逸注：婞直即梗直，直至三代以後，他仍然留下正直治水的好名聲。高誘注《呂氏春秋》"水神玄冥"時也說："玄冥，官也。少昊氏之子曰循，有玄冥師，死祀爲水神。"則這個被稱爲玄冥的水神，在《左傳》稱爲鯀，在《離騷》稱爲鮌，在高注則稱爲循。鮌、循同音。可知鯀又叫作鮌，簡寫作玄，這便是龜神被稱爲玄月的來歷。後世以玄爲姓者，當是鮌的後裔。

至於玄月神龜畫有二首，也應有所來歷，中國古代一直流傳有春社和秋社的民間結社活動，這項活動起源的本義，也早已爲何新所解決[1]，筆者在《中國節慶及其起源》中也作了闡述[2]。春社和秋社，在遠古時原本是兩個婚配季節。春社在夏正二月，秋社則在立秋之後，即農曆七月和八月。帛書玄月龜神畫有兩頭，正是婚配的象徵，這個觀念以後一直沿續下來，演變成龜蛇之像，龜即爲鯀，蛇即爲其妻修巳[3]。

關於春社，筆者在前面余月中已作了討論，此處的玄月，若按夏正爲農曆七月，按周正則爲農曆九月。此再一次證明帛書合於周正。

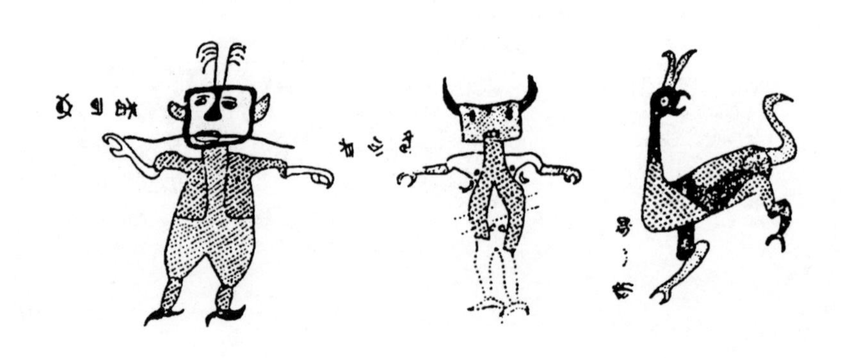

圖 17 帛書冬三月之神

十月爲昜，其神歧冠鳥形。頭上有冠，冠上有兩根長的羽毛。尾上有兩根分叉的長羽毛。但下肢不淸楚，各家描摹的形狀也不一致，幾乎分不淸是鳥身還是獸身。月名“昜”字，上古作“陽”，也可作“揚”或“楊”的假借詞。西周初年在漢水流域生存著眾多的揚越，是以揚爲姓的西羌支系與以鳥爲圖騰

1. 何新：《諸神的起源》，《生殖神崇拜》和《思士思女與兩性禁忌》，見第 124 頁、142 頁，北京三聯書店，1986 年。

2. 陳久金等：《中國節慶及其起源》，上海人民出版社，1989 年。

3. 陳久金：《華夏族群的圖騰崇拜與四象概念的形成》，載《自然科學史研究》1922 年 1 期。

的越人混合而形成的。東漢初年的揚雄，就是揚越的後裔。楚國自熊渠以後，通過不斷地征伐揚越擴大疆土，使其逐漸避居南方和東方，最後揚越幾乎全部成爲楚國的臣民。此神應該就是揚越圖騰的象徵。

帛書“十一月姑”，爲牛首人身圖形。據《帝王世紀》、《史記・補三皇本紀》等均說炎帝爲“人身牛首”，故炎帝族的圖騰可能就是牛。所以，姑月之“姑”字或“辜”字的本義應寫作牯。母水牛和閹過的公水牛稱爲牯牛，也泛指爲水牛。炎帝族是屬於南方民族的，與楚民族關係密切，故子彈庫帛書中很崇奉炎帝。至今壯族和布依族等南方民族中都有一些支系以牛爲圖騰，現今以水牛爲姓的壯民改以音近的漢字“韋”爲姓，以黃牛爲姓的壯民改以音近的漢字“莫”爲姓。在春秋戰國時代的楚國，以牛爲圖騰的人口爲數不少，故帛書十一月神以牛爲月神。姑也是遠古姓氏之一，如蒲姑氏等。

十二月涂，其月神爲頭插羽毛之神。前面提及四神有北方玄武，爲龜蛇之像。《左傳・昭公二十九年》說：“修及熙爲玄冥。”鯀的字曰熙，鯀妻曰修巳。巳爲蛇，修巳即修蛇。鯀以龜爲圖騰。修以蛇爲圖騰。二氏族世爲婚姻，合爲龜蛇纏繞之像。禹曾娶涂山氏女爲妻，生啓，這就是夏朝第一代國君。《史記・夏本紀》載：“夏后帝啓，禹之子，其母涂山氏之女也。”說的就是這件事。由此看來，這個與夏民族世爲婚姻的氏族涂山氏，以涂爲姓，以蛇爲圖騰。《山海經・海內南經》說：“夏后啓之臣曰孟涂，是司神於巴。……在丹山西。”據研究，這個巴地即現今秭歸縣，丹山即巫山。這個孟涂應出自涂山氏，其所司巴地，也應是涂山氏的居地。這個涂山氏一直都很強盛，據有人研究，巴史中被稱爲望帝的杜宇就是出自這個支系（“杜”即“涂”）。正是由於這個關係，帛書十二月以“涂”爲月名。孟涂、杜宇都屬聖人，故祀爲月神。以蛇爲圖騰的涂山氏以涂爲姓。

三、帛書十二神像和月名是楚國各民族氏族的圖騰和姓氏

由以上分析可以大致得到一個結論，在春秋戰國以前，楚民族就是利用以上十二月名紀月的・　個神像，即相應地代表著一個月名。十二神像即可代表

十二月名。帛書十二月名，代表著楚國境內歷史上十二個著名的民族或氏族的圖騰和姓氏。例如，以兩尾相交之蛇為圖騰的民族以“佘”（即“佘”）為姓；以人首鳥身為圖騰的娵訾氏以“娵”為姓，其後裔改以同音字“鄒”為姓；另一個以鳥身人首為圖騰的句芒氏，以“倉”為姓；以鴽鳥為圖騰的氏族以“如”為姓；以鳥為圖騰的揚越，以“揚”為姓；以龜為圖騰的鮌氏族以“玄”為姓；以猴為圖騰的氏族以“且”（即狙）為姓；以牛為圖騰的氏族以“姑”（即“牯”）為姓；以蛇為圖騰的涂山氏以“涂”為姓。

由此可以認為，遲至子彈庫帛書時代，尚未出現十二生肖的概念，否則不可能用這種較為抽象複雜的十二神像來代替十二生肖了。有關十二生肖的最早文獻記載，當屬東漢王充的《論衡·物勢》，故一般認為十二生肖起源於東漢，但《雲夢秦簡》載有：子鼠也，丑牛也，寅虎也，卯兔也，辰（缺），巳蟲也，午鹿也，未馬也，申環也，酉水也，亥豕也。已有五個的名稱和位置均與後世完全相合，可見十二生肖的概念，可能首先產生於楚國[1]。當前學術界出現有十二生肖產生於原始圖騰的意見[2]，這種觀點並不錯，但這期間缺少了一個演化過程，這個過程便是帛書十二月神。

（五）、試析苗族古曆與楚曆的關係

一、伏羲、女媧為苗、瑤民族的祖神

在子彈庫帛書中，出現有伏羲、女媧、炎帝、共工、祝融、帝夋等傳說人物。熟悉中國上古史的人都知道，這些傳說人物，均與南方的苗蠻集團有關。

關於伏羲這個人物，有許多史學家通常把他看作比黃帝還要早的三皇之

1. 關於雲夢秦簡日書十二生肖的研究，請參見饒宗頤《雲夢秦簡日書研究·十二生肖》，載《楚地出土文獻三種研究》第 426~430 頁，中華書局，1993 年。

2. 劉堯漢：《十二獸曆法起源於原始圖騰崇拜》，載《中國天文學史文集》第二集，科學出版社，1981 年。

一。相傳伏羲生於成紀，即今甘肅秦安縣北三十里之地。今人大多將伏羲與太昊並稱，以爲二者實爲一人，太昊是伏羲的號。對於此二者的關係，袁珂在《中國神話通論》中說[1]：

> 太昊和伏羲這兩個名稱，在秦以前的古書裡，還沒有連起來稱呼的，這是在秦漢之際《世本》的作者給予的稱號。從此，太昊和伏羲就合而為一，成為一個人了。在這以前，說不定還是兩個人。

史學家徐旭生在《中國古史的傳說時代》中說[2]：

> 據我們現在的研究，伏羲與女媧實屬於這一集團（苗蠻），傳說由南方傳至北方。可是，自從劉歆用比附《左傳》與《周易．繫辭》的辦法，把伏羲與太昊說成一人，兩千年間，大家全認為定論，以致於一談到伏羲畫卦，大家就會立即想起河南省淮陽縣的太昊陵。這樣就更增加問題的複雜性。

由於太昊是東夷族的遠祖，如果伏羲就是太昊，那麼東夷族的遠祖伏羲原本就是畫八卦而爲西南部民族所稱頌的伏羲，若此，民族之間的關係就確實如徐旭生所說的複雜化了。好在經過徐旭生和袁珂等民族史家的研究，終於分清了二者之間的關係。那麼，所謂伏羲畫八卦，女媧補天之類的神話，應該與東夷始祖太昊沒有關係，而與苗族先民的關係甚大。

問題還不僅於此，袁珂等神話學家還明確地指出：“伏羲、女媧爲苗族的始祖神[3]。”徐旭生也有類似的意見[4]。徐旭生認爲伏羲、女媧爲苗族始祖的根據有三：

（1） 按現代民族學家的調查，所得結論一致認爲苗族的始祖爲伏羲、女

1. 見袁珂：《中國神話通論》第 90 頁《伏羲與燧人》。巴蜀書社，1993 年。
2. 見徐旭生：《中國古史的傳說時代》第 57 頁，《苗蠻集團》。文物出版社，1985 年增訂版。
3. 見：《中國神話通論》第 86 頁。
4. 見：《中國古史的傳說時代》第 238 頁。

媧。清初陸次雲《峒溪纖志》說："苗人臘祭日報草，祭用巫，設女媧、伏羲位。"其說就可以作爲代表。又苗族對伏羲、女媧的稱呼與漢族古音相近，這不可能是偶然相合，而必是受一方影響所致。

（2） 漢族在春秋以前就記載有許多遠古神話，但有關女媧、伏羲的神話則較晚，遲至戰國末期的《楚辭》才初次出現，而《楚辭》的出現，卻正是楚國勢力深入苗族地區致使苗族傳說輸入華夏的反映。

（3） 關於伏羲、女媧兄妹結爲夫婦而產生人類的說法，在漢族文獻中出現得更晚，這種觀念，不合於漢族儒家的傳統道德觀念，故不可能源於漢族。

袁珂對伏羲、女媧神話出自苗族主要提出兩條證據：

（1） 苗族伏羲、女媧兄妹婚配的故事，源出於洪水氾濫後的遺民，在原始社會人類血親婚配的階段，兄妹婚配並無亂倫之處。但神話傳入漢區之後就變了樣，據漢族文獻中最早出現的紀錄，唐末李冗《獨異志》說：宇宙初開，未有人民，議爲夫妻，又自羞恥。"乃結草爲扇，以障其面。今時娶婦執扇，象其事也。"創造人類責無旁貸，又何恥之有？寫結草爲扇，以障其面，完全是附合封建社會禮俗習慣的產物，不是神話本身應有的；

（2） 《山海經》有伏羲、女媧爲苗族始祖的直接記載，《山海經．海內經》說："有人曰苗民。有神焉，人首蛇身，長如轅，左右有首，衣紫衣，冠旃冠，名曰延維，人主得之而饗食之，伯天下。"聞一多《伏羲考》指出人面蛇身、左右有首這個苗族所祀奉的延維神，實際就是伏羲、女媧。說明早在 2000 多年以前的文獻裡，伏羲、女媧就是苗族所祀奉的祖神了。所以，伏羲、女媧爲苗族祖神，應是可信的。

二、顓頊與三苗的關係

據《史記·五帝本紀》云："帝顓頊高陽者，黃帝之孫而昌意之子也。"又稱："昌意，降居若水。昌意娶蜀山氏女，曰昌僕，生高陽。"很明顯，濮族之女嫁給了昌意而稱爲昌僕。濮族是黃帝族的一個分支，與夏族、蜀族相似，都起源於甘、川交界一帶，後不斷向東向南發展，關於蜀山氏的地望，則位於岷山一帶。濮人原居之地，即古人所謂古梁州國。

昌僕生存之地若水，據民族史家何光岳認爲，若水即岷江，其子顓頊所居之濮水，即現今之涪江。涪與濮爲一音之轉。昌意等部落東遷以後，便加入了東夷少昊氏的部落聯盟，逐漸與東夷族融合，顓頊青年時輔佐少昊氏，不久便當上了這個部落聯盟的大酋長，成爲華夏遠古五個著名的古帝之一。

在遠古三個民族集團中，顓頊雖然與東夷和苗蠻集團均有著較密切的關係，但它確明顯地是出自炎黃集團的，屬黃帝族姬姓。苗蠻集團是中國古代活動於黃河流域的一個古老部落群體。他們原本與華夏族是同源或同族，後因發生內部矛盾和爭紛，才逐漸從華夏族分離出去，另與其他民族相結合，形成了蠻族。

早在黃帝時代，就已有黃帝伐九黎的記載。九黎君號蚩尤。想必原本是九個或若干個黎姓部落，蚩尤爲其首領。由於與以黃帝爲首的華夏聯盟發生矛盾而受到討伐。儘管九黎族多次失敗，致使首領蚩尤等被殺，被迫逐步退出中原地區，但始終沒有屈服，並不斷伺機反抗。這個九黎族雖然不斷受到華夏族的打擊，可它原本卻是華夏族的基本成員，是黃帝之子十二姓之一的厘姓即僖姓。以後這個九黎集團爲了生存和鬥爭，曾不斷與其他民族聯合和融合；華夏族爲了加強對苗蠻集團的控制和統治，也曾多次派出一些部落和政治集團與其相處，試圖改造得更馴服一些；在以後的歷史上，因政治鬥爭失敗的部落和政治集團，也不斷地加入進去，致使九黎集團變得複雜起來。

由於在黃帝時九黎族受到打擊，其著名首領蚩尤被殺，反抗之勢暫時被扼。至少昊氏政權衰落之時，九黎族的鬥爭重新掀起。至顓頊氏執掌政權，又再次誅伐九黎，分流其子孫。恢復了正常的秩序和曆法制度。爲了加強對九黎集團的治理，顓頊特地派了自己的支裔祝融氏黎，長期與九黎族生活在一起，對九黎族實行管理。在顓頊的治理下，九黎族發生了較大的變化。祝融氏黎因獲罪而被殺，以後祝融的職務由吳回及其子孫擔當。祝融氏黎的後裔便融入九黎集團。自此以後，在九黎族中，既有炎帝族的黎姓，也有黃帝族的黎姓。此時，正如張華《博物志》所說：炎黃之世，“南有黎苗，黎苗處南服。顓頊之前曰九黎，顓頊後曰三苗”，“大抵上古之時，江漢之區皆爲黎境”。“黎苗勢力與諸夏並熾”。

遠古傳說中還有一件三苗的史事與顓頊有牽連。《山海經·大荒北經》說：“西北海外，黑水之北，有人有翼，名曰苗民。顓頊生驩頭，驩頭生苗民，苗民厘姓，食肉。”又《風俗通義》則說：“顓頊有子曰黎，爲苗民。”均說顓頊族有一部分黎姓的後裔變成了苗民。

值得注意的是驩頭其人。《山海經》說是顓頊生的，可《史記正義》則說是帝舜時代的四凶之一帝鴻氏之不才子渾沌。其餘三凶爲少昊氏不才子窮奇、顓頊氏不才子檮杌（音“逃誤”）、縉云氏不才子饕餮（音“滔貼”）。經今人研究，驩頭與驩兜，丹朱音近，應是一人，實爲帝堯之子。當帝堯年老時，帝舜奪取政權曾遭丹朱反抗。據《竹書紀年》云：“舜囚堯，復偃塞丹朱，使父子不得相見。”《莊子·盜跖》說：“丹朱與南蠻旋舉叛旗，”“人因謂堯殺長子”。《史記·五帝本紀》所說的四凶，均爲炎黃族人，而帝舜出身東夷。帝舜鎮壓四凶，反映出帝舜奪取政權時，受到四個西羌部落的反對，這四個部落首領則被誣之爲四凶。不管怎麼說，通過這一變故，厘姓的丹朱族，便全部加入三苗族之中。

《史記》所載舜流四凶之一的饕餮，《正義》直接說就是三苗。《尙書·堯典》也注曰：“三苗，縉云氏之後爲諸侯，號饕餮。”《史記·五帝本紀》解釋其含義時說：“貪於飲食，冒於貨賄，天下謂之饕餮。天下惡之，比之三凶。”《神異經》描述饕餮的形象時說：“爲獸名，身如牛，人面，目在腋下，食人。”“面目手足皆人形，而肋下有翼，不能飛，名曰苗民。……淫逸無禮。”由於苗族崇拜牛，又以鳥爲圖騰，故說其身如牛，脅下有翼，名曰苗民。此外說饕餮氏食人，可能當時確有其事，因爲在原始社會時期，食人之風是普遍存在的。饕餮圖象在三苗時代可能是被用作族徽的。

三、楚與苗族的關係

高辛氏帝嚳派祝融氏擔任火正，這是對祝融氏黎的重用，但因共工氏作亂，派祝融氏黎誅之不盡而獲罪被誅。祝融氏黎的被殺，可能並不只是征討不力，祝融氏與共工氏之間，可能存在著較爲密切的族際關係。祝融氏黎被殺，子孫離散，並在與三苗結合的過程中逐漸南遷，大都融於苗蠻集團，其子孫雖不再擔任華夏部落聯盟的火正之職，但爲了榮耀起見，仍自我保留著祝融氏的稱號，以至於其葬於湖南衡山的墓仍稱祝融氏冢。《淮南子・時則訓》說：

> 南方之極，自北戶孫之外，貫顓頊之國，南至委火炎風之野，赤帝祝融之所司者萬二千里。

說明南遷祝融之後裔所建之國仍稱顓頊之國，以示不忘其祖顓頊之義。祝融氏黎的子孫也有一部分留在北方，西周時被封於洛陽程國的程伯休父，即是其後裔。由於他擔任過大司馬之職，故其子孫又以司馬爲姓，西漢大史學家司馬遷即是其後裔。

由於祝融氏黎融入了苗蠻集團，苗蠻的生活和文化習俗自然會受到他們的影響。祝融氏黎後人的風俗習慣大部分也要同化於苗族。這種情形是不可避免的。所以，後人把祝融氏看作南方集團的代表也是可以的。但是，祝融氏與苗族畢竟有別，並不是所有的祝融族全屬苗蠻集團，尤其是祝融氏吳回的後裔，即祝融氏八姓，在一個相當長的時間內，可算是與三苗沒有關係。

吳回繼任祝融以後，使得由顓頊族祝融氏分支得以在華夏族群中站穩了腳跟。大約吳回是祝融家族中最後一任火正，以後改由羲和繼任。吳回以後支系繁衍爲巳、董、禿、妘、曹、斟、彭、芈八姓。吳回曾建都於今河南新鄭，故稱新鄭爲祝融之墟。其後裔會人也立國於此。吳回長子昆吾，在夏代時爲侯伯，至夏亡時被滅。三子彭氏後裔在殷時爲侯伯，至殷亡時被滅。六子季連在夏商時中微，但卻是楚國的開創者。周文王時，季連後裔鬻熊曾爲文王師，父子對周建國多有貢獻，成王分封時，其後裔熊繹被封於楚蠻，授以子男之田，爲芈姓，居湖北丹陽，即今南漳縣城附近。楚國便由此起家。

西周初年苗蠻的分布區域，按《史記‧五帝本紀》的說法，“三苗在江淮、荊州數爲亂”。則江淮、荊州之地，應爲其生存的北界。另據《正義》引吳起云：“三苗之國，左洞庭而右彭蠡。”則那時洞庭鄱陽兩湖之間，均爲苗蠻集團的世居之地。

當時的丹陽，僅爲數十里範圍的一小片領地。按張正明《楚文化史》的說法：“周圍有楚蠻，西南有濮人和巴人，東南有揚越。”[1]丹陽之地濉山在其北，荊山在其南，一條不大的蠻水流經其間，熊繹帶領部眾，在這窮鄉僻壤之間耕種，過著古樸的生活。

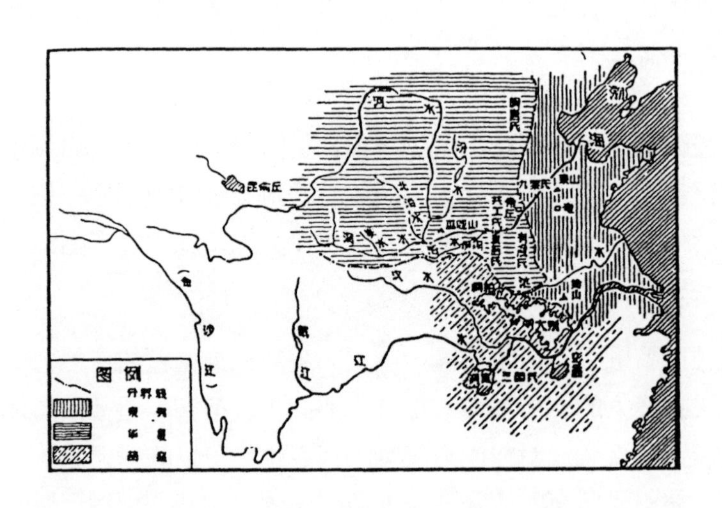

圖 18 遠古東夷、華夏、苗蠻分布圖（引自《中國古史的傳說時代》第 65 頁）

可以想見，楚國初始時的財力和兵力均是很微弱的，與周圍的苗蠻相比，顯然處於劣勢。但是，楚人顯然在文化素養上佔有優勢，楚人雖少，楚國雖小，但挾華夏文明的先進因素而來，如一顆良種落進了南國沃土，得到了很好的發展機會。爲了能夠在強鄰中生存下去，就必須採取審慎的睦鄰政策，與苗蠻集

1. 張正明：《楚文化史》第 23 頁，上海人民出版社，1987 年。

團和睦相處，便成爲當時緊迫的問題。在與苗蠻族群的長期接觸中，苗蠻人也學到了許多華夏族的先進生產技術和文化知識，楚人也逐漸學習苗蠻的生活習俗，使其文化與苗蠻文化融爲一體。楚國在發展壯大，趁著中原動亂之機討伐蠻夷，擴大自己的疆土。楚人的風俗習慣很多源自苗蠻，而與華夏文明存在著較大差異，故楚王熊渠等曾說："我蠻夷也，不與中國之號謚。"在當時各諸侯國競相推行華化政策、以習華禮爲榮的時代，楚人還自稱蠻夷，可見其苗蠻化的程度之深。周王朝之所以把楚人封在苗蠻之地，可能也正是出於楚的先民與苗蠻在歷史上早就存在密切的姻親關係。

四、楚國曆法與苗族曆法之間的關係

正是由於苗族和楚族之間存在著密切的關係，本文才用了較大的篇幅來介紹、討論楚苗曆法。但必須明確指出，楚國曆法並不等於苗族曆法。苗族上古曆法是個什麼樣子呢？從《史記·曆書》有關"九黎亂德"和三苗使"曆數失序"來看，由於其久居中國的南部，早已創立有自己的紀日制度，這個制度與上下朕斷的五木紀日制度明顯不同，故其可能早已使用了將一年分爲十二個朔望月的紀日制度。從苗族很早就創製金屬兵器並建立刑法制度來看，苗族早期的文化還是相當發達的。然而，人們至今仍未發現有任何證據能夠證明苗族古代曾經創造和使用過自己的文字。故我們在分析苗族上古曆法時，必須要考慮到文字這個因素。諸如四分曆及十九年七閏等概念，至少不在目前討論的範圍之內。

値得討論的苗族曆法的特徵是建正和月名。關於苗曆建正，上古未有記載，只是苗族先民十分看重本民族的文化習俗，一代接一代恒記本民族先民的開創之功，注重祭祀本民族共同的遠祖盤古。盤古紀念日就是其年節。關於苗族的年節或盤古節，苗族古今沒有變化，可以推知其建正古今也沒有改變。

關於苗族年，楊光磊在《西江苗年節》說，西江苗年，一年要過三次，頭年於農曆十月上旬卯日；大年於農曆十月二卯，過三天；尾年於農曆冬月二十日開始，過二至五天，是最熱鬧的年節。又據戚家駒《南皋苗年》記載，丹寨縣苗年在每年冬月的第一個龍場，時間持續半月。又據《路史．前紀》記載：“荊湖南北，以十月十六日爲盤古生日。”[1]劉云、石梁《節日趣聞》也說：“農曆十月十六日，是瑤族人民世世代代紀念祖先盤王豐功偉績的盛大節日。”[2]又民國《八寨志稿》“歲時民俗”說：“苗人以十一月辰日爲歲首。”可見在中國歷史上，苗族歲首有農曆十月和十一月的差別。以十月爲歲首，具有苗蠻民族自身的特點，相傳爲盤古生日。而以十一月爲歲首，是出於古羌人的傳統習慣，苗民源於西羌，使用西羌傳統新年也在情理之中，故此二種不同的歲首各有所本。

楚受周王室的分封，開始時可能使用周王室的曆法，即使用周正。隨著周王室統治力量的衰落，楚國的統治者爲了密切與苗蠻集團的關係，並強調楚民族是高陽氏顓頊的後裔，高陽氏以十月爲歲首，故在楚國行用顓頊曆時，便改以十月爲歲首了。

近年來在湖北雲夢出土秦簡日書，其中有一段關於“秦楚月名對照”的日書，因與楚曆的月建有關，現引錄如下：

十月楚冬夕　　日六夕十

十一月楚屈夕　　日五夕十一

十二月楚援夕　　日六夕十

正月楚刑夷　　日七夕九

二月楚夏层　　日八夕八

三月楚紡月　　日九夕七

四月楚七月　　日十夕六

五月楚八月　　日十一夕五

1. 見：《貴州少數民族節日大觀》第 140、151 頁，貴州民族出版社，1991 年。

2. 劉云、石梁：《節日趣聞》第 94 頁，湖南出版社，1991 年。

六月楚九月	日十夕六
七月楚十月	日九夕七
八月楚爨月	日八夕八
九月是楚獻馬	日七夕九

關於秦用顓頊曆，以十月爲歲首，這一事實，在歷史文獻中早有記載。但是，秦曆的月序究竟如何記法，是以歲首之月爲正月，還是以夏正一月爲正月？仍有不同的認識。自從山東臨沂銀雀山漢墓元光曆譜出土以後，秦顓頊曆的建正問題已完全弄清，原來秦顓頊曆名曰以十月爲歲首，實仍以夏正爲月序，其閏九月的傳統置閏方法，正合於先秦歲終置閏的模式[1]。由於雲夢秦簡秦顓頊曆月序實用夏正，則無需再作論証，便很易看出楚曆實用亥正，即其一月（冬夕）爲農曆十月，二月（屈夕）爲農曆十一月，三月（援夕）爲農曆十二月，四月（刑夷）爲農曆正月，五月（夏尿）爲農曆二月，六月（紡月）爲農曆三月，七月爲農曆四月，八月爲農曆五月，九月爲農曆六月，十月爲農曆七月，十一月（爨月）爲農曆八月，十二月（獻馬月）爲農曆九月，在這個問題上，王勝利和張正明的意見是對的[2]。

其各月後面“日□夕□”，爲各個月白晝黑夜所占的時段數。其白晝黑夜的界線以日出日落爲準，例如秦顓頊曆二八月之日和夕的時段各爲八，可知其全天時段計爲十六，此爲先秦所用十六時制的反映。

至於長沙子彈庫出土楚帛書中十二月特殊的月名，由於這種月名不僅楚國使用，它同時也出現在吳國等南方各地，甚至還在越南等國出現，這就使我們

---

1. 見：陳久金等：《元光曆譜初探、再探》，載《中國天文史文集》第一集，科學出版社，1978年。

2. 張正明：《楚文化史》第232頁，上海人民出版社，1987年。

有理由推想，它並非是楚人的創造，而是苗蠻民族所使用的特殊月名。

八

北斗星柄指向考

本文通過文獻考證，確認中國上古以北斗定時節的斗柄指向，有北斗七星和北斗九星兩個標準，均作爲初昏斗柄下指爲冬至、上指爲夏至的依據。北斗九星的斗柄指向，由第5、7、8、9諸星的連線、通過招搖、天鋒，指向大火星，創建於4千年前的原始社會。北斗七星的斗柄指向，由第6、7兩星連線的延長線，指向攝提和角、亢方向，形成於春秋、戰國時期。

大約在四千年以前的原始社會，人們就學會了利用太陽的出沒定季節，這在《山海經》六座太陽出入之山中記載得較爲明確[1]。同時，也懂得了利用季節星象判斷季節。人們用以確定的是冬、夏至兩個標誌點，除掉利用太陽出沒的方位以外，以北斗斗柄的指向，也是一個傳統的判定時節的方法。

這裡所講的北斗斗柄指向，就是筆者在《彝族天文學史》中所論定的北斗九星斗柄的指向[2]。這九個星，即除後世傳統所說的北斗七星外，，再加上招搖（牧夫γ）和天鋒（牧夫ε）。它們的延長線指向大火星。故初昏時斗柄下指，即相當於大火星下中天；初昏時斗柄上指，即相當於大火星昏中。

（一）北斗七星指向攝提和角亢

1 陳久金：《天干十日考》，《自然科學史研究》，1988年第2期。

2. 陳久金等：《彝族天文學史》，雲南人民出版社，1984年，第211-215頁。

關於斗柄的指向問題，歷來就未有一致明確的解釋，《史記．天官書》說：

北斗七星，所謂旋璣、玉衡以齊七政，杓攜龍角……用昏建者杓；……斗為帝車，運於中央，臨制四鄉。分陰陽，建四時，均五行，移節度，定諸紀，皆係於斗。

大角者，天王帝廷，其兩旁各有三星，鼎足句之，曰攝提。攝提者，直斗杓所指，以建時節，故曰"攝提格"。

《索隱》引《元命包》云：

攝提之為言提攜也。言提斗攜角以接於下也。

《正義》曰：

攝提六星，夾大角，大臣之象，衡直斗杓所指，紀八節，察萬事者也。

這些記載均較爲明確，大角星（牧夫α）在左右攝提環抱之中，爲斗柄的指向，作爲紀時節的標誌。由此看來，北斗通過大角和攝提星連線的延長線，才是斗柄具體所指的方向（見圖1）

此外，《晉書·天文志》、《宋史·天文志》、《星經》等均載有："攝提六星"，"直斗柄南，主建時節"。主建時節，就是判斷時節標準。可見當時人們更看重於攝提星作爲斗柄指向的標誌。以至於以斗柄所指十二辰作爲歲星紀年時，它的第一年便稱爲"攝提格之歲"。當曆法失誤時，在《史記．天官書》中，便稱之爲"攝提無紀"。可見攝提星的指向，甚至可以作爲判斷季節的代名詞。

此斗柄所指的方向，爲斗柄上第六、七兩顆星連線的延長線，通過左右攝提之間的大角星，直指黃道上的角亢二宿。故《史記．天官書》載"用昏建者杓"、"杓攜龍角"。《集解》引孟康曰："杓，北斗杓也。龍角，東方宿也。攜，連也。"《說文》云："杓，斗柄。"《正義》云："杓，東北第七星也。"

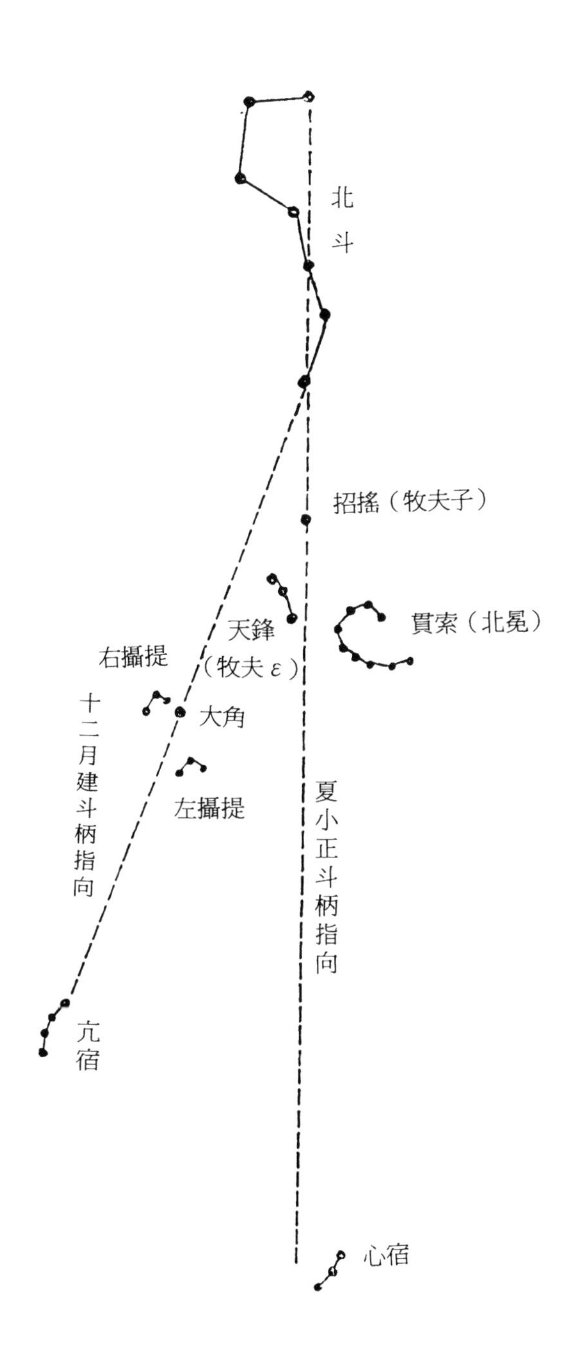

圖 19 北斗七星指向示意圖

斗杓以北斗七星爲主星。斗柄所指，正象徵著斗杓與蒼龍星座的角（即角宿）相連接。此爲斗柄指向角亢方向的明確記載。由於定時節由斗柄的指向來決定，而斗柄指向角亢，故二十八宿從角宿起始。

據此記載，當初昏斗柄下指時，角亢二宿便位於下中天，這時太陽位於西方地平線以下的所在星宿，可以推知其爲斗牛之交。因爲斗宿位於角宿之東正好七個星宿，差不多爲四分之一周。而據文獻記載，初昏斗柄指北（子位），應是農曆十一月的天象，也即冬至初昏時的天象。但據文獻記載，冬至日在牽牛，大約是春秋戰國時的天象。當然在西漢時，天文學家也都在使用這個數據。由此可以推知，初昏斗柄指子，角亢位於下中天。作爲判斷子月的季節星象，是春秋戰國時的天文學家，依據當時實際天象確定的。它只適用於這個時代，而不能任意向前推廣。

利用北斗斗柄指向定季節，並不是春秋戰國時天文學家的發明，在很早以前就有這個傳統。

那麼，在此之前的判斷標準又是如何呢？從上古文獻還可發現這個標準。《淮南子・時則訓》說：

孟春之月，招搖指寅，昏參中，旦尾中。

仲夏之月，招搖指午，昏亢中，旦危中。

仲冬之月，招搖指子，昏壁中，旦軫中。

對照《禮記・月令》十二斗建的記載，可以看出其相應昏旦中星和各月斗柄在十二辰中的指向都是一致的，說明其觀測年代相當。但《月令》用的是北斗七星，而《時則訓》則明載是招搖星。對照星圖就可以看出，斗柄通過招搖星的指向，與通過攝提星的指向是不一樣的，看來《時則訓》的作者混淆了二者的差別。但通過這招搖指向的記載，卻向我們指明了探索斗柄指向的另一個線索。

《史記・天官書》在記載斗柄指向時又說："杓端有兩星，一內爲矛，招搖；一外爲盾，天鋒。有句圜十五星，屬杓，曰賤人之牢。"《集解》引孟康曰："近北斗者招搖，招搖爲天矛。"又引晉灼曰："外，遠北斗也，在招搖南，一名玄戈。"即杓端有兩顆星，近的一顆爲招搖，遠的一顆爲天鋒，又名玄戈。句圜即貫索，它靠近斗杓所指的方向，故說它屬杓。這實際就是上古所謂北斗九星中第八顆招搖（牧夫γ）、第九顆天鋒（牧夫ε）。由此可以看出《時則訓》以招搖定時節的來歷。北斗五、七這兩顆星的連線，差不多正好通過招搖和天鋒，並且指向心宿即大火星的方向。

由此看來，所謂用定時節的北斗斗柄的指向，具有兩種不同的標準：在春秋戰國至秦漢時，用的是北斗七星中第六、七兩顆星的連線，指向攝提、大角和角亢方向；在此之前，還有北斗九星建時節的方法，用的是第五、七、八、九的連線，通過招搖、天鋒、指向大火星的方向。

（三）關於北斗九星的文獻依據

除《史記・天官書》杓、端二星的記載之外，古代文獻中還有關於北斗九星的直接記載：

（1）《後漢書・天文志》注引《星經》曰：

> 璇璣者，謂北極星也。玉衡者，謂斗九星也。玉衡第一星主徐州，……第八星主幽州，……第九星主并州，……

此是以北斗九星記載星占，各星所主州名記載明確，但缺載各星星名。今本《星經》無此記載，僅見《後漢書》注。

（2）《宋史・天文志》在論及北斗星時說：

> 又曰：一至四為魁，魁為旋璣；五至七為杓，杓為玉衡：是為七政。星明，其國昌。第八曰弼星，在第七星右，不見，《漢志》主幽州。第九曰輔星，在第六星左，常見，《漢志》主并州。

又在其後加按語說：

> 北斗與輔星為八，而《漢志》云九星。武密及楊維德皆採用之。《史記》索隱云："北斗星間相去各九千里，其二陰星不見者，相去八千里。"而丹元子《步天歌》亦云九星，《漢志》必有所本矣。

《宋史》將北斗第八星稱爲弼星，第九星稱爲輔星。又《步天歌》中也有關於九星的記載。以往李約瑟在其《中國科學技術史》中，將《史記》索隱關於第八、九"二陰星不見"的記載，解釋爲離開了恒顯圈而不見[1]，實際是後人不再使用第八、九兩顆星作爲斗柄的指向。春秋戰國時的天文學家將北斗九星縮減爲北斗七星，一方面是由於北斗星逐漸離開北極，使得八、九二星離開恒星圈而不常顯見，另一的重要原因則是後人改變了判斷季節的指向，不再需要

1. 李約瑟：《中國科學技術史・天文部分》（中譯本），科學出版社，1975 年，第 20 章第 5 節第（2）後半部分。

八、九兩顆星作斗柄了。後面這一條則是更直接的原因。

（四）火正與大火星季節星象

以往人們研究中國上古曆法史，不知西周以前使用何種曆法？只是奇怪爲什麼自春秋戰國時，四分曆法突然成熟起來。直至殷墟甲骨卜辭出土，才大致證實殷朝時就是使用陰陽合曆。自從十月太陽曆發掘出來以後，據上古傳說，可以發現殷商以前除使用陰陽合曆以外，還使用過陰陽五行曆和天干十日曆，它實際就是十月太陽曆。這種曆法，用以判斷定季節的標準星象，就是北斗九星和大火星。二者所得結果實際是一致的。當天文學剛開始萌芽時，可能主要以大火星的出沒方位和北斗星的指向定季節。長期以來，人們將從事這種職業的人稱之爲“火正”。

上古時有關“火正”的傳說很多，例如，《左傳·昭公元年》就有關於高辛氏二子的故事，除了以外，上古文獻中留下以大火星紀時痕跡的還有：

遂人以火紀。[1]

遂人察辰心而出火

炎帝氏以火紀，故為火師而火名。[3]

陶唐氏之火正閼伯，居商丘，祀大火，而火紀時焉。[4]

蓋黃帝考定星曆，建立五行起消息，正閏餘，於是有天地神祇物類之官，是謂五官。……顓頊受之，乃命南正重司天以屬神，命火正黎司地以屬民，……其後三苗服九黎之德，故二官咸廢所職，而閏餘乖次，孟陬殄滅，攝提無紀，曆數失序。堯復遂重黎之後，不忘舊者，使復典之，而立

1.《尚書大傳》，轉引自《風俗通義·皇霸》、《藝文類聚》第11，《初學記》第9。

2.《路史·前紀五》注引，亦見《中論》。

3.《左傳·昭公十七年》。

4.《左傳·襄公九年》。

羲和之官。[1]

據這些記載，專以大火星確定時節，並設立火正之官的古帝就有遂人氏、炎帝氏、黃帝氏、顓頊氏、陶唐氏、帝堯，曆官重黎，以後改名爲羲和。這些以大星定時節的民族，都把大火星當作天上神靈來看待，由火正主持，定期祭祀大火星，並以大火星紀時。在《史記·天官書》中，除記載“火正黎”以外，還載有“南正重”這個官職。《集解》引應劭：認爲黎爲陰官，故曰司地屬民；與此對應，重爲陽官，故司天屬神。由於十月太陽曆中確有陰陽二氣和陰陽兩個半年的概念，故在遠古曆官中，可能有陰陽二官的區別。由此推理，有可能是南正重白天觀測太陽出入方位定時節，火正黎夜間觀測恒星的方位定季節。南正在白天觀測太陽，屬陽性，故爲陽官。火正在夜間觀測星星，屬陰性，故爲陰官。司馬貞《史記索隱》以爲“重”爲句芒木正，“黎”爲祝融火正，以至於重、黎爲木、火之官，恐非遠古時實有。

在遠古上古時代確定時節方面，對大火星從事方位觀測，實在占有一個非常重要的地位。綜合分析上古有關大火星季節星象的資料，大致可以分爲兩個不同時代：一個是三代，一個是春秋至兩漢時代。今先分析有關三代的資料。

《尚書·堯典》說：“日永星火，以正仲夏。”

《夏小正》說：五月“初昏大火中”“八月辰則伏。”

這兩條資料明確地記載著，在仲夏即夏至所在月的初昏時刻，大火星正位於南中天的方位。“八月辰則伏”，正是與“五月大火中”相互對應的季節星象，五月大火初昏中天，經過兩個月，大火星理當在初昏時沉沒於西方地平線而隱伏不見。另外如《周易·乾卦》六龍季節星象，所載九二“見龍在田”，九五“飛龍在天”，用九“見群龍無首”等，也應與以上季節星象相當。《周易》季節星象雖未涉及大火星，但大火星即是蒼龍之心臟，是蒼龍星座的中心部位，由於初昏大火中正指示著夏至的季節，而大火南中，也就是北斗九星指向正南方，則初昏斗柄南指、北指，正是判斷冬夏至的絕好標誌。正是由於這個原因，

1.《史記·曆書》。

遠古時的人們才將一歲分爲陰陽兩個半年。

然而，由於歲差的原因，使得大火星的出沒方位和北斗斗柄的指向，在季節中發生緩慢移動，剛開始還未明顯地察覺出來，經過上千年以後，就產生了明顯的差異。至春秋戰國時，人們發現夏至初昏時，已不再是大火星南中，而是大角星或角、亢二宿南中了。爲了繼續保持北斗斗柄初昏下指和上指恰爲冬至和夏至的標誌，人們便試圖修改斗柄指向的判斷標準來達到這一目的。於是，將北斗九星七、八、九連線指向大火星，改爲北斗七星中六、七連線指向角、亢方向。這樣，原本用於定季節的北斗九星的概念，便改爲北斗七星。所謂“杓繫龍角”的觀念，便是在這種情況下產生的。這也是中國二十八宿從角宿開始的道理所在。當然，北斗六、七兩顆星連線的具體指向並不一定正好對準角宿，可能更接近亢宿，二十八宿從角宿而不是從亢宿開始，這是出於蒼龍星座整體組成的考慮。角宿是蒼龍的角，是蒼龍星座中的帶頭星，故二十八宿從角宿起始。

正是由於作了這種改變，在春秋戰國和兩漢時的文獻中，才會出現仲夏之月，斗柄指午，仲冬之月，斗柄指子，(《淮南子・時則訓》)和仲夏之月“昏亢中”(《月令》)的記載。這時大火星偏離在南中以東約一辰的方位。於是，這個時期有關大火季節星象的文獻記載說：

季夏之月，昏火中。(《禮記・月令》)

火中，寒暑乃退。(《左傳・昭公三年》)

《堯典》和《夏小正》時代的季節星象，與春秋戰國時代的季節星象，有了整整一個月差異，前者爲五月夏至初昏火中，現在演變成季夏六月火中。原本火中在入伏前的夏至，現在變成暑氣消退的季節了。

春秋戰國時期，人們以大火星定季節仍然很普遍，留下的資料也較豐富，這時已不僅用昏旦中星，而是推廣到其他方位了。例如：

《禮記・郊特性》說：“季春出火。”

《左傳・昭公十七年》引梓愼曰："火出，於夏爲三月。"

《周禮・司爟》說："季春出火，民咸從之；季秋內火，民亦如之。"

《詩・七月》說："七月流火。"

《左傳・哀公十二年》說："火伏而後蟄者畢。"

《國語・周語》說："火見而清風戒寒"，"火之初見，期於斯里。"

這些有關大火星季節星象的記載，都是與"火中寒暑乃退"的星象相一致的。應是屬於春秋戰國時期的實際天象。

論證到這裡，我們就有條件討論《夏小正》的斗柄指向了。《夏小正》說：正月初昏"斗柄懸在下"，六月"初昏斗柄正在上"，七月"斗柄懸在下則旦"。此正符合春秋戰國時北斗九星斗柄指向大火星的實際天象，而與當時所確定的北斗七星斗柄向角、亢的標準不合，可見《夏小正》使用的是古法。《夏小正》有正月"初昏參中"，《禮記・月令》也載孟春之月"昏參中"，可見二者所載同爲夏正，並且均爲同一時代的天象。但《月令》又載季夏之月"昏大火中"，與《夏小正》六月"斗柄正在上"相合，而與五月"大火中"相抵觸，這使我們再次聯想到，《夏小正》仍然保留了部份古老的傳統標準，以致出現某些矛盾的天象。《夏小正》所載"斗柄懸在下"和"正在上"，已演變成爲在春秋戰國以後，十月太陽曆確定冬夏兩個新年的標誌。

（原載《自然科學研究》13 卷 3 期）

九

華夏族群的圖騰崇拜與四象概念的形成

為了區分四季太陽在黃道上的位置，中國古代將黃道劃分為四個部分，稱之為東方蒼龍、北方玄武、西方白虎、南方朱雀。但為什麼以龍、蛇、虎、雀命名？又為什麼以各自的方位與之相配？前人尚未論及。筆者從圖騰研究得出結論，四家的概念源於上古華夏族群的圖騰崇拜，東方蒼龍源於東夷族的龍崇拜，西方白虎源於西羌族的虎崇拜，南方朱雀源於少昊族和南蠻族的鳥圖騰崇拜，北方玄武源於夏民族的蛇圖騰崇拜。也即四象的實質不是分布於黃道四個方位的四個動物，而是華夏族群的四個民族。恆星分野的觀念也源於此。

一、《山海經》載華夏腹心地區民族的四方神崇拜

（一）圖騰崇拜與民族生活習俗的關係

早在遠古時，在中原地區就分布著不同的民族，爲著各自的生存，相互間進行著長期的鬥爭，並逐漸趨於融合。特別是經過夏、商、周三朝以後，形成了人口眾多的以東夷、西羌爲主體的華夏族。但在邊遠地區，各個民族仍然保

持著自己的語言、信仰和習俗，圖騰崇拜就是遠古保留下來的遺俗。圖騰崇拜大體是母系社會的習俗，隨著母系社會的解體和人們在物質文明方面的進步，圖騰的觀念也逐漸消亡。但在後進的民族中間仍然盛行，後人可以從其遺裔中得知其概貌。

在中國古代，龍崇拜幾乎是全體華夏族的共同信仰。不過，這是在夏、商、周、秦以來歷代統治者積極提倡的結果，在秦漢以前，或在古代其他少數民族中間並非如此。只需對上古文獻加以分析研究，就能明白龍崇拜起源於中國東部民族中間。《周禮・掌節》說："山國用虎節，土國用人節，澤國用龍節。"是說西部山區的民族以虎形爲符節，中部平原地區以人形爲符節，東部沿海的澤國以龍形爲符節。由此可以看出東夷崇龍、西羌崇虎的特徵。龍虎崇拜是中國古代的基本信仰，所以中國文化又稱爲龍虎文化。圖騰崇拜的觀念不是憑空產生的，而是建立在人們生存的基礎之上。生活在山區的人以狩獵放牧爲生，整天與獸類打交道，虎是百獸之王，故生活在西部山區的西羌族以虎爲圖騰。生活在東部澤國的人整天與水打交道，以捕撈水生動物爲生，龍生於水，爲鱗蟲之長，故東部澤國之人以龍爲圖騰。水中最大的魚類鯨和龜蛇，則是其演生圖騰。《淮南子・原道訓》說："九嶷之南，陸事寡而水事眾，於是人民被髮文身，以象鱗蟲"。高誘注曰；"文身，刻畫其體內，佔其中，爲蛟龍之狀，以入水，蛟龍不傷也。"說的就是澤國人民所以以龍爲圖騰的理由。龍這種動物，在地球上實際是不存在的，據今人的研究結果，龍的概念源於灣鱷[1]。它是水中形體最大、也是最兇猛的鱷類動物，故生活在水邊的原始人以它爲圖騰。

（二）《山海經》東山、南山、西山、北山經所載相應的龍種、鳥神、虎神、蛇神崇拜

《山海經》這部書，不僅是中國上古地理學的名著，同時也載有豐富的上古各民族的地域分布及圖騰的資料，我們將主要就這些客觀記錄爲依據，來分析華夏族群各民族的圖騰崇拜，並從其方位的分布探討與四象的關係：

---

1. 何新：《龍，神與真相》上海人民出版社，1989 年。

《東山經》："凡東山之首，自樕螽之山至於竹山，凡十二山，三千六百里，其神狀皆人身龍首。"

《南山經》："凡鵲山其神狀皆鳥身而龍首。""凡南次二山……其神狀皆龍身而鳥首。""凡南次三山之首，自天虞之山以至南禺之山，凡一十四山，六千五百三十里，其神皆龍身而人面。"

《西山經》："西次三山……崑崙之丘，實惟帝之下都，神陸吾司之。其神狀虎身而九尾，人面而虎爪，是神也，司天之九部及帝之囿時。""玉山是西王母所居也。西王母其狀如人，豹尾虎齒而善嘯，蓬髮戴勝，是司天之厲及五殘。"

《北山經》："凡北山之首，自單狐之山至於隄山，凡二十五山，五千四百九十里，其神皆人面蛇身。""凡北次二山，……其神皆蛇身人面。""凡北次三山……其十神狀皆彘身而八足蛇尾。"

春秋以前，華夏地區大致包括今河南省的全部，河北省的大部，山東省的西部，山西省的南部，湖北省的東部和渭河流域等地。只有這些地區，才是懂得華夏禮義的開化文明地區。人們將這些地區分爲五區，即《山海經》中所謂東山、南山、西山、北山、中山。在這些地區的邊緣地帶稱爲海內，其外圍則稱爲海外，遠離華夏的地區則稱爲大荒。又各分爲四部分。戰國秦漢時又將華夏地區擴大到長江以南及四川、燕代等地。故人們習慣地將崇山（即今河南嵩山）看成天下之中，黃河以北爲北方，以南爲南方，崇山以東爲東方，以西爲西方。只有華夏地區才能出聖人。華夏人將海外、大荒地區之人看作野人，甚至貶稱爲獸類，如《海外北經》"有青獸焉，狀如虎，名曰羅羅。"羅羅是彝族的自稱。只有聖人死後才能成爲神，故四神是對華夏地區而言的。考察四象與華夏族群圖騰崇拜的關係，應以華夏地區爲中心。就《山海經》而言，東山、南山、西山、北山，是決定四方觀念的關鍵。

從以上所引文獻可以看出：位於東方的《東山經》中的神爲人身龍首；《南山經》中的神則爲鳥身龍首或龍身鳥首；《西山經》中的神則爲虎身九尾、人面虎爪、虎齒善嘯；《北山經》中的神則爲人面蛇身或蛇身人面。以上記載是東方民族以龍爲圖騰，南方民族以鳥爲圖騰，西方民族以虎爲圖騰，北方民族以龜蛇爲圖騰明白無誤的證據。其中鳥身龍首或龍身鳥首的南山爲鳥圖騰與龍圖騰民族雜居之地。

二、東夷族的龍圖騰崇拜和地域分布

（一）東夷族的龍圖騰崇拜及地域分布

上古東夷族分布於今山東的大部，河北、河南的東部及江蘇的北部等，在東北甚至朝鮮等也有他們的足跡。從血緣來說，東夷族與百越族也許並沒有太大的差別。《越絕書・吳內傳》釋夷曰："習之於夷。夷，海也。"按照這種解釋，夷就是在沿海居住的人，由於大海在中國的東部故稱東夷。史學家呂思勉在論及東夷與越人的區別時說："自淮以北皆稱夷，自江以南皆稱越。"[1]

較明確地屬於東夷集團的遠古上古帝王有太皓、少皓、帝舜、商湯等。夏和秦宗室與東夷族也有著密切的關係，故東夷族對於華夏族的形成曾經產生十分重要的作用。春秋戰國時的宋、陳、鄭、韓、衛等國和徐夷、淮夷、萊夷等均爲其後裔。

《左傳・昭公十七年》曰："太昊以龍紀，故以龍爲官"。杜注曰："有龍瑞，故以龍爲官。"據孔《疏》，這些官名爲青龍氏、赤龍氏、白龍氏、黑龍氏、黃龍氏。太昊是東夷族的部落聯盟首領，這些官名，應該就是各個部落名號。這則記載應是東夷族以龍爲圖騰的直接證據。

（二）《海外東經》、《南山經》和《中山經》中之龍神

在《海外東經》中，也有關於東部地區以龍爲圖騰的記載："雷澤中有雷

1. 呂思勉：《中國民族史》商務印書館，1937 年第 4 版，第 209 頁。

神，龍身而人頭。”長著人頭龍身的雷神，應該就是龍圖騰的象徵。至於雷神所在的雷澤，據《史記・正義》引《括地志》說：“雷夏澤，在濮州雷澤縣郭處西北。”即今河南濮陽和山東鄄城地區。此地確爲東夷的聚居區。由此可知，東夷以龍爲圖騰確爲有據可查。

除華夏的東部地區以外，在華夏的南部地區或中部地區也有龍崇拜的記載：

《南山經》：“凡䧿山之首，自招搖之山以至箕尾之山，……其神狀皆鳥身而龍首。”“凡南次二山，……其神狀皆龍身而鳥首。”

《中山經》：“中次九山，……其神狀皆馬身而龍首。”“中次十山，……其神狀皆龍身而人面。”

華夏的中部雜居有東夷民族，從而有龍圖騰的崇拜，這一點容易理解。至於華夏的南方有龍圖騰崇拜的原因，是由於後起的東夷族的一個支系以鳥爲圖騰的少昊族，大多分布於華夏的南部。由於血緣習俗上的相近的關係，以龍爲圖騰的東夷族也大量雜居於南方，特別是周人滅殷以後，大量東夷人南遷，甚至融人東南沿海的百越之中，這是產生龍鳥和龍蛇相合的圖騰的依據。

三、少昊、南蠻族的鳥圖騰崇拜和地域分布

（一）少昊族、殷商族的鳥圖騰崇拜及地域分布

《左傳・昭公十七年》載：“昭子問焉，曰少昊氏鳥名官，何故也。郯子曰：‘吾祖也，我知之。昔者，……大昊氏以龍紀，故爲龍師而龍名。我高祖少昊，契之立也，鳳鳥適至，故紀於鳥，爲鳥師而鳥名。鳳鳥氏，曆正也；玄鳥氏，司分者也；伯趙氏，司至者也；青鳥氏，司啓者也；丹鳥氏，司閉者也；祝鳩氏，司徒也；雎鳩氏，司馬也；鳲鳩氏，司空也；爽鳩氏，司寇也；鶻鳩氏，司事也。五鳩，鳩民者也。……”

這段問答記載了魯昭公問少昊的後裔郯子，少昊爲什麼用鳥給其官員命名？郯子說是由於其祖摯得天下時，正逢吉祥鳥鳳凰出現，所以以鳥名官。他

還列舉了五個以五彩鳥命名的曆正和五個以五鳩鳥命名的行政官名。這實際是其部落聯盟中十個以不同鳥名作爲徽號的氏族。經統計，有五鳥、五鳩、五鳺、九邑，共二十四種。這些氏族全部以鳥作爲他們的圖騰。少昊族起源於今山東郯城，後來這個民族強大起來，先後出現過帝俊、契、商湯等著名帝王。

《史記．殷本紀》曰："殷契，母曰簡狄，有娀氏之女，……行浴見玄鳥墮其卵，簡狄取吞之，因孕生契。契長而佐禹治水有功，帝舜……封於商。"這是說殷人是玄鳥氏的子孫。玄鳥即燕子。因此，殷人是少昊氏的後裔。[1]郭沫若則認爲少昊與契是一個人。[2]

《山海經．大荒東經》記載："有人曰王亥，兩手操鳥，方食其頭。"殷人以王亥爲其高祖，王亥應是實有其人的，以手操鳥之形正表明其以鳥爲圖騰。甲骨卜辭中出土有涉及王亥的卜辭，"亥"字從鳥，證明殷王室確以鳥爲圖騰[3]。以後殷商遺民遍布黃河以南、江淮中游地區，此正與前引《山海經．南山經》奉鳥身龍首、龍身鳥首爲神的民族相合。其它部分也有豐富的鳥圖騰記載。

（二）《中山經》、《海外南經》、《大荒南經》和《海內經》所載之鳥神

《中山經》："中次二山……凡濟山之首，目輝諸之山至於蔓渠之山，凡九山，一千六百七十里，其神皆人面而鳥身。""中次八山……凡荆山之首，自景山至琴鼓之山，凡二十三山，二千八百九十里，其神狀皆鳥身而人面。""中次十二山，凡洞庭山之首，自篇遇之山至於榮餘之山，凡十五山，二千八百里。其神狀皆鳥身而龍首。"

《海外南經》："比翼鳥在其東，其爲鳥青赤，兩鳥比翼。""羽民國在其東南，其爲人長頭，身生羽。""畢方鳥在其東，青水西，其爲鳥一腳。""驩頭國在其南，其爲人人面有翼，鳥喙。"

---

1. 徐中舒：《殷商史的幾個問題》。
2. 郭沫若：《中國古代社會研究》。
3. 胡厚宣：《甲骨文所見商族鳥圖騰的新證據》，《文物》，1977 年，第 2 期。

《大荒南經》："南海之外，赤水之西，流沙之東……有羽民之國，其民皆生毛羽。有卵民之國，其民皆生卵。" "帝俊妻娥皇，生此三身之國，姚姓，黍食，使四鳥。" "有人焉，多喙，有翼，‧……驩頭人面鳥喙。"

《海內經》："有嬴，鳥足"。

以上所引《中山經》中次二山在洛水以南，中次八山在荊山一帶，中次十二山之洞庭山在今湖南省北部，《海外南經》和《大荒南經》之比翼鳥國、羽民國、卵民國和驩頭國等，則更在長江以南。所有這些記載都證實南方民族以鳥爲圖騰這個事實。

《海內經》的"有嬴鳥足"，說明了在海內居住的嬴姓之人屬於鳥圖騰。前已述及秦之祖先爲嬴姓，但秦只是嬴姓的一支，按照何光岳的考證，在春秋戰國時山東南部、安徽北部、河南南部等均有分布。皋陶爲少昊的後裔，偃姓。生伯翳（益）、仲甄，益的後裔以嬴爲姓，以後皋陶後裔分爲嬴、偃二姓，其實嬴、偃、益、甄其聲相近，同爲燕即玄鳥的轉音[1]。春秋時的六國、英國、舒國、蓼國（皖北）、鄾子國（河南偃師）均爲偃姓，同屬甄的後裔。而徐國（蘇北）·郯子國（山東郯城）·江國（湖北江陵）、黃子國（河南潢州）、淮夷則均爲嬴姓，同屬益的後裔。《海內經》所載嬴姓鳥圖騰崇拜，正與此相合。

晉張華《博物志》說："越地深山有鳥如鳩，‧‥‧越人謂此鳥爲越祝之祖。"干寶《搜神記》也有類似的記載[2]。故不僅少昊族的後裔以鳥爲圖騰，一部分越族也以鳥爲圖騰。這部分越人可能是受到較深殷商文化的影響。

四、西羌族的虎圖騰崇拜及地域分布

（一）西羌族的虎圖騰崇拜及地域分布

1. 何光岳：《東夷源流史》江西教育出版社，1990年。
2. 晉代張華：《博物志》卷九；干寶：《搜神記》卷二十。

甘肅青海和陝西西部一帶，一直都是古羌人生存的根據地。其中有的向東進人中原融人華夏族中，有的因戰亂向西藏高原、新疆、西南地區遷移，形成現今的彝族、納西族、哈尼族、白族、藏族等。與漢族接觸較多的古羌人在學習了漢文化和農耕技術以後，改游牧爲農耕，生產得到發展，形成氐族。氐族又向四川發展，與當地人民融合形成巴人和蜀人，因此可以說整個中國西部大都是古羌人生存的地區。

據《帝王世紀》記載，中國遠古著名的古帝之一伏羲生於成紀，注云："漢置縣，屬天水郡。"在甘南天水一帶爲古羌人生存的根據地。因此，伏羲應看作古羌民的祖先。有些人將太昊、伏羲附會爲一是沒有根據的。古西羌族母系社會延續得比較遲，在隋唐以前的文獻中常有西王母和女國的記載，正是西羌族婦女長期執政的反映。漢文中伏羲之"羲"（寫作"戲"、"曦"）、羲和之"羲"、西王母之"西"和覡巫之"覡"，均出自古羌語有知識的人或部落首領一詞，至今彝族語匯中仍然使用，例如南詔開國君主細奴邏，曆代南詔王自稱"信"，王后稱爲"信麼"，而現代涼山彝族奴隸主稱爲"西波"，女奴隸主稱爲"西摩"。哀牢山稱巫師爲"西"，稱女巫爲"西摩"，元李京《雲南志略》稱巫師爲"大溪婆"，《雲南通志》則記爲"大溪波"。近代稱彝族首領、巫師爲"細"、"信"、"西"、"溪"與漢族上古文獻中的"羲"、"西"、"覡"是一個意思。

《淮南子·覽冥訓》等將伏羲稱爲虙戲。《說文解字》釋"虙"曰："虙，虎皃"，"必聲"。在《荀子》中又寫作"鼻息"。楊和森等以爲"伏羲"一名同於現今土家族、白族的自稱"畢玆"或"白子"[1]。伏羲的名稱就帶有虎的含義。《史記·五帝本紀》載黃帝"教熊羆貔貅貙虎，以與炎帝戰於阪泉之野。"其中熊、羆爲一類。郭璞云："貔，執夷，虎屬也"。《集韻》釋貙曰："虎之大者爲貙"。故貔、貅、貙、虎同爲崇虎之氏族。最早生活於江漢流域的貙人，一直到南北朝時仍保留其民族特性，故晉左思《蜀都賦》有"拍貙氓於葽草。"注曰："江漢有貙人，能化爲虎。"古羌人崇虎的史跡幾乎到處可見，殷周時活躍在華夏西部的就有虎方，即爲崇虎的民族。《後漢書·西羌傳》載羌人祖先

1. 楊和森：《圖騰層次論》附論，雲南人民出版社，1987年。

無弋爰劍逃歸時，因受到虎神的保護而得以不死。《山海經》載西王母是一個豹尾虎齒而善嘯的怪物。這些都顯示出羌民虎崇拜的痕跡。

（二）上古虎方、虎夷與殷周王朝之關係及地域分布

古羌人以黑爲貴，崇拜黑虎。保存著古羌族文化特色的彝族、納西族等至今仍然如此。然而，部分古羌人因受中原文化的影響，形成了新的民族氏族，他們崇拜白虎。這個習俗也有許多史跡可尋。《後漢書·西南夷列傳》載巴氏先民共推務相爲廩君時說，“廩君死，魂魄世爲白虎。巴氏以虎飲人血，遂以人祠焉。”《華陽國志》巴志有“白虎復夷”和“弜頭虎子”的記載。《蠻書》引古版《華陽國志》曰：“巴氏祭其祖，擊鼓而祭，白虎之後也。……夷人逐號爲虎夷。”至今在白族、土家族中，有關崇拜白虎的傳說到處可見。

進人中原地區的古羌人，在與東方民族的接觸中逐步學會了農耕技術，大大改變了原有的生活習俗，但仍然以虎爲圖騰，改以白爲貴，崇尚白虎。時人稱爲虎方。相傳虎氏族是黃帝統率戰敗炎帝的六個胞族之一。以後高辛氏手下的八個才子中就有伯虎，應即虎氏族的首領。殷商時，曾出現有商朝的屬國虎侯。以後殷多次徵虎方，可見虎方爲殷南方的大敵 。商廩辛 、康丁時，征伐虎方，在崇山、汝水之間建立虢國。周武王滅商，又封其弟虢仲於此，稱爲東虢。此爲虎方最早的居住之地。在今洛陽、中牟、新鄭、臨汝一帶，當爲中原虎民的一個活動中心，曾留下許多以虎命名的地方，例如《山海經，中山經》提及的虎尾山即偃師、洛陽之間邙山的東段，臨汝登封之間的虎山即爲《中山經》所載的虎首山。這條山脈南北走向，爲一只尾北頭南的大虎。滎陽縣汜水鎮有虎牢，是相傳周穆王畜虎之地。漢時將虎牢改名成皋，即皋比，義爲白虎。在周舊地岐山也爲虎民聚居地，武王封另一個兄弟虢叔於此，稱其地爲西虢。平王東遷，西虢隨之東遷至河南陝縣的上陽，稱爲北虢，此地爲唐堯後裔所在，也爲虎民的聚居地。

商末周初時，在淮北一帶曾出現過虎夷的蹤跡。金文中有關於周昭王伐反

虎的記載。有人認爲漢水流域的白虎復夷便是淮河流域虎夷西遷的結果[1]。漢水流域確是白虎之民的重要聚居地。他們可能早在夏商時已生活於此地，春秋戰國時白虎夷民受到楚國的不斷打擊，逐步向湘西山區退避，在這一地區不僅留下虎頭山、虎尾洲、虎子岩·虎牙出、白虎鎭、虎渡河、白虎台等地名，近年來在這一地區還發掘出許多以虎爲族徽的實物。例如虎頭銅鉞、銅戈、虎紋劍、玉虎、虎形玉璜等，這個地區出土的周代盛行的軍樂器錞於，也都以虎鈕爲飾。這些事物都表明漢水地區直至湘西北一帶是白虎夷民的聚居地。他們以白虎爲圖騰，故所居住村寨、山林、河流均以虎命名，日常生活用品也習慣地製成虎形。

（三）西王母的虎圖騰崇拜與地域分布

說到虎圖騰崇拜，就立即會想到西王母，前引《西山經》載其"豹尾、虎齒而善嘯"，"其神狀虎而九尾，人面而虎爪"，在《大荒西經》中也有西王母的記載："有大山名曰崑崙之丘，有神人面虎身，有文有尾，皆白，處之。……有人戴勝，虎齒、豹尾、穴處，名曰西王母。"這正是虎圖騰的形象。

前已述及西王母即西嫫，即女首領之義。加一"王"字，是突出她的地位。古羌人長期處於母系社會，以婦女爲首領。《淮南子·覽冥訓》有"西姥折勝"，與《山海經》載西王母戴勝相合。顧實《穆天子傳西征講疏》說"西姥即西母也"，此說欠妥。彝族自稱羅羅，即自稱虎民。由於各地方言不同，又寫作拉、喇、邏等。從彝語可知，"姥"即"虎"也，"西姥"即虎民首領之義。

至於西王母的居處，各家記載不一。這些並不是記載謬誤，而是各家所見的西王母居處不同。凡是有古羌民生活的地方，都可能有西王母，這些居處的記載正是西羌族的聚居地。《水經·伊水注》曰：伊水"出陸渾縣之西南王母澗，澗北山上有王母祠，故世以名溪。"又《清一統志》曰："王母澗水，在嵩縣西，古名滽滽之。……東流注於伊水。"王母澗即在今嵩縣西部的羅村南，又名羅村澗。王母祠在羅村北山崗上。"羅"，彝名爲"虎"，此羅村很可能源

1. 項英杰：《虎方考釋》，《中國文化》，1945 年第 1 期。

於虎村之義。賈誼《新書・修正語》說："堯教化及雕題、蜀、越，……西見西王母。"《尚書大傳》云"舜從天德嗣堯，西王母來獻玉琯"。又《淮南子・覽冥訓》有"羿請不死之藥於西王母。"說明早在堯舜和夏初時就與西王母有交往，當時活動範圍僅限於中原地區，此陸渾縣之西王母與舜堯的活動中心不遠，正合於史實。前引《西山經》西王母之玉山，大約也指此地。商代不見有關西王母的記載，說明商的政治中心位於東部，較少與西部的虎民交往。白眉初《秦隴羌蜀四省志》謂涇川縣城西五里之四川山爲周穆王會西王母之瑤池。《清一統志・平涼府》又謂"王母山在華亭縣南一里。"《漢書・地理志》謂金城郡臨羌西北塞外有西王母石室。《晉書・張軌傳》載酒泉太守馬岌言酒泉南山即周穆王見西王母處。以上西王母的居地應該就是以虎爲圖騰的西羌人的聚居地，它無疑地位於中國的西部，故有西方白虎之稱。

（四）彝族虎圖騰崇拜及其演生圖騰

彝族自稱羅羅，或寫作儸儸、盧鹿等。元以後還設有羅羅宣慰司。"羅"義爲"虎"，即彝族自稱爲虎民，或自稱爲虎的後裔。《山海經・海外北經》就說："有青獸焉，狀如虎，名曰羅羅。"所載與現今彝族以黑爲貴、自稱虎民的習俗一致。彝族是人口眾多的少數民族，現今分布於雲貴川等廣大地區。《山海經》載在朔方，看來彝族古代在中國的西部自北到南都有分布。

現今史學家大都承認彝族是古羌人的一個重要支系，其社會長期處於封閉狀態，直至解放前夕，涼山彝族仍處於奴隸社會的階段，古老的習俗保存得較爲完整，其圖騰制度也發展得較爲充分。除掉虎圖騰以外，較爲著名而且使用得較廣約有黑竹、柏樹、羊、葫蘆等作爲地區性的圖騰。各個支圖騰則更數不勝數。對於這些眾多的圖騰，初看似乎眼花繚亂。楊和森在《圖騰層次論》中已作了詳細的分析和明確的回答。他說："既然我們已查明虎是彝族及其先民古羌戎的原生圖騰，彝族所崇黑虎是從虎圖騰直接分衍出來的演生圖騰，……柏樹和黑竹都已不是原生圖騰，它們僅屬於由彝族虎原始圖騰經過多次演生而形成的兩個胞族的圖騰名稱。"又說："彝族古代先民羌戎……羌字從羊。有人便以爲古羌戎以羊爲圖騰。其實這是一種誤解。"羌"非自稱，而是中原華夏視其牧羊的生產特點和生活習慣所給的他稱。”又說：“彝族……崇拜葫蘆，是對虎伏羲的崇拜。……聞一多……考定說：‘伏羲是葫蘆的化身。’”[1]

由此可以看出，彝族的原生圖騰是虎，而柏樹、黑竹、羊等，都只是次生圖騰。這些只代表彝族中的某些支系或氏族。至於彝族所祭祖的葫蘆，並不是圖騰，而是以葫蘆象徵其遠祖伏羲。伏羲爲虎祖，從這種意義來說，也是虎圖騰的象徵。

五、夏民族的龜蛇圖騰崇拜和地域分布

（一）北方之神玄武與禺京的關係

龍、鳥、虎的名稱都很清楚，僅玄武之名較爲費解。《後漢書·王梁傳》在解釋玄武的含義時說：“玄武，水神”。李賢注曰：“玄武，北方之神，龜蛇合體。”即玄武爲水神，又是北方之神。故水神和北方之神是我們探討其含義的基礎。人們通常把它解釋成龜蛇合體或就是指龜。這種說法是不錯的，但要了解其含義和起源還不夠，尚須作深人的探討和剖析。

後人所以把玄武理解爲龜蛇，是經過久遠的歷史演變和民族的同化和融合的。《山海經·海內經》云：“帝俊生禺號，禺號生淫梁，淫梁生番禺，是始爲舟。”是說淫梁爲東夷祖先帝俊的孫子，淫梁之子番禹是舟的發明者。從發明用舟一事可知淫梁、番禺這個民族生活在多水地區，善於與水打交道。又《大荒東經》說：“東海之諸中有神，人面鳥身，珥兩黃蛇，踐兩黃蛇，名曰禺虢。黃帝生禺虢，禺虢生禺京，禺京處北海，禺虢東海，是爲海神。”郝懿行疏曰：“大荒東經言黃帝生禺虢即禺號也，禹號生禺京即淫梁也。禺京、淫梁聲相近。”何光岳[2]、袁珂[3]等均贊同郝的意見，京的古音也讀作涼，涼與梁音通，故禺京與

1. 楊和森：《圖騰層次論》，雲南人民出版社，1987年，第50、51、85、86、94、95頁。
2. 何光岳：《百越源流史》第322頁，江西教育出版社，1989年。
3. 袁珂：《山海經校注》。

淺梁音通。由於禺京位於北海，故成爲北海之神。

又《海外北經》："北方禺強，人面鳥身，珥兩青蛇，踐兩青蛇。"郭璞注："字玄冥，水神也。莊周曰：'禺強立於北極。'一曰禺京。"依照郭璞的意見，禺強即禺京，"強"、"京"一言之轉。禺京字玄冥，爲立於北極的水神。與北海之神的說法是一致的。《莊子·逍遙遊》曰："北冥有魚，其名爲鯤。鯤之大，不知其幾千里也。"陸德明《音義》引崔譔曰："鯤當爲鯨。"則此莊周所說的北冥之神魚鯨（鯤）與《山海經》聽說的北海之神禺京（字玄冥）應是相關聯的。北海即指令渤海。上古時有北海郡，爲今河北東部、山東北部地區。禺京爲生活於北海地區經常與水打交道的民族首領，以大魚鯨爲圖騰，鯨又名鯤，故禺京被人們稱之爲北方之神或北海之神。此是古人將齊燕之地定爲北方玄武的直接依據。番禺族屬百越族的一支，古時又寫作番吾、蕃吾、蒲吾等，以後不斷南遷，在上古時大部融於華夏族，部分與楊越、南越融爲一體，廣東番禺之地，即其後裔在此活動所留下的地名。這就是吳越和粵地雖然位於南方，但也爲北方玄武之分野的道理所在。

關於其後裔番禺族和夏族的起源，較爲一致的意見是與古羌人有關。按照何光岳的意見，禺京之父禺虢，原本就是屬於以虎爲圖騰的民族，"虢與貅音通，即黑貅之貅，爲猛獸，是黃帝大族之一。因聯合打敗蚩尤於涿鹿，故涿鹿西南有潘的地名，即其子孫番吾（番禺）所在地。後來才遷至番吾（平山）"[1]。由於戰勝蚩尤，虢族才得以在黃河以北的下游地區繁衍。由於臨近渤海，長期生活在沼澤沮洳地帶，又常與其南部近鄰東夷族接觸，受到東夷文化的影響，使其生活習俗發生很大的變化，從而其所崇拜的圖騰也由山中之王虎改變爲水中之王鯨或靈龜。其另一支繼續向南發展，以河南嵩山爲根據地，終於在禹的領導下，建立起強大的大夏政權。

（二）禺京即夏禹之父鯀

人們對龜的崇拜，主要源於上古夏民族。《爾雅翼》曰："天地初，介潭生

1. 何光岳：《百越源流史》，江西教育出版社，1989年，第322-328頁。

先龍，先龍生元黿，元黿生靈龜，靈龜生庶龜。凡介者生於庶龜。”這也許可以看作上古民族圖騰的演變系列。有的上古文獻以介蟲代替北方玄武的位置，此處的介者即指介蟲。靈龜古人看作神龜，常用於占卜。古人將黿、鱉、龜看作同類。《說文》曰：“黿，大龜也。”《爾雅翼》曰：“黿，鱉之大者。闊至一、二丈。”夏族以禹父鯀爲祖先，《史記・夏本紀・正義》曰：“（殛）鯀之羽山，化爲黃能，入於羽淵，能，音乃來反，下三點爲三足也。”《爾雅・釋魚》曰：“鱉三足爲能。”即鯀爲奇異龜鱉的化身。又《山海經》云：“從山多三足鱉，”《連山易》有“鯀封於崇”，《國語》有“崇伯鯨”之名，可知崇山一帶是鯀的根據地。此二書的“從山”、“崇山”即現今河南省中部的嵩山。由此可知鯀的部落以三足鱉或靈龜爲圖騰。《尚書・洪範》孔傳曰：“天與禹洛出書，神龜負文而出，列於背。”是說上天通過神龜賜禹洛書而得天下，說明神龜在促使夏民族取得統治權所起的特殊作用，故龜被奉爲夏民族的圖騰。

這裡需要交待一下玄冥與玄武之間的關係。丁唯汾《俚語證古》說：“武，古音讀沒，爲冥之雙聲音轉。”[1]即指出玄武與玄冥爲同一名稱的異寫。何新《諸神的起源》也認爲“武”的古音讀“莫”，在上古音系中與“冥”相通，二字音近，“武”爲“賓”的通假字[2]。

再討論“玄冥”的含義。《呂氏春秋・孟冬記》曰：“水神玄冥”。高誘注：“玄冥，官也。少昊氏之子曰循，有玄冥師，死祀爲水神。”又《國語・魯語》曰：“冥致力其官而水死。”韋昭注：“冥，契後六世孫也。……爲夏水官，勤於其職，而死於水也。”“玄”的基本含義爲黑色。夏民族以黑爲貴。《禮記・檀弓》曰：“夏後氏尚黑”。夏族的一個支系涂山氏女爲夏啓之母，夏啓重臣孟涂出自涂山氏，封於巴國。《山海經・大荒北經》載“西南有巴國，有黑蛇，青首，食象。”是說涂山氏以黑蛇爲圖騰。則水官玄冥又簡稱冥，本義爲黑色的“冥”。冥出目夏族，致力於水事，死而祀爲水神，從其事跡看應是指鯀。其實這個玄冥實有所指，《左傳・昭公二十九年》曰：“水正曰玄冥……少昊氏有四叔，曰重、曰該、曰修、曰熙，實能金木及水。……，修及熙爲玄冥。”

1. 見丁唯汾：《俚語證古》第 6 頁。
2. 何新：《諸神的起源》，北京三聯書店，1986 年，第 199 頁。

則玄冥就是修和熙。《竹書紀年》曰："帝禹夏後氏母曰修巳。"《史記·夏本紀·正義》引《帝王紀》云"父鯀妻修巳。"巳爲蛇，修巳即修蛇。同書《索隱》引皇甫謐云："鯀，帝顓頊之子，字熙。"由此可知，玄冥其人熙和修即鯀及其妻族。鯀以龜爲圖騰，修以蛇爲圖騰，二氏族世爲婚姻，合爲龜蛇纏繞之像，這就是北方玄武爲龜蛇的來歷。事實上，熙、修合婚的後裔夏民族也以蛇爲圖騰，故《列子·黃帝篇》有"夏後氏蛇身人首"的記載。

前面討論過北海之神禺京（也即禺強）號玄冥，這裡又說水神鯀爲玄冥，這兩個玄冥究系何種關係呢?根據《莊子·逍遙遊》的記載，禺京是一種大魚，名曰鯤，或叫作鯨。鯨爲水中最大的動物，上古海邊民族以鯨爲圖騰是可以理解的。但禺京的化身大魚鯤卻與鯨發音相同，應是同一個人名的不同寫法。禺京和鯀同爲北方水神，又均叫作玄冥，則更證實了這一點。

但是，禺京爲魚圖騰，鯀爲龜蛇圖騰，在這個問題上何以統一呢?應統一在均爲水神上面。以鯨、蛇爲圖騰取水生動物的大者，以龜爲圖騰取靈龜不死。其均爲水類，沒有根本的差別，也可相互轉化。《山海經·海外南經》就談到蛇魚轉化之事："蟲爲蛇，蛇號爲魚"，《大荒西經》也有"蛇乃化爲魚"的說法；另外，禺京（又名禺強）不僅是大魚鯤的化身，在上古文獻中也記作靈龜，例如《莊子·大宗師》曰："北海之神，名曰禺強，靈龜爲之使。"由此可證大魚鯤和靈龜鯨均集中於玄冥一人之身。

（三）龜蛇合體源於民族

古人在四神中，獨北方之神玄武配以龜蛇纏繞之像，是出自如下的觀念，《玉篇》云："龜天性無雄，以虵爲雄也。"虵爲蛇的異體字。即古人認爲龜都是雌性，只有與蛇交配才能繁殖後代。故夏人要以龜蛇合體作爲本民族的完整圖騰。這種觀念實即出自熙、修兩個氏族集團長期保持聯姻制度，直至夏後氏出，完成了母系社會同父系社會的過渡，才改變這種狀況。

（四）越族的蛇圖騰崇拜及地域分布

上古時生活在海邊經常與水打交道的民族不僅以魚作爲本民族的圖騰，魚、鱉、龜、蛇等水生動物均可作爲圖騰。前引禺京之父東海之神禺號就爲珥兩蛇、踐兩蛇之神，即意味著以蛇爲圖騰的民族。越人以蛇爲圖騰，在古代文獻中有明確的記載。例如，《說文》曰：“閩，東南越，蛇神。從蟲，門聲。”《吳越春秋・闔閭內傳》說吳立蛇門，“越在已位，其位蛇也，故南大門上有木蛇，北向首內，示越屬吳也。”是說以蛇象徵越的國家和民族。《說文・蟲部》曰：“南蠻，蛇神。”這裡的南蠻，主要是指越人。居住在閩、粵沿海一帶的蜒人，其中一部分爲古越人的後裔，顧炎武《天下郡國利病書》引《潮州志》云：“以南蠻爲蛇神，觀其蛋家神宮蛇象可知。”陸次雲《峒溪纖志》云：“其人皆蛇神，故祭祖皆祭蛇神。”又《海陽縣志》謂“潮州蜒人所奉神宮皆爲蛇象”，徐松石《粵江流域人民史》說“廣西梧州三角嘴亦有蛇王廟。”越人後裔至近代仍立蛇王廟祖蛇，可見其先民以蛇爲圖騰影響之深遠。

（五）越夏二族在血緣上的關係

夏族和越族都以龜蛇爲圖騰，是由於這兩個民族存在血緣上的聯繫。《漢書・地理志》云：越人“其君禹後，帝少康之庶子雲。封會稽。”認爲越是夏民族的後裔。張公量《古會稽考》說：“越即夏，一音之轉，大越即大夏。”[1]大約越族很早就生存於北部東部沿海，與遠古番吾等民族有著血緣和文化上的聯繫。在逐漸向內地發展的過程中不斷地與東夷族和西羌族發生關係，在夏朝時，進人中原的這個支系強大起來，建立夏朝，形成一個新的民族—夏族。夏朝亡國後，大部分夏人融於華夏族，一部分夏人南奔，再次與浙、閩、兩廣之土著民族相融合，故有百越之稱。越人奉夏之祀。夏族的始祖禹死葬會稽。以後在越人生存地建有多處會稽，象徵其祖禹的陵墓和衣冠塚，以備祭祖和朝拜之用。越人以蛇爲圖騰與夏人有著共同的起源。

六、恆星分野觀念的實質

1. 張公量：《古會稽考》，《禹貢半月刊》1 卷 7 期。

（一）四夷分布於黃道帶四方合於中國星座命名的傳統

中國民間曾普遍流傳著天上一顆星，地下一個丁的傳說，它雖然唯心，卻是天地對應觀念的反映。人們把人類社會所接觸到的事物，包括政治制度在內，都搬到天上給星命名。眾星圍繞運轉的北極星，稱之爲帝星，其周圍是皇帝的宮苑和將相、天牢等統治機構。黎民百姓則廣泛地分布於四方，即分布於黃道帶附近。由此可以推論，分布於黃道帶的四象，並不簡單地代表龍、蛇、虎、鳥四種動物，而是象徵著組成華夏族群的四個民族，即以四個民族所崇拜的圖騰作爲這些民族的代表給黃道帶的四個部分命名，以象徵帝王所統治的四方民族和方國。只有作這樣的理解，才能與中國古代以人間的政治機構和社會組織給星座命名的習俗相協調，這才真正符合古人給星座命名的本義。

（二）以龍為圖騰之東夷祀蒼龍星座與以虎為圖騰之西羌祀白虎星座

《左傳，昭公元年》說：

> 昔高辛民有二子，伯曰閼伯，季曰實沈，居於曠林，不相能也，日尋干戈，以相征討。後帝不臧，遷閼伯於商丘，主辰，商人是因，故辰為商星；遷實沈於大夏，主參，唐人是因，以服事夏商。

意思是說，早在遠古高辛氏的時代，他有兩個兒子，名叫閼伯和實沈（實即是兩個民族的代表），不能和睦相處，經常發生戰爭，於是高辛氏便派閼伯到商丘居住，以觀測辰星（即大火）的出沒狀況定季節，殷商民族便是他的後裔，故殷商民族祭祀辰星，以辰星作爲本民族的標誌星；高辛氏又派實沈到大夏（今山西夏縣、翼城一帶）居住，以觀測參星定季節，唐堯民族便是他的後裔，故唐堯民族祭祖參星，以參星作爲本民族的標誌星。這個傳說告訴我們，早在遠古時就存在東夷民族（商族出自東夷）崇拜大火星，以大火作爲本民族的標誌星，西羌民族（唐堯出自西羌）崇拜參星，以參星作爲本民族的標誌。《左傳》記載的這則傳說故事實即是分野觀念的基礎和先導，只有懂得其內在涵義，才能真正了解分野思想的實質。

熟悉中國上古史的人都知道，華夏族是以東夷、西羌民族為主體，並融合部分其他民族形成的。其中東夷民族主要生存於東部沿海地區，西羌民族則生活於中原的西部地區。在遠古炎帝黃帝時代，一部分羌民分別東遷至華北平原的西部，與東夷等民族發生接觸，在不斷的生存鬥爭中逐漸融合，並最終形成一個新的民族華夏族。然而，這些民族即使到春秋戰國時，仍保留有各自的民族文化和生活習俗，其中東夷民族崇拜龍，以龍為圖騰，西羌民族崇拜虎，以虎為圖騰，便是他們最基本的特徵。

相傳太皓是東夷族的始祖，他的活動中心在今河南淮陽一帶，據傳說，在他的部落裡都是以龍命官。帝舜和殷商，也都屬於東夷民族，正因為這樣，在周初大封建時，帝舜的後裔在太皓之墟建立起陳國，其都城在今淮陽附近。商族興起於商丘，周初大封建時，商的後裔微子在商丘建立起宋國。由此可知，這個商星分野必與東夷民族有關。東夷民族以龍為圖騰，而商星為大火，即心宿，也即蒼龍的心，為蒼龍的中心部位，那麼東方蒼龍必為東夷民族的象徵。

平陽（今山西臨汾）相傳為帝堯陶唐氏之墟。故周成王封其弟叔虞於此時，稱為唐叔虞，其後裔在此地建立晉國。故晉國常被人們看作唐人的後裔。唐人祁姓是黃帝的後裔，黃帝出自西羌，故晉人屬於西羌系統。西羌族以虎為圖騰，黃帝時曾率領六個以虎屬動物熊、羆、貔、貅、貙、虎為圖騰的氏族在阪泉打敗蚩尤。由此可知，這個參星必與西羌民族有關。西羌民族是以虎為圖騰的，而參星為西方白虎的身軀[1]，也是虎的主要代表，那麼西方白虎必為西羌民族的象徵。

（三）華夏族群圖騰與恆星分野中四象的對應關係

明白了參、商二星的傳說故事的真正含義之後，恆星分野的含義也就不難理解。流傳得較為普遍的分野出自《淮南子．天文訓》：

1. 東方七宿與蒼龍、北方七宿與玄武、西方七宿與白虎、南方七宿與朱雀對應關係的研究，請見拙作《天記天官書和曆書新注釋例》，《自然科學史研究》，6 卷 1 期（1987 年），第 35 頁。

星部地名：

角亢，鄭；氐房心，宋；尾箕，燕；

斗牽牛，越；須女，吳；虛危，齊；營室東壁，衛；

奎婁，魯；胃昴畢，魏；觜觿參，趙；

東井輿鬼，秦；柳七星張，周；翼軫，楚。

因此，秦漢時人們較爲流行的觀點是東方蒼龍與宋、鄭、燕相配，北方玄武與齊、衛、吳、越相配，西方白虎與魏、趙、魯相配，南方朱雀與楚、東周、秦相配。稍加分析便可知道，這種分野思想與《左傳》所載商人主辰、唐人主參的說法相一致，即符合東夷族以東方蒼龍爲標誌、西羌族以西方白虎爲標誌的思想。

前已述及，古人視宋地爲東夷民族的發祥地。西周時鄭國原在今陝西華縣，只是到西周時期的鄭桓公、武公才東遷征服鄶和東虢建都新鄭。據古史記載，鄶嫣人姓，祝融氏之後，故與東夷族有關。又《漢書．地理志》曰："《詩．風》陳、鄭之國與韓，同星分焉。"是說陳、鄭、韓三地同以東方蒼龍爲標誌。前已述及陳爲太皓之虛，太皓爲東夷的始祖，故東方蒼龍的分野在宋、鄭，明白無誤地表示東方蒼龍與以龍爲圖騰的東夷民族相對應。唐叔虞在陶唐氏之後裔中建立晉國，而陶唐氏出自西羌，戰國時的魏、趙是由晉國分裂而成，故西方白虎的分野在魏、趙，正象徵著西方白虎與以虎爲圖騰的西羌族相對應。至於魯國也分在西方白虎之內，是由於魯國爲周公旦的後裔姬姓所建，其地雖位在華夏東方，卻屬西羌民族，故仍屬西方白虎。舍此再沒有其它合理的解釋。

至於南方朱雀和北方玄武的恆星分野，情況要稍複雜一些，爲了便於對比研究，現將《史記．天官書》的恆星分野引述如下：

秦之疆也，候在太白，占於狼弧；吳楚之疆，候在熒惑，占於鳥衡；燕齊之疆，候在辰星，占於虛危；宋鄭之疆，候在歲星，占於房心；晉之疆，亦候在辰星，占於參罰。

房心即蒼龍，參罰即白虎。從《天官書》宋、鄭占蒼龍、晉占參罰可以看出與《天文訓》沒有差別。由“占於”二字可知，古人重視恆星分野的一個主要目的是用於星占。例如，要知晉事，可觀參星，當參罰出現凶兆時，晉人有災；參罰出現吉兆時，則晉人有福。

二書分野在南方朱雀方面的差異是，除共同以江淮等地爲占以外，《天文訓》等還將秦地屬於朱雀，《天官書》則秦占狼狐，狼狐屬西方白虎。這種差異看似費解，其實可從民族圖騰崇拜得到明確的解釋。後起的東夷族的一個分支少昊族，廣泛分布於中原的南部和江淮一帶；他們以鳥爲圖騰，故吳楚以朱雀爲占。而秦雍之地在中原的西部，從民族的族源來說也大多屬於西羌系統，故屬於西方白虎理所當然。但秦國的統治者嬴姓，《史記．秦本紀》載其祖先吞玄鳥卵生大業，大業生大費，他就是輔佐帝舜“調馴鳥獸，鳥獸多馴服”的柏翳，也即伯益。他幫助禹治水立下大功，曾被禹選定爲接班人。伯益生大廉，其子曰鳥俗氏，玄孫日孟戲、中衍，鳥身人言。中衍玄孫中潏在西戎保西垂，子孫定居西戎間，後佐周爲周牧馬而發跡建立秦國。從“吞玄鳥卵生”、“鳥俗氏”、“鳥身人言”、佐帝舜“調訓鳥獸”等記載可見其祖先是崇拜鳥圖騰的，與唐司馬貞《索隱》說其是以鳥爲圖騰的少昊氏的後裔相合。秦宗室以鳥爲圖騰，故《天文訓》將秦列爲南方朱雀的分野。由於秦國地處中國的西部，如果不是秦宗室與崇拜鳥圖騰的少昊族的血緣關係，是沒有任何理由將其分在南方朱雀分野的。而《天官書》說秦占狼狐，則象徵著秦屬西方白虎範圍。由於秦國除統治民族爲嬴姓屬鳥圖騰爲南方朱雀外，其境內其它民族多屬西羌系統，其地域也在西方，故《天官書》說秦占狼狐。兩說之差異，也進一步證明分野思想與民族的圖騰崇拜有關，二者的差異，僅反映了考慮之出發點有異。

《天官書》載燕、齊以虛、危即北方玄武爲占。燕、齊在中國的北部，從方位來說，它與北方玄武是一致的。而《史記．天官書》另一處以州爲代表的分野則將東方蒼龍對應於江湖、揚州、青州、并州。青州即齊地，并州包括今山西省大部和河北、內蒙的一部，與燕地有一些交叉。以青州、并州作爲中國北方的代表應是最確當的。但令人費解的是它還將江湖、揚州作爲北方玄武的分野。而且上古有關分野記載大多以江湖或吳越爲代表，甚至《漢書．地理志》還將粵地列人北方玄武的分野。可見研究恆星分野的起源和本義時，不能局限於地理方位的觀念，而應從民族圖騰崇拜的地域分布以及遷移來考慮。以吳、越、齊作爲北方玄武的分野，意味著玄武這種動物與江河湖海有關。由以上介紹可知，北方的青州和并州之地，實爲遠古夏民族的先民和崇拜蛇的番禺族的發祥地，玄武爲龜蛇之像，故有北方玄武之稱。至於江湖、揚州和粵地，均爲越人的聚居地。而東南沿海的越人，實由北方的番禺族和夏族等遷居此地而形成，故雖位在南方，也屬北方玄武的分野[1]。

[1] 《禮記．月令》和《淮南子．天文訓》等書中還載有五象：春麟虫，夏羽虫，季夏倮虫，秋毛虫，多介虫。即東方龍，南方鳥，中方人，西方虎，北方龜。表示生活在中國中心地帶的人爲聖人，不再以圖騰作爲族稱，或者以華夏的祖先黃帝冠以黃龍之名與之相對應。其含意完全相當，此處略而不論。

從北方神鹿到北方龜蛇觀念的演變

——關於圖騰崇拜與四象觀念形成的補充研究

作者曾論述過四象觀念起源於華夏族的圖騰崇拜，即東方蒼龍源於東方東夷民族的龍圖騰，北方龜蛇源於北方夏民族的龜蛇圖騰等。近發現戰國以前四象文物圖案北方是鹿而不是龜蛇。本文因此作出補充研究，論證了北方神鹿也是北方民族的圖騰，並且論述了從神鹿到龜蛇的演變過程和思想基礎。

筆者曾撰《華夏族群的圖騰崇拜與四象概念的形成》一文，認爲：“爲了區分四季太陽在黃道上的位置，中國古代將黃道帶的星座劃分爲四個部分，稱之爲東方蒼龍，北方玄武，西方白虎，南方朱雀。但爲什麼以龍、蛇、虎、雀命名？又爲什麼以各自的方位與之相配？前人尚未論及。筆者從圖騰研究得出結論，四象的概念源於上古華夏族群的圖騰崇拜，東方蒼龍源於東夷族的龍崇拜，西方白虎源於西羌族的虎崇拜，南方朱雀源於少昊族和南蠻族的鳥圖騰崇拜，北方玄武源於夏民族的蛇圖騰崇拜。也即四象的實質不是分布於黃道四個方位的四個動物，而是華夏族群的四個民族。恆星分野的觀念也源於此。”[1]客觀地說，東夷、西羌、少昊、南蠻的方位和圖騰崇拜與四象的解釋均符合得很好，無可挑剔，以龜蛇解釋夏民族的圖騰崇拜也有充分的理由，唯夏民族的分

1. 陳久金：《華夏族群的圖騰崇拜與四象概念的形成》，自然科學史研究，1992，11（1）：9。收入本書第九章。

布方位則不很明確。儘管追索其起源時，似可找到源於華北的痕跡，但其兩周、兩漢時，畢竟主要分布於中國的中部，雖然有一支融於匈奴，但也有一支融於百越的，故籠統地說其是北方民族，似乎並不顯著。

近受陳美東教授的提示，注意到在馮時《星漢流年》[1]中，指出四象中最早的北方星象不是龜蛇而是神鹿，並附有一幅西周四象銅鏡圖和曾侯乙墓 3 幅橫式星圖爲證。看來在戰國以前的四象概念中，確曾出現過北方神鹿的觀念。那麼，如果四象的觀念確是出於圖騰崇拜，需要經得起北方神鹿觀念的檢驗。也即需從北方民族中找到鹿崇拜的痕跡，而不是在南方或西方。筆者經過調查研究，已經從圖騰資料中找到了北方民族鹿崇拜的確實證據，由此進一步證明，四象的觀念確實出於華夏民族的圖騰崇拜。現陳述如下。

一、北方龜蛇和北方神鹿的文獻資料

1.1 前人關於四象的論述

以往人們對於四象起源的研究還很薄弱。中國天文學史整理研究小組《中國天文學史》只是籠統地敘述了四象的名字，幾乎未作任何闡述[2]。潘鼐的《中國恆星觀測史》雖然也討論過四象的起源，很有見地地指出四象最初是從二象開始的，故《左傳》所載閼伯與實沈兄弟間的戰爭，可以理解爲商夏兩個民族所主辰星和參星，是四象的最早來源。但潘鼐認定四象自始至終就是青龍、玄武、白虎、朱雀，並未注意到四象的名稱發生過變化[3]。陳遵嬀在他的《中國天文學史》中，雖然也比較過上古不同古籍中四象的不同名稱，但其所關注的僅是龍、龜蛇、虎、鳳名稱中雀與鳳的差異，以及《淮南子・天文訓》中除通常四象名稱之外，又加進了中央黃龍，成爲五象，仍然沒有注意到古代文獻中有

1. 馮時：《星漢流年》，成都：四川教育出版社，1996 年。
2. 中國天文學史整理研究小組：《中國天文學》，北京：科學出版社，1981 年。
3. 潘鼐：《中國恒星觀測史》，上海：學林出版社，1989 年，頁38-40，180，198。

將鹿作爲北方星象的事實[1]。

1.2 兩件鹿為四象北方之象的實物證據

鹿爲北方之象的第一件實物證據是 50 年代末於河南三門峽上村岭出土的周代四象銅鏡。該處爲周王室同姓諸侯虢國的封地，故此鏡又稱爲虢國銅鏡。此器拓片（圖 20）首載於中國科學院考古研究所編《上村岭虢國墓地》[2]一書中。此鏡自下逆時針旋轉順序爲雀、龍、鹿、虎，其中以雀鹿的形象尤爲清楚。

圖 20　周代四象銅鏡

鹿爲北方之象的第二件實物證據是 1978 年於湖北隨縣擂鼓墩發掘出土的戰國早期曾侯乙墓漆箱蓋側立面上繪制的星象圖（圖 2）。對於此圖的公布於世需要稍加說明。漆箱蓋上的二十八宿星名龍虎描摹圖，於 1979 年第 7 期《文物》發表，已爲一些

1. 陳遵嬀：《中國天文學史》（2）、上海：上海人民出版社，1982 年，頁 281-189。
2. 中國科學院考古研究所，上村岭虢國墓地，北京：科學出版社，1959 年。

學者研究和應用，出於意外的是，當時此箱的四立面還各有尚未公布的星圖。而漆箱側立面之星象圖，對於我們進一步了解中國二十八宿和四象的起源和演化有著重要意義。現將曾侯乙墓星象圖引載如下（圖 21）[1]。

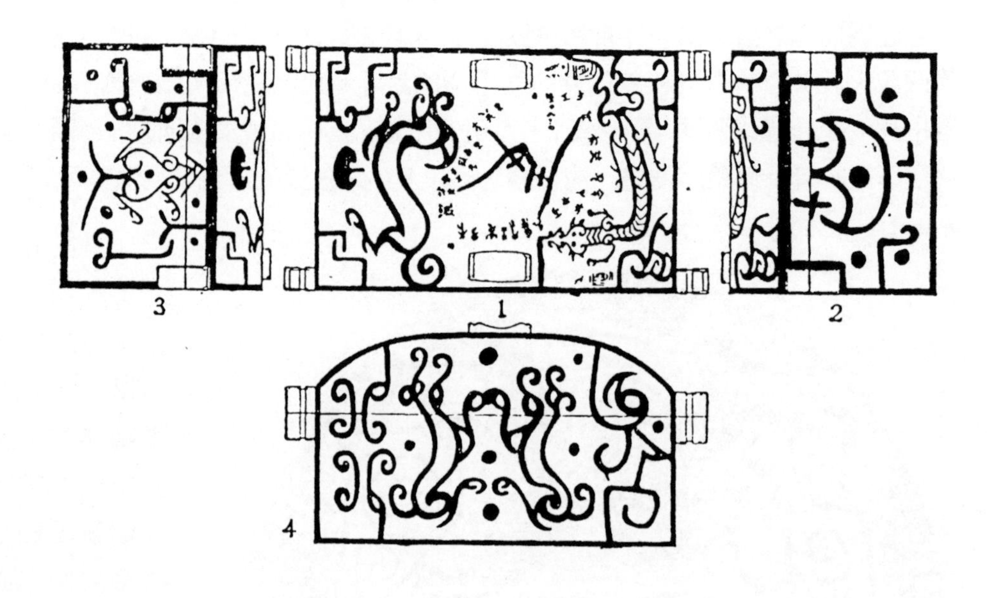

圖 21 曾侯乙墓星象圖

1．曾侯乙墓漆蓋面　2.漆箱東立面　3．漆箱西立面　4．漆箱北立面

從曾侯乙墓箱蓋和側面星象圖可以看出，原本以爲只畫有東方蒼龍和西方白虎二十八宿星象圖的，在其北面又出現有雙鹿的圖象，二獸首足相對，其間縱列三星，上下兩星較大，中間一星較小，正合北方七宿中危宿的星象，此正屬於後世北方玄武星象的主星。與其相對應，漆箱蓋龍象外東側立面正中繪有火形圖案，圖案中繪一大星，卻爲大火星象，傍置兩小星，合成心宿。虎象外西側立面，繪有一尖首圓身四足歧尾似龜的動物，據《後漢書・杜篤傳》“蓊

1. 馮時：《中國早期星象圖研究》，自然科學史研究，1990 年，9 卷 2 期，頁 115。

䲭”李賢注曰：“蟕䲭，大龜。”此處所繪應是大龜之象。不過，此圖正中所繪 6 顆星象，屬於觜參二宿疊繪一象，參爲虎身、觜爲虎首。我們只是尚不明白其南側立面不繪南方朱雀星象的原因。由此介紹可以看出，四象出現的早期，在形成東方蒼龍、北方玄武、西方白虎、南方朱雀的固定形象之前，確曾使用神鹿作爲北方的圖象。這一鐵的事實已經難以更改。

（二） 北方民族的鹿圖騰崇拜

以往筆者曾著文論述四象起源於華夏民族的圖騰崇拜，那是在未得到曾以鹿爲北方星象的信息之下提出的，現今得知鹿曾爲北方星象，那麼，中國北方民族是否確以鹿爲圖騰崇拜，便是檢驗是非的客觀標準。筆者通過社會和文獻兩個方面的調查，可以確認華夏族群的東、南、西 3 個地區的民族均無鹿崇拜的痕跡，而北方民族則有豐富的鹿圖騰崇拜資料，現逐條介紹如下：

2.1 東胡和鮮卑族的鹿崇拜

在中國上古時，對北方少數民族統稱爲胡，先秦時，曾廣泛地分布於今陝西、山西、河北、蒙古和東北等地。戰國時，胡人的一支匈奴強大起來，與其東方的胡人政權長期抗衡，因東方胡人政權位於匈奴之東，故稱爲東胡。鮮卑和烏桓則屬於東胡的二個分支。匈奴與東胡，雖然均是游牧民族，但並不是一個民族，其語言和習俗均不相同。匈奴人以狼爲圖騰，其戰旗上繪金狼頭爲標識，與後起之突厥和維吾爾族從血緣和習俗方面最爲接近。故《晉書·突厥傳》說突厥爲“匈奴之別種”。《通典·突厥傳》說突厥“本狼生，意不忘其舊。”東胡人則以鹿爲圖騰，他們習慣於在墓前豎刻有鹿紋圖象的石碑，作爲東胡人以鹿爲圖騰的標誌。關於這個問題，何星亮在其《中國圖騰文化》中已闡述得較爲詳細[1]。

1. 何星亮：《中國圖騰文化》，北京：中國社會科學出版社，1992 年，頁312。

《史記・周本紀》載周穆王征伐犬戎，“得四白狼、四白鹿以歸，自是荒服者不至”。是指穆王征犬戎，俘獲了 4 個狼氏族和 4 個鹿氏族首領而歸。原本戎人與周代是常有交往聘問和貿易的，自此以後相互交惡，不再朝貢。“得四白狼、四白鹿”只能理解爲 4 個以狼名號和 4 個以鹿爲名號的首領而絕不能單純地理解爲 4 隻狼和 4 隻鹿的動物。

關於鮮卑人的圖騰崇拜，無論是從文物或文獻，又均要豐富一些。《史記・匈奴列傳》注引張晏語曰，“鮮卑，郭落帶瑞首名也，東胡好服之。”據何星亮引干志耿、孫秀仁在《黑龍江古代民族史綱》中的解釋，據考古挖掘，鮮卑人的遺址中發現有不少三鹿紋金飾牌和鹿紋銀飾牌。如遼寧義縣慕容鮮卑石淳出土的三鹿紋金飾，札賚諾爾、二蘭虎溝出土三鹿金飾牌和青銅飾牌，新巴爾虎左旗吉布胡郎圖出土鹿紋青銅飾牌，奈曼旗清河鄉公蓋村出土雙鹿紋陶壺等。這些飾牌，或許就是《史記・匈奴列傳》所載郭落帶，那麼鮮卑一名，原本就是這些飾牌上鹿的鮮卑語名稱[1]。即“鮮卑”一名，就是郭落帶上瑞獸的名字。鮮卑人的藝術圖案常常喜歡用鹿紋爲飾，可見鮮卑人確有對鹿的崇拜。鹿就是東胡、鮮卑人的圖騰。

2.2 女真族的鹿崇拜

女真即現今的滿族，在上古時稱爲肅慎、息慎或靺鞨等。女真也有崇拜鹿的痕跡，長期以來，他們一直以狩獵畜牧爲業，尤以馴養鹿和四不像著稱於世。據於又燕記載：滿族各姓氏都有本姓氏的始母神。例如，滿族唐古拉氏家祭時，有塊鹿骨，象徵鹿神。他們認爲自己的始母是隻神鹿，傳說唐姓祖先吃了鹿奶才生出後代，繁衍成旺族[2]。

女真族和東胡族、鮮卑族均崇拜鹿，均以鹿爲圖騰，這並不是偶然的，他們不僅均位於中國的北部和東北部，地域相聯，曾經常地處於同一個政權統治

1. 干志耿、孫秀仁：《黑龍江古代民族史綱》，哈爾濱：黑龍江人民出版社，1986 年，頁 128-129。

2. 于又燕：《神話新探》，貴陽：貴州人民出版社，1986 年，頁 542-543。

之下，生活習俗相近，而且在血緣上也有密切的關係。公元 17 世紀時，俄羅斯民族向東發展，他們把中國東北部的少數民族稱之爲通古斯，然後西方才有通古斯民族和通古斯語的記載。按照西方人通常的理解，通古斯主要是指東胡，也包括女真和朝鮮等。有人以爲，通古斯一語即東胡之音譯。由此也可看出女真與東胡的密切關係。故東胡、鮮卑與女真崇拜鹿的習俗，與他們相似的文化淵源有著密切的關係。

2.3 蒙古族的鹿崇拜

俄羅斯學者符·阿·庫德裡亞夫採夫等發現，在蒙古、外貝加爾和圖瓦地區生活的蒙古人，同樣也具有崇拜鹿的習俗。在蒙古先民的墓前，普遍地列有鹿的石雕象，這種雕象具有特殊的風格，其多叉的長角，呈螺旋狀向後仰起，因此我們有理由相信，古代蒙古人也有崇拜鹿的習俗，鹿便是墓主的圖騰。

蒙古族的鹿崇拜，我們還可以從它的形成和發展歷史中找到線索。東胡消亡以後，它的一個支系契丹族興盛起來，先後建立起契丹國和遼國。在契丹國內，還生存著東胡的另一部分後裔室韋族。《新唐書》稱之爲"契丹別種"，可見其語言和習俗與契丹類似。蒙古族的興起，大約開始於唐代。那時在額爾古納河流域，生活著一支稱之爲蒙兀室韋的人，在宋時與靺鞨和突厥等民族相混合，形成了強大的蒙古族。《蒙古秘史》在其開篇中就記載說：古代蒙古人的祖先，是蒼狼和白鹿婚配後形成的。筆者在本文中已經指出，突厥族以狼爲圖騰，東胡族以鹿爲圖騰，由這兩個民族混合而形成的蒙古族，正合於《蒙古秘史》所載蒙古人由狼和鹿婚配而產生的神話。故蒙古族以鹿爲圖騰，也可信而有據。

（三）從北方神鹿到北方龜蛇觀念的演變

從以上討論可以看出，周代虢國銅鏡和曾侯乙墓漆箱北側立面星象圖中的鹿象，與中國北方民族（主要是東胡鮮卑女真和蒙古）鹿圖騰的對應關係是很清楚的。再加上東方東夷族的龍崇拜，南方少昊南蠻族的鳥崇拜和西方西羌族的虎崇拜，便證實了中國黃道帶的四象名稱確實與中國境內各民族的圖騰和分布方位有著密切的關係。

既然北方神鹿與北方民族的圖騰對應得很好，但後世又爲什麼將其改稱爲北方龜蛇呢?這個問題古代文獻中未見記載，現就個人的認識發表一些不成熟的意見。周代虢國四象銅鏡和曾侯乙墓漆箱星圖所反映出的均屬戰國早期以前人們的觀念。而春秋戰國正處於百家爭鳴、各種觀念開始出現和形成的時代，人們力圖使五行思想和觀念進一步完善，使其可以解釋社會和自然界的一切現象。所謂五季、五色、五味、五臟、五嶽、五方等均需一一配合，以期達到完美的境界。一種觀念的形成，需要有一個發展過程，才能趨於完善，四季和四方星名的配合，也經過了這樣一種過程，這就是由北方鹿到北方龜蛇的轉變，西周時建都鎬京，與北部的游牧民族戎狄胡爲鄰，並且關係密切。故在西周人們創立四方星名時，將胡人作爲北方的主要民族來看待。於是將東胡等民族的鹿圖騰作爲北方的代表成爲星名，進入東周和戰國以後，隨著政治中心的轉移，人們的文化觀念也相應地發生變化。胡人因不斷受到打擊而衰弱，並被逐出中原地區。留居中原的胡人也逐漸與華夏同化。只有戰國七雄所在地區和所代表的民族，才能看作華夏族的主體，在這種思想指導下，胡人的圖騰便被排除出四方星名。從作爲組成華夏民族群的主要代表來看，東夷龍圖騰、西羌虎圖騰、南方少昊鳥圖騰都有了代表，唯獨缺少夏民族的龜蛇圖騰，故從客觀上說，也有增補夏民族圖騰的需要。在前文中筆者已論述了龜蛇爲夏民族的圖騰，由於夏民族起源於北方，故正合於將其配合於北方星座的空缺。再從五行的對應關係來看，北方爲水，而龜蛇爲水生動物，也適合於與北方相配。由此夏民族的龜蛇圖騰，便從理論上取得了取代鹿圖騰的依據，爲古人的思想觀念所認同。

出土文獻譯註研析叢書 P016

帛書及古典天文史料注析與研究

作　　者　陳久金

發 行 人　林慶彰

總 經 理　梁錦興

總 編 輯　張晏瑞

編 輯 所　萬卷樓圖書股份有限公司

排　　版　浩瀚電腦排版股份有限公司

印　　刷　維中科技有限公司

封面設計　巫麗雪

發　　行　萬卷樓圖書股份有限公司

地址　臺北市羅斯福路二段 41 號 6 樓之 3

電話　(02)23216565

傳真　(02)23218698

電郵　SERVICE@WANJUAN.COM.TW

香港經銷　香港聯合書刊物流有限公司

電話　(852)21502100

傳真　(852)23560735

ISBN 957-739-343-8

2024 年 12 月初版二刷

2001 年 5 月初版一刷

定價：新臺幣 640 元

如何購買本書：

1. 劃撥購書，請透過以下郵政劃撥帳號：

帳號：15624015

戶名：萬卷樓圖書股份有限公司

2. 轉帳購書，請透過以下帳戶

合作金庫銀行　古亭分行

戶名：萬卷樓圖書股份有限公司

帳號：0877717092596

3. 網路購書，請透過萬卷樓網站

網址　WWW.WANJUAN.COM.TW

大量購書，請直接聯繫我們，將有專人為您服務。客服：(02)23216565　分機 610

如有缺頁、破損或裝訂錯誤，請寄回更換

國家圖書館出版品預行編目資料

帛書及古典天文史料注析與研究/陳久金著.

-- 初版. -- 臺北市 : 萬卷樓,

民 90

面 ;　公分. --

ISBN 957-739-343-8 (平裝)

1.天文學—中國—歷史

320.92　　90004781